HANDBÜCHEREI FÜR DAS GESAMTE KRANKENHAUSWESEN

HERAUSGEGEBEN VON

ADOLF GOTTSTE

I

KRANKENHAUSBAU

BEARBEITET VON

R. SCHACHNER · H. SCHMIEDEN · H. WINTERSTEIN

MIT 244 ABBILDUNGEN

BERLIN

VERLAG VON JULIUS SPRINGER

1930

Softcover reprint of the hardcover 1st edition 1930
ISBN 978-3-642-98271-2 ISBN 978-3-642-99082-3 (eBook)
DOI 10.1007/978-3-642-99082-3

Einführung.

Das moderne Krankenhauswesen befindet sich in grundlegender Umgestaltung. Dazu kommt in Deutschland noch die Tatsache, daß während eines Jahrzehnts Neubauten und Erweiterungen unmöglich geworden waren, daß das Unterlassene dringend nachgeholt werden mußte und daß nunmehr auch kleinere und mittlere Städte dazu übergingen, sich eigene Behandlungsstätten zur Unterbringung erkrankter oder verletzter Einwohner zu sichern. Das Bedürfnis zur Schaffung neuer Krankenhausbauten besteht auch für die privaten gemeinnützigen Krankenanstalten, die einen großen Teil der Krankenhausbetten in Deutschland stellen. Die seit einigen Jahrzehnten hervorgetretene Erscheinung, daß die Zugänge zum Krankenhaus progressiv weit über die Zunahme der Bevölkerung auch in den durch Zuzug rasch wachsenden Großstädten steigen, hat ihren Grund überwiegend in den Fortschritten der Heilkunde bei Diagnose und Behandlung; dadurch werden aber auch beim Personal, den Einrichtungen und den technischen Vorrichtungen Neuerungen erforderlich, um allen Ansprüchen zu genügen.

Angesichts dieser Entwicklung muß man für längere Zeiträume mit der Tatsache rechnen, daß nun einmal der Schwerpunkt der Beobachtung und Behandlung aller ernsteren Erkrankungen einschließlich der übertragbaren vom Hause in die gut organisierte Anstalt verlegt worden ist, und auch die Bevölkerung hat diese Erkenntnis zu der ihren gemacht. Dann aber hat seit Kriegsende die Ausgestaltung besonderer Fachkrankenhäuser zugenommen, und auch diese Tatsache gibt der Entwicklungsrichtung des heutigen Krankenhauswesens eine besondere Note.

Weiter noch kommt in Betracht, daß heute Hygiene und Architektur neue Gesichtspunkte für Bau und Betrieb in den Vordergrund gestellt haben. Diese Neuerungen, die das Stadium des Versuchs überwunden haben, wirken sich auch in Bauform und Material aus. Das heutige Krankenhaus, auch ein solches von mittlerer Größe, ist ein komplizierter Organismus geworden, an dessen Errichtung, Betrieb und Leitung die höchsten Anforderungen gestellt werden. Dieser Organismus muß auch ständig mit anderen Behörden und Spitzenverbänden in enger

Verbindung und Zusammenarbeit stehen und den zahlreichen gesetzlichen Bestimmungen des letzten Jahrzehnts Rechnung tragen. Auch die Ausbildung und Fortbildung des Krankenheil- und Pflegepersonals ist eine umfassende Aufgabe geworden. Das heutige Krankenhaus ist eine Stätte der Heilung ernster Erkrankungen für alle Angehörigen seines Wirkungskreises geworden und ist dabei die Stätte der Pflege für nicht mehr zu rettende Kranke geblieben. Damit es seine wichtigen Aufgaben über seine eigene Arbeitsstätte hinaus im Dienste der Volksgesundheit erfüllen kann, haben sich an dessen Bau und Betrieb verschiedene Gruppen von hervorragend vorgebildeten Fachmännern aller in Betracht kommenden Gebiete zu teilen. Aber der Vertreter des einen beteiligten Sonderfaches muß über die Ziele und Arbeitsmethoden des anderen unterrichtet sein, um ein Zusammenwirken zu sichern, das für die Sicherung des Erfolges schon von der Planung eines Baus an erforderlich ist.

Einzelne Gebiete des Krankenhauswesens, besonders Bau und Betrieb, sind auch in den vorigen Jahrzehnten schon aus der Feder hervorragender Fachmänner behandelt worden; es erschien aber nötig, für den praktischen Gebrauch und für die unmittelbare Beratung sämtlicher Organe des Krankenhauswesens ein *Sammelwerk* herauszugeben, das die *neuesten* Ergebnisse einbezieht und zugleich ein Helfer für die tägliche Arbeit ist. Zu diesem Zweck hat sich eine Reihe von Sachverständigen aus den verschiedensten Gebieten zusammengefunden, um sämtliche in Betracht kommenden Gesichtspunkte in möglichst knapper Fassung, aber so eingehend darzustellen, daß das gesteckte Ziel erreicht wird. An Abbildungen und Tabellen ist absichtlich nicht gespart worden. Bei der Einteilung des Stoffes war es unmöglich zu vermeiden, daß gelegentlich derselbe Gegenstand, wenn auch von verschiedenen Gesichtspunkten aus, mehrmals behandelt wurde; so z. B. die Operationsanlagen oder die Küche vom Standpunkt des Bauherrn, des Technikers und des Verwaltungsbeamten; durch das Inhaltsverzeichnis und im Text ist bei der Darstellung des einen Bandes auf die entsprechende in den anderen Bänden hingewiesen worden. Derartige Wiederholungen erschienen notwendig und darum erträglich.

Berlin, im November 1929. **Der Herausgeber.**

Vorwort zum ersten Band.

Der erste Band bringt ein Hauptgebiet des Krankenhauswesens, nämlich die Darstellung des Baues, die der Baumaterialien und eine kurze Abhandlung über die Aussicht des Hochhauses in Deutschland. Die Darstellung des Baues weicht insofern von der sonst üblichen ab, als sie von den unmittelbaren Bedürfnissen der Praxis ausgeht und darum von den Einzelbauten zur Darstellung des Gesamtbaus fortschreitet. Hierbei konnten nicht nur die allgemeinen Gesichtspunkte, sondern gerade auch jede kleinere von den vielen praktisch überaus wichtigen Teilfragen eingehend berücksichtigt werden.

Berlin, im November 1929.

Der Herausgeber.

Inhaltsverzeichnis.

Bau von Krankenhäusern.

Von **Hans Winterstein**, Berlin.

Mit 236 Abbildungen.

A. Größe, Gestalt und Ausführungsweise der einzelnen Räume.

Kaum bei einem anderen Bauentwurf ist Größe und Gestalt eines jeden Raumes von der Art und Weise der Benutzung und namentlich der günstigen Unterbringung aller Gebrauchsstücke derart abhängig, wie beim Entwurf eines *Krankenhauses*. Während man sich sonst mit bereits vorhandenen Raumverhältnissen ganz gut nachträglich abfinden kann und dann doch noch meist eine leidliche Ausnutzung der Räume zuwege bringt, erfordern beim Krankenhausbau alle Räume eine vorher bis ins einzelne durchdachte Durchbildung. Der *Grundriß* eines Krankenhauses verspricht daher nur dann mit größerer Sicherheit eine zweckmäßige und befriedigende Benutzung seiner Räume, wenn bereits während der Entwurfsbearbeitung alle Gebrauchsstücke bis ins einzelne in die Räume eingezeichnet werden. Es erscheint deshalb für dieses Buch unerläßlich, *zunächst* einmal die Erfordernisse eines jeden einzelnen Raumes nach allen Richtungen hin klarzustellen, sowie für die Einordnung der Gebrauchsstücke Musterbeispiele im Grundriß vorzuführen. Nur die genaue Kenntnis der Keimzellen gewährleistet das Entstehen eines wirklich brauchbaren Baukörpers.

Um dem Auge den nötigen und sehr wichtigen Größenvergleich zwischen den einzelnen Abbildungen nach Möglichkeit zu erleichtern, ist im ganzen Buch mit wenigen Ausnahmen der gleiche Maßstab eingehalten und zwar bei den Einzelräumen der Maßstab 1:200, bei den Grundrissen 1:500, bei den Lageplänen 1:2000.

I. Die Aufenthaltsräume der Kranken.

1. Krankenzimmer.

(Bettenraum, Krankensaal, Revierstube.)

Zweck. Das Krankenzimmer soll dem Kranken Tag und Nacht Aufenthalt bieten. Selbst nicht bettlägerige Kranke werden meist hier verpflegt, nur gewisse Kranke, wie namentlich leicht Tuberkulöse, nehmen ihre Mahlzeiten in besonderen Speisesälen ein.

Auch kleinere ärztliche Behandlungen werden im Krankenzimmer vorgenommen, zu den größeren werden die ans Bett gefesselten meist mit ihrem Bett herausgefahren.

Bedarf. Zahl der Betten insgesamt. Wenn es sich nicht um Erweiterung eines Krankenhauses handelt, bei dem man lediglich die Zahl der hinzuzufügenden Betten für die nähere Zukunft nach der sich bereits bemerkbar machenden größeren Inanspruchnahme

Abb. 1. Berlin-Reinickendorf, städt. Krankenhaus, Krankensaal.

schätzt, muß man zur Ermittlung der erforderlichen Bettenzahl gewisse Erfahrungssätze zu Hilfe nehmen. Sie sind auf denjenigen Einwohnerkreis bezogen, aus dem eine Beanspruchung des Krankenhauses zu erwarten ist. In früheren Zeiten reichten auf je 1000 solcher Einwohner in den allgemeinen Krankenhäusern je 3 und sogar weniger Betten aus. Seitdem jedoch der Zugang der Bevölkerung zur Krankenhausbehandlung im gleichen Maße mit den Verbesserungen auf allen Gebieten des Krankenhauswesens ständig gewachsen ist, die neuzeitlichen Verfahren der Untersuchung und Behandlung auch vielfach besondere technische Einrichtungen erfordern, die in einfachen Wohnungen nicht zu beschaffen sind, reicht die genannte Zahl jedoch bei weitem nicht mehr aus.

1908 forderte v. Esmarch im hygienischen Taschenbuch 4—6 Betten auf je 1000 Einwohner von Industriebezirken. 1911 rechnete Grober in seinem Buch: „Das deutsche Krankenhaus" durchschnittlich mit 5 notwendigen Betten, bemerkte jedoch dazu, daß, wie in den Großstädten meist, bei vorwiegend industriell tätiger Arbeiterbevölkerung eher mehr erforderlich seien. Schon der 1916 herausgekommene Band des statistischen Jahrbuches deutscher Städte wies aber nach, daß der Durchschnittssatz aus über 80 Städten von mehr als 50 000 Einwohnern insgesamt nahezu 7 (genau 6,9) Betten betrug, während dieselbe Quelle für 1900 tatsächlich nur 5 ergeben hatte.

Leider hat das Jahrbuch über die Nachkriegszeit noch keine neuen Zahlen herausgebracht, es geht aber aus den Feststellungen des Gutachterausschusses für das öffentliche Krankenhauswesen hervor, daß diese Zahl noch weiter gestiegen ist, weil zahlreiche Familienmitglieder mangels genügender Pflege im Hause viel eher als früher gezwungen sind, ein Krankenhaus aufzusuchen.

Über das flache Land mit vorwiegend landwirtschaftlich tätiger Bevölkerung sind, soweit bekannt, ebenso zuverlässige Zahlen nicht veröffentlicht. Wenn jedoch nach den Medizinalstatistischen Mitteilungen des Reichsgesundheitsamtes im Jahre 1906 bei einer Einwohnerzahl von 61 Millionen im ganzen 223 000 Krankenbetten im Deutschen Reich vorhanden waren und 1912 in den Städten von über 100 000 Einwohnern mit einer Bevölkerungszahl von insgesamt beinahe 18 Millionen Einwohnern allein rd. 110 000 Betten gezählt wurden, so kommen auf den übrigen Teil der Bevölkerung von rd. 43 Millionen Einwohnern, selbst wenn wir für die Jahre 1906—1912 noch eine starke Vermehrung der Bettenzahl voraussetzen (1926 war die Bettenzahl auf 345 273 angewachsen), doch kaum mehr als 3—4 Betten, sicherlich nicht auf dem platten Lande. Es ist auch kaum anzunehmen, daß der Bedarf hier ein größerer ist, und zwar schon allein deshalb, weil die Bewohner des flachen Landes vielfach die näher oder sogar entfernter gelegenen städtischen Krankenhäuser aufsuchen, das Umgekehrte aber wohl selten oder nie eintritt.

Nun ist allerdings zu beachten, daß in den großen Städten nach der genannten Statistik von der vorhandenen Bettenzahl im Durchschnitt nur etwa 47% durch die Städte selbst hergerichtet sind, in die übrigen teilen sich Staat (rd. 5%), Orden, Kirchengemeinden, Stifte (zusammen 37%), Landesversicherungsanstalten, Krankenkassen (zusammen 2%) und private (9%). Im einzelnen Fall wechseln aber diese Anteile sehr stark. Es kommt ebenso oft vor, daß die Städte den ganzen Bedarf selbst decken, als daß sie überhaupt kein eigenes Krankenhaus besitzen. Auf dem Lande dagegen dürften die Schwankungen lange nicht so groß sein. Hier werden den eigentlich Verpflichteten, den Kreisen, ihre Pflichten nicht in so hohem Maße abgenommen, trotzdem scheint es im allgemeinen zu genügen, wenn die Kreise mit landwirtschaftlich tätiger Bevölkerung etwa 2—3 Betten für je 1000 Einwohner schaffen.

Stößt so schon die Feststellung des augenblicklichen Bedarfs auf Schwierigkeiten, so wachsen diese naturgemäß noch mehr bei der Schätzung des zukünftigen. Hier ist die Zuziehung von statistischen Sachverständigen einerseits und von solchen Beamten andererseits anzuraten, welche über außergewöhnliches Anwachsen der Bevölkerung durch neue Siedlungen oder gewerbliche Unternehmungen von Amts wegen unterrichtet sind. Nach diesen Ermittlungen wird man in der Regel die Bettenzahl sofort um einen gewissen Zuschlag erhöhen, und außerdem beim Neubau eine Erweiterungsfähigkeit vorsehen. Nur bei Krankenhäusern, welche sofort mit derjenigen Bettenzahl errichtet werden müssen, die aus wirtschaftlichen und anderen Gründen als Höchstzahl anzusehen sit (siehe weiter unten), ist ein solcher Zuschlag nicht nötig, aber auch schon bei weitaus kleineren Krankenhäusern wird von vornherein erwogen werden müssen, ob sich nicht später an Stelle einer größeren Erweiterung ein zweites Krankenhaus an anderer Stelle mehr empfiehlt. In allen Fällen mit einer Erweiterung bis auf das Doppelte zu rechnen entspricht also durchaus nicht immer den wirtschaftlichen Belangen, kann sogar manchmal günstigere Möglichkeiten verschließen.

Zahl der Krankenabteilungen. Ebenso wichtig wie die Gesamtzahl der erforderlichen Betten ist die Frage, wie sich die Bettenzahl auf die einzelnen Abteilungen nach Geschlecht und Krankheitsarten verteilen. Das deutsche Bauhandbuch vom Jahre 1880 gibt für die Verteilung von je 100 Betten folgenden Anhalt:

Innere Krankheiten . .	13	für Männer u.	13	für Frauen zus.	26	Betten
Augenkrankheiten . . .	3	„ „ „	3	„ „ „	6	„
Äußere Krankheiten . .	8,5	„ „ „	3	„ „ „	11,5	„
Hautkrankheiten	7	„ „ „	3	„ „ „	10	„
Geschlechtskrankheiten	8	„ „ „	8	„ „ „	16	„
Typhuskrankheiten . . .	6	„ „ „	4	„ „ „	10	„
dazu Selbstzahler . . .	8	„ „ „	7	„ „ „	15	„
und Kinder					5,5	„

Eine Reihe von Krankheiten, die heute für die Behandlung in allgemeinen Krankenhäusern in Frage kommen, und am besten in besonderen Abteilungen untergebracht werden müssen, fehlt in dieser heute überholten Übersicht. Aber auch sonst treten gegenüber der obigen Angabe ganz außerordentlich starke Verschiedenheiten auf, schon allein, wenn für gewisse Krankheiten besondere Anstalten bestehen. Nachfolgende Zahlen aus älterer und neuerer Zeit zeigen deutlich die großen Verschiedenheiten, wie sie bisher bestanden. Aus den nicht ausgefüllten Zeilen ist nicht immer zu schließen, daß solche Krankheiten nicht vertreten sind, sie sind wohl vielfach in anderen Abteilungen mit enthalten.

	Schlochau	Kottbus	Görlitz	Köln Lindberg	Mannheim voll ausgebaut	Berlin Virchow-Krkh.	Hamburg Eppendorf
Innere Krankheiten	10+20=30	27+31= 58	95	212	367	500	1164
Augenkrankheiten	—	—	—	—		—	125
Hals-, Ohren- und Nasenkrankheiten	—	—	—	—	90 (zus.)	—	36
Äußere Krankheiten	27+23=50	95+27=122	102	224	342	560	650
Hautkrankheiten	3+3=6 (zus.)	9+9 = 18	72 (zus.)	24	226 (zus.)	520 (zus.)	
Geschlechtskrankh.		9+9 = 18		79			
Typhus				—			
Diphtheritis, Scharlach, Masern	6+6=12 (zus.)	40 (zus.)	52 (zus.)	40 / 78	195 (zus.)	180 (zus.)	— (zus.)
Keuchhusten, Rose				—			
Aufnahme-Abteil.				—			
Tuberkulose Krankh.	6+6=12	—	—	188	—	—	—
Geisteskrankheiten	—	4	—	116	—	20	—
Wöchnerinnen	8	27	3	—	77	220	125
Kinder	20	12	—	84	—	—	—
Selbstzahler	10	24	—	34	40	—	—
Gesamtzahl d. Betten	140	323	324	1094	1337	2000	2500

Über die gegenwärtigen Verhältnisse geben die folgenden zwei Tabellen Auskunft. Nach der Denkschrift des Reichsministeriums des Innern über „die gesundheitlichen Verhältnisse des Deutschen Volkes im Jahre 1927" trafen von je 100 Krankenhausaufnahmen unter anderem auf

Verletzungen	8,2
Tuberkulose	8,1
Krankheiten der weiblichen Geschlechtsorgane (ohne venerische Leiden)	7,0
Blinddarmentzündungen	5,3
Schwangerschaften, Entbindungen und deren Folgen ohne Kindbettfieber	3,8
Zellgewebsentzündung, Panaritium, Furunkel und Karbunkel	3,2
Magengeschwür und andere chronische Magenkrankheiten	3,1
Krankheiten der Knochen und Gelenke	2,9
Nieren- und Blasenkrankheiten	2,7
Krebs und andere bösartige Neubildungen	2,6
Nichteingeklemmte Eingeweidebrüche	2,5
Krankheiten der Augen und Ohren	2,5

Krankheiten der Bronchien	2,3
Mandel- und Rachenentzündung	2,1
Herzkrankheiten	2,0
Krankheiten der Nase und ihrer Nebenhöhlen	1,9
Grippe	1,8
Leber- und Gallenleiden	1,8
Akuter Magen- und Darmkatarrh sowie Atrophie der Kinder	1,7
Gonorrhöe	1,6
Lungenentzündung	1,3
Muskelrheumatismus	1,3
Hautausschläge	1,2
Krätze	1,1
Syphilis	1,1
Bleichsucht und Blutarmut	1,1
Chronische Darmkrankheiten	1,0

In Berlin verteilten sich die vorhandenen Betten nach dem Stande vom 15. Januar 1929 gemäß ihrer Zweckbestimmung wie folgt:

Zweckbestimmung der Betten	Zahl der Betten					Hundertstel der Gesamtzahl
	3. Klasse			1. u. 2. Klasse	zusammen	
	Männer	Frauen	Kinder			
Chirurgische Kranke	3016	3217	840	729	7802	26,4
Gynäkologische Kranke	—	1556	—	431	1987	6,7
Urologische Kranke	81	69	—	17	167	0,6
Orthopädische Kranke	17	24	361	34	436	1,4
Hals-, Nasen-, Ohrenkranke	149	169	39	46	403	1,4
Augenkranke	188	182	65	66	501	1,7
Entbindungen: Frauen	—	1295	—	282	1577	5,3
Säuglinge	—	—	761	21	782	2,6
Innere Kranke	3094	3873	1603	652	9222	31,2
Ansteckende Kranke	327	467	1019	14	1827	6,3
Lungentuberkulosekranke	840	907	241	158	2146	7,4
Neurologische Kranke	172	167	—	229	568	1,9
Hautkranke	214	154	86	7	461	1,5
Geschlechtskranke	590	660	222	4	1476	5,0
Sonstige Kranke	96	58	2	11	167	0,6
Summe:	8784	12798	5239	2701	29522	100,0

Es sind demnach in Berlin auf 10000 Einwohner vorhanden Betten für:

Chirurgische Kranke	18,2	Innere Kranke	21,5
Gynäkologische Kranke	4,6	Infektionskranke	4,2
Urologische Kranke	0,4	Lungentuberkulöse	5,0
Orthopädische Kranke	1,0	Neurologische Kranke	1,3
Hals-Nasen-Ohren-Kranke	0,9	Hautkranke	1,1
Augenkranke	1,2	Geschlechtskranke	3,4
Entbindungen: Frauen	3,7	Sonstige Krankheiten	0,4
Säuglinge	1,8		68,7

Rechnet man damit, daß gegenwärtig im deutschen Reiche auf je 10000 Einwohner je nach der Wohnsitzgröße und Erkrankungsgefahr (Industrie) 600—800 Krankenhausaufnahmen im Jahre erfolgen, so ergibt sich gegenüber der Zeit zu Beginn des Jahrhunderts eine starke Vermehrung der Krankenhausbenutzung. Die Gründe sind die Ausdehnung der operativen Möglichkeiten bei Erkrankungen innerer Organe, der Verfeinerung der diagnostischen Methoden durch chemische, bakteriologische und röntgenologische Verfahren, die oft Anstaltsbehandlung verlangen, dann aber auch die zunehmende Inanspruchnahme bei ansteckenden Krankheiten, trotzdem diese selbst stark abgenommen haben.

Im Jahre 1919 betrug in den deutschen Krankenanstalten der Krankenzugang auf je 10000 Männer und Frauen an:

	Männer	Frauen
Entwicklungskrankheiten	4,22	11,94
Ansteckende Krankheiten	90,44	91,92
Allgemeinkrankheiten einschl. Geschwülste .	20,12	31,55
Krankheiten des Nervensystems	16,62	16,29
Krankheiten der Atmungsorgane	29,71	20,40
Krankheiten der Kreislauforgane	13,99	11,21
Krankheiten der Verdauungsorgane	51,18	54,00
Krankheiten der Harn- und Geschlechtsorgane	14,44	63,09
Krankheiten der äußeren Bedeckungen . .	54,60	37,24
Krankheiten der Bewegungsorgane	21,14	12,79
Krankheiten des Ohres	5,27	4,13
Krankheiten der Augen	6,19	4,98
Verletzungen	49,97	13,93
Andere Krankheiten.	4,85	10,39
Insgesamt	382,74	383,86

Von besonderer Wichtigkeit ist die Frage, auf wieviel ansteckende Kranke insgesamt bei einem Krankenhaus zu rechnen ist, da diese ja in baulich abgesonderten Abteilungen untergebracht werden müssen. Bei dem sprunghaften Auftreten der meisten Seuchen ist der Bedarf ein sehr wechselnder. Nach seiner langjährigen Erfahrung rechnet jedoch Geheimrat SCHLOSSMANN bei 100000 Einwohnern auf 150, bei 200000 auf 250, bei 300000 auf 340, bei 400000 auf 420, bei 500000 auf 500 nötige Betten in den Absonderungsabteilungen, also in größeren Krankenhäusern auf 1 Bett, in kleineren Anstalten bis zu 1,5 je 1000 Einwohner (Z. Krk.hauswes. 1928, S. 724).

Größe der einzelnen Krankenabteilungen. Bei den großen Krankenhäusern ist die Zahl der Kranken gleicher Krankheit selbst für jedes einzelne Geschlecht immer noch so groß, daß auch diese noch weiterhin untergeteilt werden müssen, und zwar richtet sich diese Unterteilung nach der Leistungsfähigkeit der für den Betrieb der Anstalt erforderlichen Menschenkräfte. Mit Rücksicht auf diese müssen Betriebseinheiten gebildet werden. GROBER setzt im „Deutschen Krankenhaus" auseinander, daß hierbei der Tätigkeitskreis der Ärzte, selbst der der Assistenzärzte, nicht als Grundlage dienen kann. Da aber auf jeden Fall die Krankenbehandlung maßgebend sein muß, bleibt nichts anderes übrig, als den Wirkungskreis der Schwestern den Betriebseinheiten zugrunde zu legen, so daß sich die Größe der Krankenpflegeabteilungen daraus ergibt, wieviel Kranke eine Schwester als die leitende Persönlichkeit übernehmen kann. Sie bedarf innerhalb ihrer Abteilung noch der Unterstützung durch Schwestern und andere geeignete Hilfskräfte, welche die Pflege und die Hausarbeit zu leisten haben.

Der Betrieb eines kleinen sowohl als auch eines großen Krankenhauses wickelt sich am reibungslosesten ab, wenn die Krankenpflegeabteilungen möglichst selbständig und unabhängig voneinander sind. Diese Unabhängigkeit ist aber nur durchführbar, wenn die einzelnen Pflegeabteilungen auch *baulich* eine möglichst selbständige Einheit darstellen, d. h. wenn jede Abteilung ihre eigenen Räume und Nebenräume hat.

Gerade aus diesem Grunde ist aber die Entscheidung wichtig, wie groß die Zahl der Betten sein darf, die einer leitenden Schwester anvertraut werden können. Bei Wahl einer zu geringen Zahl an Betten werden weder die Menschenkräfte noch die Räume genügend ausgenutzt, der Betrieb wird also zu teuer, bei Wahl einer zu großen Zahl macht sich leicht später die Notwendigkeit einer Unterteilung nötig, die ebenfalls nicht günstig ist. GROBER unterscheidet deshalb auch noch nach der Schwere der Krankheitsfälle und vertritt den Standpunkt, daß 40—50 Leichtkranke, aber nur 20—24 Schwerkranke in einer Abteilung zusammengefaßt werden können. Der Gutachterausschuß hat als Höchstmaß einen Belegraum von höchstens 50 Betten, für Schwerkranke einen solchen von höchstens 30 Betten vorgeschlagen. Obgleich es nicht ganz leicht ist, die Grenze zwischen Leicht- und Schwerkranken auf die Dauer zahlenmäßig festzulegen, kann man doch danach verhältnismäßig einfach feststellen, in wieviel Krankenpflegeabteilungen eine zahlreiche Gruppe gleichartiger Kranker unterzuteilen ist, es wird auch nicht schwer sein, ganz kleine Gruppen gleichartiger, nicht ansteckender Kranken ohne weiteres einer anderen Krankenpflegeabteilung anzugliedern. Schwieriger wird es dagegen bei den meist sehr kleinen Gruppen von ansteckenden Kranken, die auch noch untereinander möglichst abgetrennt gehalten werden müssen, den Grundsatz der Wirtschaftlichkeit nicht ganz aus dem Auge zu lassen. Hier ist von Fall zu Fall baulich und betrieblich ein Ausweg zu suchen, der noch gerade vertretbar, aber auch noch gerade tragbar ist.

Fassungsraum der Krankenräume. Während im Mittelalter die Krankenhäuser aus großen Hallen, womöglich mit mehr als 100 Betten, bestanden, ging man im Laufe der Jahrhunderte zu immer kleineren Räumen über und bevorzugte schon vor 100 Jahren Räume für 10—12 Betten. Der dadurch bedingte „Korridorbau" wurde dann in der Mitte des vorigen Jahrhunderts durch den „Pavillonbau" stark verdrängt, der neben vereinzelten kleinen Räumen nur zweiseitig belichtete Säle von 20—40 Betten enthielt. Die Vorteile dieser Säle, gute Durchlüftung, Übersichtlichkeit, billiger Bau, günstiger Betrieb, wurden um so lieber mitgenommen, weil die Nachteile infolge der verbesserten Reinigungsmittel leichter auszugleichen waren. Nach mehr als 50jähriger Vorherrschaft des Pavillonbaues hat sich erst im letzten Jahrzehnt wieder mehr, und zwar wohl hauptsächlich aus gesellschaftlichen Gründen, eine größere Vorliebe für kleine Räume geltend gemacht. Der Gutachterausschuß hat dieser Zeitrichtung Rechnung getragen, indem er vorschlägt: „Die einzelnen Krankenräume sollen höchstens 10, in der Regel nicht mehr als 6 Betten enthalten, es müssen aber auch auf jeder Abteilung mehrere Räume für 4 Betten, für 2 Betten und mindestens 2 Räume für je 1 Bett vorhanden sein." Er sieht dann noch die Möglichkeit vor, „Räume mit mehreren Betten . . . durch 2 m hohe Zwischenwände (Glas über gemauertem Sockel)" zu zerlegen. Ob er mit einer solchen Teilung nicht doch etwas zu stark ins Gegenteil verfallen ist, wird abzuwarten sein, man hört auch mitunter, daß Kranke selbst größere Säle sogar bevorzugen. So schreibt BRAUN in der Z. Krk.hauswes. 1927, S. 318/19: „Ich mache ferner an unseren, vorwiegend aus ländlichen Bezirken und kleinen Städten stammenden Kranken — in Großstädten mag das anders sein — immer wieder folgende Erfahrung: Kranke, die aus irgendwelchem Grunde in Einzelzimmern untergebracht sind, verlangen in den Krankensaal, sobald sie in Rekonvaleszenz sind." Keinesfalls wird zu erwarten sein, daß die Bestimmungen, die seit Jahrzehnten nur die mehr als 30bettigen Räume verbieten, diese Zahl bedeutend herabsetzen, was auch fehlerhaft wäre, weil in gewissen Fällen, namentlich wenn die Kranken alle an der gleichen Krankheit leiden und der gleichen Gesellschaftsschicht angehören, die großen Säle unbedingt den Vorzug verdienen. Auf die Vorschläge DOSQUETS in dieser Beziehung kann erst später eingegangen werden.

Erforderlicher Raum für die Einrichtungsstücke. Die Maße der früheren „Normalkrankenbettstellen" sind vor kurzem vom Normenausschuß der Gutachter (Fanok) neu festgelegt. Beides sind Innenmaße, für den Bau sind die deshalb zugefügten Außenmaße wichtiger.

Größe der Bettstellen	„Normal"	außen	„Fanok"	außen
Für Erwachsene	194×85 cm	205×90	195×90	205×95
„ größere Kinder	160×70 „	170×75	165×70	175×75
„ kleinere Kinder	126×70 „	135×75		
„ Säuglinge	100×50 „	110×55	100×65 90×50	110×70 100×55
„ Säuglinge zum Anhängen	78×38 „	85×45		

Zweiteilige Entbindungsbetten haben vielfach 200×90 cm Innenmaß, also rd. 210×95 cm Außenmaß.

Streckbetten (Expansionsbetten), von denen SULTAN auf je 100 chirurgische Betten je 6 für erforderlich hält, werden mit besonderen Streckvorrichtungen versehen, deren Gegengewichte oben 10—15 cm über die Außenseite des Bettes herausragen. Zu jedem Bett gehört ein Nachttisch, der nach den Normungen der Fanok 87 cm hoch ist, und eine obere Glasplatte von 45 cm Länge und 36 cm Breite erhält. Seine äußersten Abmessungen betragen danach 47×39 cm. Ferner rechnet man für jedes Bett mindestens einen Stuhl, der nach den Normungen der Fanok vorn 43 cm, hinten 28 cm breit und 41 cm Tiefe beansprucht. Notwendig ist dann noch für jedes Krankenzimmer wenigstens ein Tisch von 60×80 cm Mindestgröße, in größeren Krankensälen gibt man ihm jedoch eine Länge bis zu 200 cm. Er dient zum Abstellen kleinerer Gegenstände, für kleinere Schreibarbeiten und auch für Verbandzwecke. Zu einer vollkommenen Ausstattung gehören außerdem 1 oder 2 Armsessel (60 cm breit, 80 cm tief) und Waschgelegenheiten. Nach dem Gutachterausschuß genügt eine solche für 3 Kranke, üblich waren bisher in größeren Sälen mit nicht bettlägerigen Kranken auf 20 Betten 4—6 Waschbecken (50—80 cm lang, 40—50 cm breit) für warmes und kaltes Wasser, in kleineren Zimmern dementsprechend weniger. Sind besondere Waschzimmer vorhanden (siehe weiter unten), so soll in jedem Zimmer mindestens ein Waschbecken für den Arzt und die Pflege vorhanden sein. Schränke, Schreibtische, Sofas mit Sofatisch sind höchstens in besser ausgestatteten Einzelzimmern üblich.

Die nötigen Zwischenräume. Zur Behandlung durch den Arzt und ebenso auch zur Wartung der Kranken durch die Pflegenden müssen beide Längsseiten eines jeden Krankenbettes unbedingt zugänglich sein. Grober macht auch darauf aufmerksam, daß die Erhaltung der Sauberkeit des Krankenraumes erschwert wird, wenn die Kranken die Möglichkeit finden, etwa zwischen Wand und Bettseite unerlaubte Gegenstände aufzubewahren. Der freie Zwischenraum zwischen den Betten schwankt in deutschen Krankenhäusern zwischen 70 und 110 cm. Denecke hält es nicht für nötig, in allgemeinen Krankenhäusern über 100 cm hinauszugehen. Innerhalb dieser Breite kann der Nachttisch seinen Platz finden. An der Seite, an der kein Nachttisch steht, kann der Zwischenraum zwischen Bett und Wand auf 50—60 cm eingeschränkt werden. Die schmale Seite des Bettes am Kopfende darf ohne Bedenken an die Wand gerückt werden, nur wenn es sich um eine Fensterwand handelt, ist ein Abstand des Bettes erwünscht, damit der Kranke nicht etwa durch am Fenster herabfallende kalte Luft belästigt wird und auch, damit die Fenster unbehindert geöffnet werden können. Denecke fordert deshalb 80—100 cm Abstand des Kopfendes vom Fenster, Dosquet begnügt sich bei seinem Krankenraumvorschlag, der später eingehend besprochen werden soll, mit einem ungehinderten Durchgang von 60 cm. Ruppel schlägt 50—60 cm vor. Wenn es sich nur um einen seltener zu benutzenden Durchgang handelt, und die Fenster gleich von vornherein dementsprechend angelegt werden, daß sie noch geöffnet werden können, wird man bei knappen Maßen sogar mit 40—50 cm auskommen können, zumal bei Doppelfenstern, Heizkörpern unter den Fenstern und nicht zu hohen Geschossen Zugluft weniger zu befürchten ist. Die gleiche Breite wird auch für den Zwischenraum zwischen den schmalen Seiten zweier Betten genügen. Außer den Betten erfordert der Ablegetisch nicht nur für seine eigene Breite, sondern auch für die Hantierungen an seiner Längsseite den nötigen Raum. Man wird den Tisch um so schmaler halten können, wenn man auch für ein Wandbrett sorgt. 2×60 cm dürften deshalb als Mindestbreite für Tisch und Gang genügen.

Die oben angegebenen freien Räume um die Betten herum bedürfen aber noch vielfach einer Verbreiterung, um jedes einzelne Bett heraus- und hereinschaffen zu können, ohne daß die anderen Betten verschoben zu werden brauchen. Zum Fortschaffen in gerader Richtung genügt eine Breite von 100—120 cm oder bei Breitseitenbewegung 210—220 cm. Muß dagegen das Bett an einer Wegkreuzung um einen rechten Winkel gedreht werden, so muß der eine Gang mindestens 110—120 cm, der andere mindestens 140—160 cm breit sein.

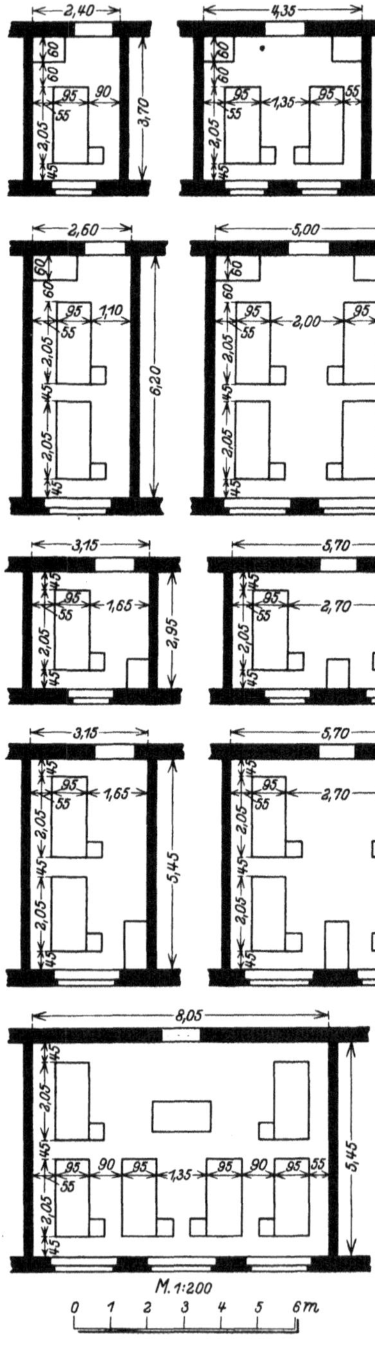

Bei zweiseitig belichteten Sälen hängt die Raumtiefe wesentlich von der Breite des Mittelganges ab, der hier an sich die einzig gegebene Lösung ist. Wenn die Tische in diesem Gang aufgestellt werden sollen, so verlangt Denecke im „Deutschen Krankenhaus“ 1922, S. 358, für diesen eine Gesamtbreite von 1,3+1,0+1,3=3,6 m Breite. Das ist sehr reichlich, zumal fast die ganze Länge des Saales für die Tische zur Verfügung steht, so daß man hier lieber mehr Tische von 60 cm Breite aufstellen sollte. Da die Betten nur selten herein- und herausgeschafft werden, kann man bei solchen Gelegenheiten die Tische zur Seite rücken und kommt dann mit 90 cm aus, so daß der Mittelgang im ganzen nur 2,40 m breit zu sein braucht. Stehen die Tische seitlich, so genügt für ihn, wie oben angegeben, eine Breite von 140—160 cm.

Behördlich vorgeschriebene Mindestmaße. Die preu-

Abb. 2. Krankenraumabmessungen bei Anordnung der allseitig freistehenden Betten *senkrecht* zur Fensterwand. Grundriß 1—4 Tisch hinten, „ 5—9 „ seitlich.

ßischen Bestimmungen fordern für jedes Bett mindestens 7,5 qm Fläche und 25 (früher 30) cbm Luftraum, in einbettigen Räumen 10 qm und 35 (früher 40) cbm,, ferner für Kinder unter 14 Jahren mindestens 5 qm bei 15 cbm. Schlafzimmer, die tagsüber nicht benutzt werden, müssen für Lungenkranke 20 cbm (Kinder 12 cbm), für Geisteskranke 15 cbm mindestens enthalten. Für Wöchnerinnen mit Kind muß in einbettigen Räumen mindestens 40 cbm, in mehrbettigen 30 cbm, in Räumen für gesunde Säuglinge und Kleinkinder mindestens je 10 cbm, für erkrankte 15 cbm Luftraum vorhanden sein.

Zweckmäßige Raumabmessungen. RUPPEL ist in seinem bekannten Buch: „Der allgemeine Krankenhausbau“ auf keinen Fall für eine Verminderung der oben angegebenen vorgeschriebenen Boden-

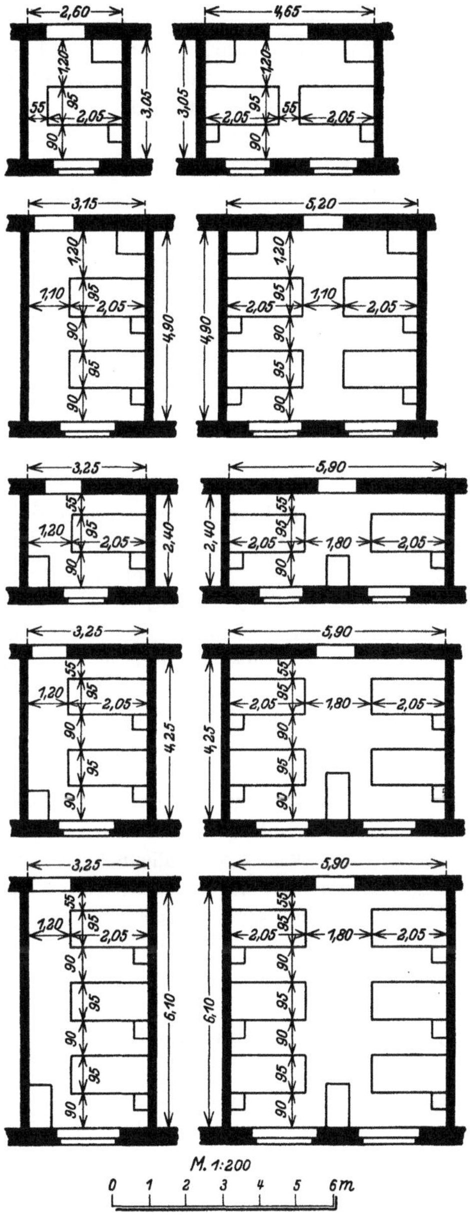

Abb. 3. Krankenraumabmessungen bei Anordnung der dreiseitig freistehenden Betten *gleichlaufend* zur Fensterwand. Grundriß 1—4 Tisch hinten, „ 5—10 „ seitlich.

flächen. Er wünscht vielmehr für einbettige Räume ein Mindestmaß von 12 qm und zwar, weil in einem kleinen Raum der Aufenthalt leicht beklommen macht, während er mit wachsender Bettenzahl eine allmähliche Verminderung der Fläche bis auf etwa 7,5 qm für angemessen hält. Tatsächlich lehrt indessen die Erfahrung, daß man nachträglich, namentlich in Fällen der Not, auf eine weit geringere Fläche herabgeht, indem man die Räume stärker belegt, ein Beweis, daß man, wenn auch notdürftig, mit einer geringen Fläche auskommt. Trotzdem soll der Verminderung der Fläche nicht das Wort geredet werden, vor allem darf nicht die Auffassung Platz greifen, als ob bei größerer Zimmerhöhe ohne weiteres die Zimmerfläche dementsprechend vermindert werden dürfte. Die Bestimmungen fordern wohlweislich nicht nur einen bestimmten Luftraum, sondern daneben auch noch eine bestimmte Fläche, und es genügt nicht, wenn man nur eine dieser Forderungen erfüllt, weil beide Forderungen ganz verschiedene Gründe haben. So sehr nun auch anerkannt werden muß, daß eine Vergrößerung der Fläche ihre Annehmlichkeiten hat, so ist es aber doch namentlich in Hinblick auf die dabei sich steigernden Kosten der genaueren Untersuchung wert, ob und wie weit eine Vergrößerung der Fläche wirklich gerechtfertigt ist und namentlich, durch welche Längen- und Breitenmaße der Räume die günstigsten Verhältnisse erzielt werden. Diesem Zweck dienen die Abb. 2 und 3 sowie die nachstehende Zahlentafel, deren Aufstellung durchweg die Mittelwerte der oben vorgeschlagenen Einzelabmessungen zugrunde gelegt sind.

a) Nur nach dem erforderlichen Bewegungsraum. b) desgleichen, aber unter Einhaltung der behördlich vorgeschriebenen Flächen, c) bebaute Fläche einschließlich des Anteils eines 2 m breiten Flures, der auf der anderen Seite vorschriftsmäßig nur bis zur Hälfte bebaut ist, und zwar je Bett.

Die erste Zahl gibt die Länge der Fensterwand, die zweite die Raumtiefe an.

Dies zahlenmäßige Ergebnis lehrt zunächst folgendes: Bei rechteckigen Raumgrundrissen ist es durchweg möglich, alle Einrichtungsstücke bequem unterzubringen, auch die Zwischenräume ausreichend anzuordnen und dabei doch die behördlichen Mindestmaße in den meisten Fällen einzuhalten, allerdings auch nur, wenn man dabei die genau ausgerechneten Längen- und Breitenmaße einhält und weiter auch die Anordnung der übrigen Einrichtungsgegenstände sofort im Entwurf genau festlegt. Noch besser

Mindestabmessungen der Krankenräume.

Zahl der Betten	a	b	c
		Ablegetische hinten	
		I. Betten allseitig frei, senkrecht zur Fensterwand	
1	2,4 × 3 7 = 8,88 qm	2,4 × 4,17 = 10,01 qm	17,54 qm
2	4,35 × 3,7 = 16,10 „	a) schon größer als 15 qm	14,15 „
2	2,6 × 6,2 = 16,12 „	a) schon größer als 15 „	12,33 „
4	5,0 × 6,2 = 31,00 „	a) schon größer als 30,0 „	11,35 „
6	8,05 × 5,45 = 43,87 „	8,05 × 5,59 = 45,00 qm	10,79 „
12	11,65 × 7,4 = 86,21 „	11,65 × 7,73 = 90,05 qm 12,17 × 7,40 = 90,06 „	8,86 „ 8,89 „
20	19,05 × 7,4 = 140,97 „	19,05 × 7,88 = 150,11 „ 20,27 × 7,4 = 150,00 „	8,70 „ 8,74 „
30	28,30 × 7,4 = 209,4 „	28,30 × 7,96 = 225,27 „ 30,41 × 7,4 = 225,03 „	8,62 „ 8,68 „
		II. Betten, dreiseitig frei, gleichlaufend zur Fensterwand.	
1	2,6 × 3,05 = 7,93 qm	2,6 × 3,85 = 10,01 qm	17,96 qm
2	4,65 × 3,05 = 14,18 „	4,65 × 3,25 = 15,02 „	13,92 „
2	3,15 × 4,9 = 15,44 „	a) ist schon größer als 15 qm	12,50 „
4	5,2 × 4,9 = 25,48 „	5,2 × 5,77 = 30,00 qm	11,20 „
10	11,5 × 6,1 = 70,15 „	12,3 × 6,1 = 75,00 qm	10,94 „
		Ablegetische seitlich	
		I, Betten allseitig frei senkrecht zur Fensterwand	
1	3,15 × 2,95 = 9,25 qm	3,15 × 3,18 = 10,02 qm	19,14 qm
2	5,70 × 2,95 = 16,81 „	a) schon größer als 15,00 qm	16,07 „
2	3,15 × 5,45 = 17,17 „	a) schon größer als 15,00 „	13,43 „
4	5,7 × 5,45 = 31,07 „	a) schon größer als 30,00 „	11,75 „
10	11,75 × 6,10 = 71,68 „	12,3 × 6,1 = 75,00 qm	10,94 „
12	13,10 × 6,5 = 85,15 „	13,10 × 6,87 = 90,00 „ 13,85 × 6,5 = 90,03 „	8,94 „ 8,99 „
20	22,30 × 6,5 = 144,95 „	22,3 × 6,73 = 150,08 „ 23,08 × 6,50 = 150,02 „	8,84 „ 8,87 „
30	33,35 × 6,5 = 216,78 „	33,35 × 6,75 = 225,11 „ 34,62 × 6,50 = 225,03 „	8,77 „ 8,87 „
		II. Betten dreiseitig frei, gleichlaufend zur Fensterwand	
1	3,25 × 2,4 = 7,80 qm	3,25 × 3,08 = 10,01 qm	19,36 qm
2	5,90 × 2,4 = 14,16 „	5,9 × 2,54 = 14,99 „	14,72 „
2	3,25 × 4,25 = 13,81 „	3,25 × 4,62 = 15,02 „	12,37 „
3	3,25 × 6,1 = 19,83 „	3,69 × 6,1 = 22,51 „	11,23 „
4	5,9 × 4,25 = 25,08 „	5,9 × 5,09 = 30,03 „	11,59 „
6	5,9 × 6,1 = 35,99 „	7,38 × 6,1 = 45,02 „	10,87 „

kommt man aus, wenn man die Waschbecken entweder an die Zwischenwände legt, was sich auch zur Verminderung der senkrechten Rohrstränge empfiehlt, oder wenn man diese Waschbecken ebenso wie vielleicht noch geforderte Schränke in Wandnischen einmauert. Hier wird die Verteuerung solcher Einbauten durch Verminderung des umbauten Raumes wieder eingebracht. Trotzdem ist aber nicht unbeachtet zu lassen, daß die behördlichen Maße nur bei einer bestimmten Anordnung der Betten, nämlich gleichlaufend mit der Fensterwand, eingehalten werden können, die entgegengesetzte Anordnung, senkrecht zur Fensterwand, erfordert namentlich bei den zweibettigen Räumen sofort 15—20% mehr Zimmerfläche.

Nun scheint es, als ob die Frage der Bettenstellung kaum von grundsätzlicher Bedeutung ist. Prüft man die Grundrisse mustergültiger Krankenhäuser nach dieser Richtung, so findet man nahezu als Regel, daß bei Räumen mittlerer Größe, etwa von 3—6 Betten, die gleichlaufende Stellung, bei den ein- und zweibettigen Räumen und namentlich bei den großen Krankensälen mit zwei gegenüberliegenden Fensterreihen, die Stellung senkrecht zum Fenster stark überwiegt. Eine Ausnahme zeigen die Pläne des neuen Krankenhauses in Mannheim (Abb. siehe RUPPEL, Der allgemeine Krankenhausbau der Neuzeit, S. 287). Tatsächlich sind jedoch nach Fertigstellung des Baues die Betten in der üblichen Anordnung gestellt worden. Für den Kranken selbst ist nun aber die Bettenstellung gleichlaufend zur Fensterwand entschieden die günstigere. Bei der Besprechung des DOSQUETschen Vorschlages (siehe 1a) wird dies noch näher begründet werden; hier sei nur schon darauf hingewiesen, daß die Mehrkosten infolge der größeren Zimmerbreite nicht so erheblich ins Gewicht fallen, wie dies vielfach befürchtet wird. Die bebaute Fläche ist sogar in den meisten Fällen geringer, wie das aus den Zahlen auf Tafel S. 15 hervorgeht. Um einen wirklichen Vergleich zu haben, ist dort auch noch die bebaute Fläche einschließlich des Anteils eines 2 m breiten Flurs berechnet, und zwar die eine Hälfte der Flurbreite in ganzer Länge, die andere Hälfte nebst ihrer Außenmauer in halber Länge gerechnet, da ja die andere Hälfte nach den Bestimmungen mit Nebenräumen besetzt werden darf. Ein Vergleich dieser Zahlenergebnisse ergibt also volle Klarheit über die erforderliche bebaute Fläche der einzelnen Grundrißformen, namentlich auch, um wieviel mehr Grundfläche nötig ist, je weniger Betten in einem Raum untergebracht werden. Zu beachten ist dagegen, daß bei weniger tiefen Räumen die Einheitskosten je Kubikmeter umbauten Raumes höher sind. Nach den Errechnungen im Deutschen Baukalender 1929, S. 169, kann indessen dieser Unterschied höchstens 8% betragen, also bei einem ganzen Bettenhause, bei dem nur für die Räume bis zu 4 Betten die Verteuerung in Frage kommt, würden die Gesamtkosten eines Bettenhauses um höchstens 2—3% höher.

Es bleibt noch zu untersuchen, wieweit die *Betriebswege* durch den längeren Flur verschlechtert werden. Nehmen wir entsprechend den Vorschlägen des Gutachterausschusses für eine Krankenabteilung von größter Ausdehnung, nämlich 50 Betten, 2 Räume zu einem Bett, 4 zu 2, 2 zu 4, 2 zu 6 und 2 zu 10 Betten an, so würden die kleinen Räume bei Anordnung der Betten gleichlaufend zum Fenster im ganzen und zwar um $2 \cdot 0{,}10 + 4 \cdot 0{,}20 + 2 \cdot 0{,}20 = 1{,}4$ m länger, die 6 und 10 Bettenräume dagegen um $2 \cdot 2{,}15 = 4{,}30$ m kürzer, weil man hier der Tiefe nach noch 3 Betten stellen kann, was bei Anordnung der Betten senkrecht zur Fensterwand wegen der zu großen Zimmertiefe von 8,05 m nicht angängig erscheint. Selbst wenn wir aber von diesem Vorteil absehen, so wird die Mehrlänge von 1,4 m zum großen Teil durch die kürzeren Wege in den Zimmern wieder aufgehoben. Die ganze Frage spitzt sich also darauf zu, ob die günstige Bettenstellung gleichlaufend zur Fensterwand eine Mehrausgabe von höchstens 1% für die Heizung rechtfertigt. Ich glaube, diese Frage muß bejaht werden.

Die Hauptabmessungen der Krankenräume hängen aber auch noch von sonstigen wichtigen Erwägungen ab.

Zimmertiefe der einseitig belichteten Räume. Glücklicherweise ist man schon seit längerer Zeit von den allzu großen Tiefen — eine solche von 9 m war vor 50 Jahren nahezu die Regel — trotz der wesentlich geringeren Kosten aus gesundheitlichen Gründen gänzlich abgekommen. Die Belichtung und die Durchlüftung ist in den tieferen Teilen der Räume zu ungünstig. Abb. 2 und 3 zeigt uns nun, daß 3 Betten längs oder 2 Betten quer zur Fensterwand höchstens 6,1 m Tiefe erfordern, bei einer Bettenreihe mehr würde man dieses Maß schon mindestens auf 8m steigern müssen. Da Zwischenmaße zwischen 6 und 8 m also keinen Vorteil in der guten Ausnutzung ermöglichen und 8 m schon an und für sich, wie oben gesagt, zu ungünstige Licht- und Luftverhältnisse schafft, so ergibt sich bei kleineren Zimmern als Regel eine Zimmertiefe von rund 6 m, die man bei Räumen von mehr als 6 Betten durch Anordnung eines Gebäudevorsprunges unschwer auf 6,5 m und etwas mehr steigern kann. Bei Bettenräumen für Lungenkranke will sogar Landesbaurat Lang statt des Maßes von 6 m nur bis auf eine Höchsttiefe von 5,6 m gehen, und stellt dabei in Tuberkulosekrankenräumen durch Einschränkungen der Zwischenräume sogar 4 Betten längs zur Fensterwand. Handelt es sich für eine ganze Abteilung nur um Räume für 1—2 Betten, wie z. B. bei Absonderungshäusern, so wird man die Tiefe sogar auf 4,25—4,9 einschränken können, d. h. von vornherein in der Tiefe nur auf höchstens 2 Betten gleichlaufend zur Fensterwand rechnen. Bei dieser geringen Tiefe kann man sogar ohne Bedenken vor den Räumen Liegehallen anordnen. Stellt man letztere so her, wie dies nachher unter Nr. 3 genau angegeben, so bleiben die Räume hinter der Liegehalle völlig ausreichend hell, wie sich das in Beetz-Sommerfeld erwiesen hat.

Es ist oben schon nachgewiesen worden, wie weit sich die Bau- und die Heizkosten bei geringerer Zimmertiefe je cbm verteuern können. Wo also kein besonderer Vorteil für die Kranken dabei herausspringt, wird man deshalb doch lieber auf Kosten der größeren Zimmertiefe die *Zimmerbreite* einzuschränken versuchen und diejenigen Grundrisse auf den Abb. 1—2 vorziehen, bei denen der Tisch nicht seitlich, sondern hinten zur Aufstellung kommt. Auch hier gibt die Zahlentafel auf S. 15 Auskunft, wieviel an bebauter Grundfläche erspart werden kann. Der Unterschied ist hier namentlich bei einbettigen Räumen nicht unbeträchtlich. Um bei ein- und zweibettigen Räumen, die in unmittelbarem Zusammenhang mit mehrbettigen und mit der gleichen Tiefe dieser letzteren angeordnet werden müssen, die Mindestfläche nicht allzu sehr zu überschreiten, verzichtet man vielfach selbst bei Anordnung der Betten senkrecht zur Fensterwand, auf den freien Gang zwischen Bett und Wand und schränkt dementsprechend zugunsten der Zimmertiefe die Breite von 2,60 m noch weiter ein. Man kann aber auch die an und für sich größere Breite ohne allzu große Vermehrung der Fläche beibehalten, wenn man die übermäßige Tiefe dieser schmalen Räume durch Einschalten von Besenkammern u. dgl. ausnutzt. Der Zugang zu den Bettenräumen erfolgt dann durch Doppeltüren oder einen kleinen Stichflur, Anordnungen, die auch die Geräusche von den Einzelzimmern besser fernhalten.

Für die zweckmäßige Tiefe der zweiseitig belichteten Krankenräume macht DENECKE im „Deutschen Krankenhaus“ S. 358 zwei Vorschläge, die beide die übliche Anordnung der Betten senkrecht zur Fensterwand voraussetzen. Bei diesen Sälen ist ein durchgehender Mittelgang das einzig Gegebene. Je nachdem in diesem noch die nötigen Tische ihre Aufstellung finden sollen oder nicht, verlangt DENECKE für den Mittelgang eine Breite von 3,60 m (ja 3,9 m) oder 2 m und kommt so zu einer notwendigen

Gesamtbreite von 9,2, ja 9,5 oder 7,60 m zwischen den Fensterwänden. Da er den „in den meisten deutschen Krankenhäusern gebräuchlichen" freien Zwischenraum zwischen den Betten mit 70—110 cm Breite nur in seinem Höchstmaß auf 100 cm herabsetzt, so beansprucht er für jedes Bett eine Fläche von mindestens 8,3 qm bzw. 8.85 qm. Es ist oben schon gesagt worden, daß für den Mittelgang eine Breite von 2,40 bzw. 1,4—1,6 m genügt, so daß die Saalbreite auf 7,4 m bzw. 6,5 m eingeschränkt werden kann (siehe die Tafel auf S. 15).

Gerundete Krankenräume und ihre bessere Besonnung. An Stelle einer streng rechteckigen Form des Grundrisses hat man vielfach auch solche mit kreisbogenförmigen Umfassungswänden ausgeführt, ja man hat hauptsächlich im Ausland, in England, Holland und in der Schweiz, große kreisrunde Säle bis zu 20 m Durchmesser, sogar mit nachgewiesenermaßen besserem Heilerfolg benutzt. Zunächst erscheint es rätselhaft, wieso ein solcher größerer Heilerfolg tatsächlich mit der Kreisform in Zusammenhang stehen kann. Ruppel weist aber mit Recht auf die gute Durchlüftbarkeit namentlich wegen des Fortfalls sogenannter toter Ecken, auf die gleichmäßige Beleuchtung und hauptsächlich die Möglichkeit einer reichlichen Durchsonnung hin (a. a. O. S. 292f.), verkennt indessen auch nicht die unvorteilhafte Ausnutzung der Saalfläche bei wachsendem Durchmesser, die durch einen schwer lüftbaren, die Sonnenstrahlen behindernden Glaseinbau im Mittelpunkt des Saales nicht gerade glücklich verbessert wird. Weiter hält er es für einen Übelstand, daß den Kranken der Anblick fast aller ihrer Leidensgenossen gleichsam aufgedrungen wird. Vor allem aber fürchtet er, daß das Sonnenlicht durch die vielen angebauten Nebenräume doch wiederum allzusehr behindert wird. Nach diesen Bemerkungen Ruppels muß man den Vorteil kreisförmiger Säle hauptsächlich der reichlichen Einwirkung der Sonnenstrahlen zuschreiben. Gehen wir aber nun dieser letzteren näher nach, so müssen wir leider feststellen, daß weder die Heilwirkung der Sonnenstrahlen schon genügend erforscht ist, noch daß man sich schon viel damit beschäftigt hat, wie man in den Krankenzimmern die Wirksamkeit der Sonnenstrahlen am günstigsten ausnutzen kann. Korff-Petersen weist im Handbuch der Hygiene und Gesundheitsfürsorge, Bd. 5, Abschn. 2 selbst darauf hin, daß eine Einwirkung des Lichts z. B. auf den Stoffwechsel bei den Menschen bisher noch nicht nachgewiesen ist. Abgesehen davon, daß bei einzelnen Krankheiten eine heilende Wirkung der Sonnenstrahlen als erwiesen angesehen werden muß, daß aber anscheinend immer noch nicht einwandfrei festgestellt ist, welchen Strahlen die größere Wirksamkeit beizumessen ist, kommt er schließlich zu dem Schluß, die wirksamsten Sonnenstrahlen würden in der Wohnung so geschwächt und die Bekleidung der menschlichen Körper hindere derart, daß nur eine belebende Wirkung der Sonnenstrahlen übrig bleibe. Aber selbst, wenn nur diese belebende Wirkung in Betracht kommen würde, so sollte man doch in keinem Krankenhaus auf dieses Mittel ganz verzichten, vielmehr dafür sorgen, daß es allen Kranken in möglichst großer Menge zugute kommt. Vor allzuviel Sonne kann man durch Vorhänge und Sonnenläden schützen, in Räume mit schlechter Sonnenlage kann man unmöglich mehr Sonne hineinzaubern. Wenn es nun auch nicht möglich ist, das Ergebnis eingehender Untersuchungen für die Frage der besten Grundrißform zu verwerten, so dürfte es doch möglich sein, an Hand einfacher Überlegungen schon zu einem gewissen Ziel zu kommen. Hierbei soll nur die Wirkungsmenge der Sonnenstrahlen, und zwar auch nur nach ihren beiden Hauptgrößen, der Größe der Einfallsfläche in den Raum und der Zeitmenge in Betracht gezogen werden. Die Einfallsfläche, d. h. die lichte Öffnung der Fensteröffnungen darf dabei in ihrer Einheit als gleichwertig angesehen werden, da nach den verschiedenen Himmelsrichtungen hin die Fensteröffnungen gleich groß angelegt werden können, und nur die Anzahl der Fenster durch die Eigenart des Falles bedingt ist. Es kommt also nur darauf an, sich klarzumachen, wieviel Stunden im Jahre die Sonnenstrahlen in einen Raum einzudringen vermögen, wobei von Behinderungen durch Wolken und auch durch hindernde Berge, Häuser, Bäume u. dgl. zunächst einmal ganz abgesehen wird. Die Sonne steht im ganzen Jahre $12 \cdot 365 = 4380$ Stunden am Himmel. Macht man sich klar, unter welchem Winkelgrad zur Nordlinie die Sonne an den einzelnen Tagen des Jahres aufgeht, so ist es nicht schwer auszurechnen, wieviel Stunden des Tages und des Jahres die Sonne auf eine beliebig gerichtete senkrechte ebene Wandfläche ihre Strahlen richten kann. Die flach auffallenden Strahlen können aber noch nicht durch die Fensteröffnungen in den Raum eindringen. Wie man sich leicht überzeugen kann, vermögen selbst bei der geringsten Mauerstärke von 38 cm und den üblichen Fensterbreiten nur diejenigen Strahlen in den Raum einzudringen, die unter mehr als 25° auf die Fläche fallen. Unsere üblichen Fenster können die Sonnenstrahlen also höchstens in einer Winkelweite von $180 - 2 \cdot 25 = 130°$ einfangen. Da nun ein vollständig freies Feld vor den Fenstern nur in den seltensten Fällen vorhanden ist, die nahezu wagerechten Strahlen auch wegen der großen Stärke der Dunstschicht, die sie durchdringen müssen, nur sehr wenig wirksam sind, dürften die Strahlen von 0—2° über dem Horizont bei der Stundenberechnung außer Betracht bleiben. So ergeben sich für die 8 Haupthimmelsrichtungen folgende Meiststunden der Sonnenbestrahlung im ganzen Jahr:

Die Sonnenstrahlen fallen bei Richtung einer Außenwand nach	S	SO oder SW	O oder W	NO oder NW	N
a) auf die Wand	3975	3310	2190	1120	106
b) durch die Fenster der Wand . .	3125	2710	1606	435	16
c) bei Abzug der Strahlen unter 2°	3040	2590	1465	370	—

Diese Zahlen zeigen zunächst, daß die bisher viel verwendete Ost- und Westrichtung den Krankenzimmern in bezug auf Sonnenwirkung nur bei zweiseitiger Fensteranordnung der Südlage annähernd gleich zu bewerten ist, wobei auch zu bedenken ist, daß in den wenigsten Fällen eine bis auf 2° freie Lage erreichbar ist. Wenn nun der Gutachterausschuß Krankenzimmer von höchstens 10, in der Regel sogar nur 6 Betten vorschlägt, für derartig kleine Räume aber eine Belichtung von zwei Seiten kaum noch in Frage kommt, so ergibt sich als die notwendige Folge dieses Vorschlages, daß in Zukunft für Krankenzimmer nur noch Südlage in Betracht zu ziehen ist, und daß höchstens noch Abweichungen bis zu 45°, d. h. höchstens Südost- oder Südwestlage als günstig angesehen werden kann. Es kommt noch hinzu, daß bei vielen kleinen Krankenräumen die zahlreicheren Zwischenwände dem tieferen Eindringen der schräg einfallenden Sonnenstrahlen hinderlich sind. Dieser Übelstand kommt in den ausgerechneten Sonnenstrahlenstunden nicht zum Ausdruck, man wird aber gerade deshalb bei kleineren Krankenräumen ein um so größeres Gewicht auf gute Sonnenlage legen müssen.

Wie weit kann nun die für einseitige Belichtung günstigste Lage nach Süden hin noch verbessert werden? Ein runder Saal für 6 Betten mit der notwendigen Grundfläche von 45 qm muß einen inneren Durchmesser von 7,6 m erhalten, und hat eine Wandfläche von beinahe 24 m. Gibt man ihm nach den 8 Haupthimmelsrichtungen hin, also in einem Achsabstand von 3 m, 8 Fenster, so wirken auf den Raum $3040 + 2 \cdot (2590 + 1465 + 370) = 11890$ Sonnenstunden ein. Der gebräuchliche rechteckige Raum für 6 Betten erhält bei der üblichen Länge von 7,5 m im allgemeinen nur 3 Fenster, die Sonnenstunden betragen also nur $3 \cdot 3040 = 9120$, schon bei Ausführung von 4 Fenstern, die sehr wohl noch ausführbar sind, wächst aber die Sonnenwirkung auf 12160 Stunden und übertrifft damit den runden Saal. Liegt der rechteckige Saal nach 3 Seiten hin frei, so kann man außer den 4 Südfenstern auch noch 2 Ost- und 2 Westfenster anlegen, durch welche die Wirkung sogar auf 18020 Sonnenstunden steigen kann, also bei gleicher Fensterzahl eine um 50% bessere Wirkung zu erzielen ist. 8 Fenster ergeben nun aber schon eine weit über das Bedürfnis hinaus große Fensterfläche ($^1/_3$ der Bodenfläche), die viel Heizungskosten erfordert. Da die Fenster nach Norden so gut wie ganz, die nach Nordost und Nordwest, wie die Zahlen beweisen, nahezu ohne Sonne sind, so wird man statt des vollen Kreises beinahe ebenso gut einen Halbkreis als Grundfläche wählen können, der sich auch schon weit besser an ein Gebäude angliedern läßt und mit seinen 5 Fenstern schon 11150 Sonnenstunden ermöglicht. Ihm steht ein rechteckiger Raum mit 3 Südfenstern und je einem Ost- und Westfenster mit zusammen 12050 Sonnenstunden gegenüber, der also ebenfalls wieder günstiger ist.

Wir werden nun weiter unten sehen, daß es nicht nur schwierig ist, kreisförmige, selbst halbkreisförmige Säle in einen Grundriß einzupassen, sondern daß auch dreiseitig belichtete rechteckige Räume mit der Hauptseite nach Süden nur in geringer Zahl, und diese auch nur sehr schwer untergebracht werden können, ohne daß die Sonnenbestrahlung der benachbarten Räume wesentlich leidet. Dieser Übelstand kann vermieden werden, wenn man die Vorderwand eines größeren, einseitig belichteten Raumes nur wenig krümmt, wie dies in Abb. 4 dargestellt ist. Während bei dem rechteckigen Saal der Vorsprung von nur 1 m den Lichteinfallswinkel des Nachbarfensters schon auf 120° herabmindert, behält dieses bei der Krümmung seinen Einfallswinkel sogar bis zur vollen üblichen Größe von 130° hinaus bei, vor allem aber vergrößert sich der Einfallswinkel der in der Krümmung angeordneten Fenster bis auf mehr als 180°. Gewiß, die Gesamtsumme der Sonnenstunden wird dabei nicht vermehrt, sondern sogar um weniges vermindert, schätzungsweise von $9 = 3040 \times 27360$ Stunden auf mindestens 26700 Stunden. Der Vorteil liegt aber darin, daß in mindestens 9 Monaten die Sonnenbestrahlung morgens schon früher beginnt und abends später aufhört, in den Sommermonaten sogar um ungefähr je 2 Stunden, ein Vorteil, der namentlich bei zeitlich bewölktem Himmel eine größere Gewähr wenigstens für zeitweise Besonnung bietet. Auf die günstige Anordnung der Betten möge nur kurz hingewiesen werden. Die Zahlenergebnisse lassen übrigens vermuten, daß die besseren Heilerfolge, wie sie in der Schweiz bei runden Krankensälen statistisch

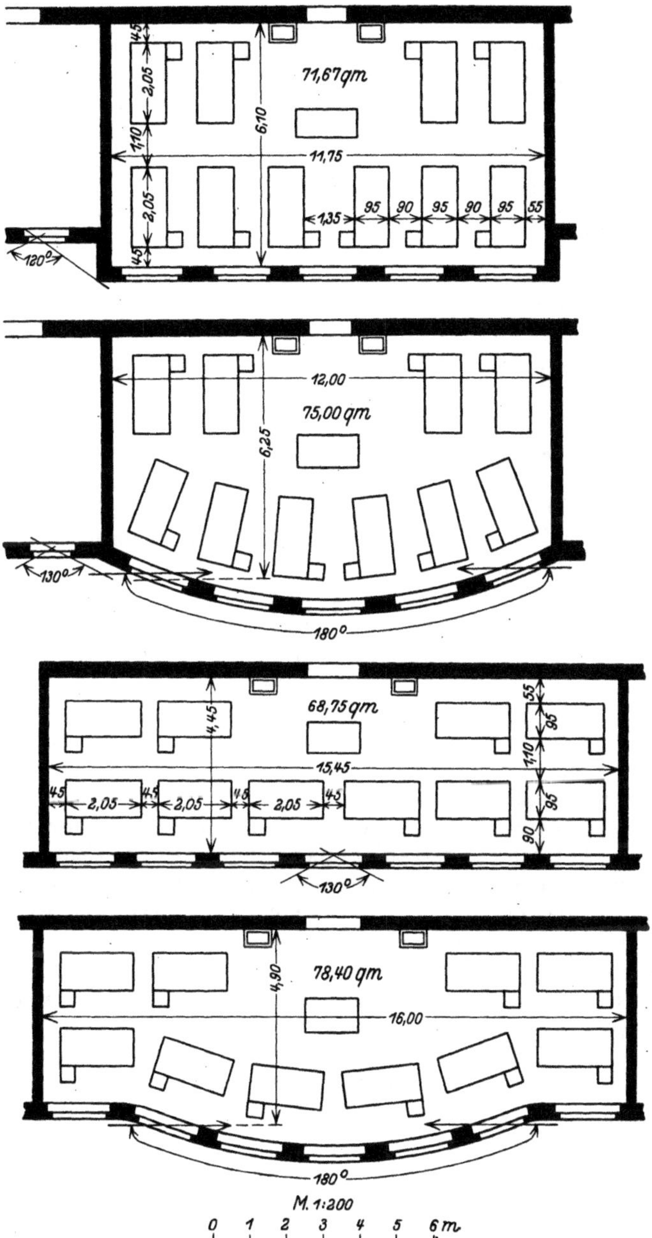

Abb. 4. Zehnbettensäle mit gerader und gebogener Fensterwand.

nachgewiesen sind, letzten Endes weniger auf die runde Grundrißform zurückzuführen sind, sondern nur auf die durch die Rundung allerdings begünstigte Vermehrung der Fenster oder auch auf die Verteilung der Fenster nach verschiedenen Himmelsrichtungen hin. Die Frage und ihre Lösung ist immerhin wichtig, und es ist deshalb zu wünschen, daß dementsprechende Erhebungen an möglichst vielen und verschiedenen Orten angestellt werden. Vielleicht geschieht dies im städtischen Krankenhaus Ludwigshafen a. Rh., wo 1927 ein kreisrunder Saal von 13 m Durchmesser für 16 Betten errichtet ist. (Wasmuths Monatshefte für Baukunst 1929 H. 8.) Es könnte sein, daß man auf Grund solcher Untersuchungen doch noch zu einer wesentlichen Verbesserung der Grundrißform von Krankenräumen käme.

Raumhöhe. Der Luftraum für den Krankenraum war früher durchweg so bemessen, daß bei Einhaltung der Mindestfläche von 7,5 qm eine lichte Zimmerhöhe von 4 m nicht unterschritten werden durfte. Die Absicht, die Baukosten durch die Bestimmungen nicht übermäßig zu steigern, hat zu einer Verminderung des geforderten Luftraumes geführt, und zwar hauptsächlich deshalb, weil damit auch die meist völlig unnötige Höhe aller anderen Räume, Flur und Treppen, sich ebenfalls vermindert. Nun ergibt aber diese Verminderung des Luftraumes kein einheitliches Höhenmaß mehr; bei einbettigen Räumen beträgt es 3,5 m, bei mehrbettigen 3,33 m, bei Kindern 3 m. Da man bei einbettigen Räumen die Grundfläche gern auch über das Mindestmaß heraus steigert, kann man schon bei einer Grundfläche von 10,5 qm für das Einzelzimmer mit einer lichten Höhe von 3,33 m für alle Fälle auskommen, namentlich wenn man den Vorschlägen des Gutachterausschusses entsprechend auf größere Bettensäle verzichtet, bei denen man früher aus Gründen der Raumwirkung sogar noch meist über die lichte Höhe von 4 m hinausging. Die Stockwerkshöhe wirkt auf die Grundrißabmessungen des Treppenhauses ein, man wird vielfach eine Vergrößerung desselben vermeiden können, wenn 20 Treppensteigungen ausreichen, d. h. wenn die Stockwerkshöhe nicht größer als $20 \cdot 0{,}18 = 3{,}60$ m zu sein braucht. Bei 3,33 m lichter Höhe bleibt dann für die Decke nur 27 cm, was bei schallsicheren Decken sehr knapp ist. Es wäre deshalb erwünscht, wenn in den behördlichen Bestimmungen das Maß des zulässigen Luftraumes noch auf 24 cbm und 32 herabgemindert würde, damit 3,2 m auf alle Fälle reichen. Will man bis dahin allen Schwierigkeiten aus dem Wege gehen, so empfiehlt es sich schon am meisten, die Grundfläche auch in den mehrbettigen Räumen so zu erhöhen, daß mit 3,2 m Höhe der vorschriftsmäßige Luftraum von 25 cbm erreicht wird, und zwar, weil diese Grundrißvergrößerung — es handelt sich übrigens nur um eine Vergrößerung von 7,5 auf 7,82 qm — für die Krankenbehandlung vorteilhafter ist als die Steigerung der Höhe.

Bauliche Sonderansprüche. An die bauliche Ausführung der Krankenräume sind in mancher Beziehung noch größere Anforderungen zu stellen als an Wohnräume, sind sie doch nicht wie diese nur dazu da, gesunden Menschen eine gesunde Unterkunft zu bieten, sondern sie sollen den Heilungsvorgang des kranken Menschen zum mindesten nicht aufhalten oder gar beeinträchtigen, wenn möglich sogar fördern. Von der belebenden Wirkung der Sonne ist oben schon gesprochen, sie wird vermittelt durch die Fenster, die deshalb größer angelegt werden sollen als in Wohnräumen, nämlich nach den preußischen Bestimmungen in einbettigen Zimmern mindestens 2 qm groß, in mehrbettigen mindestens $^1/_7$ der Zimmerfläche. Letzteres ist nicht übermäßig viel, man sollte deshalb im allgemeinen über dieses Mindestmaß noch hinausgehen und statt $^1/_7$ mindestens $^1/_6$—$^1/_5$ wählen, wie das auch jetzt sogar vielfach geschieht. Wichtig ist allerdings die andere Bestimmung, daß auf jeden Punkt des Fußbodens von Krankenräumen das Himmelslicht mit einem Lichteinfallswinkel von 5° dauernd einwirken kann. Diese Bestimmung weist darauf hin, wie wichtig für die Belichtung unserer Innenräume gerade die unmittelbare Einwirkung des Himmelslichtes ist, und zwingt fast stets dazu, den Fenstersturz möglichst hoch zu legen.

Abgesehen von den Fenstern wird die gute Luft in Krankenräumen in erster Linie durch den behördlich vorgeschriebenen Luftraum erreicht, in zweiter durch künstliche Lüftung, über die hauptsächlich in einem anderen Teil dieses Werkes die Rede sein wird. Drittens wird man aber auch schon durch wohldurchdachte Grundrißanordnung schlechte Luft, Rauch, Wrasen, Küchen- und andere Gerüche möglichst fernhalten müssen. Weiter ist die Fernhaltung von Geräuschen und die Verhütung von Lärm von größter Wichtigkeit, da äußere Ruhe für die meisten Kranken unbedingtes Heilerfordernis ist. Nicht nur durch schalldämpfende Baustoffe, sondern auch durch genügende Wandstärke — Zwischenwände zwischen Krankenräumen sollte man z. B. nicht schwächer als 25 cm machen — und durch Vermeidung gewisser Raumformen, die den Widerhall verstärken, wie z. B. glatte Gewölbe in Fluren, kann man baulich schon ganz außerordentliche Dienste den Kranken erweisen. Besonders starke Geräusche hervorbringende Anlagen, wie Aufzüge, Transmissionen, auch Treppen, wird man möglichst abseits von den Krankenräumen unterbringen oder sogar durch Vorräume abtrennen. Namentlich können Lüftungskanäle störend wirken, da sich in ihnen das Geräusch der zum Betriebe dienenden Motoren auf weite Strecken fortpflanzt. Schnell laufende Motoren wirken weit schlimmer als langsam laufende. Will man sich nicht mit Fensterlüftung begnügen, so können bei der Anordnung der Kanäle schon günstigere Ergebnisse erzielt werden, indem man ihnen möglichst großen Querschnitt gibt, und die Strecke zwischen Raum und großem Verteilungskanal nicht zu kurz anlegt. Auch empfiehlt es sich, im Dachgeschoß vor dem Motor eine kurze Strecke des Kanals aus Leder, Gummi oder dichtem Leinen herzustellen oder filzgefütterte Querwände einzuschalten u. dgl. m.

Besondere Beachtung verdienen die Rohrleitungen. Von der Gepflogenheit, sie der besseren Zugänglichkeit wegen frei auf die Wand zu legen, ist man wegen der schwereren Reinhaltung der Wände und wegen der größeren Geräusche mehr und mehr abgekommen, zumal heutzutage bei einer guten neuzeitlichen Ausführung Undichtigkeiten und deshalb Ausbesserungen nur in sehr langen Zeiträumen vorkommen sollten. Man verlegt sie deshalb am besten in ausgesparte Wandschlitze, die sich möglichst nicht nach dem Krankenzimmer hin, sondern nach dem Flur hin öffnen und nach Fertigstellung der Leitungen und Herstellung einer Abdichtung innerhalb jeder Zwischendecke durch Drahtputz geschlossen werden. Im übrigen kann auch das Strömungsgeräusch durch Wahl reichlicher Querschnitte der Leitungsrohre vermindert werden. Die in die Krankenräume hineinführenden Abzweige sind ebenfalls mit schalldämpfenden Mitteln innerhalb der Wand abzudichten. Heizkörper sind möglichst an starken Wänden mit Bolzen zu befestigen, die innerhalb der Wand mit Nichtleitern zu umgeben sind. Die Fenster wird man schon allein aus Gründen der Schalldämpfung doppelt machen, desgleichen Oberlichtfenster über Türen. Die Türen selbst wird man in besonderen Fällen ebenfalls doppelt herstellen, und zwar neuerdings am besten aus Sperrholzplatten mit Filzeinlage und ohne Hohlräume zwischen den Platten. Diese Ausführungsweise hat auch noch den Vorzug, daß die Türplatte keine Staub- und Schmutzwinkel hat, wie die mit Rahmen und Füllung gearbeiteten. Zur guten Schalldämpfung der Fenster und Türen gehört aber außerdem noch, daß sie gut mit dichten Falzen gearbeitet sind, auch womöglich Filz- oder besser Gummidichtung haben. An den Schlüssellöchern dürfen Schlüsselschilder nicht fehlen.

Wenn oben schon auf die Reinigungsmöglichkeit aller einzelnen

Teile des Raumes hingewiesen ist, so hat dieser Grund auch noch zu einer Besonderheit des Krankenhausbaues geführt, nämlich, alle Mauerecken und Kanten möglichst auszurunden, wie das zwischen Wand und Decke selbst im Wohnungsbau üblich ist. In scharf einspringende Kanten lagert sich allerdings der Staub des Zimmers wenig ab, weil in der scharfen Kante die Luftbewegung ganz aufhört. Im Wohnungsbau rundet man deshalb die Kanten aus Schönheitsrücksicht aus, weil die scharfen Kanten sich sehr bald wegen ihrer fehlenden Staubablagerung hell abheben, und so die Verstaubung der Wände auffallend machen. Die Ausrundung beim Krankenzimmer erfolgt aus entgegengesetzten

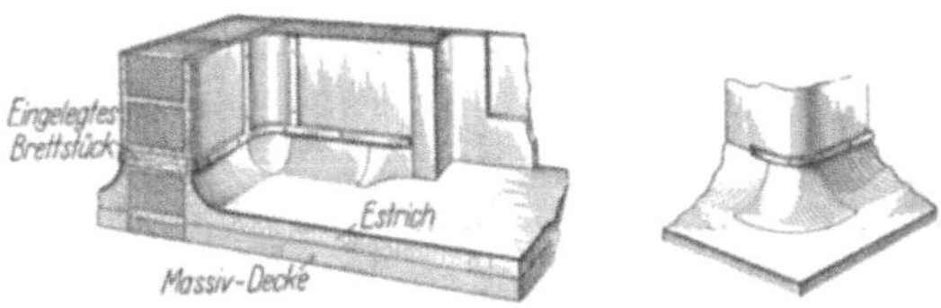

Abb. 5. Fußbodenkehlen aus besonderen Paßstücken bei Linoleumbelag.

Gründen, nicht, damit sich der Staub dort auch ablagern kann, sondern damit die Reinigung von Krankheitskeimen um so leichter und gründlicher erfolgen kann. Über das Maß der Ausrundung sind die Ansichten noch nicht recht geklärt. Mitunter findet man in den Zimmerecken sehr starke Ausrundungen mit einem Halbmesser von 10 cm, ja bis zu 40 cm. Das verteuert den Bau und erschwert unter Umständen schon die Ausnutzung des Raumes. Für die Kante zwischen Fußboden, deren Ausrundung an den Türen und in den Zimmerecken ganz besondere Schwierigkeiten macht, haben die Linoleumwerke jetzt besondere Formstücke (Abb. 5) eingeführt, die einen Halbmesser von 7 cm aufweisen. Da diese Ausrundung ihren Zwecken schon vollauf genügt, sollte man den Halbmesser von 7 cm auch für die Wände beibehalten, für die Deckenkehlen steht sogar nichts im Wege, das Maß auf 5 cm einzuschränken, und zwar, weil dann nach den Aufmaßbestimmungen der TVB. eine besondere Kostenberechnung fortfällt.

Wände, Decken und Fußböden sollen leicht abwaschbar sein, aber nicht nur der Baustoff, sondern auch der Farbenton und die Musterung wollen für einen Krankenraum ganz besonders bedacht sein, und zwar auch wieder aus dem Gesichtspunkt heraus, daß der Heilungsvorgang des Kranken nicht beeinträchtigt, sondern gefördert wird. Das geschieht schon dadurch, daß die Stimmung des Kranken nicht gedrückt, sondern nach Möglichkeit gehoben wird. Allgemein bekannt ist, daß man Muster vermeiden soll, die zum Abzählen anreizen. Vor allem aber ist der Farbenton von Bedeutung. Rotes Licht macht zwar lebhaft und munter, aber auch unruhig und reizbar, ist also für Räume, in denen Kranke zur Ruhe kommen sollen, nicht geeignet. Gelb wirkt behaglich wärmend und erheiternd und reizt auch nicht wie Rot zu unlustvollen Empfindungen. Grüngelb wirkt am unentschiedensten, während Grün, Blau und Violett beruhigend, hemmend, aber auch — namentlich Violett — niederdrückend wirken. Man hat beobachtet, daß grünes Licht anfänglich für das Auge angenehm, allmählich aber drückend wurde, daß blaues Licht eine beruhigende und einschläfernde Wirkung, besonders bei Kranken ausübt, erregte Personen aber schwermütig und träumerisch macht. Nach alledem soll man überhaupt allzu ausgesprochene Töne vermeiden, vielmehr möglichst helle, leicht gebrochene Farbtöne verwenden.

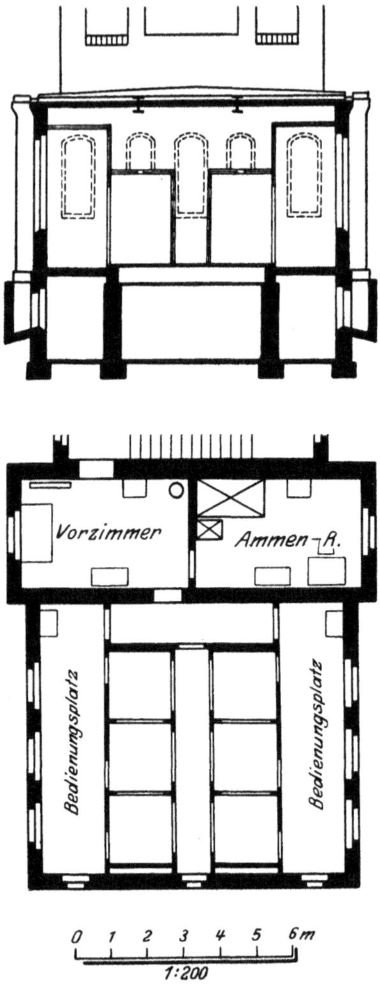

Abb. 6. Düsseldorf, allg. städt. Krankenhaus, Abteilung für lebensschwache Säuglinge. Sechs Buchten 1,8 × 1,8 m für 1—2 Betten.

1a. Krankenräume für ansteckende Kranke.

Die Krankenräume für ansteckende Kranke unterscheiden sich baulich in nichts von den anderen Krankenräumen, nur, daß hier auf Abwaschbarkeit ein noch größerer Wert gelegt werden muß. Die Ansteckungsgefahr macht natürlich im allgemeinen kleinere Krankenräume erwünschter, damit die Übertragung von einem

Kranken auf andere geringer wird. Bei Kindern würde das nun zu sehr kleinen Räumen führen, welche die Wartung sehr erschweren und verteuern. Man hat sich deshalb vielfach mit Glastrennwänden geholfen. (Abb. 6) Einen sehr bemerkenswerten Versuch hat Prof. C. v. PIRQUET in Wien veröffentlicht (Z. Krk.-hauswes. 1928, S. 741). Er schließt 6 Säuglingsbetten unter sich und nach außen hin durch Glaswände ab (Abb. 7). Schiebefenster an allen Seiten sorgen für genügende Zugänglichkeit. Eine künstliche Lüftung hat sich nicht als notwendig erwiesen, ein Spalt von mehreren Zentimetern um die Matratze herum genügt für die erforderliche Lufterneuerung und zur Verhütung allzu großer Wärme vollkommen. Nach 8 Monaten war selbst bei Frühgeborenen Schnupfenerkrankung nicht vorgekommen, trotz Verkehrs vieler Besucher, natürlich bei geschlossenen Schiebefenstern. Baulich ist die erzielte Raumersparnis sehr beachtenswert, da unter Zugrundelegung der genormten Maße für Säuglingsbetten (100 × 65 cm) und für Betten kleinerer Kinder (130 × 70 cm) das Außenmaß des 6-Bettengestells 3,75 und 1,55 m nicht übersteigen dürfte.

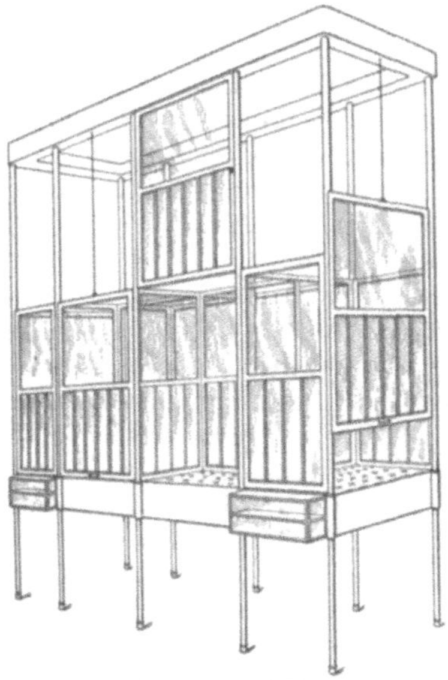

Abb. 7. Glaseisenbehältnis für 2 Kleinkinder und 4 Säuglinge nach Prof. C. v. PIRQUET, Wien.

2b. Der Krankenraum nach Vorschlag Dosquet.

Schon im Jahre 1905 ist Sanitätsrat Dr. DOSQUET in Berlin mit Vorschlägen zu einer anderen Ausgestaltung des Krankenraumes hervorgetreten, nachdem er in seinem eigenen Krankenhaus Nordend in Berlin-Niederschönhausen ein kleines Bettenhaus nach seinen eigenen Grundsätzen hatte errichten lassen. Im Krankenhausjahrbuch 1913 hatte er dann durch die Befolgung seiner eigenen Vorschläge für die Krankenbehandlung eine wesentliche Verbilligung der Krankenhausbauten nachzuweisen versucht. Das hat den Verfasser dieses Buches schon damals veranlaßt, gerade diese Kostenfrage, in der „Hygiene“ 1914, Heft 2—3, einer eingehenden Prüfung zu unterziehen, die mit dem Ergebnis endete, daß von einer Ersparnis schwerlich die Rede sein könne. Seine Vorschläge selbst haben dann nur sehr langsam weitere Beachtung gefunden. Im Krankenhaus Cöln-Lindenburg hat man nachträglich einige Räume nach DOSQUETschen Vorschlägen eingerichtet. In Zwickau hat man einige Bettenhäuser danach gebaut, und auch noch an anderen Stellen hat man sein Verfahren übernommen. Ein Aufsatz DOSQUETs in der Z. Krk.hauswes. 1926, S. 676, in dem auch ein von den Architekten MOHR und WEIDNER bereits 1913 gefertigter Entwurfsvorschlag wiedergegeben ist, hat zu vielfachen lebhaften Erörterungen geführt, die schließlich durch einen sehr beachtlichen Aufsatz des Herrn Geheimrat Prof. Dr. BRAUN (1927, S. 318) zu einem gewissen Abschluß gekommen sind, ohne daß jedoch, wie gezeigt werden wird, das Für und Wider schon erschöpfend zur Sprache gebracht wäre. So sehr alle Bestrebungen nach Verbilligung der Krankenhausbauten unterstützt werden müssen, so hat doch auch noch niemand Anstoß sogar an Verteuerungen genommen, sobald nur die gesundheitlichen Vorteile anzuerkennen waren. Es sei nur an die Erfindung RÖNTGENs erinnert, die heutzutage große und kostspielige bauliche Aufwendungen erfordert. Sofern daher die Freiluft- und Lichtbehandlung nachweislich zu einer verminderten Belegung unserer Krankenhäuser führt, wird auch hier niemand mehr Anstoß nehmen, selbst bei einer, dem Vorteil einigermaßen entsprechenden Vermehrung der Baukosten, da dies ja durch Verminderung der Zahl der Kanken reichlich aufgehoben würde. Um so wichtiger bleibt dann aber die Frage, wieviel die etwaigen Mehrkosten betragen, damit man mit diesen von vornherein rechnen kann. Auch schon aus diesem Grunde erscheint ein genaueres Eingehen auf den Vorschlag geboten.

An sich entspricht in baulicher Beziehung der auf Abb. 2 gekennzeichnete Fall mit einer Bettenreihe schon völlig dem Vorschlag DOSQUETS (Z. Krk.hauswes. 1926, S. 676), sobald die Fensteröffnung verbreitert, bis auf den Fußboden heruntergeführt, und durch ein Brüstungsgitter abgeschlossen wird. DOSQUET bezweckt mit seinem Vorschlage eine Frei-, Licht- und Luftbehandlung des Kranken, ohne daß eine Ortsveränderung desselben nötig ist. Vor allem soll eine Wärmestauung beim Kranken vermieden, im Gegenteil eine günstigere Wärmeabgabe durch die Haut hervorgerufen werden. Das Fenster soll deshalb möglichst dauernd, also auch im Winter geöffnet sein, nur während der ärztlichen Behandlung, und in Ausnahmefällen soll es geschlossen werden. Auf die Heilwirkung der Sonne legt dabei DOSQUET auffallenderweise kein besonders großes Gewicht, denn in seinem Musterentwurf (Z. Krk.hauswes. 1926, S. 679) gibt er einem starken Drittel der Krankenbetten eine Lage zur Sonne, wo sie, wie die Ausführungen oben ergeben, nur in sehr wenig Stunden des Tages Sonnenlicht erhalten, und auch die Lage der übrigen Betten ist von der denkbar besten Ausnutzung der Sonnenstrahlen ziemlich weit entfernt. Gewiß baut man jetzt auch Liegehallen unmittelbar nach Norden, und die DOSQUET-Hallen sind ja schließlich nichts anderes als Liegehallen. Aber diese sollen doch Liegehallen für die Dauer sein, während die Nordliegehallen nur in der heißesten Sommerzeit die sonst noch vorhandenen Südliegehallen ergänzen sollen. DOSQUET nimmt auch weiter den Übelstand mit in Kauf, daß die Kranken ins Licht sehen, und infolgedessen häufig Schutzbrillen tragen müssen. Das würde sich vermeiden lassen, wenn die Betten nicht senkrecht zur Fensterwand, sondern gleichlaufend dazu angeordnet würden, so wie das in dem ausgezeichneten kleinen Krankenhaus der Schwestern vom heiligen Kreuze in Innsbruck durchgeführt ist (Abb. 203). Bei dieser Anordnung liegt der Kopf des Kranken sogar noch um rund 1 m näher dem Fenster, und damit näher der Luft und dem Licht. Der Kranke kann besser lesen, da er das Buch dem Licht zuwendet. Offenbar hat DOSQUET von einer derartigen noch günstigeren Lösung seines Vorschlages Abstand genommen, weil dann bei einreihiger Anordnung der Betten die erforderliche Fensterwandbreite für das Bett zu groß wird, sie würde allerdings von 1,6—1,8 m auf 2,4—2,6 m, also um 50% anwachsen. Bei dem kleinen, erst 1928 erbauten Bezirkskrankenhaus Waiblingen (Bauwelt 1929, H. 1), das die DOSQUETsche Bettenstellung mit seinem Bettenachsabstand von etwa 1,70 m durchgeführt hat, ist das erste und letzte von den 34 Betten eines Geschosses allerdings schon 70 m voneinander entfernt, und man wird wahrscheinlich vor einer weiteren Verlängerung auf über 100 m zurückgeschreckt sein. Immerhin dürfte, wenn man nun schon einmal zuungunsten der Gesundheit Zugeständnisse macht, ernstlich zu überlegen sein, ob man dann nicht ebenso gut, oder noch besser, 2 Betten hintereinander, aber gleichlaufend mit der Fensterwand anordnen soll. Im Krankenhaus Zwickau (Z. Krk.hauswes. 1926, S. 103) (Abb. 116) hat man, jedenfalls der günstigeren wirtschaftlichen Ausnutzung wegen, von 31 Betten auch schon 4 Betten in die 2. Reihe gestellt, aber in senkrechter Richtung zum Fenster, so daß hier der Kopf des in der 2. Reihe Liegenden schon um rund 2,50 m weiter vom Fenster abliegt, als der im vorderen Bett. Bei einer Stellung der Betten gleichlaufend zur Fensterwand liegt der Kopf des Kranken der 2. Reihe aber höchstens 40 cm weiter vom Fenster ab. Es kommt also auf die Frage hinaus, ob dieser Unterschied von 40 cm überhaupt schon gesundheitlich einen nennenswerten Nachteil mit sich bringt, oder ob nicht diese Anordnung sogar deshalb vorzuziehen sein wird, weil die übermäßige Tiefe der DOSQUETschen Räume sowieso im Falle der Not stets zur Aufstellung weiterer Betten in der 2. Reihe verleiten wird. In dem oben erwähnten Waiblinger Krankenhaus würde die Entfernung von 70 m sich auf 56 m oder um 20% vermindern. Die Frage ist also tatsächlich für die Entwurfsbearbeitung von grundsätzlicher Bedeutung. Bisher hat die strenge Durchführung von DOSQUETS Vorschlägen nämlich noch zu keiner technischen Lösung geführt, die eine Verbilligung der Baukosten bewiesen hätte, im Gegenteil, SCHMIEDEN hat (Z. Krk.hauswes. 1928, S. 271) nicht nur keine Ersparnisse, sondern nicht unerhebliche Mehrkosten von 560 M. je Bett herausgerechnet, und zwar selbst bei Befolgung von DOSQUETS Vorschlag, Flure möglichst fortzulassen. Das nimmt zunächst wunder, wird aber doch begreiflich, wenn man in Betracht zieht, daß DOSQUET dafür die Krankenzimmer selbst um 1,40 m über die Vorschriften hinaus tiefer macht, und daß als Ersatz für den fehlenden Flur durch die rückwärts gelegenen Räume ein Durchgang geschaffen werden muß, der diesen Räumen zu ihrer eigentlichen Benutzung verlorengeht. So wird also im ganzen eine viel breitere Fläche in Anspruch genommen, als wenn man einen Flur anlegen würde. Dabei ist die größere Fläche des Krankenzimmers kaum von Nutzen, denn bei den stets offenen Fenstern ist der größere Luftraum für den Kranken wenig von Belang, für die zeitweilige Beheizung des Raumes aber ein um so größerer Nachteil.

Der Vorschlag DOSQUETS, die Flure einzuschränken, bringt nicht nur den Nachteil mit sich, daß die Kranken durch den Durchgangsverkehr viel mehr gestört werden, er hat auch in Zwickau dazu geführt, daß die Teeküchen ganz am Ende des Gebäudes liegen, so daß die Schwestern bis zum letzten Krankenbett hier einen sehr langen Weg haben. Mit dem an und für sich anzuerkennenden Bestreben, die Betriebswege möglichst kurz anzulegen, gerät man denn auch bei Beschränkung der Flure leicht in Widerspruch. Wenn also der Vorschlag, den Flur fortzulassen bisher auch keine Lösung gebracht hat, die nicht viele andere Nachteile nach sich gezogen hätte, ohne die erwarteten Ersparnisse zu verbürgen, so sollte man doch wohl besser diese Frage der Flurverminderung überhaupt nicht mit den DOSQUETschen Vorschlägen verquicken.

Ähnlich liegt es mit noch einigen anderen Fragen, bei denen Dosquet nicht die ärztlichen Anforderungen umrissen, sondern schon ganz bestimmte technische Lösungen als Forderungen hingestellt hat, wodurch er nunmehr gezwungen wird, auch die Schattenseiten dieser Lösungen zu verteidigen, und außerdem die Techniker verhindert, bei anderen Verhältnissen nach besseren Lösungen zu suchen. So verlangt er unter allen Umständen Schiebefenster. Ausgiebige Lüftung, auf die es ja schließlich nur ankommt, läßt sich mit jedem anderen, ebenfalls bis zum Fußboden herabgehenden Fenster ebenso gut erreichen, ja die Möglichkeiten, nur einzelne Teile der Fensteröffnung jeweilig zu Lüftungszwecken zu öffnen, sind sogar bei einem solchen noch zahlreicher als bei einem Schiebefenster, ohne daß die anderen Nachteile des Schiebefensters in Kauf genommen werden müssen. Schiebefenster mit 1,8 m lichter Höhe setzen mindestens 3,8 m lichte Stockwerkshöhe voraus, wenn man nicht zu einer noch umständlicheren Dreiteilung übergehen will. Dosquet behauptet, daß „sein Krankensaal in ausgiebiger Weise und in kürzester Zeit zu desinfizieren ist“, weil nach Entfernung der leichten Zwischenwände nur eine offene Halle abgesprengt werden kann. Nun, daran hindern feste Zwischenwände noch weniger, und ebenso auch gewöhnliche Balkontüren mit Oberfenstern. Es ist sogar kaum zu bestreiten, daß Schiebefenster durch ihre schwer zugänglichen Zwischenräume eine einwandfreie Desinfektion wesentlich erschweren. Auch in bezug auf Leichtigkeit des Reinigens und Ausbesserns steht das Schiebefenster zweifellos hinter dem gewöhnlichen Fenster zurück. Trotz alledem wird das Schiebefenster, das man schon sogar vielfach Dosquetfenster nennt, obgleich Dosquet selbst zugegeben hat, daß es sich nur um das allgemein bekannte Schiebefenster handelt, als unzertrennlich mit dem Dosquetvorschlage verbunden angesehen, und zwar wohl deshalb, weil dieses selbst im geöffneten Zustande den für die ärztlichen Krankenbesuche erwünschten Gang zwischen Fensterwand und Bett frei läßt. Aber selbst wenn man diesen Gang vor den Betten ärztlicherseits für unentbehrlich erklärt — der Gang hinter den Betten ist kaum weiter und schließlich wäre auch noch ein schmaler Verbindungsbalkon ohne erhebliche Kosten möglich — so ist es nicht ausgeschlossen, auch bei gewöhnlichen Balkonfenstern den Gang frei zu halten, wenn die Pfeiler nicht allzu schmal und die Fensteröffnungen nicht allzu breit gehalten werden. Man muß nur die Balkontüren so anordnen, daß sie vollständig herumschlagen können.

Die Fensterpfeiler sind auch der günstigste Platz für die

Heizung. Wenn man Öfen stets an die Innenwände gesetzt hat, so liegt das daran, daß die Schornsteine in den Außenwänden zu kalt liegen und infolgedessen nicht ziehen. Allerdings ist auch für die Heizkörper die Gefahr des Einfrierens nicht zu unterschätzen, und zwar bei allen Arten von Heizungen. Der frühere Bearbeiter der Heizungsanlagen im Ministerium der öffentlichen Arbeiten, UBER, behauptet wenigstens (Zbl. Bauwes. 1915, S. 673 bis 680), daß Niederdruckdampfheizung nicht frostsicherer ist, als

Abb. 8. Trennwände der Dosquetsäle in Stoff (Köln-Lindenburg) oder in Holz (Zwickau).

Warmwasserheizung. Will man also das Einfrieren unter allen Umständen vermeiden, so bleiben zwei Möglichkeiten übrig: entweder Fußbodenheizung, die indessen sehr kostspielig ist, oder Verlegung der Heizkörper in den Keller und Zuführung der hier erwärmten Luft in den Bettenraum durch einen geraden, glatten Kanal, der so anzulegen ist, daß er leicht und sicher gereinigt werden kann.

DOSQUETs Absichten lassen sich nur in einem langgestreckten, einseitig belichteten Saal verwirklichen. Die üblichen, zweiseitig belichteten Krankensäle würden, auf beiden Fensterseiten durchweg geöffnet, doch wohl zu häufig zu stärkeren Luftdurchzug führen, als ihn selbst DOSQUET für seine Kranken empfehlen könnte. Er selbst verwirft diesen Saal deshalb, weil die Kranken sich zu sehr stören. DOSQUET kann aber auch nicht gut auf lauter Einzelzimmer hinausgehen, weil die Wartung der Kranken dann viel zu kostspielig und umständlich, auch der Bau zu teuer würde. Er schlägt deshalb einen Mittelweg vor, indem er zwischen den einzelnen Betten leichte, nur 2,2 m hohe, schnell entfernbare Zwischenwände oder auch Vorhänge (Abb. 8) anordnet. Diese verhindern zwar das gegenseitige unerwünschte Miterleben der Kranken durch das Auge, nicht aber durch das Ohr und die Nase. Sie sind auch teurer als feste Wände, die man ja auch nur halbhoch zu machen braucht, und die auch für die Reinigung bequemer wären. Er hat anscheinend von diesen letzteren abgesehen, weil seine Betteneinteilung nicht mit der Pfeilereinteilung übereinstimmt. Das ist aber, wie LUTHARDT in Gera gezeigt hat, bei Neubauten sehr wohl möglich. Auch in Zwickau, wo man von diesen Scheidewänden nur in sehr beschränktem Maße Gebrauch gemacht hat, hätte man ohne weiteres feste Wände herstellen können. Jedenfalls liegt wohl für den Dosquetsaal kaum ein Grund vor, über die vom Gutachterausschuß vorgeschlagene Zahl von 10 Betten noch hinauszugehen.

Wird bei all diesen Einzelheiten eine größere Freiheit der Entschließung zugestanden, so kann das nur um so eher dazu führen, die jetzt noch bestehenden Bedenken allmählich durch bessere Lösungen zu beseitigen und dadurch die weitere Verbreitung zu erleichtern. Ob eine allgemeine Einführung für alle Krankenräume sich durchsetzen wird, hängt allerdings wesentlich davon ab, ob die Ärzte die Freilicht- und Luftbehandlung bei den Kranken allgemein für günstig halten, bis jetzt scheint man sich höchstens darin einig zu sein, daß sie für Tuberkulosekranke angebracht ist. Wie der immerhin noch schließbare Krankenraum DOSQUETS durch Geheimrat Prof. Dr. SCHLOSSMANN für ansteckende Kranke sogar zu einer offenen Liegehalle vereinfacht worden ist, zeigt das Düsseldorfer Kinderbettenhaus Abb. 129.

2. Tagesräume.

Tagesräume werden behördlich verlangt, und zwar in einer Größe von 2 qm für das Bett, bei 20 qm Mindestgröße. Diese Fläche ist so groß, daß alle Kranken gleichzeitig im Tagesraum essen könnten. In vielen Fällen werden deshalb auch die Tagesräume mit einer dementsprechenden Zahl von Tischen und Stühlen ausgestattet, obgleich es ja kaum vorkommt, daß alle Kranken außerhalb des Bettes essen können, meist sogar die nicht bettlägerigen Kranken im Krankenzimmer selbst ihre Mahlzeiten einnehmen. Außer diesen Tischen und Stühlen werden die Tagesräume möglichst wohnlich, auch noch mit einigen bequemen Lehnstühlen, Schreibtischen, Tischen für Unterhaltungsspiele,

Blumentischen und wohl auch mit einem größeren Schrank ausgestattet, der Bücher und Spiele enthält. Die vorgeschriebene Größe von 2 qm ist hierfür reichlich bemessen (Abb. 9 u. 10). Ruppel hält sogar 1—1,5 qm für jeden Kranken als ausreichend, was zuzugeben ist. Der Tagesraum findet vielfach seinen Platz an einer Stelle, die für andere Zwecke weniger geeignet ist, auch Flurerweiterungen werden behördlich als Tagesräume zugelassen. Es dürfte sich aber doch empfehlen, von dieser Vergünstigung bei der ersten Anlage eines Krankenhauses nicht allzu starken Gebrauch zu machen. Wenn die Tagesräume baulich derart beschaffen sind, daß sie auch den Anforderungen von Bettenräumen genügen, so bilden sie für die Zeiten plötzlicher Bettennot eine gute Aushilfe, durch die eine Steigerung der Bettenzahl um 25% ermöglicht wird, und zwar um so besser, wenn dann außer den eigentlichen Tagesräumen die Flure zu vorübergehendem Aufenthalt geeignet sind. Etwas anderes ist es, wenn man die Flurwand der Tagesräume möglichst in eine Glaswand auflöst, um die Belichtung der Flure zu verbessern, ohne daß man den Tagesraum selbst dadurch irgendwie verschlechtert — im Gegenteil, die Aufsicht wird durch diese Glaswand erleichtert.

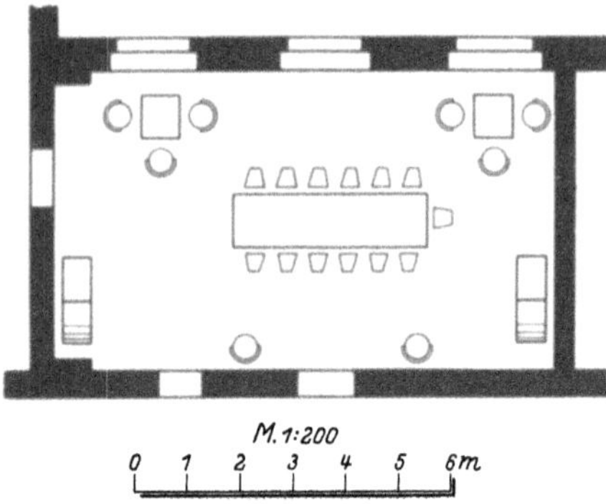

Abb. 9. Mannheim, städt. Krankenhaus, Tagesraum.

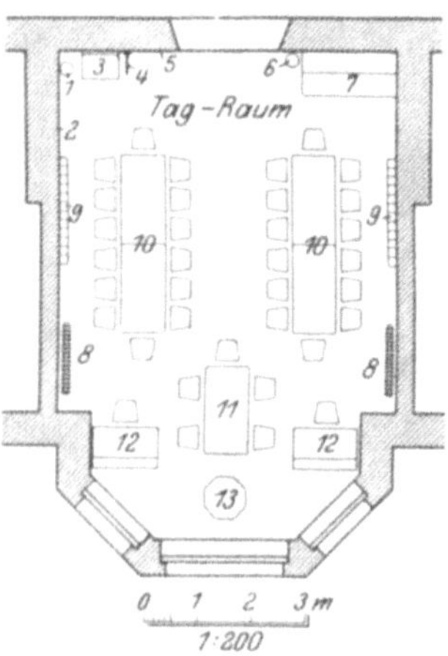

Abb. 10. München-Schwabing, städt. Krankenhaus, Tagesraum. 1 Spucknapf. 2, 5 Wandplatten. 3 Waschbecken. 4 Handtuchhalter. 6 Abfallkübel. 7 Schrank für Bücher u. Spiele. 8 Heizkörper. 9 Kleiderablage. 10 Speisetische. 11 Spieltisch. 12 Schreibtische. 13 Blumentisch.

3. Liegehallen.

Liegehallen sollen den Kranken das Verweilen, namentlich auch das Liegen im Freien ermöglichen, jedoch so, daß sie dabei von allen Unbilden der Witterung, Regen und Wind, geschüzt sind. Dabei sollen die Kranken aber auch vor allem, soweit dies ihnen zuträglich oder sogar heilsam ist, die Sonne genießen, ohne dem schädlichen Einfluß allzu starker Sonnenbestrahlung ausgesetzt zu sein. Die Liegehallen werden entweder als freistehende Gartenhallen, oder Gartenlauben hergestellt, oder als überdeckte Vorhalle (Veranda, Galerie, Arkade) unmittelbar an das Haus angebaut, oder endlich als Hauslaube (Loggia) in das Haus eingefügt. Erhält eine solche Hauslaube auch noch Glasfenster, die beliebig geöffnet oder geschlossen werden können, und wird sie noch beheizbar eingerichtet, so ist sie nichts anderes als ein Krankenzimmer nach dem Vorschlage Dosquets, über den unter 1a bereits ausführlich gesprochen ist. Tatsächlich will auch Dosquet durch seine Krankenzimmer die Liegehalle ersetzen. Bei den freistehenden, oder auch ebenerdig angebauten Liegehallen kann dem steten Wechsel der Witterung und des Sonnenstandes am einfachsten dadurch Rechnung getragen werden, daß man vor der Halle in gleicher Höhe einen Vorplatz anordnet, vielleicht mit einer grünen Hecke abgeschlossen, der es ermöglicht, daß die Betten leicht ins Freie oder unter das Dach geschoben werden können.

Da, wo ein solcher Vorplatz nicht zu schaffen ist, würde ein bewegliches, mit Zeltleinen bespanntes Dach an sich am günstigsten sein, wenn nicht einmal bei der geringen Dauer der Zeltleinewand die Kostenfrage stark mitsprechen, andererseits auch die ständige Bedienung nach den alle Augenblicke wechselnden Wünschen der Kranken große Schwierigkeiten machen würde. Infolgedessen nimmt man meist nur für den leicht veränderbaren Abschluß der offenen Verandawand leichtere Sonnenvorhänge zu Hilfe, die in hochgezogenem Zustand vor den Einflüssen der Witterung einigermaßen geschützt werden können, greift aber im übrigen lieber doch zu einem festen und haltbaren Dach, wenngleich auch dieses die große Unzuträglichkeit mit sich bringt, daß es die dahinter gelegenen Räume stark verdunkelt. Es ist sogar nicht einmal immer zu verhindern, daß die Liegehallen vor den Krankenräumen liegen, ja es ist sogar bei gewissen Kranken, namentlich bei Schwertuberkulösen, sehr erwünscht, daß diese von ihren Zimmern aus ohne lange Wege, auf die Liegehalle gebracht werden können. In solchen Fällen müssen dann alle nur zur Verfügung stehenden technischen Mittel in Anwendung gebracht werden, um den dahinter gelegenen Räumen noch so viel wie möglich Helligkeit zuzuführen. Zunächst wird man die Tiefe der Halle, und also auch des Daches soweit wie möglich einschränken und die Dachkante so hoch wie möglich legen. Je höher man außerdem den Sturz über den, selbstverständlich schmal zu haltenden, Pfeilern anordnet, um so mehr wird die Decke der Vorhalle Licht erhalten und durch Rückstrahlung wieder abgeben. Auch die Brüstung wird man aus diesem Grunde möglichst durchbrochen halten, damit der Fußboden gut belichtet wird und zurückstrahlt. Bei einer geschlossenen Brüstung würde deren Innenseite und auch der Fußboden als tiefe Schattenflächen sehr ungünstig wirken. Der auf dem Ruhebett ausgestreckte

Abb. 11. Beetz-Sommerfeld, Tuberkulosekrankenhaus der Stadt Berlin, Liegehalle.

Kranke würde diese dunkle Fläche gerade in Augenhöhe vor sich haben und durch sie am Einblick in den Garten oder ins Freie behindert sein. Auch dieser Umstand sollte dazu führen, die Brüstungen durchbrochen zu halten. Sollten sie vereinzelt zu Klagen gegen Zug Veranlassung geben, so wird hiergegen leicht Abhilfe zu schaffen sein. Mit diesen Mitteln ist im Tuberkulosekrankenhaus Beetz-Sommerfeld eine sehr ausreichende Helligkeit der Räume hinter der Liegehalle erzielt worden (Abb. 11). Selbst an der Rückwand der 4,5 m tiefen Bettenräume kann man noch sehr gut lesen. Voraussetzung ist allerdings, wie für jede Zimmerbeleuchtung, daß der vorgeschriebene Lichteinfallswinkel von mindestens 5° vollständig frei, also auch ohne Beeinträchtigung durch Bäume vorhanden ist, und daß die Gesamttiefe von Liegehalle und Raum bei den üblichen Zimmerhöhen nicht über 7—8 m hinausgeht, denn schon in über 7—8 m tiefe Räume — ohne Liegehalle davor — dringt das Licht bis zur äußersten Tiefe nicht mehr in genügender Stärke hinein. Wo die Höhe der schattengebenden Kante des Daches oder der Zwischendecke nicht durch die dahinter gelegenen Räume bedingt wird, wird man sie am besten so wählen,

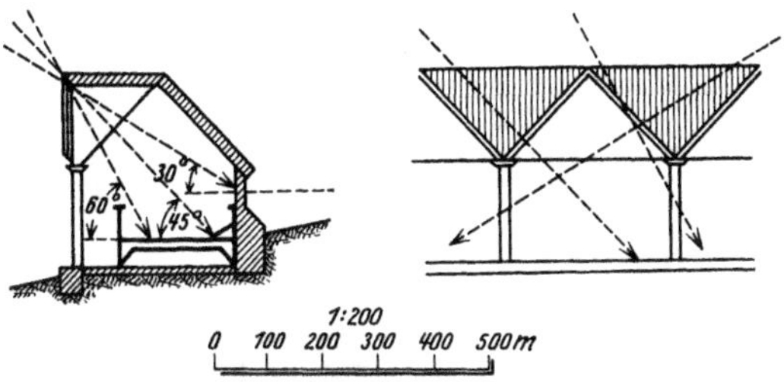

Abb. 12. Liegehalle nach THIELE.

daß sie eine von der tiefsten Ecke der Vorhalle aus unter 45° gezogene Linie gerade berührt. Dadurch wird erreicht, daß der an der Rückwand der Halle liegende Kopf des Kranken beim höchsten Stand der Sonne von deren Strahlen in der Zeit von 10—14 Uhr nicht getroffen wird.

Architekt TH. THIELE, Trautenau, macht im Handbuch der Tuberkulosefürsorge einen eigentümlichen Vorschlag, auch noch flachere Sonnenstrahlen vom Kopf des Kranken abzuhalten. Er läßt das Dach schon bei etwa 2 m Höhe ansetzen, erhöht dann aber streckenweise die lichte Öffnung durch Anordnung fortlaufender offener Giebel (Abb. 12). Ob er die beabsichtigte Wirkung, nämlich, den Kopf des Kranken zu jeder Tages- und Jahreszeit vor unmittelbarer Bestrahlung zu schützen, tatsächlich erreicht, muß bezweifelt werden, ist wohl auch durch andere bauliche Maßnahmen nicht zu ermöglichen. Auch ein anderer Vorschlag von ihm, mit dem er die hinter den Liegehallen gelegenen Räume besser belichten will, ist nicht ganz ohne Bedenken. Der Gedanke, das Dach so tief anzuordnen, daß die dahinter gelegenen Räume auch durch über diesem Dach gelegene hohe Seitenfenster Licht erhalten, ist an sich bei sehr hohen Räumen nicht schlecht, aber auch nicht neu. Er streckt eine, jedenfalls in Eisenbeton gedachte Platte kaum 2 m weit vor, eine Breite, die selbst wenn sie sehr niedrig angebracht wird (2,5 m hoch) das Bett vor schräg einfallenden Regen nicht völlig schützt, auch gegen die heißen Sonnenstrahlen nicht genügt (Abb. 13). Er würde dann diese Platte bei 2,5 m Höhe schon auf 2,5 m Breite bringen müssen, wodurch die Schwierigkeiten der Ausführung selbstverständlich noch mehr wachsen. Ob die Oberfläche der Platten genügend rein gehalten werden wird, ist zu bezweifeln, da man sie nicht sieht.

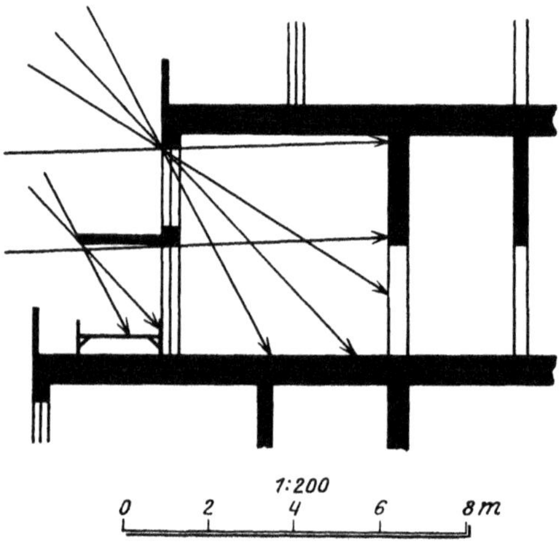

Abb. 13. Liegehalle nach THIELE.

Man wird deshalb Undichtigkeiten und Schäden erst bemerken, wenn es zu spät ist.

Um nun diesen Gedanken auch bei mehrstöckigen Gebäuden verwenden zu können, greift er (Abb. 14) auf einen Vorschlag zurück, den schon Dr. med. SARASON vor etwa 15 Jahren gemacht hat. Dieser legt allerdings nur Gewicht auf nicht überdeckte Liegeplätze unmittelbar vor jedem Krankenraum und setzt lediglich, um die dahinter gelegenen Räume nicht zu verdunkeln, jedes Geschoß um etwa 1,5 m zurück. Da dieses Maß jedoch für die Breite der Liegehallen nicht ausreichen würde, verbreitert er sie balkonartig noch um etwa 1 m. Um eine Teilüberdachung der unteren Liegehalle ist ihm dabei weniger zu tun, der Vorsprung von 1 m ist auch weder gegen die Sonne noch gegen den Regen breit genug, er springt vielmehr nur deshalb nicht gleich 2,5 m zurück, weil sonst bei fünfgeschossigen Anlagen die unteren Geschosse viel zu tief werden. Selbst bei 1,5 m ist das schon der Fall, die Ausnutzung der unten sehr tiefen Räume ist nur noch sehr gering, es konnte deshalb nachgewiesen werden (Hygiene 1914, H. 2—3), daß der mit dem Zurücksetzen erstrebte Vorteil noch auf anderem Wege erreichbar ist, wobei sogar die Nachteile der unwirtschaftlichen Mehrkosten und die allzu große Tiefe der Räume in den unteren Geschossen vermieden waren. Inzwischen hat sich diese abgetreppte Bauweise bei Hochhäusern sehr stark

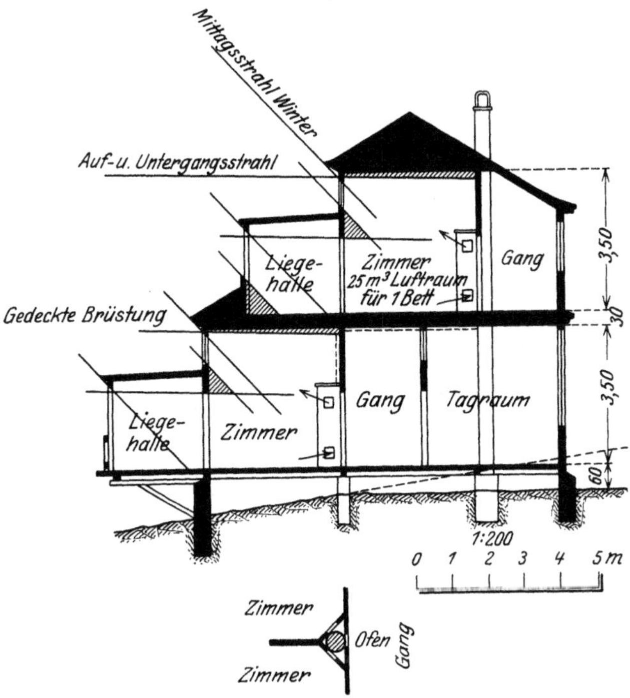

Abb. 14. Liegehalle nach THIELE.

eingebürgert, weil sie häufig das einzige Mittel ist, um bei engen Straßen mehr Stockwerke ausführen zu können, also eine hochwertigere Ausnutzung des teuren Grund und Bodens zu erzielen. Trotz der Fortschritte im Eisenbetonbau, der übrigens wegen seiner starken Schallübertragung vom Gutachterausschuß vollständig abgelehnt wird, werden die höheren Kosten einer derartigen Abtreppung und namentlich die hohen Unterhaltungskosten sich stets nur dann rechtfertigen, wenn die damit zu erzielenden Vorteile sehr groß sind und auf anderem Wege nicht zu erreichen sind. Ob seitdem ein fünfstöckiges Krankenhaus nach dem Vorschlage Dr. SARASONs in Deutschland zur Ausführung gekommen, ist nicht bekannt. Architekt THIELE veröffentlicht in dem genannten Werk einen Entwurf für ein vierstöckiges Krankenhausgebäude, aber auch aus seiner Abhandlung geht nicht hervor, daß schon derartige abgetreppte Krankenhäuser ausgeführt sind.

Kürzlich ist nun das bereits erwähnte Bezirkskrankenhaus in Waiblingen ausgeführt und in der Bauwelt 1929, Heft 1, veröffentlicht. Bei ihm setzen die 2 Geschosse sofort um etwa 2,5 m weit zurück, so daß eine balkonartige Verkragung nicht erforderlich ist. Statt dessen ist in der Mitte der Fenster eine Platte ausgekragt, wie sie THIELE vorschlägt und ausführt. Die Bedenken hingegen sind schon oben begründet.

Nach Zeitungsmeldungen hat der Hauptbau allein 971 000 M., die Gesamtanlage ohne Grundstücksaufwand rund 1 300 000 M. gekostet, also bei 63 Betten rund 15 000 bzw. 20 000 M. je Bett. Selbst wenn die Belegung auf 80—90 Betten steigerungsfähig ist, verbleiben nach allem 10 000 bzw. 15 000 M. Es wäre wissenswert, wie weit diese hohen Kosten auf Erweiterungsfähigheit, den Terrassenbetonbau, auf Dosquet oder sonstige Ursachen zurückzuführen ist.

Für die Liegehallen ist die Frage der Himmelsrichtung beinahe noch wichtiger als für die Bettenräume selbst, weil sie ja gerade den Hauptzweck haben, die Sonne zur Heilung auszunutzen. Hier muß deshalb volle Südlage und noch besser freie Lage nach Osten, Süden und Westen erst recht gefordert werden. Demgegenüber hat Architekt THIELE, Trautenau, im Handbuch der Tuberkulosefürsorge sich dafür eingesetzt, daß man namentlich hochgelegene Walderholungsstätten und Tuberkulosekrankenhäuser nicht in einer geraden Linie nach Süden hin errichten, sondern die gerade Linie einmal, oder besser zweimal knicken soll (Abb. 15), so daß die beiden abgeknickten Flügel sich mehr der Südost- und Südwestlage nähern. Er will damit zunächst zugfreie Liegehallen erzielen, ein Vorzug, der jedoch nur bei Ost- oder Westwind sich bemerkbar machen wird und dann sicherlich von großem Wert sein mag, namentlich bei hoch und frei gelegenen Erholungsstätten. Wenn er dabei nun aber nachzuweisen versucht, daß durch diese Knickung der Flügel eine größere Besonnung erzielt wird, so hat er ja zwar selbstverständlich recht, daß die bei einem langgestreckten Bau nach Norden gerichteten und deshalb sonnenlosen Räume durch das Umknicken der Flügel zum Teil einige Sonne erhalten. Da er aber selbst in einem abgedruckten

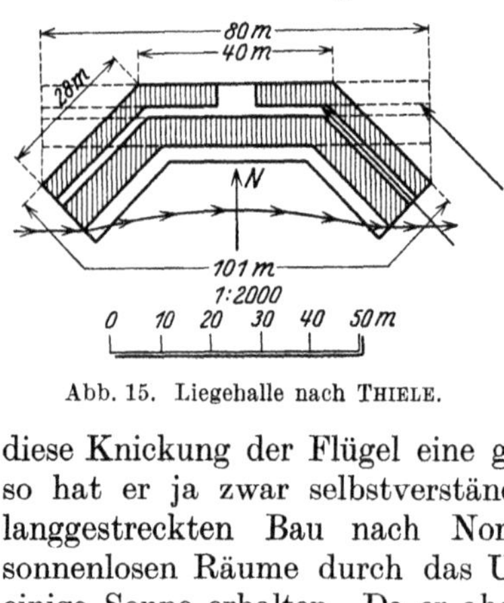

Abb. 15. Liegehalle nach THIELE.

Beispiel nach Nordosten und Nordwesten nur Bäder, Abtritte, Teeküchen und Schwesterndienstzimmer angeordnet hat, so muß man sich doch klar darüber sein, daß die Durchsonnung dieser Nebenräume auf Kosten einer geringeren Durchsonnung der eigentlichen Krankenräume erfolgt. Nicht nur, daß nach Südosten und Südwesten gerichtete Räume an sich, wie oben zahlenmäßig angegeben, eine geringere Anzahl von Stunden durch Sonnenstrahlen erreicht werden, entziehen sich die einzelnen Bauteile bei der geknickten Form auch gegenseitig das Licht, indem sie ihren Nachbarflügel auf mehrere Stunden in Schatten setzen. Eine genaue Berechnung der Sonnenstrahlenstunden würde hier doch wohl ein ungünstigeres Bild ergeben. Die bessere Durchsonnung des Mittelflurs ist für die Frühlings- und Herbstzeit wenigstens an seinen beiden Enden anzuerkennen. Da THIELE ganz besonderen Wert auf diese Durchsonnung legt, bleibt es nur verwunderlich, daß er nicht die beiden Knickpunkte benutzt hat, um von diesen aus noch einmal durch Kopflicht, Sonne und vor allem auch mehr Licht in die Flure hineinzubringen, die, so wie sie dargestellt sind, den preußischen Bestimmungen längst nicht genügen. Der Vorteil der Knickung nach dieser Richtung hin ist also leider nicht einmal ausgenutzt.

Umgekehrt ist Landesbaurat LANG bei dem Tuberkulosekrankenhaus in Treuenbrietzen vorgegangen (Abb. 16). Er hat nicht die Flügel eines langen Baus eingeknickt, sondern die Seitenflügel einer U-förmigen Anlage um etwas mehr als 20° nach außen hin aufgebogen, um dadurch zu erreichen, daß die Flügel, die sonst genau Ost- und Westrichtung gehabt hätten, sich mehr nach Süden zu wenden, und dadurch gegen Mittag noch etwa $1^1/_2$ Stunden der Sonne länger ausgesetzt sind. Die Ausknickung macht sich zwar auch in der langen Südansicht geltend, die schwache Knickung verhindert jedoch noch nicht den Eintritt der Sonnenstrahlen in die Zimmer des Mittelbaues. Weiter ist hier auch die Knickung für eine bessere Belichtung des Flurs geschickt ausgenutzt. Die senkrecht zu den Enden der aufgeknickten Flügel angeordneten Liegehallen bekommen allerdings ebenfalls infolge der Knickung eine etwa um $1^1/_2$ Stunden längere Besonnung, aber die Knickung hat doch nicht verhindern können, daß die Liegehallen durch die aufgeknickten Flügel viele Stunden beschattet werden.

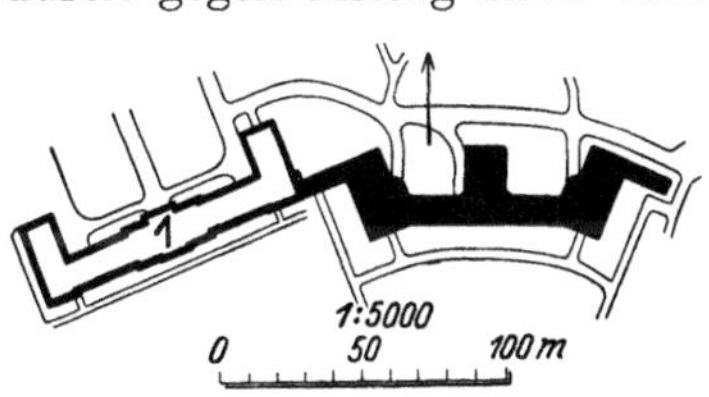

Abb. 16. Treuenbrietzen, Provinzial-Tuberkulose-Krankenhaus.

Derselbe Bau gibt uns ein lehrreiches Beispiel für eine eingebaute Liegehalle (Abb. 17). Die Absicht ist nicht zu verkennen, daß man durch diesen Einbau eine Verdunkelung der dahinter gelegenen Krankenzimmer hat vermeiden wollen, wie sie bei langgestreckt vorgelegten Liegehallen unberechtigterweise zu sehr befürchtet wird; es sei dabei auf die obigen Ausführungen verwiesen. Die eingebaute Liegehalle in Treuenbrietzen läßt den Krankenräumen zur Hälfte ein gutes, zur Hälfte ein, bei der geringen Tiefe jedenfalls ausreichendes Licht, höchstens erscheint diese letzte Hälfte im Gegensatz zu der anderen zu dunkel, aber die Liegehalle selbst kommt dafür um so schlechter fort. Eine der schmalen Wände ist stets im Schatten, so daß die Ruhebetten in den Ecken nur etwa einen halben Tag Sonne haben. Vielleicht hätte man auch diese Schmalwände etwas aufknicken sollen.

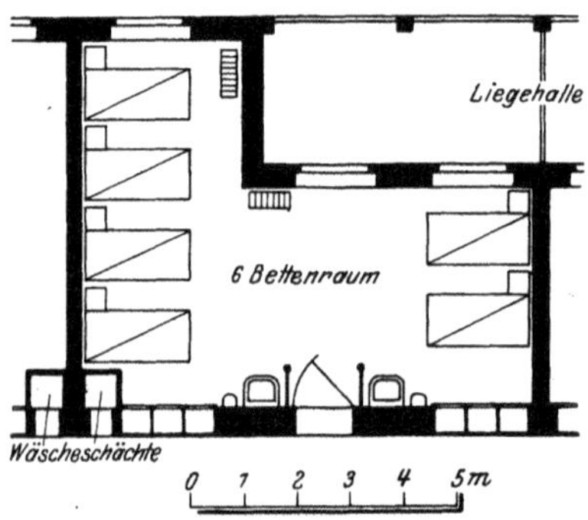

Abb. 17. Treuenbrietzen, Provinzial-Tuberkulose-Krankenhaus. Eingebaute Liegehalle.

Oberregierungsbaurat Dr. Lommel will im Gesdh.ing. 1929, Heft 26 Langs Anordnung dadurch verbessern, daß er zwischen die zwei Hallenräume eine Teeküche einschaltet, deren Fenster sich dann also in der Rückwand der Liegehalle befinden. Die Teeküche erhält demnach eine Belichtung, die für die Krankenräume bemängelt wird. Allerdings stehen dann die Betten alle in guter Belichtung, was aber nur durch eine Vergrößerung der Krankenräume von 40,13 qm auf 47,60 qm, also um 18 % erreicht ist. Der Flur wird sogar um 30 % verlängert, was um so mehr ins Gewicht fällt, als durch die Herübernahme der Teeküche und noch anderer Nebenräume auf die Südseite die übrigbleibenden Nebenräume nicht mehr die halbe Flurlänge ausnutzen werden. Der Vorschlag führt also zu einer nicht unwesentlichen Verteuerung.

Größe der Liegehallen. Damit sämtliche Kranke einreihig in der Liegehalle Platz finden, müßte bei 2,5—3 m Breite auf jedes Bett etwa 1—1,3 m Länge gerechnet werden. Das ist aber höchstens bei den Abteilungen für Lungenkranke erforderlich, im übrigen begnügt man sich schon mit $^1/_3$—$^1/_2$ dieser Länge, da eine größere Länge vielfach auf bauliche Schwierigkeiten stößt, besonders, wenn an reiner Südlage festgehalten wird. Müssen die Liegestühle und die Decken in verschließbaren Räumen untergebracht werden, so ist ein Nebenraum in unmittelbarer Nähe erwünscht, am günstigsten sind Wandschränke in der Rückwand der Liegehalle, die deshalb unter Umständen eine größere Tiefe erhalten muß. Für je 10 Liegeplätze dürfte ein Schrank von 120—150 cm Breite und 60 cm Tiefe genügen.

4. Sonstige Aufenthaltsräume.

Über die Tagesräume und Liegehallen hinaus werden auch noch in besonderen Fällen weitere Aufenthaltsräume für bestimmte Zwecke eingerichtet. Namentlich ist das der Fall in größeren Abteilungen für Tuberkulosekranke, die längere Zeit in der Anstalt verbleiben müssen, ohne bettlägerig zu sein. Man sucht ihnen den Aufenthalt möglichst anheimelnd zu machen und richtet für sie deshalb nicht nur gemeinsame *Speisesäle* ein, sondern auch besondere *Lese- und Schreibzimmer*. Auch für sonstige Unterhaltung durch Musik, Lautsprecher, Filmvorführungen wird gesorgt.

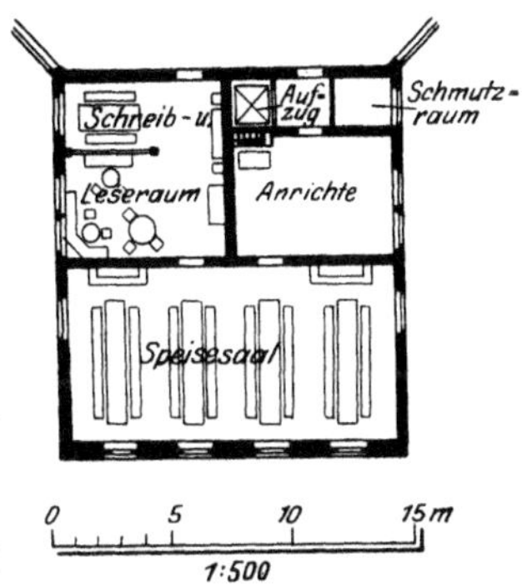

Abb. 18. Treuenbrietzen, Provinzial-Tuberkulose-Krankenhaus. Gesellschaftsräume.

Die Größe und bauliche Anordnung dieser Räume unterscheidet sich in nichts von dem, was sonst üblich ist, so daß auf nähere Angaben verzichtet werden kann. Als Beispiel sei ein Grundriß solcher Räume im neuen Tuberkulosekrankenhaus Treuenbrietzen wiedergegeben (Abb. 18). Sie gehören zu einer Abteilung von 64 Betten und sind hier an Stelle der sonst notwendigen Tagesräume eingerichtet, werden aber auch noch ergänzt durch *Besuchsräume* von etwa 15 qm und durch ein Beschäftigungszimmer von 20 qm.

Besuchszimmer werden auch mitunter in Abteilungen für ansteckende Krankheiten eingerichtet, hier aber derart, daß zwei durch eine halbhohe Glaswand getrennte Räume gebildet werden, von denen der eine von Kranken, der andere vom Besuch betreten wird. Letzterer muß von außen her, oder wenigstens vom Treppenhaus aus zugänglich sein, da der Besuch mit der Krankenabteilung selbst nicht in Berührung kommen darf.

Die *Beschäftigungsräume* sind in den Heilanstalten von größerer Bedeutung. Hier werden vielfach große Arbeitssäle eingerichtet. Für die meist weniger umfangreichen Irrenabteilungen allgemeiner Krankenhäuser kommen solche Säle kaum in Betracht, sondern mehr kleinere, ein- oder zweifenstrige Räume, in denen auch gleichzeitig die jedesmaligen Handwerkszeuge und geringeren Vorräte der zu verarbeitenden Stoffe getrennt untergebracht werden. Hier arbeiten dann 1, 2 oder 3 Leute zusammen in ihrem Handwerksberuf, wie er gerade unter den Insassen der Abteilung vertreten ist, namentlich als Schneider, Schuster, Sattler, Tapezierer, Maler, Weber, Buchbinder, Setzer, und auch als Tischler, weniger als Schlosser, wegen der zu Fluchtversuchen geeigneten Werkzeuge. Vergleiche im übrigen die Bemerkungen über Werkstätten weiter unten (IIIe, 5). Nicht vorgebildete Leute arbeiten sich mehr oder weniger schnell als Korb- und Mattenflechter, Bürstenbinder und in der Anfertigung von Strohwaren, Spielsachen usw. ein. Zigarrendreher bedürfen stärkerer Aufsicht, um Entwendungen zu verhüten. Besonderer baulicher Maßnahmen bedarf es für diese kaum.

Schließlich müssen hier noch die *Tobzellen* und *Sterbezimmer* erwähnt werden. Erstere müssen schalldämpfend hergestellt werden und liegen am besten möglichst abseits, sogar vielfach im Untergeschoß. Sie erhalten die Größe von Einzelkrankenzimmern, können aber auch etwas kleiner gehalten werden. Sterbezimmer unterscheiden sich baulich in nichts von Einzelzimmern, nur daß man für sie auch eine möglichst abgelegene, ruhige Lage bevorzugt.

Kirchenräume (Betsäle, Kapellen) werden in allgemeinen Krankenanstalten verhältnismäßig selten ausgeführt, hauptsächlich wohl nur da, wo die Krankenpflege in der Hand kirchlicher Vereinigungen ruht. Baulich entsprechen sie durchaus sonstigen Kirchenräumen. Über ihre Größe im Verhältnis zur Bettenzahl ist schwer etwas Bestimmtes zu sagen, sie wird vielfach wohl dadurch beeinflußt, ob auch auf Besuch von außerhalb der Anstalt Stehenden gerechnet wird. München-Schwabing enthält bei 1300 Betten eine katholische Kirche mit 200 Sitzplätzen und einen evangelischen Betsaal mit 90 Plätzen. Übrigens werden vom Gutachterausschuß größere Räume für Seelsorge ausdrücklich verlangt, in den Abteilungen der Schwerkranken Einzelzimmer für den gleichen Zweck erwünscht.

5. Pflegedienstzimmer.
(Schwesterndienstzimmer, Schwesternaufenthaltsraum, Stationsdienstzimmer.)

Zweck. Ein besonderes Zimmer ist nötig zum Aufenthalt für die Schwester oder den Krankenpfleger während der Zeit, wo sie in den Krankenzimmern nicht beschäftigt sind, um die schriftlichen Arbeiten zu erledigen (Abb. 19). Hier werden auch von der

Schwester die kleinen Mahlzeiten eingenommen, dienstliche Besuche empfangen, die in der Abteilung vorrätigen Arznei- und Verbandsmittel aufbewahrt, und ebenso die Vorräte von reiner Wäsche und kleinem Gerät. Der Gutachterausschuß fordert zwar neben dem Dienstzimmer auch noch einen besonderen Raum für reine Wäsche. Da aber in den meisten Fällen nur ein Tagesbedarf an reiner Wäsche für besondere Notfälle auf den Abteilungen lagert — die Verwahrung des gesamten Wäschevorrates würde die Schwester auch zu sehr mit Arbeit überlasten —, so würde der besondere Raum den Betrieb nur unnötig erschweren. Die Unterbringung im Schwesterndienstzimmer selbst wird deshalb jedenfalls zu erwägen sein (Abb. 20).

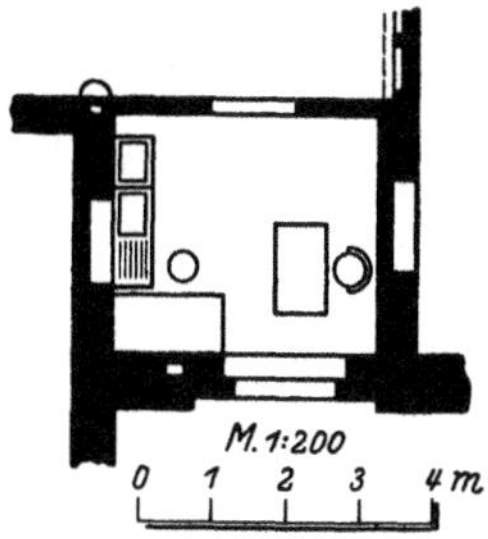

Abb. 19. Mannheim, städt. Krankenhaus, Schwesterndienstzimmer.

Bedarf. Wenn auch für jede getrennte Abteilung ein Pflegedienstzimmer vorhanden sein muß, so ist doch aus Ersparnisrücksichten sehr wohl für zwei nebeneinander gelegene, namentlich kleinere Abteilungen mit einem Dienstzimmer auszukommen, sobald der Raum zu beiden Abteilungen günstig gelegen ist.

Ausstattung. Es ist erforderlich:

1 Schreibtisch, am besten mit Fächeraufsatz 100—140 cm lang, 70—80 cm breit,

1 Tisch 100—200 cm lang, 60 bis 80 cm breit,

1 Schrank für Arzneimittel und Verbandstoffe 50—100 cm lang, 20—40 cm tief,

1 Wäscheschrank für den Tagesbedarf 100—200 cm lang, 50—60 cm tief,

1 Waschbecken,

3—6 Stühle oder eine Bank und 2 Stühle.

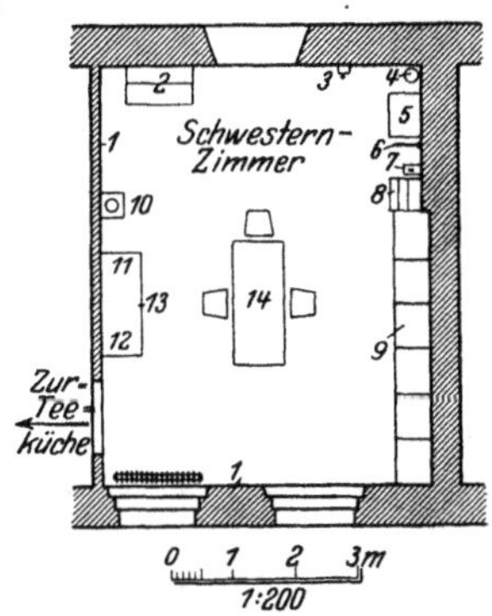

Abb. 20. München-Schwabing, städt. Krankenhaus, Schwesterndienstzimmer.

1 Wandplatten. 2 Schrank für Arznei und Verbandstoffe. 3 Fernsprecher. 4 Abfallkübel. 5 Waschbecken. 6 Handtuchhalter. 7 Fußschemel. 8 Staffelei. 9 Wäsche- und Geräteschrank. 10 Kippkochkessel. 11 Teller. 12 Tücher. 13 Wärmschrank. 14 Arbeitstisch.

Größe. Breite des Raumes 2,5 m, besser 3,0 m, bei Anordnung des großen Tisches in der Mitte 4—4,5 m, Tiefe mindestens 4 m, besser 5—6 m.

6. Teeküchen.

(Stationsküche, Wärmküche, Anrichte, Spülküche.)

Zweck. Die sogenannte „Teeküche" ist eigentlich zur Hälfte Anrichte, zur Hälfte Spülküche, sie ist Arbeitsraum der Schwester oder des Wärters und besonders der nötigen Hilfskräfte. Hier werden die Speisen für die Kranken angewärmt, warmgehalten und angerichtet, die Geschirre gereinigt und aufbewahrt, Teeaufgüsse und auch warme Umschläge hergestellt und sonstige

Abb. 21. Elberfeld, städt. Krankenhaus, Teeküche.

Hausarbeiten verrichtet. Vielfach dient er auch als Speiseraum für die Hilfskräfte.

Bedarf. Mit Ausnahme von ganz kleinen Krankenhäusern, bei denen alle diese Arbeiten in der Kochküche und deren Nebenräumen erledigt werden, die Wege zwischen dieser und den Krankenzimmern auch nicht zu weit sind, wird am besten jede selbständige Krankenabteilung mit einer besonderen Teeküche auszurüsten sein. Nur bei sehr kleinen, aber nebeneinander liegenden Abteilungen wird man unter Umständen mit einer Teeküche für mehrere Abteilungen auskommen können.

Ausstattung. Jede Teeküche muß enthalten:

1 Wärmeschrank 100—160 cm lang, 50—60 cm tief, bei Ausgabefenstern am besten unter diesen in deren ganzer Breite,

1 Kochvorrichtung für Tee, am besten als 2-Loch-Gaskocher mit dem Wärmschrank verbunden,

1 Geschirrschrank 100—160 cm lang, 50—60 cm tief,

1 Vorratsschrank 60—100 cm lang, 40—50 cm tief,

1 Küchenbrett 100—120 cm lang,

1 Anrichtetisch 100—160 cm lang, 60—80 cm tief, oder 1 bis 2 fahrbare Tische 80—110 cm lang, 60—70 cm tief,

1 zwei- oder dreistufiges Wandbrett für Brotschneidemaschine, Messerputzmaschine, Waage und andere Geräte, 50—100 cm lang, 40—50 cm tief.

1 zweiteiligen Abwasch- oder Spültisch 120—160 cm lang, 50—70 cm tief, die Spülbecken am besten aus Duranametall,

1 Ausgußbecken 50—60 cm lang, 30—40 cm breit,

2 Stühle oder Hocker 45 × 45 cm.

Die Teeküchen der Abteilungen für ansteckende Kranke werden auch mit Vorkehrungen ausgestattet, um die Eßgeschirre im durchströmenden Dampf reinigen zu können.

Raumgröße. Breite 2,5—3,0 m, Tiefe 5—6 m. GROBER sowohl wie RUPPEL warnen davor, den Raum zu klein zu bemessen, da eine Beengtheit bei dem großen Verkehr das Arbeiten sehr leicht erschwert. Ersterer verlangt deshalb für die Teeküche einer größeren Krankenabteilung mindestens 16 qm (Abb. 21 u. 22). Vielfach findet man sogar Räume von mehr als 30 qm (Abb. 23). An Stelle so großer Räume, in denen sich die dort Tätigen müde laufen, empfiehlt es sich jedoch vielmehr, zwei Räume anzulegen (Abb. 24), von denen der eine nur zum Spülen des Geschirrs und sonstigen Reinigungsarbeiten dient und schließlich auch nur aus einer Nische zu bestehen braucht. Eine derartige Abtrennung, wie sie auch der Gutachterausschuß vorschlägt, wird sich namentlich dann empfehlen, wenn eine größere Zahl von Dienstmädchen tätig ist, die dann möglichst getrennt in beiden Räumen zu arbeiten hätten. Jedenfalls ist rechtzeitig festzulegen, wieviel Kräfte in den Räumen zu arbeiten haben und wie sie sich in die Arbeit teilen sollen.

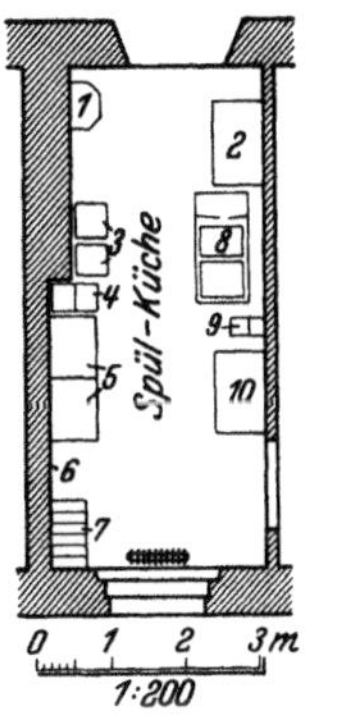

Abb. 22. München-Schwabing. Städt. Krankenhaus. Teeküche.
1 Ausgußbecken. 2 Fahrtisch. 3 Hocker. 4 Brotkorb. 5 Geschirrschrank. 6 Wandplatten. 7 Spülkörbe. 8 Geschirrspül- und Sterilisierapparat. 9 Besteckputzmaschine. 10 Fahrtisch.

Bauliche Besonderheiten. Von der Art, wie sich die Arbeit dort abwickelt, hängt es auch ab, ob ein oder womöglich zwei Durchgabefenster, eins zur Empfangnahme, eins zur Verabfolgung der Speisen zweckmäßig ist oder nicht. Als ersteres wird bei den Absonderungshäusern vielfach das Außenfenster eingerichtet, damit die das Essen Bringenden das Haus gar nicht zu betreten brauchen. Sind die Absonderungshäuser zweistöckig, so empfiehlt sich eine Eingabeöffnung in der Treppenhauswand, an der dann die Teeküche gelegen sein muß. Durch dieses Fenster hindurch kann dann auch gleichzeitig beaufsichtigt werden, wer in der Abteilung ein und aus geht.

Bei mehrstöckigen Häusern tritt namentlich für die Abteilungen

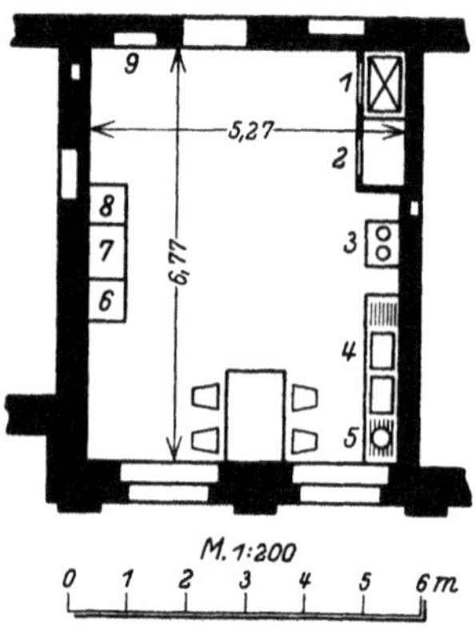

Abb. 23. Mannheim. Städt. Krankenhaus. Teeküche.

1 Speisenaufzug. 2 Wärm-, Anrichte- u. Küchenschrank. 3 Gaskocher. 4 Spülbecken. 5 Ausguß. 6 Eisschrank. 7 Tisch. 8 Fliegenschrank. 9 Arzneischrank.

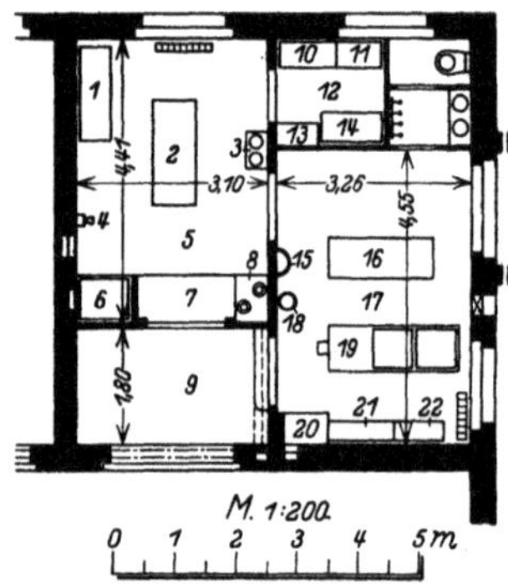

Abb. 24. Beetz-Sommerfeld. Tuberkulosekrankenhaus der Stadt Berlin. Tee- und Spülküche.

1 Geschirrschrank. 2 Tisch. 3 Kipptöpfe. 4 Fernsprecher. 5 Anrichteraum. 6 Speisenaufzug. 7 Wärmtisch. 8 Kochherd. 9 Speisenannahmeraum. 10 Eisschrank. 11 Tisch. 12 Vorratsraum. 13 Regal. 14 Vorratsschrank. 15 Ausguß. 16 Tisch. 17 Spülraum. 18 Bestecksterilisator. 19 Spülbecken. 20 Trockenschrank für Wischtücher. 21 Topfregal. 22 Borte.

der nicht ansteckenden Kranken an Stelle der Eingabefenster ein Speisenaufzug. Die Stelle für diesen muß ganz besonders sorgfältig erwogen werden, damit die Betriebswege nicht unnötig verlängert werden.

7. Waschräume für nicht bettlägerige Kranke.

Für Kranke, die das Bett verlassen können, werden die nötigen Waschgelegenheiten am einfachsten in den Krankenräumen selbst untergebracht, selbst eine größere Nische, wie sie sich mitunter in größeren Krankensälen findet, erfordert baulich nicht einen so großen Aufwand an Raum wie ein besonders abgetrennter Waschraum, der dann selbstverständlich in unmittelbarer Nähe der Krankensäle liegen muß. Für diese verlangen PÜTTER und

Ruppel je ein Waschbecken auf etwa 5—8 Kranke. Reihenwaschtische, wie sie in sonstigen Gebäuden neben großen Schlafsälen üblich sind, erfordern mindestens 50—60 cm Wandlänge, desgleichen Tiefe, sie werden aber in neueren Krankenhäusern nur noch selten verwendet, meist findet man Einzelwaschbecken, die zwecks Unterbringung der Handtücher mit 10—25 cm Abstand voneinander angebracht werden (Abb. 25), so daß jede Waschgelegenheit etwa 80 bis 100—120 cm Wandlänge in Anspruch nimmt. Bei Anordnung der Becken an einer Längswand würde schon eine Raumbreite von 1,5—1,8 m genügen, vielfach findet man sie jedoch über 2, ja bis 3 m breit und mit Waschbecken an beiden Längswänden (Abb. 26). Außerdem wird in diesen Waschräumen auch noch günstigerweise ein Schrank für Waschschüsseln, Kamm, Bürsten usw. Aufstellung finden. Der

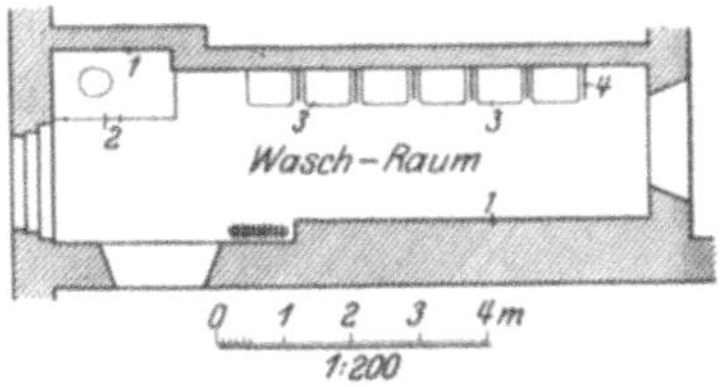

Abb. 25. München-Schwabing. Städt. Krankenhaus. Waschraum.
1 Wandplatten. 2 Marmorwand. 3 Waschbecken. 4 Handtuchhalter.

Abb. 26. Beetz-Sommerfeld. Tuberkulosekrankenhaus der Stadt Berlin. Waschraum.

Gutachterausschuß hat besondere Waschräume nicht zur Bedingung gemacht, wohl, weil er keine großen Bettensäle mehr haben will, vielleicht auch wegen der höheren Kosten. Diese können möglichst auf die Weise vermindert werden, daß man Vorräume für Abort- und Badeanlagen als Waschzimmer einrichtet.

4*

8. Aborträume mit ihren Vorräumen.

Bedarf. Die behördlichen Bestimmungen verlangen für je 15 Männer oder 10 Frauen einen Sitz, für die Männer außerdem noch eine entsprechende Zahl von Ständen. Erwünscht wäre es, wenn bei der vorgeschlagenen Meistzahl von 50 Betten in einer Abteilung drei bzw. vier Sitze genügen würden. Umgekehrt verlangt der Gutachterausschuß nicht ganz mit Unrecht selbst bei kleinen Abteilungen, abgesehen von solchen im Baderaum, mindestens 2 Sitze, damit mit größerer Sicherheit immer ein Sitz frei ist. Bei ganz kleinen Absonderungsabteilungen wird man sich allerdings auch mit einem Sitz begnügen können.

Natürlich müssen außerdem in schicklicher, aber auch nicht zu entfernter Lage nach Geschlechtern getrennte Aborträume für alle auf der Abteilung Tätigen hergerichtet werden.

Gesamtanordnung. Mehr Schwierigkeiten als die Anordnung der Sitze, die am besten jeder ein besonderes Fenster erhalten, macht die Anlage eines einwandfrei wirksamen Vorraums. Die behördlichen Bestimmungen verlangen für diese, ebenso wie für den Abort selbst, mindestens ein ins Freie führendes Fenster, dazu ausreichende Helligkeit, ständige Lüftung und Heizbarkeit. Hauptzweck des Vorraums ist danach zweiffellos möglichst sichere Fernhaltung aller üblen Gerüche. Der Zweck des Vorraums wird deshalb verfehlt, wenn man ihn nebenbei auch noch zu Zwecken verwendet, die selbst einen üblen Geruch hervorbringen, z. B. zur Unterbringung des Stechbeckenausgusses, vor allem aber, wenn man ihn von den Abortsitzräumen nicht mit einer vollständig hochgeführten Wand abgrenzt. Am wirksamsten ist

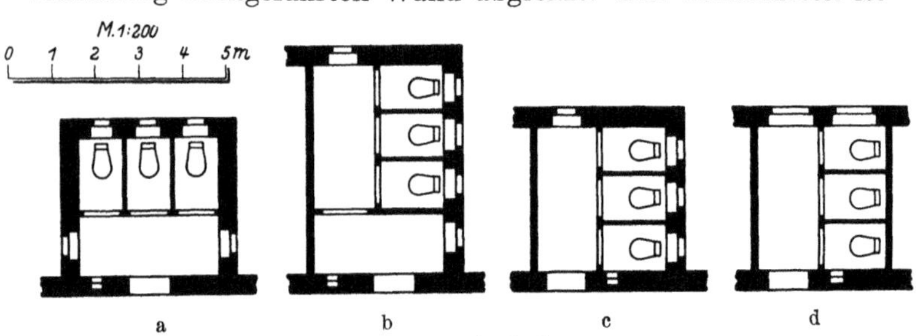

Abb. 27 a—d. Abortanlagen.

jedenfalls eine Querlüftung (Abb. 27a), wie sie ungefähr der Ausführung im Krankenhaus Strangriede in Hannover entspricht. Wenn diese Anordnung nach einem Hof hinausgeht, der durch zwei lange Querflügel eingefaßt ist, wird die Querlüftung allerdings schon an Wirksamkeit wesentlich einbüßen. Nahezu ebenso gut ist der Vorschlag DENECKE für Hamburg-St. Georg (Abb. 112), der den Vorraum sehr geschickt als Waschraum ausnutzt. Annehmbar sind auch Lösungen, bei denen Vorraumfenster und Fenster der Abortsitze sich in rechtwinklig zueinander stehenden Wänden befinden (Abb. 27 a u. c), weil hier der Wind in den meisten Fällen den Geruch durch eins der Fenster ins Freie drücken wird. Am ungünstigsten ist es, wenn alle Fenster in einer Wand liegen (Abb. 27 d), ganz besonders wenn nahe einer einspringenden Gebäudeecke, da hier ein in die Gebäudeecke gerichteter Wind die Gerüche unfehlbar in die anderen Räume drückt, wenn nicht ein gut angelegtes Lüftungsrohr die Luft über Dach ins Freie führt. Selbstverständlich darf dieses Lüftungsrohr nicht im Vorraum angebracht sein, sondern im Abortraum selbst, damit die Luft vom Vorraum aus durch den Abortraum entweicht, und nicht umgekehrt, sonst würde bei nicht genügender Wirksamkeit des Rohres die Anlage doch versagen.

Noch schwieriger durchführbar ist die Anordnung eines den Vorschriften entsprechenden Einzelaborts für die Pflege- und Dienstkräfte. Hier wird die Einführung eines gut beleuchteten Vorraums häufig auf große Schwierigkeiten stoßen. Ist der Abort schon an sich weit genug abgelegen, so wird man sich dann wohl oder übel mit einer Anlage abfinden, bei welcher durch eine besondere Zwischendecke über dem Abortraum der obere Teil des einen Fensters lediglich für den Vorraum nutzbar gemacht wird (Abb. 28). Selbstverständlich ist hier ein Lüftungsrohr im Abort erst recht notwendig. Damit ist für gute Lüftung dann alles mögliche getan. Ob der Vorraum genügend rein gehalten wird, kann bei offener Tür des Abortraumes leicht nachgeprüft werden.

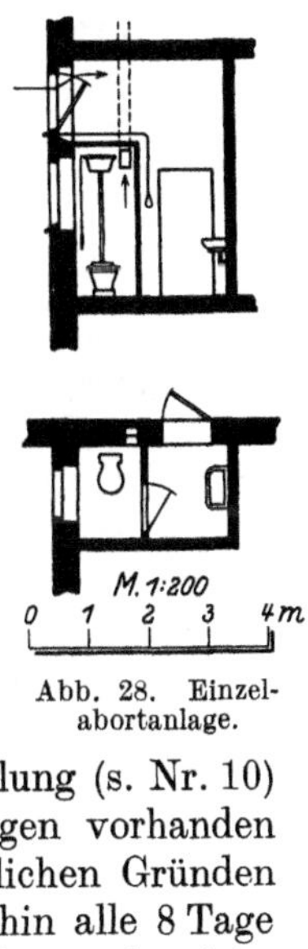

Abb. 28. Einzelabortanlage.

9. Räume für gewöhnliche Wasserbäder.

Zweck. Abgesehen von den Heilbädern besonderer Art, die bei größeren Krankenanstalten in besonderen Badeabteilungen oder sogar abgetrennten Badehäusern untergebracht und weiter unten besprochen werden, müssen in der Aufnahmeabteilung (s. Nr. 10) und auf jeder Krankenabteilung Badeeinrichtungen vorhanden sein, um jedem Kranken, bei dem dies aus ärztlichen Gründen statthaft ist, sofort bei der Aufnahme und weiterhin alle 8 Tage mindestens einmal ein Reinigungsbad, außerdem aber auch solche Heilbäder verabreichen zu können, die weiter keine technischen

Vorkehrungen nötig haben. Eine Besonderheit bilden dann noch die Dauerbäder (s. Nr. 11).

Bedarf. Die preußischen Vorschriften verlangen mindestens eine Wanne auf 30 Betten, GROBER rechnet schon auf 20, RUPPEL auf etwa 15 Kranke eine Wanne, der Gutachterausschuß schlägt für jede Abteilung 2 Baderäume vor. Auch bei diesen Zahlen fehlt eine genauere Beziehung zu den Höchstbettenzahlen für eine Abteilung. Vom baulichen Standpunkt aus wäre es mit Rücksicht auf die Neubaukosten erwünscht, wenn man für 50 Betten mit 2 Badewannen (Abb. 29 u. 30) auskommen könnte, die

Abb. 29. Beetz-Sommerfeld. Tuberkulosekrankenhaus d. Stadt Berlin. Baderaum.

allerdings bei der räumlich großen Entfernung der Bettenräume in zwei getrennten Räumen untergebracht werden müssen. Dementsprechend müßte dann auch für Abteilungen von höchstens 25 Schwerkranken 1 Baderaum mit 1 Badewanne ausreichen, zumal nicht bei allen Schwerkranken die Verabreichung eines Vollbades möglich ist. Nur bei Abteilungen für ansteckende Kranke, die ausnahmsweise bis zu 25 Betten umfassen, wird 1 Baderaum vielleicht nicht immer ausreichen, während selbst für ganz kleine Abteilungen in den Absonderungshäusern je ein besonderer Baderaum nicht zu umgehen ist.

Für die männlichen und weiblichen Pflege- und Dienstkräfte der Anstalt sind an geeigneten Stellen gesonderte Baderäume vorzusehen, die sich von solchen in Wohnhäusern nicht unterscheiden. Nur diejenigen Kräfte, welche lediglich mit stark ansteckenden Kranken zu tun haben, sollten am Ausgang der Absonderungshäuser eine Badegelegenheit haben, damit sie beim Verlassen des Hauses keine Krankheitsstoffe mit hinaustragen.

Ausstattung. Die im Handel üblichen Badewannen werden in verschiedenen Größen von 150—180 cm äußerer Länge und 60 bis 80 cm Breite hergestellt, eingemauerte Kachelwannen erhalten meist noch größere Maße (200×100 cm i. L.). Statt der Brausen über den Wannen werden oft besondere Brausezellen verlangt, die nicht unter 1 qm Fläche haben sollen, aber auch nicht über 125 × 125 cm groß zu sein brauchen. Jedes Krankenbadezimmer enthält zweckmäßigerweise außerdem noch einen Waschtrockenständer, ein oder mehrere Behältnisse für die Badezutaten (Seife,

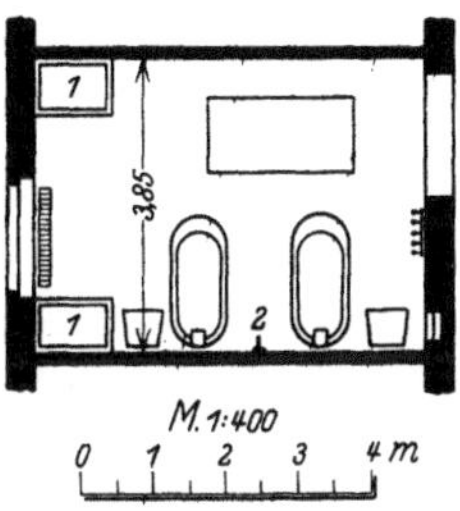

Abb. 30. Beetz-Sommerfeld. Tuberkulosekrankenhaus der Stadt Berlin. Baderaum.

1 Becken i. L. 60 × 120 cm. 2 Schlauchzapfhahn.

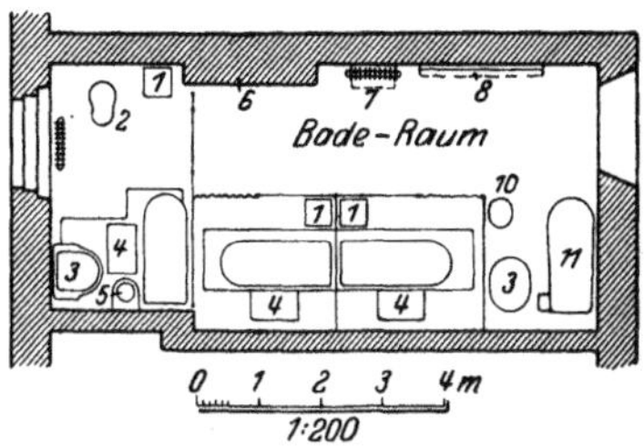

Abb. 31. München-Schwabing. Städt. Krankenhaus. Baderaum.

1 Hocker. 2 Bidet. 3 Sitzbadewanne. 4 Holzmatte. 5 Wäschewärmer. 6 Wandplatten. 7 Wäschewärmer. 8 Handtuchhalter. 10 Fußbadewanne. 11 Fahrbare Badewanne.

Salz u. a.), eine Massage- oder Ruhebank, 60—70 cm breit, und einen Stuhl. Der Gutachterausschuß verlangt auch noch einen Abortsitz. Waschbecken für warmes und kaltes Wasser, Wannen für Arm-, Fuß- und Sitzbäder, sowie auch fahrbare Wannen, deren eine für mehrere Krankenabteilungen ausreicht, können unter Umständen noch besser in einem Vorraum untergebracht werden, damit das Herein- und Herausschaffen der letzteren den Betrieb im Baderaum nicht etwa stört.

Größe. Wenn die Bedingung gestellt wird, daß die Badewannen zur besseren Bedienung der Kranken von beiden Längsseiten frei stehen, reicht das sonst übliche Maß von 180 × 200 cm nicht aus, sondern wird mindestens auf 200 × 240 cm erhöht werden müssen. Bei geringerer Breite stellt man sie wohl auch schräg. Eine gleichzeitige Unterbringung von Brausezelle, Ruhebank und Abortsitz erfordert allerdings einen tieferen Raum, so daß 250 × 400 cm oder 200×500 cm nicht zu groß ist. RUPPEL rechnet sogar 12—15 qm, allerdings wohl ohne Vorraum, der zur Unterbringung der oben genannten Gegenstände zweckmäßig allein 4—6 qm erfordert.

Bauliche Besonderheiten. Wegen ihrer häufigeren Benutzung bedürfen die Baderäume einer noch sehr viel stärkeren Sicherung gegen Wasser und Wrasen als Badezimmer in Wohnungen. Selbst eine Kachelverkleidung erweist sich manchmal nicht als genügend, die einzelnen Platten lösen sich leicht von der Wand ab, deshalb verspricht eine Verblendung aus glasierten Ziegeln eine größere Dauer, allerdings auch nur, wenn die Ziegel von bester Güte, wenn sie sorgfältig und in bestem Zementmörtel versetzt, vor allem aber gut in das Mauerwerk eingebunden werden. Daß auch der Fußboden aus sehr festen, also am besten gesinterten, aber an der Oberfläche nicht glatten Fließen mit gutem Gefälle nach den Fußbodenentwässerungen hin verlegt werden muß, ist nahezu selbstverständlich. Daß es andererseits gefährlich ist, die Decke mit glasierten Steinen oder auch nur mit Ölfarbenanstrich zu versehen, und zwar wegen der Gefahr des Abtropfens, sollte jedem Bausachverständigen geläufig sein. Ein einfacher Kalkputzanstrich ist immer noch das Beste, weil er eine gewisse Menge von Wasserdampf aufzusaugen im Stande ist. Aber auch die Türen und Fenster leiden sehr unter der Einwirkung der Feuchtigkeit, glatte Türen bewähren sich deshalb noch am besten. Fenster in Eisen müssen gut unter Anstrich gehalten werden, neuerdings aufkommende Fenster in verzinktem Eisenblech oder auch in Eisenbeton scheinen ebenfalls für diese Zwecke empfehlenswert zu sein.

10. Räume für Aufnahme- und Entlassungsbäder.

Zweck. In den Aufnahmebädern sollen die ankommenden Kranken ihre bisherige Kleidung ablegen, sich reinigen, und die Krankenwäsche- und Kleidung anlegen. In den Entlassungsbädern ist der Vorgang umgekehrt.

Bedarf. In kleinen Krankenhäusern werden zu diesem Zweck sonstige günstig gelegene Baderäume benutzt, in mittleren und großen werden die nötigen Räume unter Umständen für Männer und Frauen getrennt entweder in den Aufnahmeabteilungen vorgesehen, oder sie werden am Eingang zu ein oder mehreren Krankenabteilungen angeordnet, z. B. am Verbindungsgang. Besondere Entlassungsbäder werden namentlich für die Absonderungshäuser erforderlich, und zwar hier am besten für jede Krankheitsart gesondert, um möglichst zu verhüten, daß Krankheitskeime herausgetragen werden. Sie werden am besten in die Absonderungshäuser selbst hineingelegt. Besondere Gebäude dafür haben sich weniger bewährt.

Größe. Jedes Aufnahme- oder Entlassungsbad besteht am

besten aus drei miteinander verbundenen Räumen, dem Auskleideraum, dem Baderaum und dem Ankleideraum. Größe der Badezellen wie die in den Abteilungen (siehe oben).

Für die An- und Auskleidezelle reicht die bei Schwimmhallen übliche Größe von 1,3 × 1,5 m nicht aus, da die Kranken meist der Hilfe bedürfen, sie wird deshalb auf 3—4 qm zu erweitern sein. Die Auskleidezelle der Aufnahmebäder wird sogar lieber noch geräumiger zu bemessen sein (6—8 qm), wenn hier noch gewisse Aufnahmehandlungen den Platz für einen Schreibtisch erfordern, und außerdem eine Anzahl fahrbarer Kleiderständer zur Aufnahme der den Kranken gehörigen Kleider untergebracht werden muß (Abb. 33). Günstiger Weg zum Kleiderlager (siehe weiter unten) ist dann selbstverständlich erwünscht.

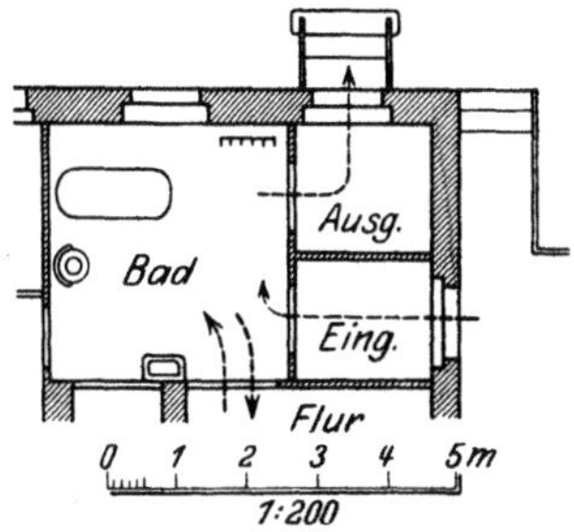

Abb. 32. Berlin-Reinickendorf, städt. Krankenhaus. Badeschleuse in den Absonderungshäusern.

11. Räume für Dauerbäder.

In größerem Umfang werden Dauerbäder nur in Irrenanstalten benutzt, und zwar hauptsächlich zur Beruhigung bei den verschiedensten Erregungszuständen, aber auch zu Heilzwecken, Stoffwechselanregungen u. a. m. Hier empfiehlt Weygandt (Deutsches Krankenhaus, 2. Aufl., S. 399) für jede Abteilung einen Raum mit 3—4 Wannen einzurichten, da eine Pflege 3, höchstens 4 Kranke im Dauerbad versorgen kann. Aber auch in allen sonstigen Krankenabteilungen werden, wenn auch viel seltener, Dauerbäder gebraucht. Da sie sowohl im Bau als auch wegen ständiger Überwachung im Betrieb sehr kostspielig sind, würde die Anlage in der Badeabteilung am günstigsten sein, sie empfiehlt sich aber nicht, weil die Kranken, welche Dauerbäder benutzen müssen und nur schwer beförderungsfähig sind, jederzeit aus dem Bade heraus wieder in ihr Bett gelegt werden müssen. Man hat sich deshalb vielfach geholfen, in den großen Krankensälen bewegliche Wannen hinter Vorhängen aufzustellen, weil dann auch die Beaufsichtigung der Kranken am leichtesten ist. Da zur Erzielung gleichmäßig bleibender Badewärme, der Hauptbedingung für Dauerbäder, neuerdings leicht mit Schlauchverschraubung anzubringende Einrichtungen zu haben sind, die auf dem Grundsatz des Gegenstroms beruhen (Bauart Schaffstädt), so hat man sich auch anderweit derart geholfen, daß man nur Zapfhähne mit solchen Schlauchverschraubungen über den gewöhnlichen Badewannen oder auch an Stellen angebracht hat, an denen man je nach Bedarf bewegliche Wannen unterschiebt, so daß man also mit der Beschaffung weniger Gegenstromeinrichtungen auskommt. Trotzdem sind das alles nur Behelfsmittel, für viele Kranke selbst bleibt es das beste, einen besonderen Raum zu schaffen, in dem sowohl ein oder zwei Betten, als auch das Dauerbad Platz haben. Es handelt sich dann nur um die Aufgabe, für diesen Raum eine Lage ausfindig zu machen, daß er sowohl vom medizinischen, als auch vom chirurgischen Kranken bequem benutzt werden kann. In Köln-Lindenburg hat man dazu das Haus für zahlende Kranke ausgewählt, in dem sowieso Kranke beiderlei Art untergebracht werden. Ist eine solche Lösung nicht möglich, so verdienen die chirurgischen Krankenabteilungen den Vorzug. Bleibt aus besonderen Gründen nichts weiter übrig, als das Dauerbad doch mit der Badeabteilung zu vereinigen, so wird man hier wenigstens versuchen müssen, für das Dauerbad einen abgelegenen, möglichst ruhigen Platz ausfindig zu machen, also beispielsweise im Obergeschoß des Badehauses mit einigen anderen nicht störenden Baderäumen zusammen, wobei dann aber für die nötigen Nebenräume (Teeküche usw.) gesorgt sein muß.

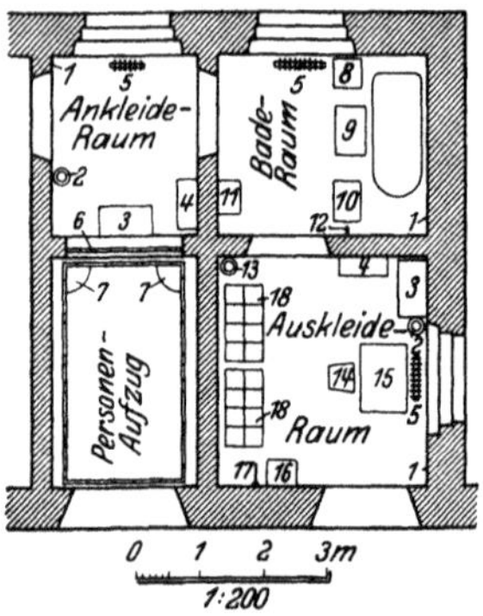

Abb. 33. München-Schwabing, Städt. Krankenhaus.

Aufnahmebad: 1 Wandplatten. 2 Spucknapf. 3 Sitzbank. 4 Wandbrett. 5 Heizkörper. 6 Glasbausteine. 7 Sitzbank. 8 Hocker. 9 Holzmatte. 10 Lattenstuhl. 11 Wäschewärmer. 12 Reinigungsschlauch. 13 Kübel für Abfälle. 14 Stuhl. 15 Schreibtisch. 16 Waschbecken. 17 Handtuchhalter. 18 Fahrbarer Kleiderständer.

Bauliche Besonderheiten. Schon wegen der für lange Stunden auf gleichmäßiger Höhe zu haltenden Wärme von 38—40° C empfehlen sich für die Zwecke des Dauerbades keine Metallwannen, sondern Holzwannen (Abb. 34) oder Kachelwannen, deren Innenmaße 1,9—2 m Länge, 0,8—0,9 m Breite und 0,6 m Höhe aufweisen. Der Boden der Wanne liegt am besten etwa 20 cm höher als der Fußboden. Die Lagerstätte des Kranken — nämlich ein in diesen Wasserbehälter hineinzupassender Rahmen mit Segeltuchbespannung, kann mittels einer durch Kurbel beweglichen Hebevorrichtung ins Wasser versenkt und wieder herausgehoben werden, wie dies in Abb. 35 dargestellt ist.

12. Räume für reine Wäsche (Wäschelager).

Wenn es sich nicht nur um den Tagesbedarf an Wäsche handelt, der wie oben vermerkt, am besten im Pflegedienstzimmer untergebracht wird, sondern wenn der gesamte Wäschevorrat in einzelnen Abteilungen untergebracht werden soll, so ist für 50 Betten ein Schrank, oder der Durchlüftung wegen besser ein offenes

Abb. 34. Berlin-Reinickendorf. Städt. Krankenhaus. Dauerbad.

Gestell von 5 m Länge und 60 cm Tiefe nötig, außerdem ein Stuhl und größerer Tisch zum Auslegen der Wäsche. Hierfür würde also bei 50 Betten schon ein Raum von 1,5—1,8 m Breite und 5—6 m Tiefe oder von 2,2—2,5 m Breite und 3 m Tiefe genügen. Günstiger ist es dagegen, wenn ein Raum von etwa 2,5 m Breite und 6 m Tiefe geschaffen werden kann, weil hier neben der Wäsche auch noch Matratzen, Kissen, wollene Decken und ähnliche Sachen zweckmäßig ihren Platz finden.

13. Räume für schmutzige Wäsche (Tonnenraum, Spülraum).

Zweck. Besondere Räume zur Aufbewahrung schmutziger Wäsche sind ganz entbehrlich, wenn die schmutzige Wäsche sofort zur Waschküche geschafft werden kann. Das ist indessen höchstens bei ganz kleinen Krankenhäusern durchführbar, im allgemeinen ist eine Zwischenlagerung unvermeidlich, für die dann also ein gewisser Raum vorhanden sein muß, selbst wenn, was anzustreben bleibt, diese Zwischenlagerung nur auf eine ganz kurze Zeit beschränkt ist. Hauptaufgabe ist es, auch selbst für eine noch so kurze Zeit der Lagerung die schlechten Ausdünstungen der gebrauchten Wäsche von den Krankenräumen fernzuhalten.

Die bauliche Anlage ist nun eine ganz andere, je nachdem die Wäsche bei der Zwischenlagerung auch noch einer Vorreinigung unterworfen wird oder nicht. Ersteres ist um so notwendiger, je

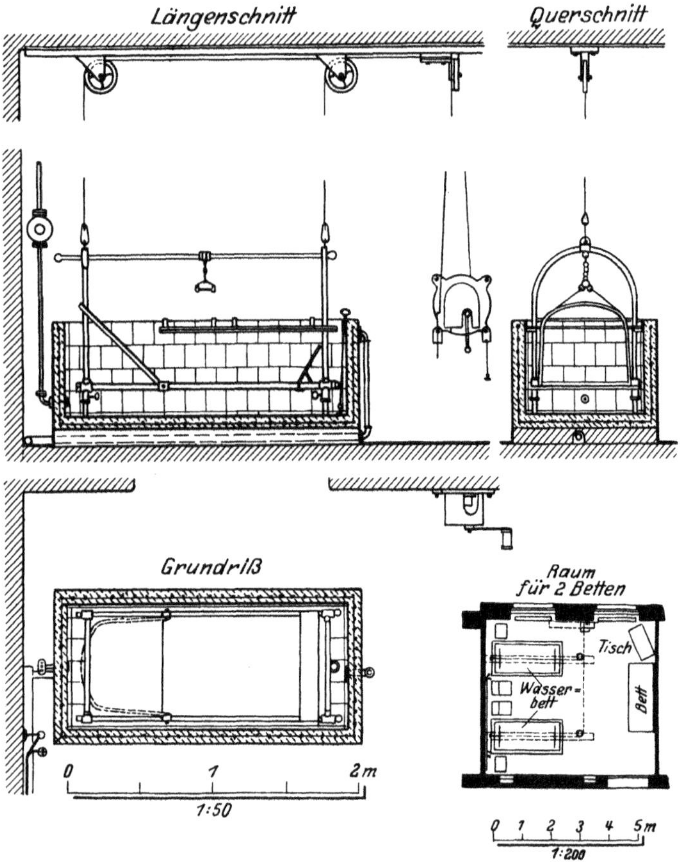

Abb. 35. Hebevorrichtung für Dauerbäder. (Nach RUPPEL.)

gefährlicher etwaige Ansteckungskeime werden können, und diese deshalb um so schneller unschädlich gemacht werden müssen. Anlagen ohne Vorreinigung erfordern in jeder Krankenabteilung einen Raum, der für die Sammelbehälter den nötigen Platz bietet. Diese sind vielfach fahrbar eingerichtet. Um sie aus den oberen Stockwerken herunterzuschaffen, hat man in München-Schwabing für die dort aus Tonnen bestehenden Behälter im „Tonnenraum" selbst einen Aufzug von etwa 1 × 2 m lichter Größe angelegt. Diese Anlage ist kostspielig und jedenfalls auch im Betrieb sehr umständlich. Da aber das Fortschaffen der Sammelbehälter aus den oberen Geschossen auch über die Treppen stets mit Schwierigkeiten verbunden ist, hat man schon seit Jahrzehnten große Abwurfschächte hergestellt, durch welche die schmutzige Wäsche sofort in den Keller geworfen wird, um dort nach einiger Zeit abgeholt

Abb. 36. Offenbach. Stadtkrankenhaus. Wäsche- u. Kehrichtabwurf.

zu werden. Ist Abwurfschacht und Kellerraum gut gelüftet und wird die Wäsche sofort herabgeworfen, so kann man es wohl wagen, die natürlich mit einem guten Verschluß zu versehende Einwurföffnung im Flur der Krankenabteilung unterzubringen: Man spart damit also überhaupt einen besonderen Raum innerhalb der Abteilung. Wird dagegen die Wäsche in Säcken gesammelt und jeder Sack erst nach völliger Füllung und nach erfolgtem Verschluß durch den Schacht herabgeworfen, so ist schon allein zur Aufbewahrung dieser Säcke ein besonderer, wenn auch kleinerer Raum erforderlich, der zwecks möglichst sicherer Abhaltung der Gerüche am besten vom Vorraum der Abortanlage aus zugänglich gemacht wird (Abb. 36).

Größe der Räume. Für den Raum in der Krankenabteilung genügt an sich, wenn er nur zum Abwurf der Wäsche dient, schon eine Größe von 2 × 2 m, wenn er jedoch gleichzeitig, wie das empfehlenswert ist und vom Gutachterausschuß befürwortet wird, die Spülvorrichtungen aufnehmen soll, in denen die Stechbecken entleert und auch gelagert werden, so wird man ihn mindestens 3—4 m tief halten. Vergleiche dazu die näheren Angaben beim Raum für Auswurfstoffe. Den Raum im Keller, in den die Wäscheschächte münden, etwas größer anzulegen, wird seltener Schwierigkeiten machen. Diese größeren Abmessungen werden wünschenswert sein, wenn hier die Wäsche schon ausgesucht wird, wozu ein größerer Tisch erforderlich ist.

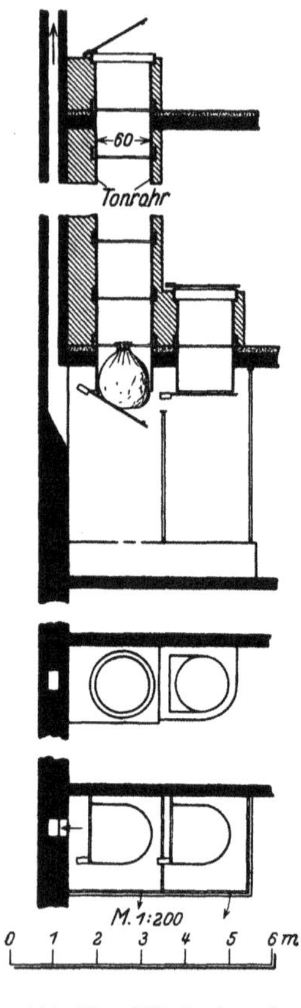

Abb. 37. Wäscheabwurfschacht. Schnitt- u. Grundrisse des Erd- und Kellergeschosses.

Bauliche Besonderheiten. Während die Räume in baulicher Ausführung den besonderen Anforderungen an die nötigen Reinigungen, also ähnlich den Baderäumen, entsprechen müssen, erfordern die Abwurfschächte eine genaue technische Durchbildung, die sich ebenfalls aus besonderen Ansprüchen ergeben. Sie müssen vor allem gut gereinigt werden können und erhalten deshalb schon aus diesem Grunde einen lichten Querschnitt von mindestens 50 × 70 cm, oder einen runden von mindestens 60 cm. Eine genau senkrechte Führung ist unbedingt anzustreben. Sie werden innen glatt geputzt und mit Ölfarbe gestrichen, oder mit Kacheln ausgekleidet, oder, was am besten und haltbarsten ist, aus großen, glasierten Tonrohren (Abb. 37) hergestellt, die auch beim Abspritzen niemals Feuchtigkeit durchlassen. Der besseren Entlüftung wegen, die eine weitere Hauptbedingung ist, hat man vielfach den Abwurfschacht im gleichen Querschnitt bis über Dach geführt und den Kellerraum außerdem möglichst luftdicht nach außen hin abgeschlossen. Es ist jedoch fraglich, ob die erstere Maßnahme richtig ist. Der allzu große Querschnitt von 60 cm gibt jedenfalls leicht Veranlassung zu Gegenströmungen innerhalb dieses Lüftungsrohres, während durch ein Rohr von geringerem Durchmesser die Luftgeschwindigkeiten verstärkt und Gegenströmungen vermieden werden. Nun reißt aber jedes große herabfallende Wäschebündel die Luft im eigentlichen Abwurfschacht mit nach unten, indem es die Luftsäule nach unten hin ansaugt. Jedes Wäschebündel verursacht also mehr oder weniger eine nach abwärts gerichtete Bewegung der Luftsäule, während die Lüftung eine nach aufwärts gerichtete erfordert. Man sollte deshalb den Abwurfschacht selbst lieber nicht über Dach führen, sondern dem Kellerraum ein besonderes, möglichst wirksames, bis über Dach geführtes Lüftungsrohr geben. Die Luft bewegt sich dann im Schacht stets von oben nach unten, im Lüftungsrohr stets von unten nach oben, jedes Wäschebündel wirkt nicht hemmend, sondern fördernd auf diese Luftbewegung ein, verursacht durch sein Fallen im Abwurfschacht eine Luftverdünnung und demgemäß ein Ansaugen der Luft aus dem Einwurfraum in den Schacht hinein, schafft mithin eine starke Entlüftung dieses oberen Raumes, die dem Eindringen der Gerüche entgegenwirkt.

Zu einem anderen Mittel hat man im neuen Krankenhaus Mannheim gegriffen, wo man die Einwurföffnung des Wäscheschachtes und auch eines Müllschluckers auf einem offenen Wirtschaftssöller angebracht hat (Abb. 38).

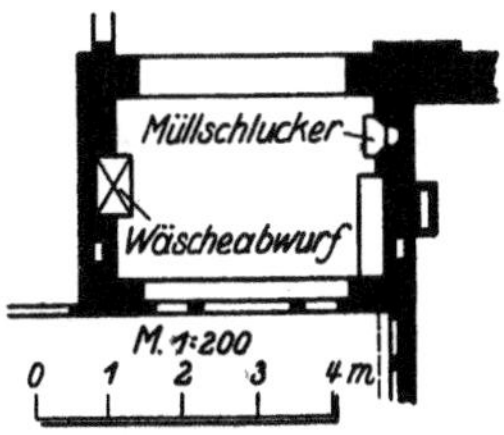

Abb. 38. Mannheim. Städt. Krankenhaus. Offener Wirtschaftssöller.

Anlagen mit Vorreinigung. Wäscheschachtanlagen werden unmöglich, wenn die schmutzige Wäsche zwecks Abtötung von Krankheitskeimen oder auch nur wegen starker Beschmutzung sofort einer Reinigung unterzogen werden muß, wie das meist also in den Abteilungen für ansteckende Krankheiten der Fall ist. Hierzu muß ein größerer Raum durch eine Zwischenwand derart in zwei Teile geteilt werden, daß auf der „unreinen Seite" die schmutzige Wäsche in den Entkeimungskochkessel hineingetan, auf der „reinen Seite" die unschädlich gewordene Wäsche entnommen werden kann, ohne daß der Entnehmer in die Gefahr kommt, sich in den verseuchten Räumen der Abteilung anzustecken (Abb. 39). Liegen diese Abteilungen im Erdgeschoß, so kann die „reine Seite" leicht einen besonderen Eingang von außen bekommen, der den Absperrungsforderungen genügt. In oberen Geschossen muß der „reine Raum" von der Treppe aus zugänglich sein. Wird auch dann noch für die Abholer auf der Treppe eine Ansteckung befürchtet, so muß man lediglich für das Abholen der Wäsche aus dem reinen Raum besondere Treppen anlegen.

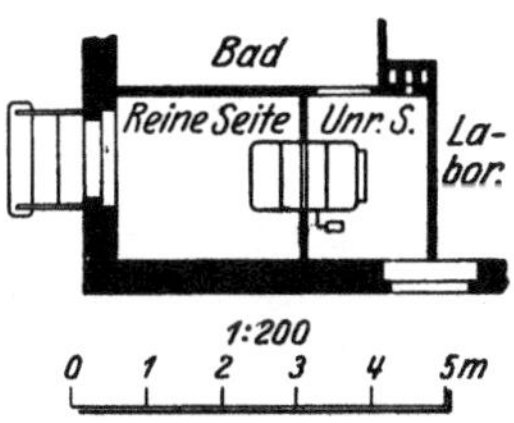

Abb. 39. Berlin-Reinickendorf. Städt. Krankenhaus. Vorreinigung der schmutzigen Wäsche in den Absonderungshäusern.

Größe. Auch hier kommt es darauf an, ob die „unreine Seite" die Spülvorrichtung für die Auswurfstoffe mit aufzunehmen hat

Die Maße entsprechen den oben angegebenen, da der halbe Desinfektionskessel nicht einmal soviel Raum in Anspruch nimmt wie die Abwurfschächte. Daß die „unreine Seite" wegen der besseren Fernhaltung der Gerüche wenn irgend möglich, erst durch einen besonderen Vorraum betretbar gemacht wird, versteht sich von selbst. Die gleichen Abmessungen gelten auch für die „reinen" Räume, jedoch empfiehlt sich hier eine größere Breite bis zu 2,5 m, wenn in diesem Raum sofort die Wäsche

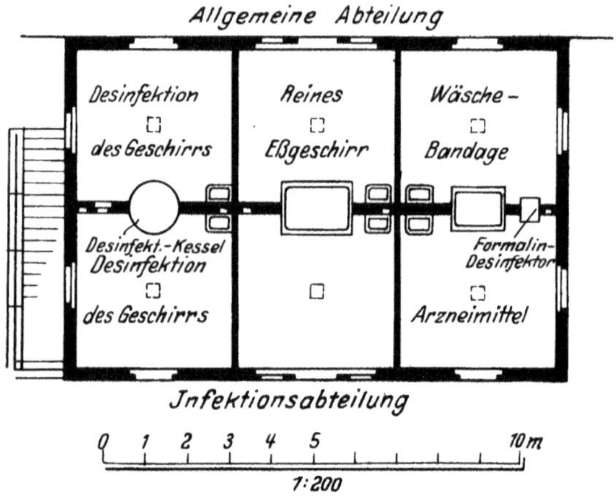

Abb. 40. Hamburg-Barmbeck. Städt. Krankenhaus. Übergabehaus.

ausgelesen werden soll. Im Hamburg-Barmbecker Krankenhaus hat man an Stelle der vielen einzelnen Einrichtungen ein besonderes Übergabehaus für die gesamten Absonderungshäuser errichtet, in dem nicht nur Wäsche, sondern auch Speisen und Geschirr von der reinen zur unreinen Seite wandert und umgekehrt (Abb. 40). Es fragt sich aber, ob sich diese Anordnung schon wegen der weiten Wege empfiehlt.

14. Räume für Auswurfstoffe

(Ausgußraum, Fäkalienraum, Exkrementenraum, Spülraum).

Zweck und Bedarf. Alle Auswurfstoffe der Kranken müssen so schnell wie möglich und so sicher wie möglich unschädlich gemacht werden. Man wird deshalb auf jeder Krankenabteilung, auf weit ausgedehnten womöglich zweimal, die nötigen Vorkehrungen hierfür schaffen.

Einrichtung. Unschädliche Auswurfstoffe werden in besonders dazu eingerichteten Spülbecken von 80—120 cm Länge und 60 bis 70 cm Breite gespült, und in die Entwässerungsleitung eingeführt. Schädliche werden in besonderen Auswurfkochern von etwa 50—70 cm Durchmesser mit oder ohne die Stechbecken unter Wasser gesetzt, 10—15 Minuten lang durch Wasserdampf „gekocht" und dadurch keimfrei gemacht. Weiter enthält der Raum höchstens noch einen oder mehrere Schmutzkübel und einen Schrank für die Stechbecken, am besten unter dem Fenster mit Entlüftungsvorrichtung.

Größe. Wenn dieser Raum nicht mit den Räumen für schmutzige Wäsche vereinigt wird, was anzuraten ist (s. oben), so genügt eine Größe von 2 × 2 m, besser 2,5 × 3 m (Abb. 41 u. 42).

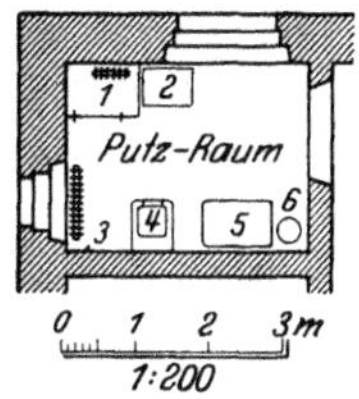

Abb. 41. München-Schwabing. Städt. Krankenhaus. Ausgußraum.
1 Trockenschrank f. Putzgeräte. 2 Fahrtisch. 3 Wandplatten. 4 Fäkalentleerung. 5 Spülbecken. 6 Schmutzkübel.

15. Geräteräume (Abstellräume, Besenkammer).

Zweck und Bedarf. Der Gutachterausschuß verlangt für jede Abteilung einen besonderen Abstellraum mit Putzschrank, unter dem wohl ein Besenschrank verstanden ist. Nun ist die Zahl der Nebenräume in jeder Krankenabteilung schon so groß, daß es das beste wäre, wenn die hier in Frage kommenden Geräte und Bestände möglichst in denjenigen Räumen untergebracht würden, zu denen sie in engster Beziehung stehen, so alle Bestände aus Gewebestoffen, auch Wolldecken, Matratzen usw. im Wäscheraum, Geräte zum Kochen in der Teeküche, zur ärztlichen Behandlung in den ärztlichen Räumen und im Pflegedienstzimmer, zum Baden im Vorraum zum Badezimmer, Wäschebehälter für schmutzige Wäsche im Raum für diese, Behälter für Auswurfstoffe desgleichen.

In all diesen Räumen ist auch schon auf diese Gegenstände bereits Bedacht genommen. Es kann aber doch vorkommen, daß es baulich sehr große Schwierigkeiten macht, einen oder den anderen dieser Räume so groß zu machen, als es dann nötig ist, außerdem sind nachfolgende größere Geräte usw. bisher ganz außer Betracht gelassen, weil sie nicht so unmittelbar mit einem der genannten Räume in Beziehung stehen. Bei jedem dieser Geräte ist die für eine Abteilung von 50 Betten ungefähr erforderliche Anzahl angegeben, es wird jedesmaliger Feststellung bedürfen, wie weit einzelne derselben sogar auch für mehrere Krankenabteilungen genügen.

1 Krankentragbahre, auch auf Rädern, mindestens 190 × 55 cm bis 200 × 80 cm, desgleichen auch mit Verdeck für das Freie 180 × 80 cm, beide auch hoch stellbar, um Platz zu sparen, dann 80 zu 30—50 cm erforderliche Bodenfläche.

1 Krankenhebevorrichtung, etwa 20 cm länger und ebenso breit wie die Betten, meist zusammenlegbar, dann 80—90 cm zu 30—40 cm erforderliche Bodenfläche.

1—2 Bettfahrerpaare, um Betten fahren zu können. Paar 50—70 zu 20—30 cm,

2 fahrbare Eß- und Lesetische für Bettlägerige 70—80 zu 25—35 cm,

4—6 Seitenschutzgitter für Betten, 30—40 cm breit, 190 bis 200 cm lang (bei Kinderbetten bleiben die Gitter an der Bettstelle),

Abb. 42. Karlsruhe i. B. Ludwig-Wilhelm-Krankenhaus. Ausgußraum.

1—2 Bettschirme, jeder Teil 95 cm lang, 160—180 cm hoch, vierteilig zusammengelegt 30—40 cm stark,

5—10 Rückenstützen, falls die Betten nicht genügend verstellbar, je 80—90 cm lang, 40—50 cm breit, zusammengeklappt 10 bis 15 cm stark,

5—10 Reifenbahren 40 × 30 × 25 bis 100 × 65 × 35 cm (nur für äußere Krankheiten),

1 Gehrad rund 60 cm im Durchmesser (desgleichen).

Größe. Im Notfall kann ein großer Teil dieser Bettgeräte an passender Stelle im Flur untergebracht werden, doch muß er dazu breit genug sein. Für jedes Stück müssen dann möglichst getrennt Wandhaken angebracht werden, damit sie nicht umkippen, und den Fußboden frei lassen. Besser ist ein besonderer Raum von etwa 2—2,5 m Breite und 4—6 m Tiefe. Möglichst lange Wandflächen erleichtern die Unterbringung, Wandhaken sind auch hier zweckmäßig. Zur Unterbringung der nötigen Reinigungsgeräte

(Besen, Schrubber, Eimer usw.) empfehlen sich am meisten etwa für je 25 Betten besondere Besenkammern mit mindestens 4 Haken für Besen, 5 Haken für Handfeger usw., 1 Bügel für Scheuertücher und ein Eimerrost. Unter Umständen genügen auch in die Wand eingelassene Schränke von 100 cm Länge und 40 cm Tiefe.

16. Flure.

Zweck. Die Flure sollen einen getrennten Zugang zu jedem einzelnen Raum ermöglichen, da jeder Durchgangsverkehr ganz besonders für jeden Kranken lästig, ja für viele sogar wegen der geringeren Ruhe womöglich gesundheitschädigend ist. Die Entfernung zwischen den einzelnen Räumen soll aber auch möglichst kurz sein, damit nicht zu weite Wege zurückgelegt zu werden brauchen. Die Größe der Flure und namentlich ihre Länge ist also nur ein notwendiges Übel, das nach Möglichkeit einzuschränken ist, soweit dies noch mit ihrem Zweck und einer guten Lüftung und Belichtung der Flure zu vereinbaren ist.

Vorschriften über die Mindestabmessungen. Abgesehen von kurzen, nicht mehr als 5 m langen Stichfluren sollen die Flure nach den preußischen Vorschriften in den Krankenabteilungen mindestens 1,8 m breit sein. Aus Gründen der Belichtung und Belüftung dürfen nur in Gebäuden von weniger als 25 m Länge Mittelflure angelegt werden. Unbedingte Voraussetzung ist hierfür aber selbstverständlich beiderseitiges möglichst großes Kopflicht und Zwischenlicht durch eine Treppe o. ä. In längeren Gebäuden müssen die Seitenflure mindestens auf die Hälfte ihrer Länge von Anbauten frei bleiben.

Zweckmäßige Abmessungen. Ruppel will die Flurbreite auf 2,5 m, Grober sogar auf 3 m erhöht haben. Das scheint mir in Anbetracht der nicht unerheblichen Mehrkosten schon sehr weitgehend und nicht ganz gerechtfertigt, selbst wenn Grober der Unterbringung der Tragbahren, des Rollstuhls usw. auf den Fluren das Wort redet. Die Mindestbreite von 1,80 m ist gänzlich unbedenklich, wo es nicht nötig ist, Krankenbetten durch eine Schwenkung um 90° in die Bettenräume hineinzuschaffen. Auch das ist sogar noch möglich, wenn die Betten nur höchstens 1,90 m lang sind und ihre Breite mindestens um 5 cm geringer ist, als die lichte Türbreite. Das Hineinschwenken wird jedoch erst bequem, wenn durch Anordnung von Nischen die Breite auf 2,1—2,2 m gesteigert wird. Eine noch weitergehende Verbreiterung des Flures auf seine ganze Länge ist nahezu zwecklos, vielmehr ist stattdessen die Verbreiterung einzelner Strecken anzuraten, und zwar deshalb, weil alsdann diese Strecken noch weit günstiger zur Aufnahme von Schränken, Ruhebänken, Tischen usw. geeignet sind, vor allem aber, weil sie die Möglichkeit zu einer weit besseren Belichtung schaffen. Diese sehr wichtige Belichtungsfrage der Flure in Bettenhäusern hat Verfasser im Zbl. Bauverw. 1920, S. 144 u. f. eingehend behandelt und dabei gezeigt, wie durch sorgfältige Durchbildung des Grundrisses nach dieser Richtung hin selbst bei weniger als ein Drittel einseitig bebauter Flurlänge günstige Belichtungsverhältnisse erzielt werden können. Da infolge dieser Vorschläge und bei dem Nachweis ähnlich guter Verhältnisse Abweichungen von den Bestimmungen Aussicht auf Genehmigung haben, seien aus dem Aufsatz 2 Beispiele wiedergegeben (Abb. 43 u. 44), die nach dem Grundsatz durchgearbeitet sind, daß mindestens eine Flurwand vollständig von Lichtstrahlung getroffen werden muß. Wie die Belichtung durch Verbreiterung von Flurteilen noch weiter verbessert werden kann, zeigt Abb. 130.

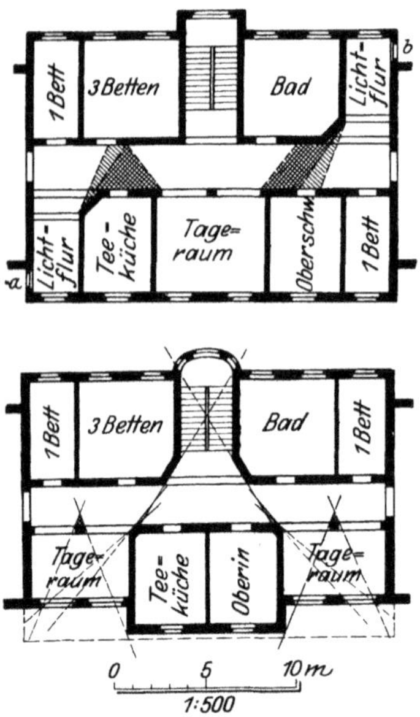

Abb. 43. Vorschlag zur Verbesserung der Flurbelichtung.

Bei einstöckigen Anlagen ist auch durch *Oberlicht* eine bessere Belichtung von Mittelfluren erreichbar. RUPPEL möchte Anwendung solchen Oberlichts möglichst vermieden wissen, weil sie Übelstände und Schwierigkeiten mit sich brächten. Schwierige Reinigung und häufige Undichtigkeiten sind allerdings nicht zu leugnen, namentlich bei Deckenoberlicht, das RUPPEL wohl nur im Auge gehabt hat. Hohes Seitenlicht dagegen, das man vielfach auch mit Oberlicht bezeichnet, zeigt richtig durchgebildet diese Fehler weit weniger und ermöglicht vor allem eine ausgezeichnete Lüftung.

Bei der *Lüftungsanlage* der Flure kommt es darauf an, zu vermeiden, daß die Flure nicht etwa das Eindringen schlechter Luft aus einem Raum in den andern vermitteln. Hat der Flur durch reichliche Luftzuführung und geringer Luftabführung selbst Überdruck, so wird von vornherein vermieden, daß schlechte Luft selbst nur bis in den Flur eindringen kann. Ein solcher

Überdruck ist aber mit Sicherheit und auf die Dauer nur durch künstliche Lüftung mit Kraftantrieb zu halten, in Fluren mit größerem Verkehr sogar kaum mit solchem. Ohne Kraftantrieb dürfte sich unter gewissen Bedingungen mittels der oben erwähnten Lüftung durch hohe Seitenfenster oder durch sehr

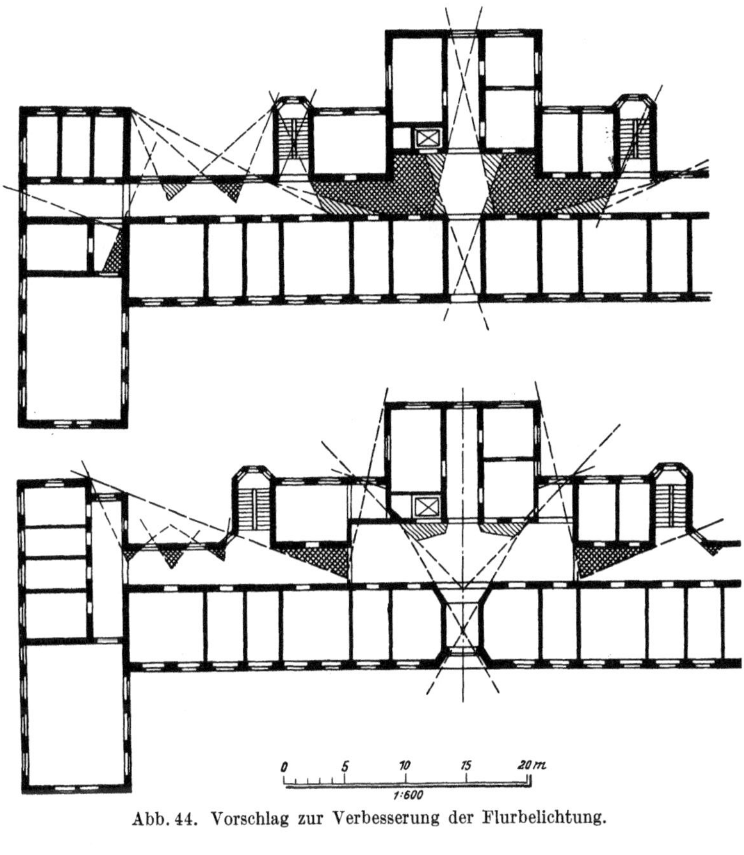

Abb. 44. Vorschlag zur Verbesserung der Flurbelichtung.

stark und bei jeder Windrichtung wirkende Luftabzugsschächte leichter der umgekehrte Zustand erreichen lassen, daß die Luft aus allen Räumen in die Flure hineindringt und von dort stark nach oben hin abgesaugt wird. Natürlich dringt dabei in die Räume viel Luft nach, die im Winter sich als Zug bemerkbar machen wird und viel Kohlen kostet. Diese Ausführungen lassen erkennen, wie wichtig für alle Räume mit schlechter Luft die Zwischenschaltung besonderer Vorräume ist, weil die richtige, eine gute

Lüftung gewährleistende Luftbewegung in diesen kleinen Räumen viel leichter und sicherer zu erreichen ist als in einer weitverzweigten Fluranlage, selbst wenn sie, wie dies aus Gründen des Betriebs sehr wünschenswert ist, an den Grenzen der Abteilungen mit Flurtüren abgeschlossen wird.

17. Eingangsschleusen (Ärzteschleusen).

Zweck und Bedarf. Beim Betreten und Verlassen einer Abteilung mit ansteckenden Kranken muß Arzt und Schwester die Möglichkeit haben, Oberkleider zu wechseln, sowie Hände und Gesicht zu reinigen und keimfrei zu machen.

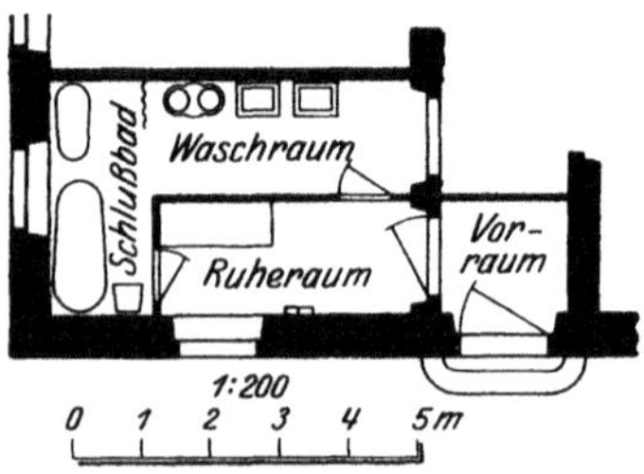

Abb. 45. Frankfurt a. M. Krankenhaus der israel. Gemeinde. Arztschleuse.

Anordnung. Der Eingang muß deshalb so ausgestaltet werden, daß in dem Wege zwischen äußerem Eingangsflur und eigentlichem Flur ein Waschraum eingeschaltet wird, der unter allen Umständen durchschritten werden muß (Abb. 45). Dieser enthält weiter nichts als ein, besser 2 Waschbecken, während vor und hinter diesem Waschraum, also im Vorflur und Hauptflur Kleiderhaken das Anhängen der zu wechselnden Kleidungsstücke ermöglichen. Die Abmessungen von Vorflur und Waschraum können auf das denkbar kleinste Maß eingeschränkt werden. Eine Breite von 1,3—1,5 m genügt bereits für jeden der beiden Räume. Schaltet man auch einen kleinen Baderaum ein, ebenfalls 1,5 m breit, so kann die Schleuse auch für Entlassungen verwendet werden. Dient sie nur dem Arzt, so ist es zweckmäßig, sie in das etwaige Arztzimmer münden zu lassen, das also dann der Arzt vom Freien aus nur durch die Schleuse betritt.

18. Treppen.

Bedarf. Die besonderen behördlichen Bestimmungen für Krankenhäuser haben ja nur den Zweck, die baupolizeilichen Bestimmungen da zu verschärfen, wo grade die Belange des Krankenhausbetriebs eine solche Verschärfung nötig machen. Eine solche Notwendigkeit liegt bei den Treppen für die Krankenabteilungen vor. Während die Baupolizei bei größeren Gebäuden nur so viel Treppen verlangt, daß von jedem Aufenthaltsraum aus eine Treppe auf höchstens 25—30 m Entfernung erreichbar ist, fordern die preußischen Krankenhausbestimmungen für Stockwerke mit mehr als 40 Betten mindestens zwei Treppen, und zwar, um bei Feuerausbruch die Kranken um so sicherer retten zu können. Sie verbieten weiterhin auch Wendelstufen, um den Kranken die Benutzung der Treppen zu erleichtern.

Abmessungen. Die Forderung, daß die Treppenlaufbreite mindestens 1,30 m betragen muß, dürfte ihren Grund darin haben, daß bei Beförderung von Kranken in ihren Betten der sonstige Betrieb auf der Treppe nicht ganz unterbunden sein darf. Auch um die Betten an den Wendungen leicht schwenken zu können, ist ein geringeres Maß kaum möglich. Ebenso wichtig dafür ist allerdings eine genügende Abmessung der Treppenabsätze. Hier setzen die Bestimmungen kein Maß fest, verlangen vielmehr nur gerade Treppenabsätze. Der Verbot von Abrundungen ist hier nicht recht verständlich, auch runde Absätze lassen ein Schwenken leicht zu, wenn sie nur an sich groß genug sind. Macht man auf dem Papier den Versuch, so kann man sehr leicht feststellen, daß bei 1,3 m Treppenbreite für das Schwenken eines Bettes von 205 × 95 cm in der Mitte des Absatzes unbedingt eine lichte Weite von 1,50 m vorhanden sein muß, daß aber ein Halbkreis, mit diesem Halbmesser geschlagen, dem Schwenken durchaus nicht hinderlich ist. Das lichte Maß des Treppenabsatzes muß also in der Mitte gegenüber dem Treppenlaufmaß um 20 cm vergrößert werden. Das will ganz besonders beachtet werden, da das bei anderen Treppen nicht üblich und auch nicht nötig ist.

Auffallend ist, daß das Steigungsverhältnis der Krankenhaustreppen fast genau so steil sein darf wie das größerer Wohnhäuser (18 zu 28 cm statt 18 zu 26 cm), während es für Kirchen und Schulen mit 17 cm, für Theater und Versammlungsräume mit 16 zu 30 viel flacher verlangt wird. Das ist wohl so zu erklären, daß bei Gedränge ein steileres Verhältnis besonders gefährlich werden kann, daß aber größeres Gedränge bei Krankenhäusern nicht befürchtet wird. Man sollte jedoch trotzdem, wenn irgend möglich, zum Besseren derjenigen Kranken, denen das Treppensteigen beschwerlich wird, auf ein Steigungsverhältnis 16 zu 30 herabgehen. Bei Anlage der Treppen will stets beachtet sein, daß selbst bei Vorhandensein von Aufzügen die Benutzung der Treppen durch Kranke in Notfällen nicht ausgeschlossen ist.

Von der Möglichkeit, statt der Treppen *Rampen* anzuordnen, wird selten, wohl nur in Heilanstalten für unbeholfene und hinfällige Kranke Gebrauch gemacht. (Vgl. Biesalski-Eckhardt, Bd. II der Handbücherei, S. 60.)

19. Aufzüge.

Bedarf. Mit Zunahme der Geschosse macht sich immer mehr der Bedarf an Bettenaufzügen geltend. Sie sind aber sowohl in der Anlage, als im Betrieb sehr teuer, man sollte deshalb schon bei der Gesamtplanung einer Krankenanstalt von vornherein darauf bedacht sein, mit möglichst wenig Aufzügen auszukommen.

Abmessungen. Die Fahrkörbe müssen so groß sein, daß die Krankenbetten leicht hinein und herausgeschafft werden können. Diese Feststellung erfordert aber große Mühe. Übermäßige Größe kostet überflüssig viel Geld mehr. Hier ist es deshalb sehr zu begrüßen, daß der Ausschuß für deutsche Industrienormen (DIN) auf Grund von Vereinbarungen zwischen allen Beteiligten die Krankenhausfahrstühle genormt hat (Abb. 46). Die Kenntnis dieser Maße ist schon beim Entwerfen des Grundrisses von besonderer Wichtigkeit.

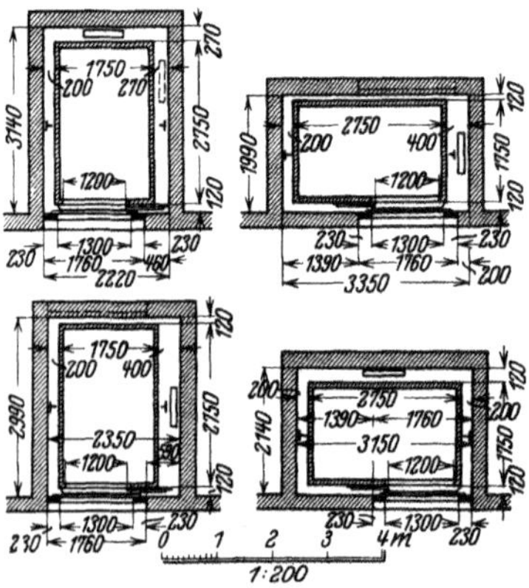

Abb. 46. Dinorm für Krankenaufzugsschächte.

Anordnung. Die Anordnung eines Bettenaufzuges in dem Auge einer größeren Treppe bietet ja allerdings manchmal für den Entwurf eines Grundrisses gewisse Erleichterungen, man sollte aber doch trotzdem möglichst davon absehen, da die Reinigung der aus Gründen der Belichtung durchsichtig zu haltenden Wandungen außerordentlich schwierig ist.

Personen-, Speise- und sonstige Aufzüge unterscheiden sich von denen in anderen Gebäuden in keiner Beziehung.

20. Verbindungsgänge.

Zweck. Je mehr man in den letzten 60 Jahren die Krankenanstalten in lauter getrennte Einzelhäuser aufteilte und diese möglichst weiträumig auseinanderlegte, machte sich das Bedürfnis mehr und mehr geltend, die zwischen diesen einzelnen Gebäuden Verkehrenden vor den Unbilden der Witterung zu schützen. Je mehr man diesem Verlangen nachgab, um so stärker verwischte sich auch allmählich der Unterschied zwischen Einzelhausanlage (Pavillonsystem) und Einheitsbau (Korridorbausystem). Auch die Vorzüge der Einzelhausanlage traten um so mehr in den Hintergrund, je mehr man die ursprünglich sehr einfachen Verbindungsgänge weiter ausbaute. Da es nun unmöglich ist, nur die Vorzüge sich zunutze zu machen, ohne die Nachteile gleichzeitig mit in Kauf zu nehmen, so ist es erklärlich, wenn die Frage der Verbindungswege eine umstrittene bleibt. Das Ausmaß ihrer Anwendung kann außerdem um so verschiedener sein, als die Stellungnahme nicht mit einem einfachen Ja oder Nein abzutun ist, sie wird auch vor allem, wie schon GROBER mit Recht hervorhebt, je nach den örtlichen Witterungsverhältnissen anders ausfallen müssen. Wenn GROBER außerdem noch glaubt, daß die Entscheidung von den Anschauungen der die Bauleitung beratenden Ärzte abhängig gemacht werden muß, so kann doch wohl heutzutage die Ansicht des Gutachterausschusses nicht außer acht gelassen werden, der folgenden, glücklicherweise nicht allzu starren Standpunkt eingenommen hat: „Eine Verbindung der mit Kranken belegten Gebäude durch oberirdische gedeckte Gänge leichtester Bauart ist zweckmäßig, aber nicht notwendig.“ Es ist wohl anzunehmen, daß er mit diesen Worten die Frage der rein für wirtschaftliche Zwecke, nämlich hauptsächlich zur Unterbringung der Rohrleitungen anzulegenden, unterirdischen Verbindungsgänge überhaupt nicht entscheiden will, weil sie auf rein bautechnischem Gebiet liegt und ausschließlich nach wirtschaftlichen Gesichtspunkten entschieden werden muß. Begehbare Rohrkanäle sind nun aber heute weniger notwendig, als vor 40 Jahren, wo die ersten Fernheizungsanlagen entstanden. Seitdem man gelernt hat, Rohre zu schweißen, ist eine ständige Zugänglichkeit nicht mehr so notwendig, es genügt, wenn man auf längere Strecken dafür sorgt, daß die Rohre schlimmstenfalls einmal ausgewechselt werden können. Infolgedessen werden die Rohre selbst für Stadtheizwerke nicht mehr durchweg in begehbare Kanäle verlegt. Auch für Lüftungszwecke werden heute seltener begehbare Kanäle verwendet als früher, weil man mehr und mehr auf eine gemeinsame Zuführung der frischen Luft von einer Stelle aus verzichtet. So liegt ein zwingender Grund für unterirdische Verbindungsgänge aus rein technischen Rücksichten heute nicht mehr vor, trotzdem wird man sie bei kurzen Abständen der Gebäude gern machen, um den Betrieb zu vereinfachen, und wenn man aus ärztlichen Rücksichten oberirdische Verbindungsgänge schaffen muß, weil dann deren Unterkellerung nur wenig Mehrkosten hervorruft. Da nun aber gegen die oberirdischen Verbindungsgänge eingewendet wird, daß sie den Verkehr auf dem Anstaltsgebäude unterbinden und auch den freien Zutritt der Luft zu den Bettenhäusern behindern, hat man hier und da die unterirdischen

Rohrkanäle derart ausgebaut, daß sie auch denjenigen Zwecken dienen, die man mit oberirdischen Gängen erreichen will. Die Kanäle bedürfen dann aber schon einer ganz besonders sorgfältigen und aufwendigen Ausgestaltung. Es kommt hinzu, daß man mit der Verbindung zwischen Bettenhäusern, Operationshaus und Badehaus noch nicht am Ende der Wünsche angelangt ist, sondern daß auch für Beförderung der Speisen und der Wäsche, schließlich auch der Leichen derartige Gänge verlangt werden. Bei einem derartigen Umfang der Verwendungszwecke wird man dann allerdings mit einem Verbindungsgang nicht auskommen, am wenigsten mit einem unterirdischen, weil dieser dann gesundheitlich kaum noch einwandfrei gehalten werden könnte. Man wird vielmehr alsdann am besten eine Teilung nach der Richtung vornehmen, daß die schmutzige Wäsche und die Leichen im Kellergeschoß befördert werden, in dem auch gleichzeitig die Rohrleitungen untergebracht werden und daß die oberen Verbindungsgänge der Beförderung der Kranken, der Speisen und der reinen Wäsche vorbehalten bleiben. In dieser Weise sind die Verbindungsgänge im Krankenhaus München-Schwabing ausgebildet, und zwar in vollkommenster Ausführung und weitestgehender Verzweigung, sowie auch architektonisch vorbildlich. Die Breite ist mit 3 m sehr reichlich bemessen. Stufen sind vollständig vermieden und durch Rampen ersetzt. Nur die Absonderungshäuser bleiben, wie das allgemein in Deutschland üblich, von diesen Gängen vollständig unberührt.

Anhang.

Dienstwohnungen, Dienstwohnzimmer.

Dienstwohnungen und Dienstwohnräume in Krankenanstalten unterscheiden sich grundsätzlich in nichts von sonstigen der Art in anderen Berufen. Als Maßstab seien hier aber doch die in der städtischen Verwaltung Berlin seit 1922 verminderten Flächengrößen angegeben. In diese sind eingerechnet die Wohnräume, Küchen, Aborte, Badestuben, Speisekammern und Spülräume, dagegen nicht die Flure, Austritte und die in Boden und Keller gelegenen Wirtschaftsräume.

Besoldungsgruppe	Zahl der Zimmer und Nebenräume	qm
VIII—VII	2 Zimmer, Küche, Bad mit Abort	60—65
VI	2 Zimmer, 1 Kammer, Küche, Bad mit Abort	75—80
V	3 Zimmer, Küche, Bad mit Abort	85—90
IV	3 Zimmer, Küche, Bad mit Abort, Mädchengelaß für eine Person	95—100
III	4 Zimmer, sonst wie vor.	125—135
II und darunter	5 Zimmer, sonst wie vor.	150—160

Von unverheirateten Angestellten erhalten Gehilfen, Aufseher, Pfleger, Schwestern, Wirtschafterinnen, Assistenzärzte u. dgl. 1 Raum bis 20 qm, Oberinnen, Oberärzte, Oberinspektoren u. dgl. 2 Räume bis 40 qm.

Abgesehen von den notwendigen Nachtwachräumen, die inmitten der Krankenabteilungen liegen müssen — für Abteilungen der Schwerkranken und Gebärenden verlangt der Gutachterausschuß sogar Nachtarztzimmer —, sollen alle Dienstwohnungen grundsätzlich nicht im Bereich von Krankenabteilungen liegen, in größeren Anstalten sogar möglichst in getrennten Häusern, um die Erholungsmöglichkeiten in den dienstfreien Stunden weniger zu beeinträchtigen.

Eine bauliche Besonderheit bilden in den Krankenhäusern dagegen die Gesellschaftsräume der Schwestern und der Ärzte. Sie sollen diesen während ihrer dienstfreien Zeit einen gemütlichen Aufenthalt zum Speisen, Lesen, Schreiben, zur Unterhaltung mit Musik u. dgl., sowie zum Empfangen von Besuch dienen. Die Größe der Räume richtet sich selbstverständlich hauptsächlich nach der Zahl der Beteiligten. Als Beispiel sind weiter unten mehrere Grundrisse wiedergegeben (Abb. 136—139).

II. Behandlungsräume der Kranken.

1. Räume in Krankenabteilungen.

a) Sprechzimmer des Arztes. (Arztzimmer, Behandlungszimmer, Ordinationszimmer, Abfertigungszimmer.)

Zweck. Der ärztliche Untersuchungsraum muß den gleichen Zwecken dienen, für die jeder praktische Arzt einen Raum zur Abhaltung seiner Sprechstunde besitzt.

Bedarf. Der Gutachterausschuß fordert für jede Krankenabteilung einen solchen Untersuchungsraum, sogar mit den nötigen Nebenräumen (siehe weiter unten). Offenbar ist hier nur an große Krankenabteilungen gedacht, welche die festgelegte Höchstzahl von 50 Betten nahezu erreichen. In den kleinen und auch mittleren Krankenhäusern muß man aber mit Rücksicht auf die Geschlechter und die Krankheitsformen mit sehr viel kleinen Abteilungen rechnen, so daß manchmal nur 5 Betten und weniger noch auf eine Abteilung kommen. Hier sollte man die Zahl der Untersuchungsräume nach der Zahl der an der Anstalt tätigen Ärzte bemessen, darüber hinaus höchstens bei weit voneinander gelegenen Bettenhäusern in jedem Hause einen Untersuchungsraum vorsehen.

Einrichtung. Ist ein besonderes Dunkelzimmer und Laboratorium vorhanden, so genügt folgende Ausstattung (Abb. 48):

1 Schreibtisch 140—200 cm lang, 70—100 cm tief,

1 gepolsterter Untersuchungstisch 200 cm lang, 80 cm breit,

1 Verbandstoffschrank 65—100 cm breit, 40—50 cm tief,

1 Instrumentenschrank in kleineren oder höchstens gleichen Abmessungen. Statt dieser 2 Schränke ist unter Umständen 1 größerer von 100—185 cm Breite vorzusehen,

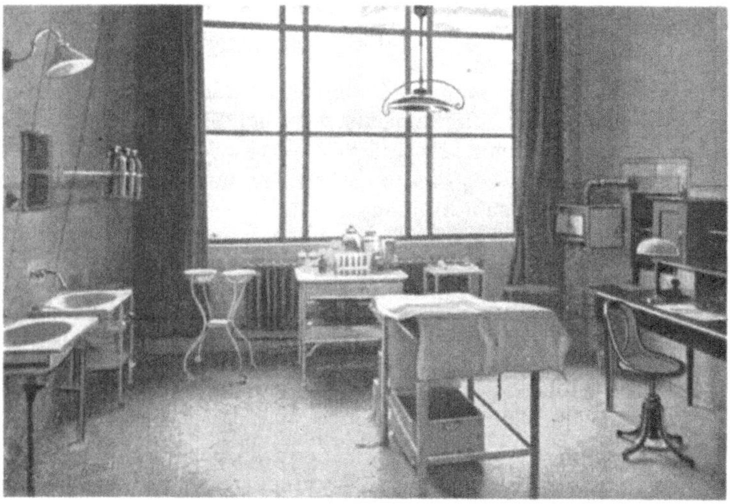

Abb. 47. Sprechzimmer.

1 Instrumentenkocher mit Gas-, Dampf- oder elektrischem Anschluß 50 cm lang, 20—35 cm breit,

1 Ausgußbecken 45—60 cm lang, 25—40 cm breit,

1—2 Waschtische mit Kalt- und Warmwasserzulauf 60—80 cm lang, 40—50 cm breit,

dazu Abstelltische und Stühle.

Größe. Eine derartige Ausstattung erfordert einen Raum von etwa 4 m Breite und 5 m Tiefe. Unter Umständen können die Maße auch noch etwas kleiner gehalten sein.

Bauliche Besonderheiten. Die natürliche und künstliche Beleuchtung muß den Untersuchungszwecken entsprechend reichlicher sein als in Bettenräumen. Am besten ist ein etwa 3 m breites, möglichst sprossenfreies Fenster, mit einer, lästige Einblicke verhütenden Verglasung, erforderlichenfalls auch mit verdunkelnden Vorhängen. Außer der allgemeinen künstlichen Beleuchtung des Raumes sind auch noch die nötigen Vorrichtungen für Sonderuntersuchungen vorzusehen.

b) Untersuchungsräume des Arztes mit Verdunklungsvorrichtung. (Dunkelzimmer.)

Bedarf. Untersuchungen des Kehlkopfes (Laryngoskopie), der Harnblase (Endoskopie), machen einen dunklen Raum nötig. Der Gutachterausschuß fordert deshalb neben jedem der oben erwähnten ärztlichen Untersuchungsräume noch einen kleinen Dunkelraum. Wenn diese Forderung zu weit geht, manchmal aber auch über diese hinaus, wird innerhalb der Operationsabteilung ein besonderer derartiger Raum eingerichtet (Abb. 48).

Ausstattung. Außer dem gepolsterten Untersuchungstisch (200 × 80 cm) muß der Raum 1 Irrgatorständer (60 × 80 cm), 1 Schreibtisch (100—120 × 60—70 cm), Stuhl und Waschbecken erhalten.

Größe. 2—2,4 m Breite und 4—5 m Tiefe genügt (Abb. 48).

Bauliche Besonderheiten. Abgesehen von der sorgfältig herzustellenden Verdunklungsvorrichtung des Fensters sind auch Wand und Decke möglichst dunkel, wenn nicht schwarz zu halten.

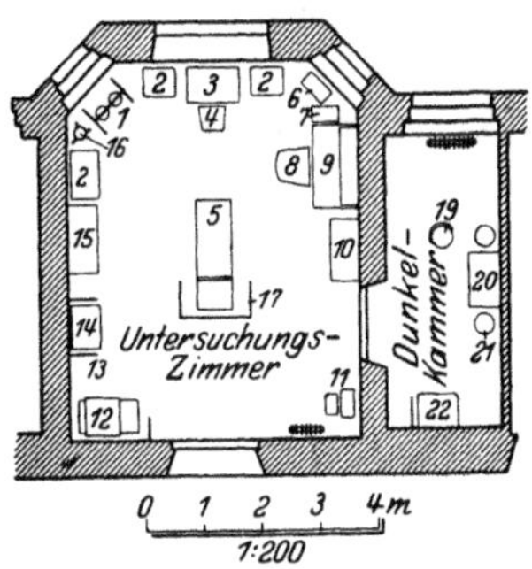

Abb. 48. München-Schwabing. Städt. Krankenhaus. Sprechzimmer mit Dunkelraum.

1 Flaschenständer. 2 Fahrbarer Tisch. 3 Schreibtisch. 4 Stuhl. 5 Untersuchungsbett. 6 Pantostat. 7 Papierkorb. 8 Schreibsessel. 9 Schreibtisch mit Aufsatz. 10 Instrumentenschrank. 11 Instrumentensterilisator. 12 Personenwaage. 13 Handtuchhalter. 14 Waschbecken. 15 Verbandstoffschrank. 16 Irrigatorständer. 17 Wandschirm. 19 Untersuchungsstuhl. 20 Instrumententisch. 21 Hocker. 22 Wandbecken.

c) Arbeitsräume des Arztes. (Laboratorium und Mikroskopierraum.)

Zweck. Für einfache chemische, biologische und mikroskopische Untersuchungen, welche der untersuchende Arzt meist sofort gleich selbst vornimmt, namentlich für die Untersuchung des Magensaftes und der menschlichen Auswurfstoffe, empfiehlt sich, unmittelbar neben dem Untersuchungsraum einen kleinen hierfür geeigneten Raum herzustellen.

Bedarf. Da gerade die Einrichtung eines solchen Raumes nicht billig ist, wird reiflich zu überlegen sein, ob und wie weit die Forderung des Gutachterausschusses, jedem Untersuchungszimmer einen solchen Arbeitsraum anzufügen, tatsächlich erfüllt werden muß.

Ausstattung. PÜTTER fordert für ein medizinisches Stations-

Abb. 49. München-Schwabing. Städt. Krankenhaus. Arbeitsraum des Arztes.

laboratorium folgende Einrichtungsstücke, deren ungefähr geschätzte Abmessungen diesseits beigefügt sind.

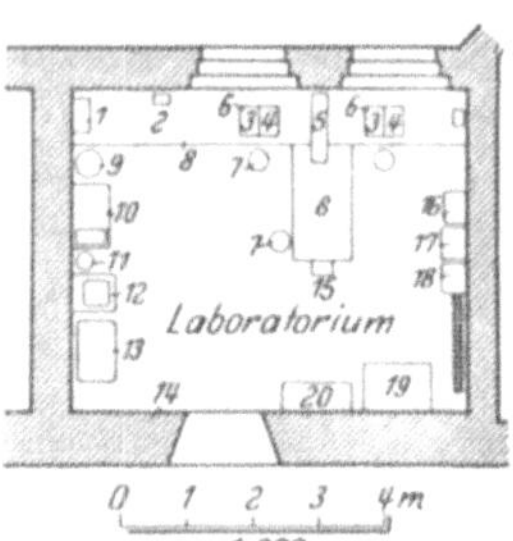

Abb. 50. München-Schwabing. Städt. Krankenhaus. Arbeitsraum des Arztes.

1 Pipettengestell. 2 Wässerungsbecken. 3 weiß. 4 schwarz. 5 Reagentien. 6 Mikroskopierplatte. 7 Hocker. 8 Arbeitstisch. 9 Zentrifuge. 10 Eisschrank. 11 Steinguttopf. 12 Entleerungsbottich. 13 Spülbecken. 14 Reinigungsschlauch. 15 Becken mit Wasserstrahlpumpe. 16 Waschbecken. 17 Brutschrank. 18 Heißluftsterilisator. 19 Abdampfschrank. 20 Schrank für Auswurfstoffe.

1 Mikroskopiertisch 150—200 cm lang, 30—50 cm tief,

1 Brutschrank 30—80 cm breit, 30 bis 50 cm tief,

1 elektrische Zentrifuge 20—40 cm breit,

1 Polarisationsapparat,

1 Sterilisierschrank für Reagenzgläser 30—40 cm,

1 Waschtisch 50—70 cm lang, 35 bis 40 cm breit, mit Ablaufbrett im ganzen 100- -150 cm lang,

1 oder mehrere Geräteschränke je 80 bis 100 cm lang, 40 cm tief.

Größe. Eine dem Dunkelzimmer (s. oben) entsprechende Größe wird im allgemeinen genügen, namentlich, wenn man statt besonderer Schränke die Räume unter den Tischen ausreichend ausnutzt. Die im Krankenhaus München-Schwabing gewählte Größe von über 20 qm (Abb. 49 u. 50) dürfte dagegen über die Ansprüche des Gutachterausschusses, der ausdrücklich einen kleinen Raum verlangt, hinausgehen.

Bauliche Besonderheiten sind hier hauptsächlich durch den reichlichen Anschluß an Wasser, Dampf, Gas und elektrische Kraft bedingt.

2. Räume der Operationsabteilung.

a) Vorbereitungsräume (Narkosenraum). Damit im Operationsraum die einzelnen Operationen schnell hintereinander erfolgen können, ist es zweckmäßig, daß besondere Kräfte die Kranken in einem besonderen Raum vorbereiten und die Narkose soweit wie möglich einleiten. Diesem Zweck entsprechend muß der Raum enthalten (Abb. 52):

1 Vorbereitungstisch 190 × 60 cm,
1 Instrumententisch 60 × 45 cm,
1 Eisschrank für die Narkosemittel 70 × 40 cm (unter Umständen entbehrlich),
1 Wäscheabwurfkessel 65 × 85 cm,
1 Verbandabwurfeimer 35 × 35 cm,
1 Irrigatorständer 50 × 50 cm,
1 Sublimatständer 50 × 50 cm,
2 Stühle 48 × 53 cm,
1 Waschbecken 70—80 × 50 cm,
1 fahrbare Tragbahre 260 × 70 cm, die bei knappem Raum auch in der Nähe auf dem Flur Platz finden kann.

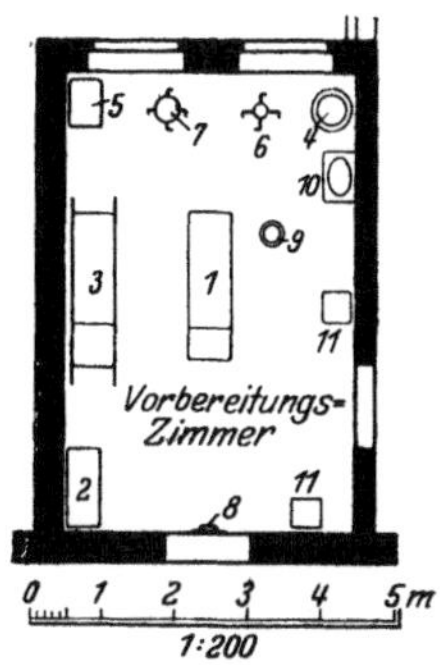

Abb. 51. Vorbereitungszimmer (nach dem Mediz. Warenhaus, Berlin).
1 Vorbereitungstisch. 2 Verbandstoffschrank. 3 Fahrbare Tragbahre. 4 Wäscheabwurfkessel. 5 Instrumententisch. 6 Irrigatortisch. 7 Flaschenständer. 8 Wanduhr. 9 Fahrbarer Verbandabwurfeimer. 10 Waschbecken. 11 Stühle.

Für kleine Verhältnisse genügt ein Raum von 2, besser 2,5—3 m Breite und 5 m Tiefe, für größere Anlagen werden diese Abmessungen wohl bis auf 4 m Breite und 6 m Tiefe gesteigert. Die Ausgestaltung des Raumes, auch der Fenster, kann dem eines Bettenraumes entsprechen. Umstritten ist die Frage, ob das Vorbereitungszimmer besser unmittelbar neben dem Operationssaal oder durch einen Flur von diesem getrennt anzuordnen ist. Erstere Anordnung erleichtert zwar den Verkehr, letztere hat aber den Vorzug, daß die Kranken gegenseitig weniger durch Lärm und Geschrei gestört werden. Jedenfalls sollte man vermeiden, daß der Kranke im Vorbereitungszimmer den Kranken im Operationssaal bei offener Tür sehen kann.

b) Septische und aseptische Operationsräume.

Zahl. Wenngleich bei allen Operationen durch sorgfältige antiseptische Behandlung Ansteckungen soweit wie möglich vermieden werden müssen, hat doch die Schwierigkeit, den Operationssaal nach jeder Operation einwandfrei von allen Krankheitskeimen zu reinigen, dazu geführt, wenn irgend möglich, mehrere Operationsräume zu schaffen, um in den „aseptischen" nur die nicht ansteckenden Kranken zu behandeln. Dadurch sollen diese wenigstens um so sicherer vor Ansteckungen bewahrt bleiben, während die Kranken mit eitrigen Wunden oder sonst ansteckenden Krankheiten in „septischen" Operationsräumen behandelt werden. Sondert man diese letzteren dann weiterhin auch noch nach

Abb. 52. Hagen i. W., Allgem. Krankenhaus. Vorbereitungszimmer.

den hauptsächlichsten Ansteckungskrankheiten, mit anderen Worten, gibt man den Absonderungshäusern für Diphtheritis, für Geschlechtskrankheiten usw. jedesmal besondere septische Operationsräume, so ist schon durch eine solche Trennung die Ansteckungsgefahr nach Möglichkeit vermindert. Die Zahl der „aseptischen" Operationsräume wird sich also nach der Gesamtzahl der aseptisch zu bewältigenden Fälle, die der „septischen" auch nach den verschiedenen Krankheitserscheinungsarten zu richten haben. Wichtig ist zunächst für die nachfolgenden Auseinandersetzungen, daß die bauliche Ausgestaltung der septischen und der aseptischen Operationsräume grundsätzlich und auch tatsächlich genau die gleiche ist.

Einrichtung. Obgleich ein Operationsraum möglichst frei von irgendwie entbehrlichen Einrichtungsgegenständen sein soll, weil sie das unbedingt notwendige ständige Reinhalten des Raumes unnötig erschweren, ist doch für die Ausführung von Operationen eine größere Zahl von größeren Geräten unbedingt notwendig, die alle in unmittelbarster Nähe des gegenüber der Mitte der Fensterwand aufzustellenden Operationstisches Platz finden müssen. Der Operationstisch selbst ist an sich meist 185 cm lang, 50 cm breit, 85 cm hoch (größte Maße 210 cm, 60 cm, 124 cm). An diesem Tisch arbeiten gleichzeitig mindestens 4—8 und mehr Personen, so daß also ein genügend freier Raum um ihn herum verbleiben muß. In unmittelbar erreichbarer Nähe dieser an der Operation Beteiligten müssen folgende Stücke Platz haben: (Abb. 53.)

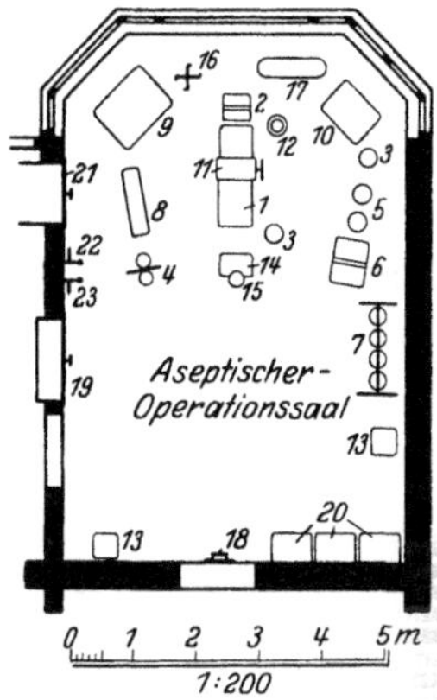

Abb. 53. Operationssaaleinrichtung (nach dem Mediz. Warenhaus, Berlin).

1 Operationstisch. 2 zweistuf. Auftritt. 3 Drehsessel. 4 Irrigatorständer. 5 Doppelschalenständer. 6 Siebschalenständer. 7 Flaschenständer. 8 Verbandstofftrommelständer. 9 u. 10 Instrumententisch. 11 Instrumentenzureichtisch. 12 Fahrbarer Verbandabwurfeimer. 13 Stühle. 14 Narkosetisch. 15 Roth - Draeger - Mischnarkosegerät. 16 Reflektorstativ. 17 Glasständer f. Katzendarm. 18 Wanduhr. 19 Instrumentendurchreichschrank. 20 Waschbecken. 21 Schiebefenster zum Instrumentensterilisator. 22 u. 23 Entnahmehahn für keimfreies Wasser und Kochsalzwasser.

1 zweistufiger Auftritt . . . 50 × 40 cm
2 Drehsessel . . . . 35 × 35 cm
1 Irrigatorständer . . . . . 60 × 60 cm
1 Doppelschalenständer . . . 80 × 35 cm
1 Siebschalenständer . . . . 80 × 50 cm
1 Verbandstofftrommelständer . . . . 110 × 50 cm
1 Instrumententisch . . . . 100 × 80 cm
1 Instrumententisch . . . . 80 × 60 cm
1 Instrumentenzureichetisch . 80 × 45 cm
1 fahrbarer Verbandabwurfeimer . . . . 35 × 35 cm
1 Narkosetisch und Mischapparat . . . . 60 × 55 cm
1 Lampenständer . . . . . . 45 × 45 cm
1 Katzendarmglasständer für 8 Gläser . . . . 120 × 30 cm

In etwas weiterer Entfernung:

1 Flaschenständer für 4 Flaschen } einstufig 150 × 80 cm; zweistufig 80 × 80 cm
2 Stühle 48 × 53 cm.

Ist kein besonderer Waschraum vorhanden, so sind auch noch an der Rückwand 3 Waschbecken von je 70—80 cm Länge und 50 cm Tiefe anzuordnen. Nach dem Sterilisatorraum zu ist eine Durchgabeöffnung für den Instrumentensterilisator, etwa 100 cm breit, und ein von beiden Räumen aus zu bedienender Instrumentenschrank sowie Entnahmehähne für keimfreies Wasser und keimfreie Kochsalzlösung anzubringen.

Raumabmessungen. Während nach den alten Vorschriften für Lazarette die Operationssäle eine Fläche von etwa 25 qm erhalten sollen, war man bis 1914 in den größeren Krankenhäusern weit über dieses Maß hinausgegangen: Säle von 50—60 qm Grundfläche waren nicht selten. Da neuerdings aber, wie Geh. Med. Prof. Dr. BRAUN in dem von ihm bearbeiteten Abschnitt auseinandersetzen wird, das Bestreben dahin geht, weniger große, als lieber mehr Operationssäle zur Verfügung zu haben, werden allzu große Abmessungen künftighin weniger in Frage kommen.

Selbst alle oben aufgeführten Gegenstände mit dem nötigen Bewegungsraum erfordern nicht, noch über eine Breite von 5,5 m und 8 m Tiefe hinauszugehen.

Hellers Vorschläge. Professor HELLER, der 1926 (Z.Krk.hauswes., H. 20 u. 21) beachtenswerte Vorschläge für den Bau von Operationssälen gegeben hat, hält eine Breite von 5 m für ausreichend (Abb. 54). Über die Tiefe läßt er sich nicht aus, man wird sie aber bei ihm wohl kaum über 6 m anzunehmen brauchen. Aber auch diese Maße sind noch nicht als die Mindestmaße anzusehen. BRAUN hat beim Neubau des Operationshauses in Zwickau — allerdings bei reichlich bemessenen Nebenräumen — die 3 Operationssäle auf 4 m Breite und 5,5 m Tiefe eingeschränkt, Abmessungen, die sich im Betrieb „glänzend bewähren". Diese geringeren Maße sind vom baulichen Standpunkt aus deshalb günstig, weil sie in den darunter befindlichen Geschossen gute brauchbare Räume ergeben, während die größeren Abmessungen hier leicht ebenfalls eine Raumverschwendung zur Folge haben, so daß sich die Verteuerung eines allzu großen Operationssaals leicht vervielfacht.

Ähnlich liegt es mit der *Höhe* des Raumes. Früher übliche Steigerungen bis zu 6 m, bei denen womöglich noch besondere Laufstege zur Reinigung der Scheiben angebracht werden mußten, verwirft HELLER, weil das Oberlicht der Decke sich dabei nur schon allzuweit vom Operationstisch entfernt, er hält eine Höhe von 4,40 m für angemessen, die sich aus einer Fensterbrüstung von 1 m und einer Fensterhöhe von 3,40 m ergibt. Auch diese Höhe hat noch etwas Unbequemes für die Entwurfsbearbeitung. Wenn auch die Anordnung von Deckenoberlicht Räume über dem Saal so gut wie ausschließt, so bringt doch die über das übliche Stockwerkmaß hinaus gesteigerte Höhe für die Einfügung des Operationssaals in das Gesamtgebäude leicht Unzuträglichkeiten mit sich. Deshalb wäre es sehr wünschenswert, wenn die lichte Höhe bis auf das Maß der übrigen Krankenräume eingeschränkt werden dürfte. Bei seinen weiteren Erörterungen sieht HELLER sogar in einer niedrigeren Deckenhöhe noch einen gewissen Vorteil für die Beleuchtung des Raumes darin, daß die Oberlichtfläche dem Beobachtungsfeld näher rückt, also günstiger wirkt, fürchtet

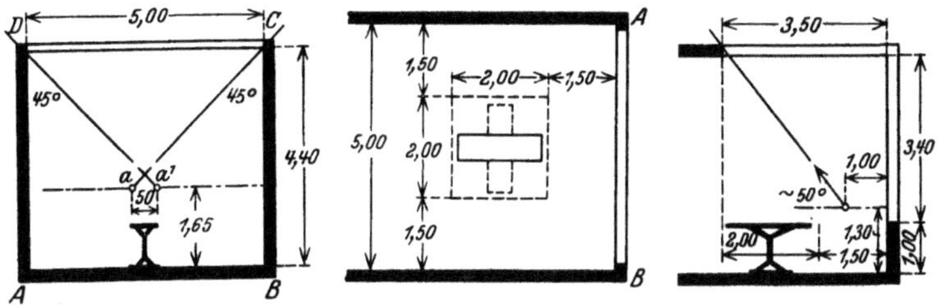

Abb. 54. Prof. HELLERS Vorschlag für Operationssäle.

nur, daß bei Operationen in der Steinschnittlage dem Arzt ein allzutief angeordnetes Oberlicht schon ins Gesichtsfeld fällt, und macht außerdem darauf aufmerksam, daß dann für genügende Lufterneuerung des Raumes gesorgt werden müsse. Er erwähnt auch die Möglichkeit, nur das Oberlicht zu senken, was er namentlich bei Operationssälen mit mehreren Operationstischen für vorteilhaft hält. Umgekehrt hält er nur bei Räumen von 5 m Höhe und mehr, namentlich bei Sälen für geburtshilfliche Zwecke, aber auch in anderen Fällen Deckenlicht allenfalls für entbehrlich, man müsse dann nur unter Umständen den Operationstisch schräg einstellen. Letzten Endes kommt er aber doch zu dem Schluß, daß trotz baulicher Schwierigkeiten auf den Einbau eines Oberlichtes nicht verzichtet werden solle, während der Gutachterausschuß Oberlicht nicht für unbedingt nötig hält. BRAUN ist bei seinen Anlagen mit Schrägfenster (Abb. 55 u. S. 86) nicht über 4 m hinausgegangen, der Fenstersturz ist sogar im Krankenhaus „Bethanien“ zu Kreuzburg O.-S. nur 3,6 m hoch (Abb. 55). Das ist wichtig, weil man sich damit vollständig in die üblichen Stockwerkshöhen einpassen kann. Auch sonst sind neuerdings Operationssäle in die allgemeine Geschoßhöhe eingefügt worden.

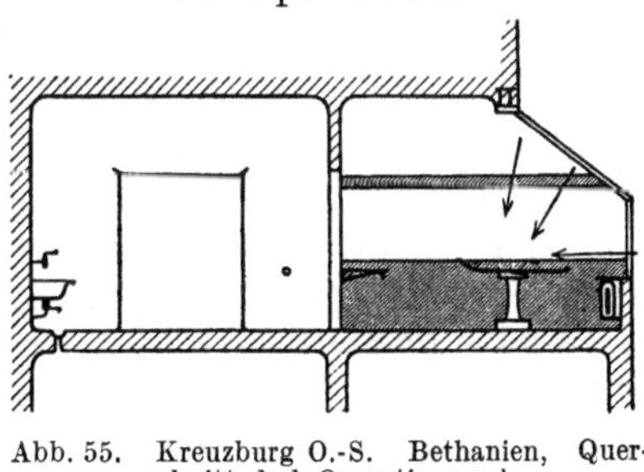

Abb. 55. Kreuzburg O.-S. Bethanien, Querschnitt d. d. Operationssaal.

Trotzdem wird es stets das Bestreben des Architekten bleiben müssen, den Fenstersturz möglichst in gleicher Höhe mit der Decke anzuordnen.

Eine gute *Beleuchtung* des Operationssaales ist wohl das wichtigste Erfordernis, da das Gelingen jeder Operation sehr stark von einer guten Belichtung des zu behandelnden Körperteils abhängt. Wenn auch die künstliche Beleuchtung so große Fortschritte gemacht hat, daß der Arzt mitunter lediglich mit dieser auskommt, in einzelnen Fällen sie sogar vorzieht, so wird doch eine möglichst gute Tagesbeleuchtung von größtem Wert bleiben. Dabei muß aber umgekehrt eine allzu starke Blendung, namentlich durch unmittelbar einfallende *Sonnenstrahlen* unbedingt vermieden werden. Das Operationssaalfenster muß deshalb möglichst genau nach Norden gerichtet sein. Selbst dann kann indessen zur Zeit des längsten Tages um die frühe Morgen- oder Abendstunde herum noch ein Sonnenstrahl auf den Operationstisch fallen, wenn er nicht durch seitlich stehende Häuser oder dgl. zurückgehalten wird. Je mehr man nun gezwungen ist, von der genauen Richtung nach Norden hin abzuweichen, um so mehr wird man darauf zu achten haben, daß die Sonnenstrahlen durch irgendwelche seitlichen Wandungen in genügender Höhe, aber auch hinreichend großer Entfernung — um nicht die Beleuchtung an sich zu beeinträchtigen — vom Eindringen in den Operationssaal zurückgehalten werden. In derselben Weise ist auch bei *Oberlichten* dafür zu sorgen, daß Sonnenstrahlen nicht störend wirken können. Hier sind es die hoch einfallenden Strahlen um die Mittagszeit herum, denen der Weg zum Operationstisch verbaut werden muß. Das von HELLER vorgeschlagene Tiefenmaß des Oberlichts von 3,5 m schützt bei Einhaltung der sonstigen HELLERschen Maße nur dann, wenn der Operationstisch am Fenster mindestens 1,50 m abgerückt ist und auch wieder nur bei genauer Nordlage. Wo diese nicht vorhanden, wird man zeichnerisch die Höhe der Wand ermitteln müssen, durch die selbst ein mit 62° einfallender Strahl vom Operationstisch ferngehalten werden kann. Ist die Herstellung solcher Wände nicht gut möglich, so hat HELLER ein anderes Aushilfsmittel vorgeschlagen (Z. Krk.hauswes. 1926, S. 644), indem er eine, aus lauter kleinen Lichtschächten bestehende „Wabenblende" über das Oberlicht schiebt (Abb. 56).

Bezüglich der *Breite* des senkrechten Fensters und auch des Oberlichts ist man sich darüber einig, daß es abgesehen von dem notwendigen Maueranschlag am besten die ganze Breite des Saales einnimmt. Man hat sich aber auch damit nicht einmal begnügt, sondern das Fenster noch erkerartig herausgezogen, so daß auch noch die Seiten des Erkers durch die schräg einfallenden Lichtstrahlen die Belichtung verstärken. Die waagerechte Weite des Lichteinfallwinkels, die bei ebenen Fenstern eines 4 m breiten Operationssaales in der Mitte des Operationstisches etwa 90° beträgt, kann man auf diese Weise auf nahezu 180° erhöhen, denn der Operationstisch schiebt sich ja alsdann in den Erker hinein. Infolgedessen muß auch hier für Möglichkeit einer Abblendung der Seitenfenster gesorgt werden, wozu ein Stoffvorhang genügt. Diese Seitenfenster werden auch besonders günstig zur Durchlüftung des Operationssaales verwendet. Trotz alledem verwirft Heller

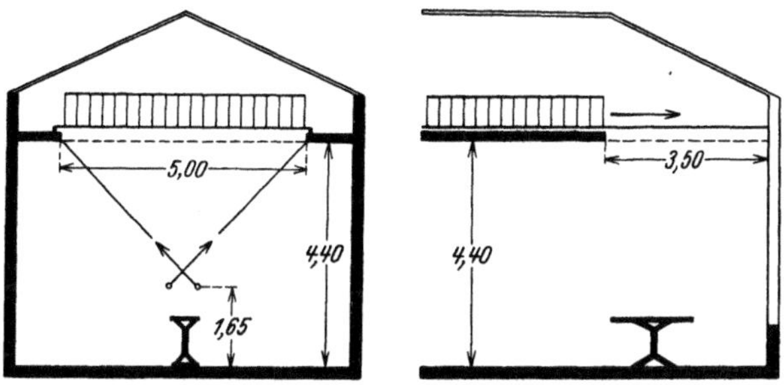

Abb. 56. Prof. Hellers „Wabenblende“ f. d. Oberlicht.

diese Seitenfenster aber grundsätzlich, und zwar einmal, weil sie die Beleuchtung der Wundtiefen nur ungünstig beeinflussen und außerdem den Arzt beim Aufschauen blenden, die Besichtigung der Wundtiefe demnach sogar beeinträchtigen.

Heller ist überhaupt nicht für allzu zerstreutes Licht, verlangt dafür aber einen um so wirksameren Lichtkegel, der bis in die Tiefe der Wunde dringt. Die wenn auch kleinere Glasfläche muß deshalb möglichst wenig von Holz- oder Eisenstäben unterbrochen sein. Eisen verdient schon darum den unbedingten Vorzug, weil die einzelnen Stäbe dünner sind. Man strebe aber auch eine möglichst einfache Form des über der Glasdecke anzubringenden äußeren Glasdachs an, das sonst mit seinen vielen Dachverbandstäben unnötig viel Licht fortnimmt und auch nicht schön aussieht. Aus letzterem Grunde hat man sich deshalb meist genötigt gesehen, die innere Glasdecke des Oberlichts mit Mattglasscheiben zu verglasen, obgleich diese 14—22% mehr Licht verschlucken als gewöhnliche Scheiben. Wenn man nun dem Vorschlag Hellers folgend auf einen erkerartig vorgezogenen Fensterabschluß verzichtet, so kommt man auch für das äußere Glasdach mit einer ganz einfachen, ebenen Dachfläche ohne jegliche Verbandstäbe aus: die durchweg rechteckigen Glasscheiben liegen vielmehr nur auf dünnen eisernen Sprossen auf. Man könnte deshalb hier schon ruhig auf Verglasung mit Mattglas verzichten, wenn nicht doch der Einblick in den Dachraum sehr unschön wäre.

Bedenkt man nun, daß auch das äußere Glasdach mit der von der Baupolizei geforderten Drahteinlage ebenfalls sehr viel Licht fortnimmt — Heller schätzt den Verlust auf 35—50% —, und ist man sich weiter der Schwierigkeiten bewußt, wie solche waagerechte Decken gereinigt werden können, so wird man Braun nur Dank wissen, wenn er sich für eine Vereinfachung eingesetzt hat, durch welche sich das Deckenoberlicht gänzlich erübrigt. Braun schlägt, wie schon oben angedeutet, vor, die Operationssäle so zu bauen, wie man schon immer photographische Werkstätten errichtet, bei denen die geneigte Glasdachfläche nicht erst oberhalb des Raums, sondern schon ungefähr in halber Höhe desselben anfängt (Abb. 55 u. 57).

Wenn man den Querschnitt in der bisher üblichen Weise mit einem Querschnitt nach Vorschlag Braun vergleicht, so wird der Vorzug des letzteren sofort dadurch offenbar, daß die äußere Glashaut, welche das Himmelslicht auffängt, zum Teil nur halb so weit vom Operationstisch entfernt ist wie bei der Ausführungsweise mit Deckenoberlicht. Diese Entfernung ist aber maßgebend für die Lichtstärke, die auf dem Operationstisch zur Wirksamkeit kommt, und zwar um so ungeschwächter, weil man nunmehr von dem Mattglas absehen und bei genügender Stärke der oberen Glasscheiben sogar selbst auf Drahtglas verzichten kann.

Allerdings sind auch bei dieser Ausführungsweise noch eine Menge technischer Schwierigkeiten zu überwinden. In erster Linie muß unter allen Umständen die Gefahr des Tropfens beim Schwitzen der Scheiben vermieden werden, da ein solches Tropfen unmittelbar in eine Wunde verhängnisvoll werden könnte. Auf eine doppelte Glasdecke kann deshalb nicht verzichtet werden, der Zwischenraum beider muß sogar am besten mit Heizung versehen werden, wie das auch bei senkrechter Verglasung schon üblich. Um beide Glasdecken leicht reinigen zu können, muß die innere Glasdecke an geeigneten Stellen genügend große Flügel zum Öffnen erhalten. Jedenfalls ist eingehendste Durchbildung des Entwurfs und sorgfältigste Ausführung unbedingtes Erfordernis.

Die schräge Glasfläche reicht nach Brauns Vorschlägen nur 1,60 m in den Raum hinein, während Heller 3,40 m Tiefe des Oberlichts verlangt.

Das Fortfallen der Seitenfenster erleichtert das Einpassen in das Gebäude unter Umständen wesentlich, indem man nicht den einzelnen Operationssaal für sich aus der Gebäudevorderfläche herauszieht, sondern die 2 Operationssäle, um die es sich jetzt fast immer handelt, mitsamt dem dazwischenliegenden Sterilisationszimmer mit einer durchgehenden Fensterfläche versieht, die sich mit leichter Schwingung auch auf der Dachschräge

Abb. 57. Langnau bei Bern, Bezirkskrankenhaus, Operationssaal.

fortsetzt. Man erhält so eine Wirkung, die einer langgestreckten Lichtbildwerkstatt sehr ähnlich wird.

Die Möglichkeit, die Seitenfenster zur Durchlüftung des Raumes zu benutzen, entfällt allerdings. Durch Anbringung einer Lüftungsöffnung in der vorderen Fensterbrüstung und in der Tiefe des Zimmers ist jedoch leicht Ersatz zu schaffen.

Die notwendige Abblendungs- oder *Verdunkelungsvorrichtung* an dem Operationsfenster hat ihre großen Schwierigkeiten. Einfache Verdunklungsvorhänge aus Stoff im Innern des Raumes empfehlen sich nicht, weil sie bei jeder notwendigen Reinigung des Raumes ebenfalls keimfrei gereinigt werden müßten. Man hat infolgedessen Vorrichtungen ersonnen, um die waagerechten Glasdecken im Dachraum mit einem lichtundurchlässigen Stoff abzudecken. Wird der Stoff nicht über die Glasdecke herübergezogen, sondern wickelt er sich von einer sich fortbewegenden Walze ab, so genügt dazu der ganz geringe Kraftantrieb eines kleinen elektrischen Motors (Z. Krk.hauswes. 1927, S. 242). Größere Schwierigkeiten stellen sich bei der Abblendung der senkrechten Glasflächen ein. Der Arzt will hauptsächlich auch den unteren Teil des Fensters für sich abgeblendet haben. Greift man zu einem äußeren Rollvorhang, so muß der Rollkasten in Höhe der Fensterbrüstung sitzen und einen Schlitz nach oben hin haben. Infolgedessen ist der Rollvorhang der Witterung derart ausgesetzt, daß er nur kurze Zeit betriebsfähig sein kann. Man muß ihn also zwischen den beiden Verglasungen anbringen, was natürlich nur möglich ist, wenn dies von vornherein vorgesehen ist. Aber auch dann macht das Einbringen der langen Rolle und erst recht das Auswechseln des Stoffes, wenn das einmal nötig wird, nicht unerhebliche Schwierigkeiten.

Bei der gekrümmten Glasfläche nach Vorschlag BRAUNS muß natürlich der Vorhang ebenfalls zwischen den 2 Glasflächen angebracht werden.

Die sonstige Ausgestaltung des Operationsraumes muß selbstverständlich in erster Linie der leichten Reinigungsmöglichkeit in ganz besonders starkem Maße Rechnung tragen. Daher Vermeidung aller Vorsprünge, starke Ausrundung der Zimmer- und sonstigen Ecken. Verkleidung mit Kacheln in möglichst großer Höhe, Fußboden aus harten Fliesen mit Gefälle nach den Entwässerungen hin, Spülungsmöglichkeiten dieser letzteren, ganz glatte Türen. Da selbst ganz glatte Türen die Reinigung insofern sehr erschweren, als gerade der Falz, in dem sie liegen und auch der ganze Beschlag eine Menge sehr schwer zu reinigender Schmutzwinkel abgeben, verzichtet BRAUN überhaupt auf Türen zwischen Operationssaal und Nebenräumen und schließt nur die ganze Operationsabteilung durch eine Eingangstür ab. Die 2 m breiten Durchgangsöffnungen können alsdann ganz ohne Schmutzwinkel gehalten werden. BRAUN hat zunächst noch Gummivorhänge an Stangen angebracht, die leicht zu reinigen sind, abr wie er selbst sagt, „wenig benutzt werden, also nicht notwendig sind". Jedenfalls verdient dieser Schritt, die Zwischentüren fortzulassen, besondere Beachtung. Er erleichtert namentlich die Aufgabe der Raumlüftung. Auch die Heizkörper sind in Zwickau unverkleidet vor die Fenster gestellt, so daß sie wie die ganzen Säle durch Abspritzen mit dem Wasserschlauch auf die einfachste Weise gereinigt werden können. Die früher teilweise mit sehr großen Kosten durchgeführten Bestrebungen, die Heizquellen der leichteren Reinhaltung wegen außerhalb des Operationssaales anzubringen, Fußbodenheizungen u. a., sind hier also bewußt verlassen: Man ist erfreulicherweise wieder zu möglichst großer Einfachheit zurückgekehrt.

Einen ähnlichen Weg hat die *künstliche Beleuchtung* genommen. Man hatte lange Zeit eine möglichst starke Beleuchtung des ganzen Raumes für nötig gehalten und dabei auch die Lichtquellen außerhalb des Raumes, über der Glasdecke, angeordnet, wiederum um die Reinigung des Raumes nicht zu erschweren. Das erfordert einen ganz außerordentlich großen Lichtverbrauch, noch dazu, ohne daß eine genügende Helligkeit der Wundtiefe erreicht wurde. Man suchte dann durch Spiegelung (Zeißspiegel, Krönig und Siedentopf u. a.) mehr Licht in die Wunde hineinzuwerfen, ohne daß man jedoch damit die Gesamtbeleuchtung des Raumes überstrahlen konnte. Auch war der Schlagschatten vielfach für den Arzt störend. Erst durch vollständige Trennung der Lichtquellen für die Raumbeleuchtung und für die Wundbeleuchtung sind die Schwierigkeiten überwunden, und zwar für die Wundbeleuchtung zunächst durch die französische Scialytique-Lampe, durch die Asciatique-Lampe und in noch vollkommenerer Weise durch die Operationsspiegellampe Pantophos der Firma Zeiss-Jena (Z. Krk.hauswes. 1928, Heft 14). Diese letzteren Lampen werden nunmehr ohne Bedenken im Operationssaal selbst aufgehängt, weil man allmählich zu der Ansicht gekommen ist, daß die durch die Luft sich bewegenden, geringen Staubspuren für eine Krankheitsübertragung so gut wie bedeutungslos sind. Bei diesen letzten Lampen stört der Schatten des Arztes nur noch in ganz vereinzelten Fällen, wo Stirnlicht zu Hilfe genommen werden muß, im übrigen wird die Lampe nach jeder Richtung hin verstellbar eingerichtet. Für den Fall des Versagens ist eine Aushilfsbeleuchtung nicht zu entbehren.

Ein Wort über die *Farbengebung* des Operationssaales kann hier nicht unterlassen werden. Weil auf reinem Weiß jeder Schmutz am meisten in die Augen fällt, war bisher nichts anderes denkbar. Heller hat auch hier eine vollständige Umwälzung hervorgerufen. Er geht dabei wiederum von dem Haupterfordernis aus, daß die zu behandelnde Wunde des Kranken möglichst gut beobachtet werden kann. Das grelle, blendende Weiß der Umgebung strengt aber das Auge des Arztes viel zu sehr an, während es beim Aufblicken ausruhen sollte, um dann wieder um so schärfer die Wunde betrachten zu können, er verlangt deshalb im Gegensatz zum Weiß Farbe, und zwar eine durch Zusatz einer dunklen Farbe, in erster Linie durch Schwarz genügend abgestumpfte („verhüllte") Farbe, nicht nur für die Wände, Decken usw., sondern sogar auch für die

Operationstücher. Danach sind schon viele neue Operationssäle ausgeführt, vereinzelt hat der Vorschlag allerdings noch Widerspruch gefunden.

c) Operationswaschräume. Um den Operationsraum möglichst frei zu halten, werden jetzt vielfach unmittelbar neben ihm besondere Räume angelegt, in denen sich Ärzte und Schwestern waschen können. Damit sie während des Waschens den Kranken im Auge behalten können, werden die Waschbecken, und zwar für jeden Operationstisch 1, für „infizierte" 2, für „saubere" Hände also im ganzen 3 von mindestens 50 × 35 cm Beckengröße gern an der Trennungswand zwischen beiden Räumen angelegt und die Wand über den Becken mit einer großen, fest eingemauerten Spiegelglasscheibe versehen. Da der Raum weiter keinen Zwecken dient, so ist seine Mindestlänge durch die 3 Waschbecken (2,40 m) und 1 oder 2 Türöffnungen (0,80—1,60 m) bestimmt, während die Breite schon mit 1,50 ausreichend bemessen sein dürfte. Die Waschbecken müssen so eingerichtet sein, daß die Bedienung entweder mit dem Fuß oder besser mit dem Arm erfolgen kann, damit sich die bereits gewaschenen Hände nicht etwa durch Anfassen eines Griffes wieder verunreinigen. Die Reinigung erfolgt am besten in fließendem Wasser von 40—41°.

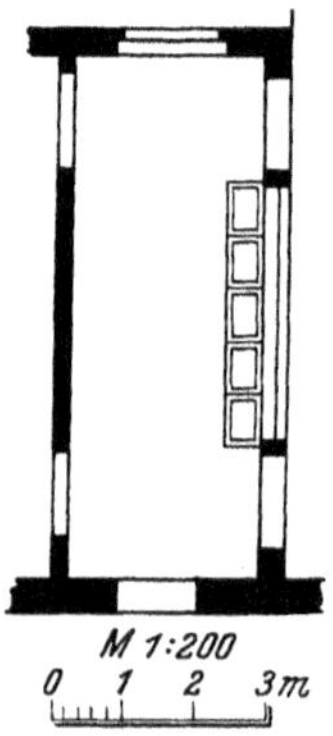

Abb. 58. Waschraum.

Ein allseitig frei stehender Marmortisch, wie ihn Hofrat Dr. Brunner für das Krankenhaus München-Schwabing angegeben, erfordert natürlich mindestens einen 3 m breiten Raum, da der Tisch eine durchgehende Rinne hat, ist die Standlänge nur etwa 70 cm. Der Tisch zeichnet sich hauptsächlich dadurch aus, daß er nur wenig Schmutzwinkel hat, also leicht zu reinigen ist, weil alle Rohrleitungen und Abflüsse verdeckt angebracht sind. Letztere sind aber auch deshalb schwer zugänglich.

d) Sterilisierräume. Der unmittelbar neben einem oder auch zwischen 2 Operationsräumen liegende und in letzterem Fall beiden gemeinsam dienende Sterilisierraum muß in erster Linie die verschiedenen Sterilisatoren aufnehmen, und zwar außer einigen kleineren hauptsächlich

1 für Verbandstoffe	rund	100 × 60 × 50 cm
1 für Instrumente	„	50 × 30 × 20 cm
1 für Heißluft	„	60 × 50 × 40 cm
oder	„	50 × 30 × 30 cm
1 für Kochsalz (50 l)	„	60 × 40 × 55 cm.

Alle diese Sterilisatoren werden neuerdings vielfach zusammen mit einem Wäschewärmer (60 × 50 × 40 cm) und einem Kessel zur Herstellung keimfreien Wassers (etwa 12 Liter in der Stunde) einschließlich aller Schalttafeln und sonstigen Zubehörs in einem großen Schrank aus Glas und Eisen untergebracht, der 3,2—4,0 m lang, 0,8—1,0 m tief und 2,8—3,2 m hoch wird.

Der Instrumentensterilisator wird am günstigsten so angebracht, daß der Kasten durch die Wand hindurch vom Operationsraum aus erreichbar ist. Er muß darum bei 2 Operationsräumen doppelt vorhanden sein. Die Wandlänge hierfür allein beträgt jedesmal etwa 0,90 m. Der übrige Schrank erfordert dann ohne diesen nur noch eine Länge von 2,50—3,20 m, die sich vielfach in den Grundriß leichter einfügt als die größere Länge. Außerdem erhält der Raum am besten in den Zwischenwänden nach jedem Operationsraum hin eingemauert einen etwa 100—150 cm breiten, 40 cm tiefen Instrumentenschrank mit Türen nach beiden Räumen hin und schließlich ein Waschbecken zum Abspülen der Instrumente, etwa 35 × 60 cm.

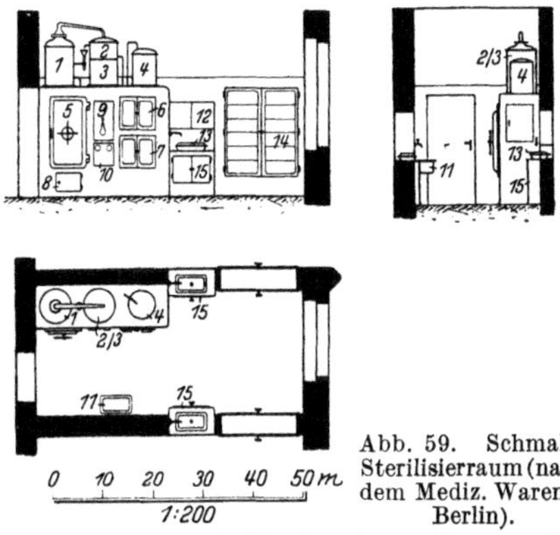

Abb. 59. Schmaler Sterilisierraum (nach dem Mediz. Warenh. Berlin).

1 Dampfentwickler. 2 Kondensator. 3 Sammelgefäß. 4 Kochsalzsterilisator. 5 Verbandstoffsterilisator. 6 Heißluftsterilisator. 7 Wäschewärmer. 8 Begehtür. 9 Ventiltafel mit Kochsalzkolben. 10 Schalttafel mit 2 Mano-Vakuummeter. 11 Hahn für keimfreies Wasser. 12 Schiebefenster. 13 Instrumentensterilisator. 14 Schwenkhahn. 15 Begehtür.

Für den Raum genügt, wenn auch der große Schrank etwas in die Wand eingelassen werden kann, eine Breite von 2,0 m, besser bis 2,4 m (Abb. 59). Bei Queranordnung des großen Schrankes muß die Breite natürlich bis zu 4 m betragen. Eine Tiefe von 5—6 m wird dabei baulich meist unschwer zu beschaffen sein (Abb. 60).

Der Schrankumbau für die gesamten Sterilisationsvorrichtungen hat den Vorteil, daß der Sterilisationsraum frei von allem Gerät und namentlich auch allen Leitungen bleibt, also leicht zu reinigen ist. Nur die Handräder ragen aus der Schalttafel heraus. Alles andere ist hinter glatten, gut verschließbaren Türen verborgen. Nun ist aber nicht zu vergessen, daß diese Türen mehr oder weniger häufig geöffnet werden müssen, und daß deshalb die Räume hinter den Türen zum Sterilisierraum hinzu gehören, also ebenfalls leichtes Reinigen erfordern. Demnach müssen auch hier nach Möglichkeit Schmutzecken vermieden werden. Noch vorteilhafter ist es, wenn man diejenigen Türen, die nur bei Betriebsstörungen durch bautechnische Kräfte benutzt werden, auf die Rückseite des Schrankes, also nach dem Flur oder einem sonstigen Nebenraum zu anlegen kann. Das ist möglich bei den in größerer Höhe aufgestellten Gefäßen. Wird Gewicht darauf gelegt, sie vom Innern des Sterilisierraums aus beobachten zu können, so ist das durch eine fest eingemauerte Glasplatte zu erreichen. Vor allem ist aber die Zugänglichkeit der Leitungsanlagen hinter dem Schaltbrett durch eine große Schranktür, im Rücken des Schaltbretts angebracht, weit günstiger, als wenn der Rohrleger durch eine kleine Tür unterhalb des Schaltbretts hindurchkriechen muß, um dann, eingeengt von allen Seiten, arbeiten zu müssen. Allerdings ist bei Lage des Sterilisationsraums zwischen 2 Operationssälen diese Anordnung nur dann möglich, wenn die Flurwand des Sterilisierraums lang genug ist, um den mindestens 3,2 m breiten Schrank und daneben noch die notwendige Eingangstür aufnehmen zu können. Die vollkommenste Lösung dürfte indes wohl dadurch zu erreichen sein, daß man hinter Sterilisierraum und Waschraum einen besonderen Betriebsgang einschaltet, der weitgehendst die Räume selbst von allem frei hält, und bei Einschaltung einer kleinen Verbindungstreppe — es genügt sogar eine Steigeleiter — die Handwerker aus der Operationsabteilung vollständig fernhält. (Vgl. den Grundrißvorschlag Abb. 150.)

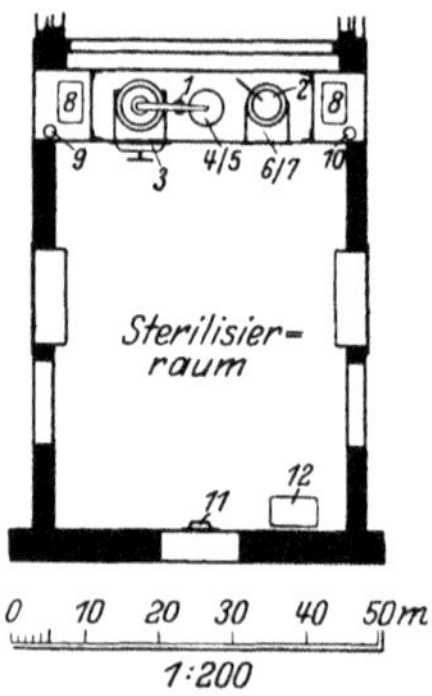

Abb. 60.
Breiter Sterilisierraum (nach dem Mediz. Warenh. Berlin). Nummern wie bei Abb. 59.

In größeren Krankenhäusern, in denen mehr als 2 Operationssäle vorhanden sind, reicht ein einziger Sterilisierraum nicht aus, die gesamte Anlage zum Sterilisieren läßt sich alsdann nicht mehr gut im nächsten Zusammenhang mit den Operationsräumen unterbringen, hier beschränkt man sich deshalb lediglich darauf, die Instrumentensterilisation in unmittelbarer Nähe der Operationssäle unterzubringen, weil dies unbedingt nötig ist und hierfür auch nur ein kleiner Raum von 1,5—2,0 m Breite nötig ist, unter Umständen sogar nur ein nischenartiger Raum, wenn man nicht sogar den Instrumentensterilisator, namentlich bei septischen Operationsräumen, nur in eine Wand dieses Raumes als „Kapelle“ einbauen will.

Dagegen ist es ohne weiteres möglich, die Sterilisation der Verbandstoffe in weiter entfernt gelegenen Räumen vorzunehmen, und zwar in Verbindung mit der Ausgabestelle der Verbandstoffe für die gesamten Krankenabteilungen. Im Krankenhaus München-Schwabing ist hierfür ein Sterilisationsraum von 40 qm und ein Zubereitungsraum von etwa 50 qm vorgesehen worden. Schließ-

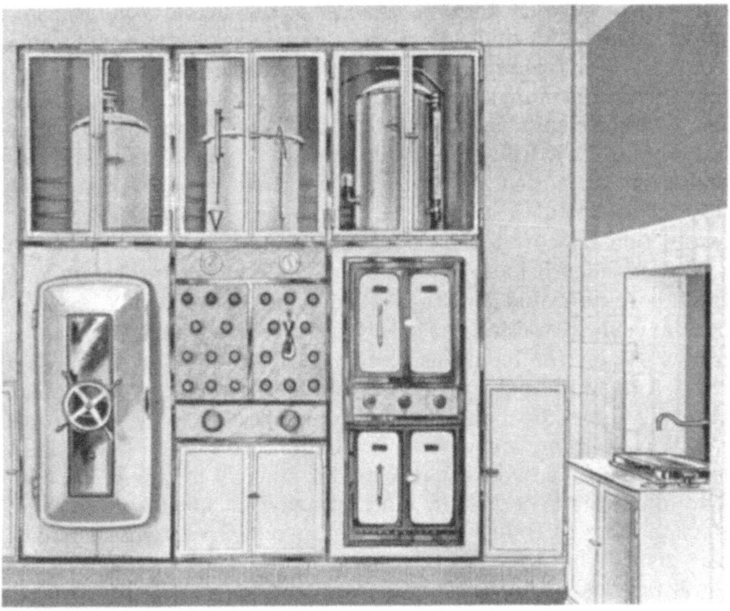

Abb. 61. Augsburg. Städt. Krankenhaus. Sterilisieranlage nach J. u. M. Lautenschläger, G. m. b. H. Berlin.

lich ist es auch möglich, den Kochsalzsterilisator und den Kessel zur Herstellung keimfreien Wassers anderswo, am einfachsten in einem Dachbodenraum über den Operationsräumen unterzubringen. Eine Größe von 10—15 qm dürfte meist schon dafür genügen. Die Flüssigkeiten werden dann durch Rohrleitungen überall dorthin geleitet, wo sie gebraucht werden, nur müssen Vorkehrungen getroffen werden, um die Leitungen vom Kessel bis zur Ausmündung des Hahnes täglich durch Dampf keimfrei machen zu können. Dadurch wird die Anlage reichlich umständlich, auch die Keimfreiheit ist nicht mehr ganz sicher. Die Kochsalzlösungen werden deshalb jetzt wieder mehr in einzelnen Glasflaschen vorbereitet und gebrauchsfertig an den Operationstisch gebracht.

e) Aufbewahrungsraum für Instrumente u. a. An Stelle eines eingebauten, vom Operationsraum und vom Sterilisierraum zugänglichen Schrankes, wie er oben unter 4 bereits beschrieben, wird auch in großen Anstalten ein besonderer Raum zur Aufbewahrung der vielen Operationsinstrumente vorgesehen, ja sogar in dem Musterentwurf für ein kleines Krankenhaus von MÜSSIGBRODT (Abb. 147) findet sich ein besonderer Instrumentenraum von 2,5 × 5 m Größe. Er muß in unmittelbarer Verbindung mit dem Operationsraum stehen, eine Tür ist indes kaum nötig. Nach den Grundsätzen von BRAUN ist sogar eine Maueröffnung ohne Tür vorzuziehen. Es genügt deshalb auch eine Größe, die das Aufstellen der nötigen Instrumentenschränke gestattet. In neuen Operationshaus des jetzt etwa 700 Betten fassenden Krankenhauses 1 zu Hannover dient ein Verbindungsgang zwischen beiden Operationssälen bei einer Größe von 2,38 × 4,48 m zur Aufstellung von 4, insgesamt rund 6 m langen Instrumentenschränken. (Abb. 151.) In München-Schwabing hat jeder Operationssaal einen 2,5 × 4,0 m großen Raum für reine Instrumente.

f) Aufbewahrungsraum für Wäsche u. a. (Leinenzimmer). Ähnlich wie mit dem Instrumentenraum verhält es sich auch mit dem Wäscheraum. München-Schwabing hat für jeden Operationssaal einen solchen von 2,5 × 4,0 m mit einem 4 m langen Wäscheschrank. Hannover hat in einer stattlichen 5,60 m breiten und 16,08 m langen Halle, die sich vor den 2 Operationssälen entlang zieht (Abb. 151), 4 große, zusammen etwa 12 m lange eiserne Glasschränke zur Aufbewahrung von Verband- und Polsterstoffen, Schienen und sonstigen Hilfsmitteln aufgestellt, außerdem auch noch einen großen Zinkbehälter für gebrauchte Operationswäsche, so daß ein besonderer Raum für diese Zwecke erspart wird.

g) Gipszimmer. Schon allein wegen der vielen, beim Gipsverband sich ergebenden Abfälle und auch wegen der besonderen Einrichtungen, die gerade wegen dieser Abfälle am Waschtisch und am Ausguß vorhanden sein müssen, ist ein besonderer Raum erwünscht. Zur Not würde allerdings auch ein Vorbereitungsraum verwendet werden können, ein Operationssaal dagegen nicht. Abgesehen vom Waschtisch und Ausguß muß der Raum den Arbeitstisch in den Abmessungen eines Operationstisches aufnehmen können, wobei aber auch noch auf Streckverbände Rücksicht zu nehmen ist. Über dem Tisch ist ein starker Deckenhaken mit Flaschenzug anzubringen, um bei gewissen Gipsverbänden, „Gipspanzern“, den ganzen Körper in Schwebe bringen zu können. Breite des Zimmers etwa 2,5—3,0 m, Tiefe etwa 5—6 m.

h) Operationslaboratorium. Der einer Operationsabteilung anzugliedernde Laboratoriumsraum dürfte im allgemeinen dem einer gewöhnlichen Krankenabteilung entsprechen, über den schon unter 3 das Nötige gesagt ist. Für größere Operationsabteilungen wird er allerdings auch dementsprechend größer herzustellen sein.

i) Werkstätten zur Herstellung von Schienen und dergleichen. Wenn nicht das Gipszimmer von vornherein so groß gemacht wird, daß für einen Arbeitsplatz mit Schraubstock und das nötige Handwerkszeug Platz ist, und wenn nicht besondere Schlosser- und Tischlerwerkstätten in der Anstalt vorhanden sind, so wird man in größeren Operationsabteilungen an geeigneter Stelle zur Herstellung und Ausbesserung von Verbandmitteln am besten eine kleine Werkstatt einrichten. Ein einfenstriger Raum genügt.

k) Sonstige Räume der Operationsabteilung. Zu einer geschlossenen Operationsabteilung gehören gegebenenfalls auch noch folgende Räume:

a) Wartezimmer, am besten für Männer und Frauen getrennt und nicht in unmittelbarer Nähe der Operationssäle. Sie sind besonders da nötig, wo auch noch auf viele, nicht in der Anstalt untergebrachte Kranke gerechnet wird.

b) Ruheräume für frisch operierte Kranke, oder sogar

c) Krankenzimmer für diese. Wird auf diese Weise eine vollständige Krankenabteilung den Operationsräumen angegliedert, so müssen dementsprechend auch alle unter I aufgeführten Räume geschaffen werden. Selbst wenn das nicht der Fall ist, wird trotzdem noch erwünscht sein

d) 1 Sprechzimmer für den leitenden Arzt,

e) Kleiderablagen der Ärzte,

f) Schwesternzimmer für die nur in der Operationsabteilung tätigen Schwestern,

g) Sammlungsraum für Gipsabgüsse, Röntgenbilder usw.

Das früher neben dem Operationszimmer angeordnete Röntgenzimmer gehört mehr zur Röntgenabteilung, die allerdings am besten in möglichst unmittelbarer Nähe der Operationsabteilung untergebracht wird.

Eine besondere Bücherei empfiehlt sich ebenso wenig wie ein abgesondertes Archiv für einzelne Abteilungen. Da die an einer Operation beteiligten Personen während einer Operation den Saal überhaupt nicht verlassen dürfen, sind Abtrittanlagen nur für diejenigen vorzusehen, die nirgends anders, als auf der Operationsabteilung zu tun haben.

3. Räume für elektrische Behandlungen. (Röntgenabteilung.)

Nach den Vorschlägen des Gutachterausschusses genügen in kleineren Anstalten trag- oder fahrbare Anschlußgeräte, auch in größeren Anstalten sollen solche in den einzelnen Abteilungen

Abb. 62. München. Krankenhaus rechts der Isar. Maschinenraum der Röntgenabteilung. Links Umformer, rechts Schnellregler.

vorhanden sein, selbst wenn eine besondere Abteilung für Durchleuchtung und Bestrahlung vorgesehen wird. Diese letztere setzt besondere röntgenkundige Kräfte voraus.

a) Räume für die Maschinen. (Kraftzentrale, Umformerstation.) *Zweck.* Der von Elektrizitätswerken kommende Strom ist für die Röntgenbehandlung nicht ohne weiteres verwendbar und muß deshalb durch Umformer auf die erforderlich stärkere Spannung gebracht werden. Außerdem müssen durch Schnellregler die

Spannungsschwankungen im Netz unschädlich gemacht werden (Akkumulatorenbatterien werden hierfür zu teuer).

Größe und Lage. Zur Unterbringung der für diese Zwecke nötigen Einrichtungen (Umformer, Siemens-Reiniger-Veifa-Schnellregler, Polyphosapparat oder Silepanapparat oder Polydor für die Durchleuchtung, Stabilivoltanlage für die Bestrahlung), sowie zur Durchführung der nötigen Leitungen und zur Aufstellung eines Schrankes für Werkzeuge und Ersatzteile ist ein Raum erforderlich, dessen Grundfläche je nach dem Umfang der Röntgenabteilung 25—50 qm und größer sein muß. Bei großen Anlagen findet sich auch eine getrennte Unterbringung, so z. B. im Krankenhaus 1 Hannover, wo die Stabilivoltanlage in einem Kellerraum von 4,07×4,24 m, der Silepanapparat in einem anderen Kellerraum von 2,7×4,41 m untergebracht ist. Auch Räume über dem Röntgengeschoß oder sogar auf einem in das hohe Röntgengeschoß eingebauten Zwischenboden (St. Hedwig-Krankenhaus Berlin) sind geeignet, haben sogar den Vorzug, daß die Hochspannungsleitungen, die in den Röntgenräumen mindestens 2,8 m frei über dem Fußboden angebracht werden, etwas kürzer werden. Obgleich also baulich die Unterbringung in einem anderen Geschoß vielfach bequemer ist, auch die Geräusche der umlaufenden Maschinen für den Kranken weniger störend sind, wird doch meist eine Lage im Geschoß der Röntgenabteilung selbst vorgezogen, weil die Maschinen durch Ölen, Nachstellen der Bürsten, sowie Nachprüfen der Lager auf Heißlaufen leichter und sicherer überwacht werden können.

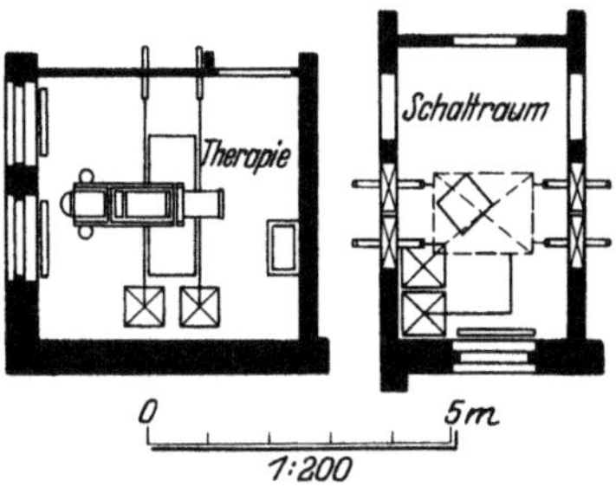

Abb. 63. Hannover. Städt. Krankenhaus. Operationshaus, Maschinenräume.

b) Räume für Durchleuchtung mit Schaltraum oder Schutzzelle. (Räume für Diagnostik, Aufnahme-, Untersuchungsraum.)

Zweck. In größeren Anstalten müssen besondere Geräte zum Durchleuchten vorhanden sein: im Sitzen (z. B. Lorenztrochoskop), im Stehen und Sitzen (z. B. Siemens Universalstativ) und auch für Seitenlage (z. B. Klinoskop), ferner noch für einzelne Körperteile (Knochen, Zwölffingerdarm, Harnröhre u. a.). Die Abzeichnung innerer Organe in ihrer natürlichen Größe erfolgt durch den Moritz-Groedel-Orthodiagraph. Die meisten dieser Apparate dienen nicht nur zum Durchleuchten, sondern auch zur Herstellung von Lichtbildaufnahmen. Sie erfordern eine Menge Nebengeräte: Bleikistenblenden mit Verschiebevorrichtungen, Bucky-Blenden, Stereoskopständer, Vorrichtungen für Aufnahmen in 1—1,5 m Entfernung u. a. Namentlich die Tische zum Liegen der Kranken, deren in größeren Anstalten 5 und mehr erforderlich werden, nehmen viel Platz in Anspruch. Ferner sind innerhalb dieser Räume besonders abgetrennte Zellen zum Aus-

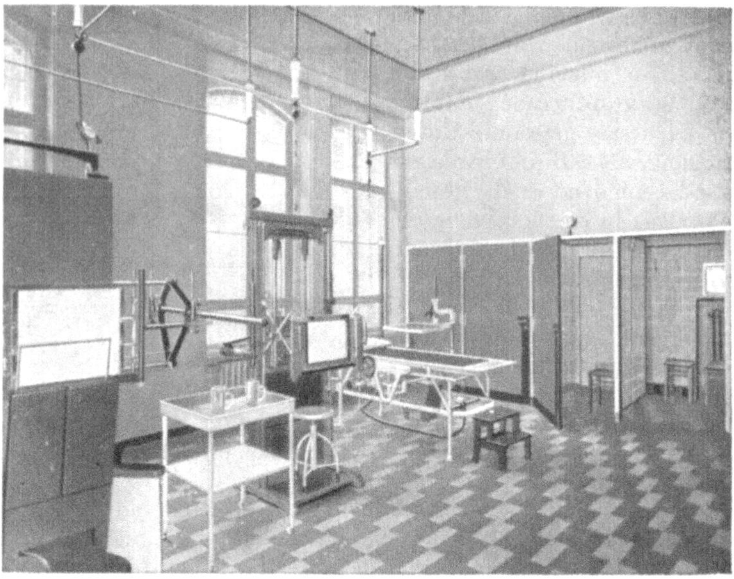

Abb. 64. Berlin. St. Hedwig-Krankenhaus. Durchleuchtungsraum.

kleiden und vor allem ein strahlensicherer Schaltraum abzugrenzen, von dem aus die einzelnen Geräte bedient werden.

Größe. Während man sich auch heute noch in kleinen Anstalten mit einem Durchleuchtungsraum von 25 qm begnügt, weisen größere Anstalten schon einen Flächenraum von insgesamt 150 qm auf. Man teilt dann diese Fläche meist in mehrere Räume auf, und zwar derart, daß man einen Raum mit 2—4 Ankleidezellen und Abortgelegenheit für die eigentliche Durchleuchtung, einen zweiten für die Knochen- und sonstigen chirurgischen Aufnahmen bestimmt. Diesen zweiten Raum, der also am engsten mit der Operationsabteilung zusammenhängt, richtet man dann vielfach mit fahrbaren Geräten ein, z. B. mit dem Explorator, um auch in den Krankensälen Aufnahmen machen zu können. Schließlich werden selbst für Einzeluntersuchungen (z. B. an der Harnröhre) besondere Zimmer eingerichtet, die allein 20—30 qm Raumfläche beanspruchen. Für den Schaltraum, der entweder in oder neben dem Hauptraum angelegt wird, genügt schon eine Breite von 1,35 m und 3,0 m Länge, er erhält aber auch Abmessungen bis zu 3 zu 5 m, namentlich wenn er als besonderer Nebenraum für die erforderlichen Buchführungsarbeiten am Schreibtisch und für

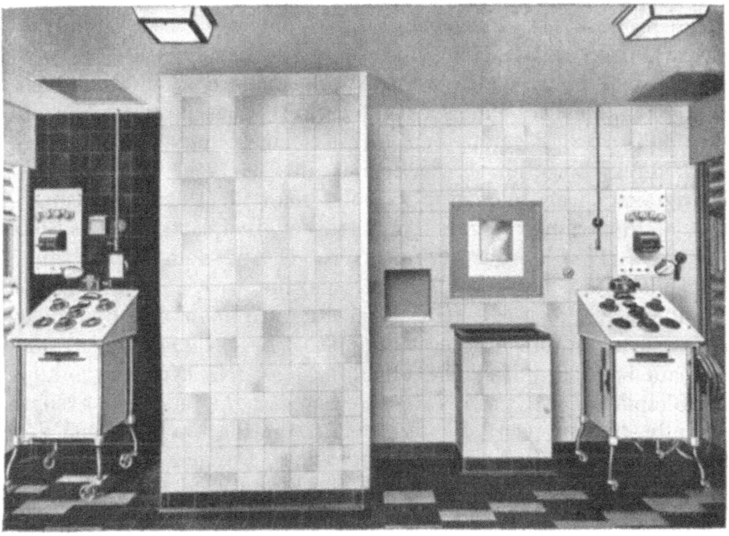

Abb. 65. Berlin. St. Hedwig-Krankenhaus. Schaltraum.

Vorbereitungen von Kontrastmitteln ausreichen muß. Er liegt dann am besten zwischen dem eigentlichen Durchleuchtungsraum, für den er am wichtigsten ist, und dem Aufnahmeraum.

Bauliche Besonderheiten. Alle Durchleuchtungsräume müssen besonders gute Lüftungsvorrichtungen erhalten, und zwar muß wegen der schweren salpetersauren Gase, die sich an den elektrischen Geräten entwickeln, die Luft am Fußboden durch Abzugsrohre mit Motorkraft abgesaugt werden können. Namentlich erfordern auch die Schalträume eine gute, künstliche Lüftungsanlage, und zwar um so mehr, als ihre Wände durch die Strahlenschutzvorrichtungen luftundurchlässig werden. Ferner müssen die Räume an den Fenstern besonders gut gearbeitete Verdunklungsvorrichtungen und an den Türen Lichtschleusen erhalten, die das Herausdringen von Röntgenstrahlen verhindern. Für den letzteren Zweck genügt schon eine Z-förmige Anordnung des Grundrisses (sogenannter Labyrinthgang).

Vor allem ist aber nach allen Richtungen hin für den nötigen Strahlenschutz zu sorgen, da die kurzen Wellen des Röntgenlichts sich durch Streuung und Rückstrahlung nach allen Seiten hin verbreiten und bei steter Wiederholung Arzt und Bedienung mit schweren Gesundheitsschädigungen bedrohen. Die deutsche Röntgengesellschaft hat deshalb 1928 neue Richtlinien über den Strahlenschutz herausgegeben (Z. Krk.hauswes. 1928, Heft 15, Fanok), nach denen nicht nur die Röntgenröhre selbst so weit wie möglich abgeblendet werden soll, sondern auch das ganze Röntgenzimmer mit einem Strahlenschutzpanzer zu umgeben ist. Als Maßstab hat man den Schutz einer metallischen Bleiverkleidung eingeführt, die früher das einzige wirkungsvolle Schutzmittel war, und zwar verlangt man für Durchleuchtungsstrahlen den Schutz einer 2 mm starken Bleiplatte. Diese Bleiplatten wurden durch zahlreiche Nägel auf dem Untergrund, Holz oder Putz, befestigt. Jeder Nagel mußte wieder durch eine besondere Kappe gedeckt werden. Wollte man die Bleifläche beputzen, so mußte man erst doppelte Drahtnetze spannen, und zwar auch wieder mit strahlendichter Nagelung. Die Verwendung von Bleiplatten stößt also auf große Schwierigkeiten und ist teuer. Deshalb haben sich die Kämpe-Lorey-Platten (DRP.) aus Beton und Schwerspat schnell eingeführt. Die genuteten Platten von 25 × 50 cm Größe lassen sich für Wand- und Deckenbeläge, Trennwände, ja für Schiebetüren in eisernen Rahmen gut verwenden und können mit strahlensicherem Putz aus den gleichen Baustoffen geputzt werden. Die ungeputzte Plattenstärke von 3 cm mit einem Gewicht von 90 kg je Quadratmeter entspricht bereits einem Strahlenschutz einer 2 mm starken Bleiplatte. Man wird also bei den Durchleuchtungsräumen dünne Abschluß- oder Trennwände sehr einfach aus diesen Kämpe-Lorey-Platten herstellen können, doch muß an den Rändern für eine strahlensichere Dichtung durch Bleistreifen gesorgt werden. Ein Belag der Wände und Decken ist nur bei geringerer Stärke derselben nötig, da eine 25 cm starke Ziegelwand oder eine 15 cm starke Betonwand gegen nicht allzu nahe Strahlen schon an sich genügend Schutz gewährt und eine 12 cm starke Betondecke einer 2 mm starken Bleiplatte in ihrer Wirkung bereits entspricht. Beobachtungsfenster in den Schutzzellen müssen mit Bleiglastafeln verglast werden, deren Fugen mit Bleilappen zu überdecken sind. 8 mm Stärke von sehr hochprozentigem beiderseits geschliffenem Bleiglas entspricht dem Strahlenschutz einer 2 mm starken Bleiplatte. Zur Verständigung zwischen Durchleuchtungsraum und Schutzzelle wird am besten ein Lautsprecher angebracht.

c) Die Dunkelkammer.

Zweck. Die Dunkelkammer dient zum Entwickeln der Aufnahmeplatten. In Hamburg St. Georg (Abb. 153) enthält sie nicht weniger als 5 Spültische von insgesamt 6 m Wandlänge und 2 Motorentwicklungstische von 70 zu 70 cm Größe. In der sehr

Abb. 66. Magdeburg, Strahleninstitut der Allg. Ortskrankenkasse. Dunkelkammer.

umfangreichen Röntgenabteilung des St. Hedwigkrankenhauses Berlin (800 Betten) stehen Entwicklungs-, Abspülungs- und Fixierbad in einem großen Steintrog von etwa 3 m Länge und 60 cm Breite, der nach Bedarf, zur Erzielung gleicher Wärme, mit warmem oder kaltem Wasser gefüllt wird. Im Krankenhaus München rechts der Isar (Abb. 156) finden wir an einer 4 m langen Wand 2 übereinander angeordnete Wässerungströge aus Steingut, links davon einen polierten Betontisch mit Ablaufrinne zum Entwickeln, rechts einen gleichfalls polierten Betontisch, auf dem die mit Blei ausgeschlagene Wanne zur Aufnahme der Fixierbadschale steht. Neben dem Fixiertisch auf Wandstützen eine Tankentwicklungsanlage, bestehend aus Preßguttrögen für Entwickler, Fixierbad und Wässerung mit Dauerspülung.

Zur Erledigung der trocknen Arbeiten (Auswechseln der Platten) ist hauptsächlich ein großer Tisch erforderlich von etwa 1,5—2 m Länge und 50—80 cm Breite. Die genaue Beschreibung mit Zeichnungen eines solchen Tisches mit seinem Unterbau zur

Aufbewahrung von Kassetten, Filmen usw. findet sich in der Z. Krk.hauswes. 1928, S. 429. Ein Trockenschrank und Durchgabeöffnungen oder Aufzugsvorrichtungen für Platten vervollständigen die Einrichtung.

Größe. Für eine solche Gesamteinrichtung genügt eine Raumfläche von etwa 12—16 qm. In Hamburg-St. Georg (Abb. 156) ist allein für die Naßarbeiten ein Raum von 16 qm und anstoßend daran für die Trockenarbeiten einer von 10 qm vorgesehen, Licht-

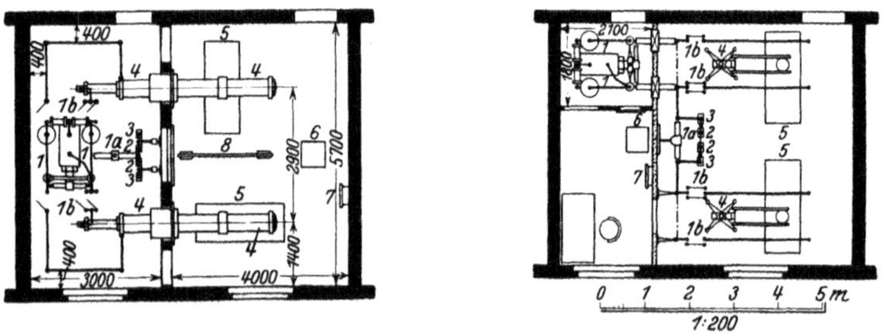

Abb. 67. Räume mit Stabilivolt-Anlage a (Prof. Dr. Holfelder) oder b (Prof. Dr. Wintz) nach Siemens-Reiniger-Veifa G. m. b. H. Berlin.

schleusen und Strahlenschutz sind hier genau so nötig, wie bei Durchleuchtungsräumen.

d) Räume für Bestrahlung. (Räume für Therapie).

Zweck. Nachdem das Heilverfahren mit Röntgenstrahlen eine größere Bedeutung gewonnen hatte, ging man sehr bald dazu über, für diesen Zweig besondere Bestrahlungsräume herzurichten, schon weil diese mit Hochspannungsleitungen bis zu 150000 Volt ausgerüstet werden mußten, also größere Schutzvorkehrungen verlangten.

Für die Tiefenbestrahlung wird hauptsächlich das Siemens-Reiniger-Veifagerät oder das Wintzsche Bestrahlungsgerät verwendet, für Oberflächenbestrahlung ein Explorator (s. S. 98, unten).

Für die Kranken sind Ruhebetten vorzusehen. Bei den hochgespannten Strahlen ist ein strahlensicherer Schutz ganz besonders wichtig. Man kann zu dem Zweck entweder wie beim Durchleuchtungsraum eine strahlensichere Schutzzelle für Arzt und Bedienung schaffen, kann aber auch, wie dies in Hamburg-Barmbeck geschehen, für die Kranken strahlensichere Zellen (Boxen) schaffen, aus denen keine Strahlen herausdringen können. Eine dritte Lösung wird durch die neuen Siemens-Bestrahlungsgeräte erreicht (nach Dr. Holfelder), die i. G. 3,5 m lang, vom Maschinenraum aus etwa 2,4 m in den Bestrahlungsraum hineinragen (s. Abb. 68). Ihr 6 mm starker, runder Bleimantel von etwa 40 cm Durchmesser hat den Zweck, alle schädliche Raumstrahlung fernzuhalten, so daß Arzt, Bedienung und Kranke sich ungehindert in einem Raum aufhalten können, sonstige Schutzzellen also nicht nötig sind. Da ihr Inneres mit dem Maschinenraum in Verbindung steht, halten sie den Bestrahlungsraum auch noch frei von Gasen, von Hochspannung und von Betriebsgeräuschen. Unter ihnen steht der Lagerungstisch (Ruhebett) und daneben der fahrbare Schalttisch.

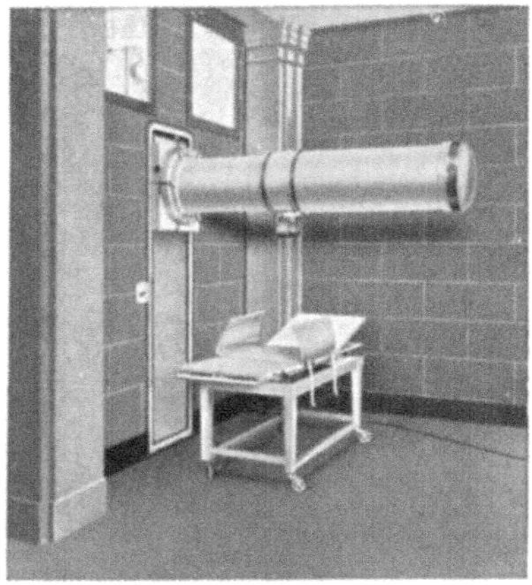

Abb. 68. SRV-Bestrahlungsgerät, nach Prof. Dr. HOLFELDER.

Größe. Jeder Arbeitsplatz, also auch jede Einzelkrankenzelle, erfordert mindestens einen Raum von 2 zu 3 m. Soll der Lagerungstisch mit dem Kranken jedoch allseitig frei im Raum stehen, wie das namentlich für Tiefenbestrahlung wünschenswert ist, so wird man besser mit Abmessungen von 3 zu 4 m rechnen. Eine eingebaute Schaltzelle reicht an sich mit 1,1 zu 2,4 m Innenmaß aus. Legt man die Schaltung in Nebenräume, so werden diese von selbst weit geräumiger ausfallen, da sie meist die ganze Zimmertiefe einnehmen werden. Im Krankenhaus 1 Hannover hat man sich mit zwei Bestrahlungszimmern von etwa 17 qm und einem Schaltraum von etwa 8 qm begnügt, im St. Hedwigskrankenhaus Berlin nimmt dieselbe Anordnung 65 qm ein, in Hamburg-Barmbeck hat man nahezu 100 qm für die gesamte Bestrahlung vorgesehen.

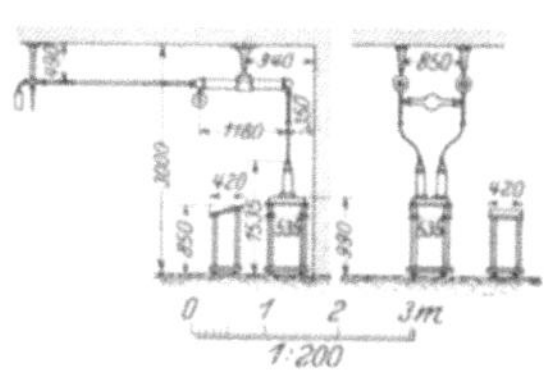

Abb. 69. Therapie-Heliodor (Siemens-Reiniger-Veifa-G. m. b. H., Berlin).

In kleinen und mittelgroßen Betrieben werden an Stelle der Großröntgenapparate (Polyphos, Stabilivolt, Pandoros u. a.) Heliodore verwendet, die wenigen Raum beanspruchen (Abb. 69).

Bauliche Besonderheiten. Strahlenschutz wie bei den Durchleuchtungsräumen, aber in erhöhtem Maße. Die Richtlinien der Deutschen Röntgengesellschaft fordern wegen der durchdringenden Strahlung für diese Räume statt 2 mm Blei einen Strahlungsschutz von 4 mm Blei. Erst bei 50 cm starkem Mauerwerk oder 25 cm Beton ist ein besonderer Schutzbelag entbehrlich.

e) Räume für sonstige elektrische Behandlung.

An Stelle eines gemeinsamen Raumes (Abb. 70) werden vielfach folgende Einzelräume geschaffen:

Räume für wasserelektrische Vollbäder. Eine Holzbadewanne für wasserelektrische Vollbäder mit den eingebauten Elektro-

Abb. 70. Leipzig-Eutritzsch, städt. Krankenhaus St. Georg. Gemeinsamer Raum für elektrische Bäder.

denplatten, unter Umständen auch durch eine Holzwand mit eingespannter Hartgummiwand in zwei Zellen geteilt (Zweizellenbad nach Prof. Dr. G. GÄRTNER), nimmt nicht mehr Raum ein als eine gewöhnliche Badewanne. Die Raumabmessungen entsprechen ebenfalls denen gewöhnlicher Badezimmer.

Räume für wasserelektrische Teilbäder. Das Vier- oder Fünfzellenbad nach Dr. SCHNEE besteht aus zwei Fußwannen, zwei Armwannen und gegebenenfalls einer Sitzwanne aus Steingut oder Porzellan. Es erfordert eine Grundfläche von etwa 1,2 bis 1,4 m Durchmesser. Größe des Raumes für ein Fünfzellenbad 6—10 qm bei 1,5 m Mindestbreite.

Räume für elektrische Lichtbäder. Die Holzkästen für elektrische Glühlicht- oder Bogenlichtvollbäder, in denen der Kranke, auf einem Stuhl sitzend, eingeschlossen ist, so daß nur der Kopf herausragt, und so den Strahlungen ausgesetzt wird, haben eine meist sechseckige Grundform von etwa 1,2—1,5 m Durchmesser. Zur Aufstellung von zwei Kästen und einem Ruhebett genügt deshalb schon 10—15 qm Zimmerfläche.

Räume für Höhensonne, Lichttherapie. Die Vorrichtung für Höhensonnenbehandlung (Höhensonne von BACH, von JESIONEK, Spektrosollampe, Solluxlampe) nimmt nur geringen Platz ein, da sie an einem Ständer oder auch als Hängelampe an der Decke angebracht ist, die am besten Kuppelform erhält. Für die Raumbemessung kommt es deshalb darauf an, wieviel Kranke gleichzeitig behandelt werden sollen. Ein Mindestraum von 15 qm dürfte schon für 5 Erwachsene oder für 8 Kinder genügen. Damit die noch zerstreuten ultravioletten Strahlen von den Wänden gut zurückgestrahlt werden, bestreicht man diese mit Aluminiumfarben. Dr. med. JOSEPH berichtet (Z. Krk.hauswes. 1927, S. 525) von guten Erfolgen mit einer Art Silberplatten und aufstreichbarer Aluminiumbronze. — Die Belüftung am Fußboden durch vorgewärmte, aber unmittelbar aus dem Freien zu entnehmende Luft und die Entlüftung an der Decke müssen in ihrer Wirkung getrennt, also am besten durch elektrische Kraft, zu regeln sein.

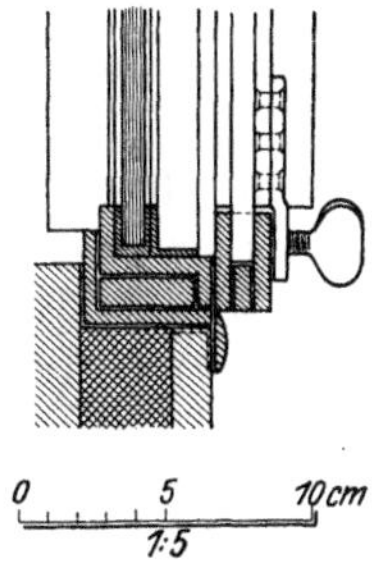

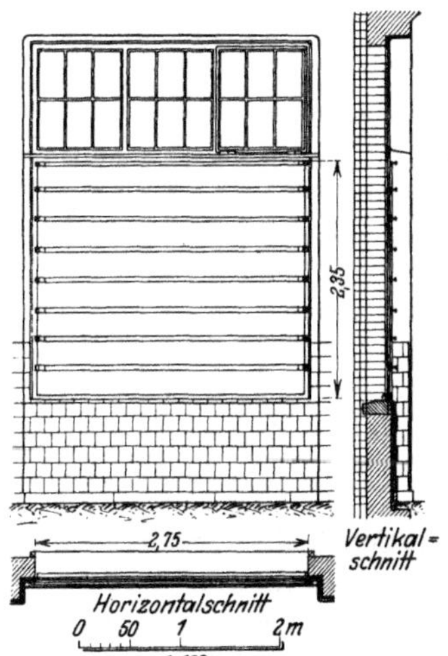

Abb. 71. Hamburg. St. Georg. Röntgenhaus. Fenster mit verstellbaren Halteplatten für Röntgenbilder.

Räume für elektrische Durchwärmung. Diathermie. Die elektrische Vorrichtung nimmt höchstens etwa 1 zu 1 m in Anspruch. Sie steht neben einem Ruhebett. Für die Behandlung eines Kranken genügen deshalb schon 8—10 qm.

Vielfach werden die Räume *a* und *b*, sowie *c*, *d* und *e* in je einen Raum zusammengezogen und durch Vorhänge in einzelne Zellen abgeteilt.

f) Nebenräume.

Amtszimmer für den leitenden Arzt. 15—25 qm, womöglich

durch ein Bleiglasfenster mit dem Bestrahlungszimmer verbunden, um den Betrieb daselbst ständig beobachten zu können.

Amtszimmer für die Schwester, 12—18 qm.

Aufenthaltsraum für die Bedienung.

Warte- und Aborträume je nach dem Gesamtumfang der Abteilung.

Operationssaal, wie sonstige aseptische Operationssäle, falls solche zu weit abgelegen, zwecks Vornahme von Eingriffen, in unmittelbarem Zusammenhang mit der Röntgenbehandlung.

Vortrags- oder Vorführungszimmer mit möglichst viel Fläche für auszustellende Platten (eiserne verstellbare Haltevorrichtungen an Fenstern s. Abb. 71). Größe mindestens 30—100 qm und mehr, je nach besonderen Anforderungen.

Sammlungszimmer, unter Umständen mit vorigem vereinigt.

Wäscheraum zum Aufbewahren von Wäsche, 6—13 qm.

Meist in besonderem Obergeschoß werden noch vorgesehen:

Werkstatt für Lichtbildaufnahmen, 7—8 m lang.

Wohnungen für Assistenzärzte, Schwestern, auch für den Photographen.

4. Räume für Heilbäder.

Man trennt vielfach nach folgenden Unterabteilungen:

a) Wasserbäder ohne Zusätze (hydrotherapeutische Abteilung), und zwar Voll-, Halb-, Teilbrausebäder, Heißluft- und Dampfbäder (römische, irische und russische Bäder). Siehe Nr. 2—4.

b) Wasserbäder mit heilkräftigen Zusätzen (medizinische Abteilung) und zwar Gas- (nämlich Kohlensäure- oder Sauerstoff-) bäder, ferner Sole-, Fichtennadel- und Moorbad. Siehe Nr. 5—9.

(Elektrische Bäder siehe vorigen Abschnitt).

c) Luftbäder, und zwar Einatmungsbäder (Radiumbäder, Inhalationsbäder), Sonnenbäder. Siehe Nr. 10—13.

a) Gemeinsame Räume für alle Unterabteilungen.

Warteräume sind namentlich nötig, wenn die Badeabteilungen entfernt von den Bettenräumen untergebracht sind oder wenn sie auch von Nichtinsassen der Anstalt benutzt werden. Man vereinigt sie auch vielfach mit den

Auskleideräumen, die am besten aus flurähnlichen Räumen bestehen, an deren Längswänden einseitig oder beiderseitig einzelne Auskleidezellen mit festen Wänden abgeteilt werden. Die Zellen erhalten eine Breite von etwa 1 m und eine Tiefe von 1,5 m. Sie werden mit einer Auskleidebank in ganzer Breite, Kleiderhaken und einem Spiegel ausgestattet. Die Auskleideräume sind hauptsächlich notwendig für die Unterabteilungen a und c, bei den Bädern der Unterabteilung b legen die Kranken ihre Kleider lieber in den Badezellen selbst ab. Haben die Ruheräume verschließbare Einzelzellen, so können auch diese zum Aus- und Ankleiden benutzt werden.

Ruheräume können entweder verschließbare oder mit Vorhängen abgetrennte Ruhezellen erhalten, welche 1,5—1,8 m breit und 2—3 m tief zu bemessen sind, am besten jede mit besonderem Fenster. Die Ruheräume bleiben aber auch vielfach frei von diesen Einbauten und werden dann gern mit größerem Aufwand, z. B. als Oberlichthalle (s. Abb. 160), ausgestattet, um dem Ruhenden einen möglichst angenehmen Aufenthalt zu gewähren. Der Ruheraum wird auch gleichzeitig dazu verwendet, um den Kranken Moor-, Fango- und sonstige Packungen zu verabfolgen, so daß es günstig ist, wenn er mit der Moor- oder Fangoküche (2—6 qm) vielleicht durch ein Durchgabefenster in Verbindung steht. Auch die Knetungen (Massagen) werden vielfach in Ruheräumen ausgeführt, nur in sehr großen Anstalten werden besondere Kneträume (5—10 qm für jedes Knetbett) eingerichtet. Auf alle Fälle ist es erwünscht, daß die Ruheräume möglichst in der Mitte der ganzen Anlage liegen, und von allen Einzelräumen aus, namentlich denen der Wasserbäder ohne Zusätze, womöglich unmittelbar, d. h. ohne Zwischenflur erreichbar sind.

Dienstzimmer des Vorstehers (Direktors, Arztes), der Badeschwester, der Badewärter.

Raum für Badewäsche, Aborte.

b) Kaltwasserraum. (Frigidarium, Duscheraum.)

Zweck. Verabfolgung von Voll-, Halb- und Teilbädern sowie Brausen von 10—45° Wärme und 0,5—3 Atmosphären Druck

Ausstattung. Den größten Platz erfordert ein größeres Wasserbecken (Tauchbad, Gesellschaftsbad, Bewegungsbad, Bassinbad, Tonnenbad) von 2—4 m Länge, 0,80—2 m Breite und bis zu 1,40 m Wassertiefe. Aus Eisenblech hergestellt und mit Kacheln oder Marmor ausgekleidet erhält es an seinen Wandungen Handgeländer. Über dem Becken hängt ein verstellbarer Tragegurt an einer Rolle, die in einer an der Decke befestigten Laufschiene läuft, um die Gehbewegungen der Kranken zu erleichtern. Vielfach müssen aber auch Wärter beim Gehen im Bade Hilfe leisten. Damit diese nicht dauernd selbst im Wasser zu sein brauchen, wird längs der einen Beckenseite wohl auch noch ein vertiefter Gang neben dem eingelassenen Bade hergestellt, falls man es nicht vorzieht, das Becken überhaupt höher über den Fußboden des Raumes herauszuheben. Matthes hält diese Becken, die besonders gern als Schmuckstück ausgebildet werden (Abb. 72), in den meisten Anstalten für entbehrlich, ebenso ein Wellenbad.

Die Wannen für Halbbäder müssen an drei Seiten frei stehen, um Abreibungen zu ermöglichen. Dazu kommen noch verschiedene Teilbäder: Sitz-, Rumpf- und Fußbadewannen. An Stelle der letzteren werden zum Wassertreten im fließenden Wasser 3 qm große Beckenflächen mit 20 cm hohem Rand hergestellt. Endlich erhält der Raum eine größere Zahl Duschen,

Abb. 72. München-Schwabing, städt. Krankenhaus, Kaltbad mit Duschen.

von denen die Regendusche, die Sitzdusche, die Rückendusche, die schottische Dusche (abwechselnd warm und kalt) und die Dampfdusche genannt werden mögen. Weniger einfache, wie Kapellen-, Mantel- und Ringduschen, hält MATTHES im allgemeinen nicht unbedingt für nötig. Die Regelung der Wärme und des Druckes ist bei diesen Duschen schwierig. Mischbatterien, Reduzierventile, Manometer und Thermometer sind nicht auf alle Fälle zuverlässig. Die Bedienung aller Duschen erfolgt vielfach von einer Duschenkanzel (Duschenkatheder) aus. „Sie ist ganz zweckmäßig, für kleinere Anstalten aber entbehrlich, namentlich. da die Einrichtung ziemlich kostspielig ist.“ (MATTHES).

Größe. In kleinen Anstalten wird man versuchen müssen, mit einem Raum von 20—30 qm auszukommen. (Das 1897 fertig gewordene Badehaus des Krankenhauses Nürnberg hat nur einen 16 qm großen Raum.) In mittleren und größeren Anstalten haben sich vielfach 50—55 qm als ausreichend erwiesen, nur in einigen ganz großen Anstalten ist man wesentlich über dieses

Maß hinausgegangen (Leipzig St. Georg rund 75 qm, Schwabing rund 125 qm, Virchowkrankenhaus 135 qm). Über die *baulichen Besonderheiten* einiger Einrichtungen ist oben schon gesprochen. Natürlich müssen alle Bauteile besonders widerstandsfähig gegen Nässe und Wärme sein.

c) **Heißlufträume.** (Römisch-irische Bäder.) Falls nicht auf

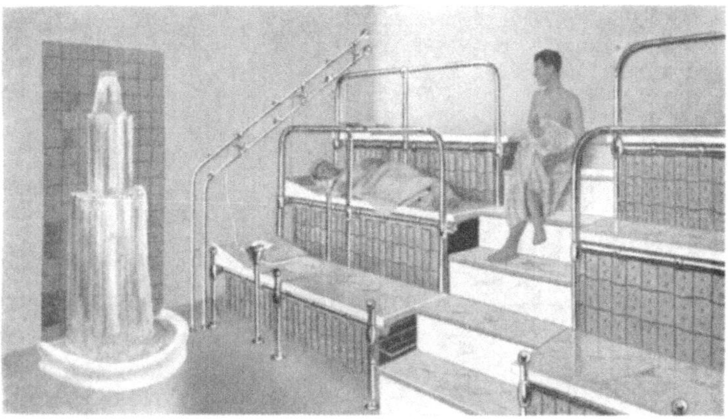

Abb. 73. Falkenau, Bezirkskrankenhaus. Dampfbad mit Warmwasserlaufbrunnen.

den Besuch weiterer Kreise gerechnet wird, kommen die Krankenhäuser, selbst die größten, mit zwei verhältnismäßig kleinen Räumen aus, von denen der größere als Warmluftbad (Tepidarium) bei 50—55° Wärme, der etwas kleinere als Heißluftbad (Sudatorium) bei 60—70° Wärme benutzt wird. Ersteres reicht im allgemeinen mit 6—20 qm, letzteres mit 5—15 qm Grundfläche aus.

d) **Dampfbaderäume.** (Russisches Bad.) Auch der Raum für das Dampfbad hat nur etwa 8—18 qm Fläche nötig. Er erhält einen Stufenbau, welcher es den Badenden ermöglichen soll, sich in verschiedener Höhe und dementsprechend verschiedenen Hitzegraden (45—50°) lagern zu können. Die namentlich für kleinere Anstalten an Stelle dieser Dampfbäder empfehlenswerten Dampfkastenbäder, deren feste Teile auch in Kacheln oder Marmor ausgeführt werden, beanspruchen zu zweit aufgestellt einen Raum von 10—14 qm. In größeren Anstalten werden sie wohl auch noch neben dem ersteren verwendet.

Bauliche Besonderheiten. Um in den Dampfbaderäumen das

Abtropfen des niedergeschlagenen Wassers zu verhindern, wird der Raum durch ein spitzbogiges Gewölbe überdeckt, an dessen Wandung das Niederschlagswasser herunterrinnt.

e) Gas- und Solbäder. Es ist nicht nötig, für jeden der vielen Zusätze besondere Wannen oder sogar besondere Räume zu beschaffen. Um den wechselnden Anforderungen viel mehr mög-

Abb. 74. Münster i. W., Universitätsklinik. Raum für sauerstoffhaltige Bäder.

lichst gerecht werden zu können, werden in der Regel, wenn nicht bei kleineren Anstalten sogar eine Zelle genügt, in einem größeren Raum zwei oder drei oder noch mehr mindestens 1,7 m, besser etwa 2—2,5 m breite und 2,5—3 m tiefe Zellen abgeschlagen, die auch gleichzeitig zum An- und Auskleiden dienen (s. oben). Der Verbindungsgang vor den Zellen muß mindestens 1,3 m breit sein, falls er nicht noch zu besonderen Zwecken verwendet werden soll (als Warteraum, zur Unterbringung der Vorräte u. a.), wo dann eine Breite von 1,8—2,5 m am Platze ist. Der Zugang zu diesen Bädern sollte nicht durch den Ruheraum, sondern von einem besonderen Flur aus erfolgen, damit die Ruhe in letzterem nicht unnötig gestört wird, wohl aber muß von den Gasbädern aus der Ruheraum auf kürzestem Wege zu erreichen sein, damit die Herzkranken vor unnötigen Anstrengungen bewahrt bleiben.

Für den Betrieb der Gasbäder sind Kessel, aus denen das Gas unter Druck dem Badewasser beigemischt wird, weit billiger als die Verwendung von chemischen Pulvern.

Die Räume für Solbäder können zweckmäßig auch für Radiumbäder verwendet werden, wenn sie nicht zu groß sind.

f) Sandbäder. Es ist zu beachten, daß zu einem Sandbad nicht nur eine meist viereckige, auf Rollen gestellte Holzkiste gehört, sondern auch noch eine gewöhnliche Badewanne für das hinterher erforderliche Reinigungsbad. Vor diesem Raum muß, wenn möglich, eine offene, aber am besten überdeckte Halle liegen, da die Sandbäder nur im Freien gut vertragen werden. Außer dem ist noch ein Raum zur Zubereitung und Auswärmung des Sandes erforderlich (Maschine von KRUTWIG in Bonn) und auch ein Lagerraum für Sand, der möglichst umfangreich sein muß, wenn stets ungebrauchter Sand verwendet wird. Ist Sand in der Nähe nicht zu haben und deshalb teuer, so wird er mehrfach verwendet und zu diesem Zweck am besten gleich nach der Benutzung durch Erhitzen wieder keimfrei gemacht.

Abb. 75. Berlin-Reinickendorf. Städt. Krankenhaus. Sandbad.

Größe. Für ein Sandbad einschließlich Reinigungswanne genügt ein Raum von etwa 2,5 zu 5 m. In München-Schwabing ist ein mehr als doppelt so großer Raum für zwei Holzwannen und ein Reinigungsbad vorgesehen (Abb. 159). Der Sandheizraum erfordert etwa 6—10 qm Fläche. Da der Sandlagerraum meist im Kellergeschoß untergebracht und mit dem darüberliegenden Raum durch einen Aufzug verbunden wird, so hält es nicht schwer, einen großen Raum von 20—40 qm für ihn verfügbar zu machen.

g) Moor- und Fangobäder. Für das Moorbad gelten baulich die gleichen Anforderungen wie für das Sandbad, nur ist die offene Halle nicht erforderlich. Da das Moor meist weite Anfuhr und viel Bearbeitung erfordert, werden die Moorbäder sehr teuer; man hilft sich deshalb in vielen Anstalten mit Moorpackungen und Moorsitzbädern, die trotz des nicht zu entbehrenden Reinigungsbades etwas weniger Raum erfordern. Begnügt man sich statt der Moorpackungen mit deutschem Eifelfango, so genügt eine kleine Fangoküche von 2—4 qm zum Erhitzen des Fango, da die Packungen im Ruheraum verabfolgt werden können und Reinigungsbäder hinterher nicht erforderlich sind. Eine sehr ausgedehnte Moorbadanlage ist in Beelitz ausgeführt (rund 180 qm).

h) Schwefelbäder. Künstliche Schwefelbäder werden im allgemeinen für Krankenanstalten als entbehrlich angesehen, zumal ihre Wirkung auch durch einen Zusatz von Thiopinol erreicht werden kann. Schwefelwasserstoff macht blanke Metallteile rasch unansehnlich und ist durch den Geruch sehr lästig. Wenn deshalb auf Einrichtung von Schwefelbädern nicht verzichtet wird, sind sie möglichst abgelegen und mit einem besonderen Vorraum anzulegen. Größe des Baderaumes wie für sonstige Wannenbäder, des Vorraums derart, daß beim Durchgehen stets nur eine Tür geöffnet ist. Grundriß s. Abb. 159.

Abb. 76. Münster i. W., Universitätsklinik. Moorbad.

i) Preßluftkammern. (Pneumatische Kammern. Unterdruckkammern.) Die aus eisernen Platten bestehenden, zum Aufenthalt von zwei Personen bestimmten Preßluftkammern sind im Grundriß etwa 2 × 2,5 m groß und 2,5 m hoch. Sie haben einen schleusenartigen Vorraum von etwa 1 qm Grundfläche. Für die Unterbringung dieses, einer Taucherglocke ähnlichen Gebildes ist ein rechteckiger Raum von etwa 4 × 4 m erforderlich. Derartige Preßluftkammern werden nur noch selten angelegt, nachdem man tragbare Vorrichtungen geschaffen hat, mit welchen den Kranken sogar in den Krankensälen selbst Luft von beliebigem Über- oder Unterdruck zugeführt werden kann.

k) Radiumluftbäder. (Raum-Inhalatorien, Emanationsbäder.) *Die Gesellschaftsbäder*, Raum-Inhalatorien, werden in vollständig geschlossenen Räumen von mehreren Kranken gemeinschaftlich benutzt. Der Raum enthält nur Tische und Stühle, höchstens noch einen Bücherschrank. Möglichst in der Mitte des Raumes steht der Flüssigkeitszerstäuber, der sowohl zur Feucht- als auch zur Trockeneinatmung benutzt werden kann. Größe: Für 10 Personen etwa 20 qm.

In einem zweiten Raum werden die Vorrichtungen untergebracht, die nur immer für einen Kranken dienen (*Einzelinhalatorium*). Hier sitzt jeder Kranke für sich in einem Sessel vor den über einem Speibecken angebrachten verschiedenen Radiumgeräten. Hier finden auch die Vorrichtungen für Über- oder Unterdruckatmung (s. Preßluftkammern) zweckmäßig ihre Aufstellung. Größe: Etwa 2—3 qm für jeden Einzelsitz, der nur in der Breite der Speibecken vom Nachbarsitz durch eine Glaswand abgetrennt ist.

Abb. 77. Münster i. W., Universitätsklinik. Fangoküche.

Bei einer dritten Form, der sogenannten „nassen Emanation", sitzt der Kranke auf einem Stuhl in einer Zelle von höchstens 1 × 1 m und läßt die radiumhaltigen Wasser als Duschen von allen Seiten auf sich einwirken.

l) **Luftbäder.** Luftbäder auf dem flachen Dach eines Anstaltsgebäudes eingerichtet, bedürfen meist Schutzwände gegen unbefugten Einblick. Die Fläche ist möglichst groß anzunehmen (München - Schwabing [Abb. 161] hat für Männer und Frauen getrennt je etwa 100 qm), außerdem auch gärtnerisch auszugestalten und mit einigen Turngerüsten zu versehen. Aufzug erwünscht. An Nebenräumen sind erforderlich: Kleider- und Abortanlagen, am besten auch einige Brausebäder.

Abb. 78. Posen, städt. Krankenhaus, Unterdruckkammer.

m) **Sonnenbäder.** Für das Sonnenbad ist ein geschlossener Raum mit Glaswänden am besten in der Form eines großen Wintergartens einzurichten. Es ist möglichst auch heizbar einzurichten, damit es selbst in kälteren Zeiten benutzt werden kann.

n) **Räume für Leibesübungen.** (Gymnastisches, medikomechanisches oder orthopädisches Institut. Turnsaal, Zandersaal.)

Es ist unmöglich, alle die mehr als 100 einzelnen Geräte aufzuzählen, die für die einzelnen Bewegungen aller Arm-, Hand-, Knie- und Fußgelenke sowie des Rückens, für Atemübungen, für Zug- und Stoßbewegungen, Bergsteigen, Reiten, Radeln und Rudern benutzt werden. Im Durchschnitt erfordert jedes dieser Geräte eine Breite vor der Wand von etwa 1,5 m und eine Tiefe von 2—3 m, also 3—5 qm Bodenfläche. Lediglich für die Auf-

Abb. 79. Münster i. W., Universitätsklinik. Gemeinschaftliche (links) und getrennte (rechts) Radiumeinatmung.

stellung und Benutzung dieser Einrichtungen werden also in großen Anstalten manchmal schon ein oder mehrere Säle von 100—200 qm Fläche (in Beelitz sogar 300 qm Fläche) hergerichtet, während man dann womöglich noch getrennte, aber etwas kleinere Säle für turnerische Übungen, auch Kriechübungen nach Klapp, anlegt und so einen Zandersaal und einen Turnsaal unterscheidet. Soll der Zandersaal wegen seiner Größe als Vortragssaal verwendet werden, so sind zur Vorführung von Lichtbildern Verdunkelungseinrichtungen nötig. Als dritter kommt dann vielfach auch noch ein Raum für das Knetheilverfahren (Massageraum) hinzu, für den je nach der Zahl der aufzustellenden Betten 30 bis 60 qm Bodenfläche genügt.

Außer kleineren Nebenräumen zum Zander- und Turnsaal zwecks Abstellen von Geräten usw. mit einer Fläche von etwa 10—20 qm werden noch unter Umständen notwendig:

1 Dienstzimmer für den leitenden Arzt, 1 für den Wärter,
Wartezimmer, Kleiderablage,
Aborte nach Geschlechtern getrennt.

Insgesamt nimmt die Abteilung für Leibesübungen in München-Schwabing 200 qm, in Hamburg-Barmbeck 300 qm, in Beelitz sogar 700 qm Zimmerfläche ein. Bei bescheideneren Ansprüchen können Dachbodenräume für diese Zwecke vollständig brauchbar hergerichtet werden.

Abb. 80. Münster i. W., Universitätsklinik. Sitz für Unterdruckatmung (links) und Drucklufteinatmung (rechts).

5. Räume des Untersuchungshauses.
(Pathologisch-anatomisches Institut, Prosektur, Leichenhaus.)

a) Die Leichenuntersuchungsräume. (Sezierraum, Obduktionsraum.) An dem am besten aus Marmor, Solenhofener Sandstein oder Feuerton bestehenden Leichentisch, auf dem die Leichen geöffnet und untersucht werden, ist am Fußende ein 30 cm weites Spülbecken ebenfalls aus Stein oder Ton befestigt, in dem einzelne Körperteile, wie Magen, Darm usw., sofort gespült werden können. Der Tisch ist deshalb bei 90 cm Breite im ganzen nahezu 2,40 m lang. Die Arbeiten an diesem sind die gleichen wie am Operationstisch, der Raum muß also ebenfalls die Bedingungen eines Operationsraumes erfüllen, nur kann auf Oberlicht und seitliche Fenster leichter verzichtet werden, ebenso manchmal auf jegliche künstliche Beleuchtung, auch ist es hier weit weniger bedenklich, mehrere Leichentische in einem Raum aufzustellen, und schließlich können die Abmessungen des Raumes kleiner gehalten werden, da hier nicht soviel Personen gleichzeitig zu arbeiten haben, schon allein weil das Betäuben und Verbinden fortfällt. Selbst wenn die Tische, wie meist, um eine senkrechte Achse drehbar eingerichtet werden, stellt man sie meist in einem Abstand von nur 3 m auf, so daß für jeden Tisch eine Grundfläche von 20—24 qm genügt. Dabei rechnet man je einen Tisch auf je 3—500 Betten, und außerdem einen von allen anderen Räumen abgetrennten Raum für stark ansteckende Krankheiten (Pocken, Cholera, Pest), der den besonderen Vorschriften für Pesträume entsprechen muß. Vielfach wird auch noch ein zweiter besonderer Raum mit einem Leichentisch für gerichtliche Untersuchungen (Obduktionsraum) vorgesehen, und endlich ist für Tieruntersuchungen (Vivisektion) ein kleinerer Raum von 10—20 qm Fläche nötig. Die vielen Nebenräume, die für Operationsräume (s. oben) notwendig sind, erübrigen sich hier sämtlich, wenn man nur für genügende Waschgelegenheit in den Räumen selbst sorgt. Höchstens wird eine besondere Kleiderablage eingerichtet, die dann natürlich auch Waschgelegenheit erhält. Nur, um die Arbeiten des ,,Pestraumes" gänzlich getrennt halten zu können, empfiehlt es sich, neben diesem noch einen kleinen Arbeitsraum anzulegen, der für bakteriologische Arbeiten einzurichten ist, und einen Brutschrank (Thermostat) für die Aufzucht der Ansteckungskeime erhalten muß. Größe des Schrankes etwa 30 × 30 cm bis 70 × 110 cm.

b) Untersuchungsräume, Arbeitsräume. (Laboratorien.) Wenn auch die ständigen Untersuchungen der menschlichen Auswurfstoffe und des Magensaftes bereits, wie schon oben erwähnt, auf den Krankenabteilungen selbst vorgenommen werden sollen, so sind doch für alle anderen Untersuchungen besondere Arbeitsräume vorzusehen, die am besten mit den Leichenuntersuchungsräumen in unmittelbarer Verbindung stehen, obgleich hier nicht nur Untersuchungen aus Leichenteilen stattfinden, sondern auch aus Operationsbefunden, an Heil- und Nahrungsmitteln u. a. m. Zweck der Arbeit ist ganz allgemein Unterstützung der behandelnden Ärzte und Auswertung aller im Krankenhaus auftretenden Krankheitsfälle zur Förderung der Wissenschaft. Alle Arbeitsräume müssen außer den besonderen Geräten die nötigen Arbeitstische mit Auslässen für Wasser und Gas und mit Ausgüssen erhalten, ferner Abdampfnischen (Digestorien), Arbeitsschränke mit Glaswänden, Geräteschränke und an den Fenstern breite Schiefer- oder Glasplatten mit Auslässen für Gas, Wasser und Dampf, außerdem Mikroskopiertische oder -platten. Über Einzelheiten der baulichen Ausgestaltung und der neueren Einrichtung finden sich ausführlichere Angaben in dem Aufsatz dieses Buches von HERM. SCHRIDDE (s. Bd. 3). Für den Umfang und die Größe dieser Arbeitsräume haben sich noch keine festen Regeln herausgebildet, der Bedarf ist ein sehr viel größerer, sobald in den Anstalten auch noch wissenschaftliche Lehrzwecke verfolgt werden. In einigen neueren großen Anstalten sind Räume hergerichtet:

1. Für mikroskopische Untersuchungen mit 70—120 qm und 6—15 Arbeitsplätzen,
2. für bakteriologische Untersuchungen mit 40—100 qm,
3. für Blut-(serologische)Untersuchungen mit 25—40 qm,
4. für Gewebe-(histologische)Untersuchungen mit 30—90 qm,
5. für chemisch-physiologische Untersuchungen mit 30—100 qm.

Von diesen letzteren wird ein Teil am besten völlig abgetrennt für Arbeiten mit giftigen Gasen.

Dabei haben vielfach die Leiter der Anstalt und auch die Oberassistenten noch besondere Arbeitsräume erhalten.

Die bauliche Ausgestaltung dieser Räume ist die gleiche wie die von Räumen für chemische oder physikalische Arbeiten in anderen Gebäuden; als *bauliche Besonderheit* sei jedoch erwähnt, daß bei Anforderung von besonders vielen Mikroskopierplätzen für Studierende (oft 70 und mehr), die allerdings nur eine Breite von 70—80 cm beanspruchen, die Plätze in zwei Reihen hintereinander angeordnet werden müssen, und daß dann der Fußboden der zweiten Reihe um mindestens 1 m höher liegen muß, damit der Lichteinfall in das Mikroskop nicht gestört wird. An kleineren, also meist einfenstrigen Arbeitsnebenräumen von 10—15 qm Fläche sind außerdem vorzusehen:

Zu 1. Ein Raum zur Herstellung der Schaustücke (Präparatenraum, Paraffinraum), weiter für die Zubereitung von Knochenteilen ein ebenfalls einfenstriger Raum (Mazerationsraum). Da sich aus dem daselbst aufzustellenden Erweichungskessel (Mazerationskessel) und dem Entfettungskessel leicht üble Gerüche verbreiten, ist dieser Raum am besten ganz entlegen im Kellergeschoß anzuordnen und mit dicht schließenden Türen zu versehen.

Zu 2. Eine Nährbodenküche mit Brutschränken (Thermostaten).

Zu 3. Ein Werkstattraum.

Zu 5. Ein Raum zum Aufstellen der chemischen Waagen und anderer Meßvorrichtungen (Waageraum).

Zu 1—5. Spülräume, eine Dunkelkammer, eine Kammer mit gleichbleibendem Wärmegrad, ein Raum für die große Zentrifuge und die große Schüttelvorrichtung, Vorratsräume für Glas und andere Sachen. Daß bei größerer Entfernung der Röntgenabteilung vielfach auch ein besonderer Raum für Röntgenaufnahmen und auch noch für allgemeine photographische Aufnahmen mit Entwicklungsraum hergestellt werden muß, sei nur der Vollständigkeit halber noch besonders erwähnt. Schließlich gehören zu den Arbeitsräumen auch noch mehr oder weniger große Sammlungsräume, die in größeren Anstalten 100—200 qm Fläche einnehmen, mitunter gleichzeitig als Vortragsraum eingerichtet sind, aber auch andererseits gut im Dachgeschoß eingerichtet werden können. Zu

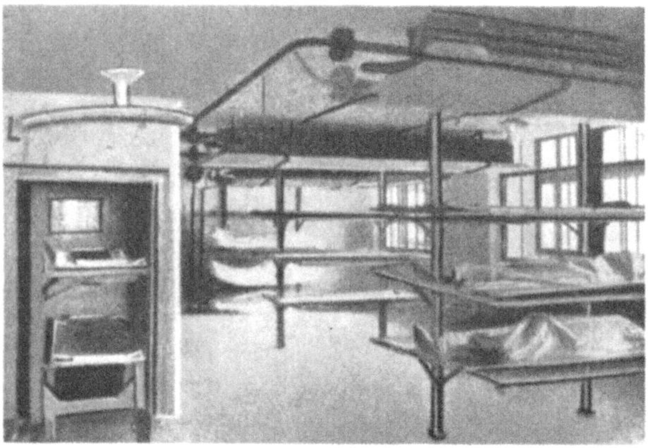

Abb. 81. Hamburg-Barmbeck, städt. Krankenhaus. Leichenaufbewahrungsraum.

den Sammlungsräumen gehört ein kleines Vorbereitungszimmer.

c) Nebenräume zu den Untersuchungs- und Arbeitsräumen. Dienstzimmer für den Leiter (Direktor, Prosektor) und die Oberassistenten, Assistenten und Hilfsarbeiter, für die Schreibhilfen und Wärter, Bücherei und Lesezimmer, Badezimmer, Kleiderablagen, Aborte, Dienstwohnungen.

d) Die Leichenaufbewahrungsräume. Da die eigentlichen Leichenaufbewahrungsräume am besten im Kellergeschoß liegen, die Untersuchungsräume sowie die Kapelle aber nur bei besonders günstigen Gelände- und Gebäudeverhältnissen ebenfalls hier untergebracht werden können, so ist in den meisten Fällen *ein Aufzug* durch alle Geschosse unvermeidlich. Die Forderung, daß er gleichzeitig zwei Leichenkarren und einen Leichendiener faßt, geht zu weit. Eine lichte Fahrkorbgröße von 130 zu 200 cm dürfte an sich genügen, besonders wenn bei Beschaffung der Leichenkarren schon auf dieses Maß Rücksicht genommen wird. Das nächstgrößere Din-Maß — 150 zu 250 cm — erschwert und verteuert die Anlage bereits beträchtlich. Der Aufzug mündet am besten unmittelbar im Untersuchungsraum und im Leichenkeller oder im Waschraum, der Schacht muß aber unter allen Umständen mit geschlossenen Wänden umgeben und wegen des Leichengeruchs gut gelüftet sein. Müssen die Leichen schon in den Untersuchungsraum mit Aufzug geschafft werden, so ist am günstigsten in der Nähe der Einladestelle die Leichenwaage anzubringen. Um schlecht zu reinigende Bodenvertiefungen für diese Waage zu ver-

Abb. 82. Berlin, Charité. Leichenkühlschrank.

meiden, wird in München-Schwabing die Tragbahre auf ausgekragte Träger der Waage geschoben.

Der Leichenkeller, für den bei kleinen Krankenhäusern etwa 12 bis 18 qm mit einem niedrigen Betontisch ausreichen, hat bei ganz großen Anstalten bis zu 60 qm und mehr Grundfläche. Er wird dann zur besseren Ausnutzung wie in Hamburg-Barmbeck mit eisernen Gestellen versehen, auf welche die aus Aluminium bestehenden Leichentragbahren drei oder viermal übereinandergeschoben werden (Abb. 81).

Dieser Lagerkeller soll im allgemeinen nur bis 8° warm sein, da jedoch einzelne Leichen sehr viel kälter (2—3°, sogar — 1°) gehalten werden müssen, so ist eine besondere Kühlanlage nötig, durch welche einzelne gemauerte Zellen von etwa 1,3 zu 2,2 m oder auch 8—12 qm große Kellerräume in der gewünschten Weise kühl gehalten werden können. Die Kühlanlage selbst erfordert natürlich noch einen besonderen Raum von etwa ebenfalls 8 bis 12 qm Größe. In unmittelbarer Nähe dieses Lagerkellers ist einerseits ein kleiner Raum für das Sarglager, andererseits ein besonderer Raum zum Waschen und Einkleiden der Leichen (Waschraum, Einkleideraum) anzulegen. Größe 15—20 qm, Wasseranschluß. Von hier gelangen die Leichen in den *Aufbahrungsraum*. Entweder wird dieser selbst den Leidtragenden zugänglich gemacht und wird dann, namentlich wenn ein Kapellenraum fehlt, etwas würdiger ausgestaltet oder er wird ganz oder zum Teil durch eine Glaswand mit Spiegelscheiben abgeschlossen, so daß die Angehörigen die Leiche nur durch die Glasscheibe von einem Vorraum aus betrachten können (Leichenschauraum, Morgue), eine Maßnahme, die Ansteckungsgefahr ausschließen soll. Je nachdem ist der eigentliche Aufbahrungsraum bis 20 oder bis 40 qm groß.

Ist es üblich, in der Anstalt Trauerfeierlichkeiten abzuhalten, so ist unter Umständen neben dem Aufbahrungsraum ein besonderer kapellenartiger Raum mit Altar anzulegen, der mindestens 30 qm, in größeren Anstalten 80—120 qm groß ist und womöglich auch eine besondere kleine Sakristei erhält. Auch der Leichenraum muß zur Abfertigung des Verkehrs mit den Leidtragenden ein Dienstzimmer erhalten. Aborte für Männer und Frauen getrennt in der Nähe mit schicklichem Zugang.

e) Tierstallung. In unmittelbarer Nähe des Leichenhauses, aber wegen Geruch und Lärm unbedingt in einem getrennten, höchstens durch einen überdeckten offenen Gang mit ihm verbundenen Stallgebäude sind für gesunde und kranke Versuchstiere (Ziegen, Hunde, Kaninchen, Meerschweinchen u. a.) vollständig getrennte Ställe anzulegen. Buchten für große Tiere 1,5—5 qm, für mittlere 1—1,5 qm. Tragbare Behälter für kleinere, etwa 50 zu 50 cm groß, sind in München-Schwabing sehr günstig auf einer Zwischenplatte, 1,2 m hoch über Fußboden der Buchten für mittelgroße Tiere angeordnet (Abb. 84). Abgesehen von dem oben bereits erwähnten Operationsraum vervollständigen eine kleine Badevorrichtung, eine Futterküche, ein Geräteraum, ein Verbrennungsofen und nach Süden zu gelegene Ausläufe ins Freie für die größeren Tiere die Gesamtanlage. Dazu gegebenenfalls auch noch Räume für die Wartung. Gebäude am besten in Ziegel, Buchten in Eisenbeton.

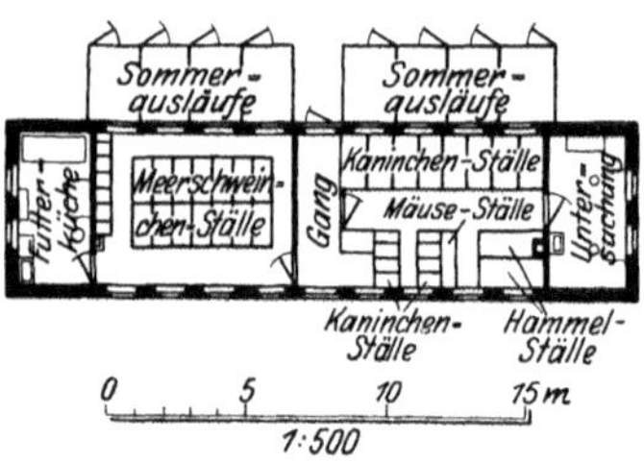

Abb. 83. Zwickau, staatl. Krankenstift, Tierstall.

Heizung. Bei Türen und Fenstern ist auf guten Schutz gegen Lärm der Hunde zu sorgen.

6. Räume für die Apotheke.

a) Apotheke. (Dispensierraum, Offizin.)

Ausstattung. Der Apothekenraum muß mindestens einen Arbeitstisch (Rezeptiertisch) von 1,5 m Breite und 3 m Länge, mit einem mittleren Aufsatz von etwa 80 cm Höhe enthalten. An den Wänden sind möglichst viel teils offene, teils geschlossene

Abb. 84. München-Schwabing, städt. Krankenhaus, Tierstall.

Fachgestelle zum Unterbringen der Arzneien anzuordnen, mindestens 3,5 m, womöglich 8—10 m lang. In der Nähe der Ausgabe, die durch ein Ausgabefenster erfolgen kann, ist ein besonderes Gestell für die fertigen Arzneien anzubringen. Einige Einzelschränke, ein Ausgußbecken, ein Schreibtisch mit Stuhl vervollständigen die Raumausstattung.

Größe. Für kleine Anstalten, in denen der gesamte Apothekendienst durch eine einzige geprüfte Pflegeschwester versehen wird, genügt ein Raum (Dispensierraum) von 18—24 qm. In etwas größeren Krankenhäusern wird man den Raum bis zu doppelter Größe herrichten und von ihm durch halbhohe Glaswände die Schreibgelegenheit und die Empfangsstelle der fertigen Arzneien abtrennen, so daß für den eigentlichen Apothekenraum, etwa 30—40 qm übrigbleiben. Ein solcher Raum genügt auch noch für Vollapotheken, die bei 300 und mehr Krankenbetten wünschenswert werden, wenn noch genügend andere Räume für bestimmte Arbeitszwecke und weitere Vorräte zur Verfügung stehen. In ganz großen Krankenhäusern ist der eigentliche Apothekenraum bis zu 60 qm groß. Bei einer solchen Größe können dann auch noch einzelne Arbeiten hier vorgenommen werden, für die sonst besondere Räume hergerichtet werden.

b) Sonstige Arbeitsräume. (Pharmazeutisches Laboratorium.)

Abb. 85. Apotheke mit Arbeitstisch.

Die sonstigen Arbeitsräume einer Apotheke unterscheiden sich sowohl in bezug auf ihre innere Einrichtung als auch baulich so gut wie gar nicht von denen für sonstige chemische Arbeiten oder für diejenigen der pathologischen Abteilungen, da ja auch die Arbeiten zum Teil die gleichen sind, namentlich, wenn bei mittleren Anstalten die pathologischen Abteilungen noch nicht vollkommen ausgebaut sind. Außer den Arbeitstischen und -schränken müssen die Abdampfnischen oberen und unteren Abzug sowie Anschluß an Gas, Wasser und Dampf haben, ferner auch einen Trockenschrank, der auf gleichmäßig hohem Wärmegrad gehalten werden kann, einen Kessel zur Erzeugung keimfreien Wassers, einen desgleichen zur Entkeimung von Arzneimitteln, und noch eine Anzahl kleinerer Einrichtungen wie Salbenmühlen, Pressen u. a. Schließlich gehört auch die Herstellung künstlicher Mineralwässer vielfach zu den Aufgaben einer Krankenhausapotheke.

Größe. Die Größe der Arbeitsräume steigt je nach Größe des Krankenhauses von etwa 30 bis zu 100 qm. Bei größerer Fläche schafft man neben dem Haupt- oder technischen Laboratorium noch besondere Räume für Analysen, für Mikroskopierarbeiten, für Lebensmitteluntersuchungen, für die Bereitung künstlicher Mineralwässer (15—20 qm) u. a. m. Zuweilen wird dem Oberapotheker neben seinem Dienstzimmer (10—20 qm) auch noch ein getrennter Arbeitsraum (20—30 qm) eingerichtet. Als Arbeitsraum ist endlich auch der Flaschenspülraum zu betrachten, der gegebenenfalls im Kellergeschoß liegen kann (15—25 qm).

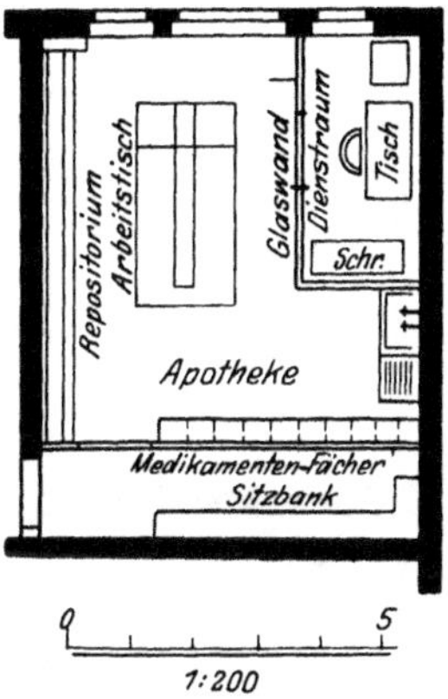

Abb. 86. Dispensierraum einer kleinen Anstalt (nach WOLTZE).

c) Apothekenvorratsräume. Für die mannigfachen Vorräte ist eine Anzahl von Räumen mit einer Gesamtfläche von 50—100 qm nötig. Es genügt aber, wenn von diesen einer mit etwa 20—30 qm neben der Apotheke liegt. Er wird wohl als Kräuterkammer bezeichnet und ist mit vielen Vorratsschränken ausgestattet, die anderen können auch, mit besonderer Treppe von den Arbeitsräumen aus zugänglich, im Keller liegen, Räume für Verbandstoffe am besten in einem Obergeschoß. Besondere bauliche Vorkehrungen sind nur für denjenigen Kellerraum nötig, in dem die Behälter der leicht entzündlichen Stoffe (Alkohol, Äther, Benzin u. a.) vorschriftsmäßig gelagert werden müssen. Es muß ermöglicht werden, daß diese Behälter von außen her durch ein Pumpwerk gefüllt werden. Trotzdem ist auf die Feuersicherheit des Raumes die größte Sorgfalt zu verwenden. Liegen die Apothekenräume in mehreren Geschossen, so ist für einen kleinen Lastenaufzug Sorge zu tragen, der am besten den Hauptarbeitsraum mit dem Hauptapothekenkeller verbindet.

Anhang.

Räume für Unterrichtszwecke. Da größere Anstalten vielfach auch für Unterrichtszwecke nutzbar gemacht werden, und zwar sowohl um Studierende auszubilden, als auch um älteren Ärzten Gelegenheit zur Ergänzung ihrer Kenntnisse in den Fortschritten der Wissenschaft zu bieten, so müssen für solche Zwecke selbstverständlich auch besondere Räume geschaffen werden, vor allem Hörsäle, Arbeitssäle (Laboratorien), Sammlungsräume und für die Hörer die nötigen Kleiderablagen, Aborte usw. Damit die

Hörer von den Krankenräumen selbst ferngehalten werden können, müssen besondere Eingänge und Treppen angelegt werden. Alle diese Räume unterscheiden sich aber baulich nicht von denen in eigentlichen Lehranstalten, so daß sich Einzelangaben erübrigen.

Nur wenn es sich darum handelt, Operationen in Gegenwart Lernender vorzunehmen, entsteht eine neue bauliche Aufgabe. Handelt es sich nur um einen kleinen Kreis, so genügen in größeren Operationssälen leichte eiserne Gestelle, die in zwei Reihen hintereinander Stehplätze gewähren. Für eine größere Zahl von Zuschauern müssen dagegen im Halb- oder Viertelkreis sehr stark ansteigende Sitzreihen eingebaut werden (Abb. 88). Den Unterbau derselben wird man heutzutage meist in Eisenbeton herstellen (Abb. 89), Holzaufbauten empfehlen sich wegen der schwierigeren Säuberungsmöglichkeiten nicht. Derartige Hörsäle werden zum Teil mit den Operationsabteilungen, zum Teil mit den Räumen der Pathologischen Anstalt in Verbindung gebracht.

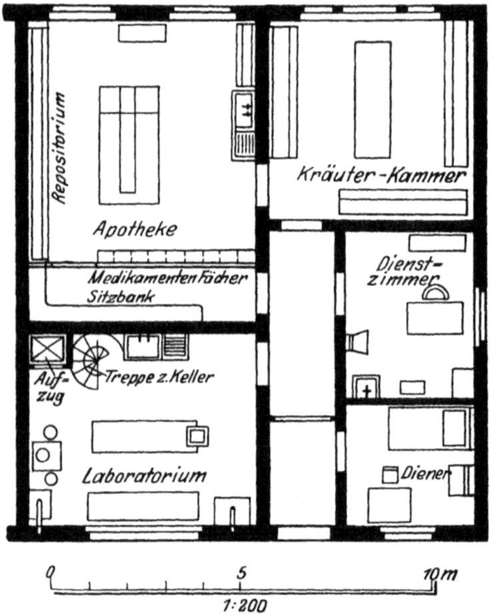

Abb. 87. Mittelgroße Apothekenanlage (nach WOLTZE).

III. Die Betriebsräume.

Während die meisten der unter I und II aufgeführten Räume besondere bauliche Anforderungen zu erfüllen haben, die nur dem Krankenhausbau eigentümlich sind, ist das bei den Betriebsräumen nur ausnahmsweise der Fall. Die einzelnen Räume des Verwaltungsbetriebes z. B. haben genau die gleichen Anforderungen zu erfüllen wie die entsprechenden in Rathäusern, Gerichts- und ähnlichen Behördengebäuden. Es erübrigt sich daher, hier auf die innere Einrichtung dieser Räume so genau einzugehen, wie das bei den vorigen Abschnitten wünschenswert war. Dafür sind nähere Angaben über Zahl und Größe der Räume je nach dem Umfang der Krankenanstalt um so nötiger. Ist es hauptsächlich Aufgabe des Arztes, die Zahl der Betten, der Krankenabteilungen, der Operationssäle usw. festzulegen, so wird es vom Architekten verlangt, je nach Zahl der notwendigen Betten, Zahl und Flächengröße der Betriebsräume selbst zu kennen und richtig in Vorschlag zu bringen. Wächst bei größeren Anstalten die Zahl der erforderlichen Teeküchen, Baderäume, Operationssäle usw., bleibt aber die Größe dieser einzelnen Räume im allgemeinen innerhalb gewisser Grenzen, die sich vielfach aus besonderen, nicht von der Zahl der Betten abhängigen Anforderungen ergeben, so kann man bei den Betriebsräumen viel eher von einem steten Anwachsen der Grundflächen im Verhältnis zur steigenden Bettenzahl der Anstalt sprechen. Da aber mit diesem Ansteigen teilweise auch eine Vermehrung der Räume Hand in Hand geht, so erscheint es für diesen Abschnitt am wichtigsten, über Zahl und Größe der einzelnen Räume je nach dem verschiedenen Umfang der Anstalten die notwendigen Angaben zu machen.

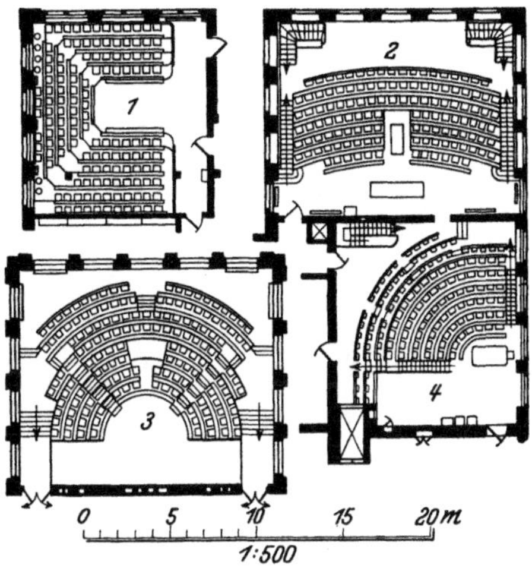

Abb. 88. Würzburg, staatl. Luitpold-Krankenhaus, Hörsäle. 1 der Klinik für Hautkranke. 2 u. 4 des pathologischen Instituts. 3 der chirurgischen Klinik.

1. Die Räume für den Verwaltungsbetrieb.

In kleinen Krankenanstalten behilft man sich womöglich gänzlich ohne besondere Verwaltungsräume. Die Aufnahmeschreibereien und auch die Kassengeschäfte werden in Schwesterndienst- oder sogar -wohnzimmern ebenso wie die sonstige Schreibarbeit erledigt. Die ärztlichen Untersuchungen bei der Aufnahme und die sonstigen Aufgaben eines Anstaltsleiters werden im einzigen Dienstzimmer des Krankenhausarztes mit erledigt. Die Buchführung über die einzelnen Vorräte erfolgt entweder da, wo die Vorräte lagern, oder im Dienst- oder Wohnzimmer derjenigen Angestellten, die über diese Vorräte zu verfügen haben, die Pförtnerdienste werden in der Wohnung des Pförtners wahrgenommen. Als Warteräume werden die Flure verwendet.

Erst beim weiteren Anwachsen der Anstalt, also in mittleren Krankenhäusern von 50—150 Betten werden in demselben Maße, in dem die obengenannten Arbeiten nicht mehr nebenbei, sondern

Abb. 89. Köln, städt. Krankenhaus „Lindenburg", Hörsaal des Operationshauses.

von besonders zu diesem Zweck eingestellten Angestellten erledigt werden, auch besondere Räume erforderlich. Zunächst werden meist die für die Aufnahme der Kranken erforderlichen Räume zu einer besonderen Aufnahmeabteilung gänzlich abgetrennt. Letztere besteht hauptsächlich aus ärztlichen Behandlungsräumen, über deren Größe usw. bereits oben das Nötige gesagt ist, während über ihre Grundrißgestaltung unter B zu sprechen sein wird. Aber auch die eigentlichen Verwaltungsräume nehmen mit der Zahl der Betten ständig zu. Hier sind es nicht nur die Schreibstuben (Registratur, Kalkulatur, Maschinenschreiberei) und die Kassenräume, die im gleichen Schritt mit der größeren Zahl der Beamten, weniger an Zahl, als an Fläche wachsen — sondern es kommt bei den großen Anstalten auch noch eine nicht unbeträchtliche Zahl an Einzelzimmern hinzu für die zahlreichen Aufsichtsbeamten (Bürovorsteher, Rendant, Inspektoren und Oberinspektoren der Koch- und Waschküche, u. a. technische Betriebsleiter und Verwalter). Letztere haben allerdings besser ihr Dienstzimmer innerhalb ihrer Betriebe und Bestände. Es sei darauf aufmerksam gemacht, daß für nichtstädtische Anstalten die Zahl dieser Beamten eine größere sein kann als für städtische, da bei diesen letzteren gewisse Arbeiten im Rathaus und namentlich in der Stadthauptkasse erledigt werden.

Dazu kommen schließlich noch besondere Räume für den Vorstand der ganzen Anstalt, für die ärztlichen Direktoren und den Verwaltungsdirektor. Zu den eigentlichen Arbeitszimmern gehören natürlich auch noch Wartezimmer, Sitzungszimmer, Bücher- und Lesezimmer, Aborte. An eigentlichen Verwaltungsbeamten kann man, abgesehen von untergeordneten Hilfskräften, auf je 100 Betten etwa 5 Beamte rechnen. Abgesehen von den leitenden Beamten, die entweder ein- oder sogar zweifenstrige Einzelzimmer erhalten müssen, kann man überschläglich für jeden der sonstigen Beamten allein für die Geschäftsräume etwa 2 m Fensterwand rechnen.

2. Die Räume für den Kochbetrieb.

(Beköstigungsbetrieb, Kochküche.)

Der Gutachterausschuß hat Richtlinien darüber aufgestellt, welche Räume für den Beköstigungsbetrieb notwendig sind (Z. Krk.hauswes. 1926, S. 311). Diese Richtlinien gelten aber nur für ganz große Anstalten, außerdem fehlen alle Größenangaben. Zur Ergänzung hat deshalb die Vereinigung der leitenden Verwaltungsbeamten deutscher Krankenanstalten einen Grundrißvorschlag für das Kochküchengebäude einer Anstalt von 2000 Betten bearbeitet (Z. Krk.hauswes. 1926, S. 704, s. auch Abb. 183), und Landesbaurat Lang hat zusammen mit Geheimrat Dr. Alter einen dementsprechenden Vorschlag für eine Anstalt mit 750 Betten veröffentlicht (Z. Krk.hauswes. 1927, S. 161, s. auch Abb. 182).

Wenn es nun auch zutreffend sein mag, daß die große Mehrzahl aller Krankenhausküchen als unzureichend empfunden wird — fast regelmäßig wird das wohl mit der nachträglichen Erhöhung der Bettenzahl zusammenhängen —, so geht doch der hier entwickelte Raumbedarf so erheblich über das bisher bei Neubauten Geleistete hinaus, daß es fraglich erscheint, ob die Vorschläge sich in dem Ausmaß wirklich durchsetzen werden. Verwaltungsdirektor von Sellin hat bei Begründung seines Vorschlages selbst geäußert, daß über seine weitgehenden Forderungen die geldbewilligenden Behörden einen kleinen Schrecken bekommen werden, daß aber nicht der Baumeister der Stadt, sondern die Gesundheitsbehörde das letzte Wort haben müsse. Gewiß, dieser letzteren Behörde fällt die Aufgabe zu, ihre Mehrforderungen an Raum genügend zu begründen. Gerade aber diese Begründung fehlt noch, und zwar wohl deshalb, weil man aus den Richtlinien die Höhe der Mehrforderung sehr schwer ermessen kann. Gerade daher ist es aber um so nötiger, von bautechnischer Seite aus die Folgen dieser Richtlinien klarzustellen und die vorgeschlagenen Raumabmessungen den bisher üblichen gegenüberzustellen, damit in jedem einzelnen Falle den geldbewilligenden Behörden klar wird, worauf die Mehrkosten gegenüber früheren Ausführungen zurückzuführen und wieweit sie anzuerkennen sind. Es ist deshalb nicht zu umgehen, sich auch hier mit jedem einzelnen der geforderten Räume zu beschäftigen und seine Notwendigkeit und Größe kurz zu klären. Aus bautechnischen Gründen hat dabei die Reihenfolge und Einteilung etwas geändert werden müssen.

Vorweg seien hier jedoch schon im Zusammenhang einige Größenangaben mitgeteilt, die mir das in der Einrichtung großer Kochküchen besonders erfahrene und sehr bekannte Senkingwerk Hildesheim liebenswürdigerweise zur Verfügung gestellt hat.

Zahl der Personen: Raumgröße je Person:	100—300 qm	400—800 qm	900—1500 qm
Kochküche	0,36	0,28	0,20
Kalte Küche	0,10	0,08	0,06
Fleischputzraum	0,125	0,06	0,06
Kühlraum	0,06	0,05	0,04
Gemüseputzraum	0,125	0,06	0,06
Geschirrspülraum	0,13	0,10	0,08
Anrichte und Ausgaberaum	0,12	0,09	0,05
Raum für Tagesvorräte	0,06	0,05	0,04
Müllaufbewahrungsraum	0,04	0,035	0,03

Außerdem noch zuvor einige Worte zu der grundsätzlichen Stellungnahme des Gutachterausschusses bezüglich der „Zentralisation der Anlage“. Trotz der Nachteile bei den längeren Beförderungswegen der fertigen Speisen kann er die Trennung nicht empfehlen, weil sie durch die Verteuerung von Anlage und Betrieb unwirtschaftlich sei. Wieweit das bezüglich der baulichen Anlage auch bei den gesteigerten Ansprüchen der Richtlinien noch zutrifft, soll erst weiter unten erörtert werden. Hier möge nur kurz erwähnt werden, daß nach Auffassung der leitenden Verwaltungsbeamten in Ausnahmefällen örtliche Verhältnisse eine Teilung des Koch-Wirtschaftsbetriebes rechtfertigen können, und daß nach der gleichen Quelle (Z. Krk.hauswes. 1926, S. 700) die Abtrennung eines vollständig selbständig wirtschaftenden Kochbetriebes für Ärzte und Schwestern und ebenso die Abtrennung einer Diätküche nicht als „Dezentralisation" aufzufassen ist. Die erstere Küche bietet nichts Besonderes gegenüber anderen Küchen, bedarf deshalb hier keiner näheren Erörterung. Über die Diätküche wird das Nötige im nächsten Abschnitt zu sagen sein.

Abb. 90. Leipzig-Eutritzsch, städt. Krankenhaus St. Georg, Kochküche.

a) Die eigentlichen Küchenräume zur Fertigstellung der Speisen (Hauptküche). Während in kleineren Anstalten bis zu 50 Betten zum Kochen und Braten der Speisen ein einziger Raum von 25 bis 30 qm vollständig genügt, erfährt dieser bei mittleren Anstalten bis zu 150 Betten allmählich eine Vergrößerung bis zu 70 qm, wozu dann höchstens noch eine besondere Anrichte von 8—12 qm hinzutritt. In diesen Anstalten wird man meist noch auf Dampfkessel verzichten, so daß also die Fertigung der Speisen nur auf einem einzigen großen Herd für Kohle oder, wenn möglich, für Gas oder elektrische Feuerung erfolgt, die der größeren Reinlichkeit wegen selbstverständlich vorzuziehen ist, wenn nicht die Betriebskosten zu teuer sind.

Für die Inhaltsberechnung der Kessel legt NAUMANN je Kopf und Verpflegungstag folgende Zahlen zugrunde: Gemüse 0,9 Liter, Fleisch 0,7 Liter, Kartoffeln 1 Liter. Außerdem rechnet er zur Sicherheit noch 0,65 Liter für andere Zwecke hinzu. Zum gewöhnlichen Gebrauch empfiehlt er Kessel mit einem Fassungsvermögen von 600, höchstens 800 Liter, jedoch nicht größer. Derartige Kessel haben einen äußeren Durchmesser von etwa 90—110 cm. Da sie an der Rückseite noch einen Kasten für das Gegengewicht des Deckels haben, beträgt der Abstand zwischen zwei mit der Rückseite sich gegenüberstehenden Kesseln von Mitte zu Mitte rund 1,5—2 m, der Abstand der Kessel nebeneinander desgleichen rund 1,0—1,7 m. Da übrigens heutzutage gute Vorrichtungen vorhanden sind, um allzu starke Wrasenentwicklung leicht und sicher zu verhüten oder unschädlich zu machen, so sollte man die Küchenräume nicht mehr wie bisher vielfach üblich allzu hoch machen. Das kann eher schädlich als nützlich wirken. Es genügt, die Höhe bei großen Räumen danach zu bemessen, daß der Raum genügend hell wird und nicht gedrückt aussieht. Eine solche Höhe ist dann auch für eine gute Lüftung ausreichend.

Es wäre erklärlich, wenn sich bei Einführung von Dampfkochkesseln in größeren Anstalten das Bedürfnis geltend machen würde, den Dampfkochbetrieb vom Bratbetrieb zu trennen. Tatsächlich findet man indessen bei Anstalten selbst über 1000 Betten eine von der *Kochküche* vollständig abgetrennte *Bratküche* nur ganz ausnahmsweise, wie z. B. in Neukölln und Essen. Es ist das um so verwunderlicher, weil die Unterbringung des Bratofens in einem besonderen, mit der Dampfkochküche durch eine große Öffnung verbundenen Raum für diesen letzteren nur die übliche Geschoßhöhe erforderlich macht, also eine Raum- und Kostenersparnis zur Folge hat. Erst wo die Bratküche an sich solche Abmessungen annimmt, daß deshalb die lichte Höhe des Raumes über die übliche Geschoßhöhe hinaus gesteigert werden muß, findet man wie in den großen Hamburger Krankenhäusern zwei nebeneinanderliegende, aber getrennte große Räume. Um so auffallender ist es deshalb, wenn gerade der Verwaltungsdirektor des Barmbecker Krankenhauses in seinem nach den Richtlinien des Gutachterausschusses ausgearbeiteten Entwurfsvorschlag die vom Gutachterausschuß verlangte Brat- und Kochküche nicht durch eine Wand, sondern nur durch einen Herd voneinander trennt. Allerdings geht aus den Richtlinien nicht klar genug hervor, ob für die einzelnen Teile der Hauptküche auch wirklich baulich getrennte Räume gefordert werden. Auffällig bleibt indessen, daß gerade beide Entwurfsvorschläge, deren Verfasser dem Gutachterausschuß sehr nahe stehen, für die in den Richtlinien verlangte Backküche, Milchküche und Kaffeeküche vollständig abgetrennte Räume vorsehen. Wenn unter *Backküche* eine Brotbäckerei und unter Milchküche eine solche für Säuglinge verstanden werden soll, so ist ja eine räumliche Abtrennung durchaus am Platze, sogar notwendig, ja, es ist sogar durchaus verständlich, wenn der Entwurfsvorschlag für 2000 Bet-

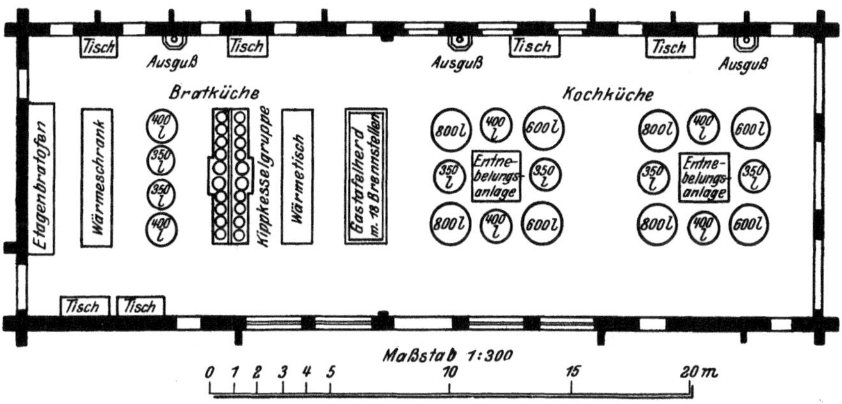

Abb. 91. Hamburg-Barmbeck, städt. Krankenhaus, Bratküche und Kochküche.

ten die Milchküche überhaupt fortläßt, denn sie kann ebensogut, wenn nicht günstiger, in der Säuglingsabteilung untergebracht werden. Man sollte dann aber erst recht die Brotbäckerei aus den Mustergrundrissen herauslassen, da das Brot doch wohl nur ausnahmsweise von der Anstalt selbst gebacken zu werden braucht. Sollte aber, wie das bei dem Entwurfsvorschlag für 750 Betten zu sein scheint, in der Backküche nur die Herstellung gebackener Gerichte gedacht sein, so erscheint es sehr fraglich, ob für diese ein gesonderter Raum nötig ist. Es liegt auf der Hand, daß der Betrieb um so teurer wird, je mehr Einzelräume angelegt werden.

Die *Milchküche* für Säuglinge besteht am besten aus zwei Räumen, einem reinen, in dem die Milch im besonderen Kessel (Sterilisator) entkeimt, aufbewahrt und in Flaschen gefüllt wird, und einem zweiten, in dem die Flaschen gespült und zur Entkeimung in einen andern Kessel gestellt werden, der von dem „reinen“ Raum aus entleert werden kann. Soweit es sich dagegen nur um Kühlhaltung und Zubereitung von Sahne aus Milch usw. handelt, ist allerdings innerhalb der Hauptküchenanlage ein besonderer Raum durchaus wünschenswert, zumal er besonders kühl gehalten werden muß; man rechnet ihn aber dann wohl besser zu den Zubereitungsräumen oder sogar nur zu den Vorratsräumen. Eine unmittelbare Verbindung mit der Speisenausgabe ist dann nicht erforderlich.

Getrennte *Kaffeeküchen* zeigen zwar beide Entwurfsvorschläge,

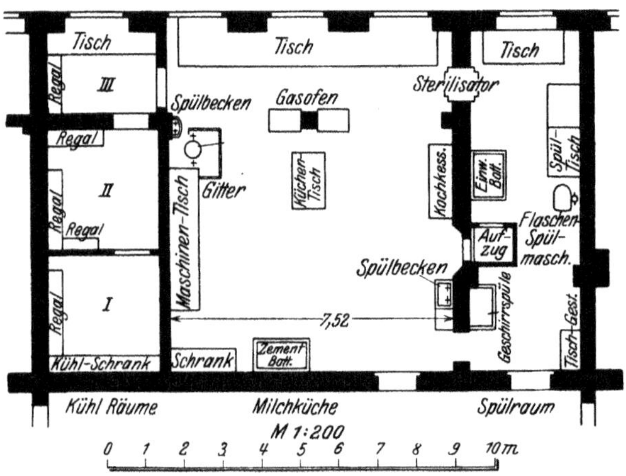

Abb. 92. Duisburg, städt. Mütter- u. Säuglingsheim für 140 Betten, Säuglingsmilchküche.

unterstützen also in diesem Punkte die Auffassung, daß die Richtlinien getrennte Räume verlangen, in den Veröffentlichungen bisher ausgeführter Küchen habe ich aber nirgends eine getrennte Kaffeeküche finden können, es sei denn, daß der im Krankenhaus München-Schwabing mit „Schenke" bezeichnete Raum dem Kaffeeausschank dient, was aber aus dem eingezeichneten Aufzug kaum zu schließen sein dürfte. Für gewöhnlich wird der Kaffee in der großen Kochküche gekocht. Bau und Betrieb stellen sich selbstverständlich dadurch billiger. Dagegen entspricht die Abtrennung einer besonderen „*kalten Küche*" schon weit mehr den bisherigen Gepflogenheiten. Selbst bei Krankenhäusern von 2—300 Betten findet man hierfür einen getrennten Raum von 15—40 qm Fläche. Aber selbst ganz große Krankenhäuser kommen anscheinend gut ohne einen getrennten Raum aus, indem sie die „kalte Küche" in der großen Kochküche zubereiten, und zwar zu Tagesstunden, in denen nicht gekocht wird.

Im Entwurfsvorschlag für 2000 Betten ist über die Forderung der Richtlinien hinaus noch eine besondere *Feinküche* vorgesehen, in der alle festen ärztlichen Diäten, die Zusätze zu den Formen, das Essen für die erste Klasse und für Ärzte zubereitet werden soll. Ob und wann diese Abtrennung wirklich nötig ist, bedürfte doch wohl jedesmal gründlicher Erwägungen, viel eher scheint noch ein abgetrennter Raum für Zubereitung eingemachter Früchte, Mehlspeisen u. dgl. wünschenswert, weil hierzu ein nicht zu warmer Raum mit besonderem Kühlschrank nötig ist.

In einem späteren Bande dieses Buches ist die in den letzten Jahren heiß umstrittene Frage der Diätküchen sehr ausführlich behandelt. Es erübrigt sich daher hier näher auf die Einzelheiten einzugehen, nur sei ein Grundriß gebracht, der über die nötigen Raumabmessungen guten Aufschluß gibt (Abb. 93).

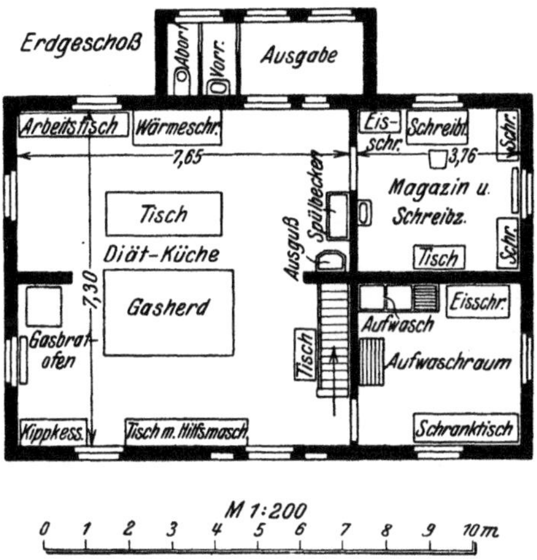

Abb. 93. Hamburg-Barmbeck, städt. Krankenhaus, Diätküche.

b) Die Räume zur Zubereitung der Lebensmittelrohstoffe und der Geschirre. Bevor die Lebensmittel gekocht, gebacken oder gebraten werden, bedürfen sie vielfach noch besonderer Vorbereitungen, die wegen des dabei unvermeidlichen Schmutzes und der großen Menge von Abfall am besten in gesonderten Räumen vorgenommen werden, damit die Küchenräume selbst möglichst sauber bleiben. Natürlich stehen diese Räume am besten mit den zugehörigen Vorratsräumen einerseits und den betreffenden Küchen, in denen die weitere Verarbeitung erfolgt, in möglichst unmittelbarer Verbindung, ein Abschluß durch Türen ist sogar meist gar nicht erwünscht.

Derartige besondere Räume zur Fleischzubereitung, *Fleischputzräume*, sind trotzdem im allgemeinen selten, man findet sie erst bei Anstalten von 800 Betten und mehr, Größe 20—40 qm. In kleineren erfolgt meist die Zubereitung des Fleisches an einem größeren Tisch in der Nähe des Herdes, während in ganz großen Anstalten die Fleischzubereitung sich zu einem vollständigen

Schlächtereibetrieb auswachsen kann (siehe weiter unten). Möglichst in der Nähe des Fleischzubereitungsraumes ist ein Fleischkühlraum vorzusehen. Sind die Lieferungsverträge so abgeschlossen, daß das Fleisch täglich angeliefert wird, so genügt schon für eine Anstalt mit 1000 Betten eine Kühlzelle von 2 × 3 m. Die Richtlinien verlangen auch noch einen *Raum* für die *Zubereitung* von *Geflügel* und *Fisch*. Beide Entwurfsvorschläge sehen dafür

Abb. 94. Leipzig-Eutritzsch, städt. Krankenhaus St. Georg, Fleischerei.

ganz getrennte Räume von 8 und 17 qm vor, und zwar neben dem Fleischzubereitungsraum, und mit besonderem Kühlschrank. Selbst in den meisten großen Krankenhäusern sind jedoch nirgends derart getrennte Räume vorhanden. Die Arbeit wird dann im Fleischzubereitungsraum verrichtet. Ob diese beiden Räume und auch der weiter hier zu besprechende Gemüseputzraum zum unmittelbaren Einbringen der Rohstoffe Schalterfenster ins Freie bekommen müssen, oder ob die Zubringung dieser Rohstoffe auf anderem Wege erfolgen soll, muß vor Entwurfsbearbeitung festgelegt werden, da diese Frage für die Grundrißlösung nicht ohne Einfluß ist. Ein besonderer *Raum* für kleine *Hilfsmaschinen* (Fleischwolf, Passiermaschine, Kaffeemühle, Gewürzmühle u. a.) ist in den Richtlinien nicht vorgesehen, wohl aber im Entwurfsvorschlag (2000 Betten) mit 23 qm. Auch Charlottenburg-Westend und Kiel haben solche Räume, die für die Lebensdauer der Maschinen günstig sein mögen, schließlich aber doch wohl nicht unentbehrlich sind.

Ein besonderer Raum, der selbst im kleinsten Krankenhaus nur selten fehlt und von der eigentlichen Küche mehr oder weniger gänzlich abgetrennt liegt, ist der *Kartoffel-* und *Gemüseputzraum*, meist kurz Gemüseputzraum genannt. Hier wird immer noch viel

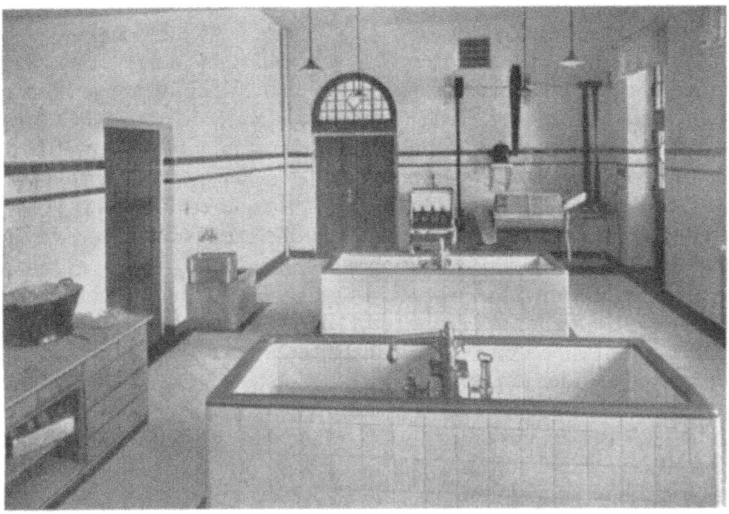

Abb. 95. Leipzig-Eutritzsch, städt. Krankenhaus St. Georg, Gemüseputzraum.

Handarbeit geleistet, denn wenn auch neuerdings manche Maschinen eingeführt sind, mit denen das Gemüse geschnitten und die Kartoffeln geschält werden, so muß doch das Aussuchen des Gemüses und das sogenannte Putzen der Kartoffeln, d. h. das Ausstechen der tiefer liegenden „Augen" mit der Hand geschehen. Wegen der vielen Kräfte, die hierzu nötig sind, muß er groß sein, man kann sagen, daß er ungefähr ein Drittel oder halb so groß herzustellen ist wie die große Kochküche. Diese Größe macht natürlich den Küchengrundriß sehr ausgedehnt. Man hat ihn deshalb in Kiel in das Untergeschoß verlegt, das bei dem abschüssigen Gelände an der einen Gebäudeseite ganz aus dem Boden herausragt. Dadurch hat der Gebäudegrundriß eine verhältnismäßig geringe waagerechte Ausdehnung erhalten. Im allgemeinen wird sich das aber nur selten machen lassen und ist auch nicht besonders zu empfehlen, da die Aufsicht, die hier gerade besonders nötig, doch sehr erschwert wird.

Der Entwurfsvorschlag für 2000 Betten sieht unmittelbar neben einem 352 qm großen Kartoffelkeller einen etwa 42 qm großen Raum für die Kartoffelschälmaschinen vor. Auch hier hat wohl die Absicht, den Erdgeschoßgrundriß nicht allzusehr auszudehnen, mitgesprochen. Wenn die Anlage im Keller baupolizeilich zugelassen wird, ist wenig einzuwenden, da die Menge der Maschinenleistung selbst ohne ständige Aufsicht gewährleistet ist.

Ähnlich liegt es mit dem *Geschirrspülraum* oder Abwaschraum, der zum Reinigen des eigentlichen Kochküchengeschirrs dient, vielfach aber auch zum Reinigen der Gefäße, die zum Fortschaffen in die einzelnen Abteilungen gebraucht werden. Er fehlt selbst bei kleinen Anstalten eigentlich nie und wird vielfach, namentlich wenn auch die Fördergeschirre hier gewaschen werden, gern noch größer angelegt, als der Gemüseputzraum, weil das Reinigen und Aufbewahren der vielen und großen Fördergefäße viel Raum in Anspruch nimmt. Die übliche Anordnung in diesen Räumen ist derart, daß in der Mitte des Raumes die großen Spültische von 0,8—1,2 m Seitenlänge aufgestellt werden, schon weil sie hier am freiesten zugänglich sind, und so die Wände für die Aufbewahrung der Gefäße freilassen. Man findet meist auf je 200 Betten ein derartiges Spülbecken, möglichst mit einem Abstelltisch daneben. Am gebräuchlichsten ist es, 2 × 2 Becken kreuzweise aneinander zu stellen. Trotzdem reichen aber vielfach die Wände für die Aufbewahrung der Geschirre nicht aus, weil noch einige kleinere Becken, Tisch und sonstige Stücke an den Wänden Platz finden müssen und auch selten lange, undurchbrochene Wände vorhanden sind. Dann müssen noch neben den Spülräumen besondere *Geschirrkammern* angeordnet werden, die, wenn nötig, auch mit freien Mittelgestellen ausgerüstet werden. Die Frage, wieviel Gestellänge mindestens nötig, ist für den Grundriß nicht unwichtig, und muß vorher genau geprüft werden. Man findet auf 100 Betten 1—3 m Gestellänge. Gerade in den Spül- und Geschirräumen spielt der Betriebsweg, den die Geschirre täglich zu durchwandern haben, eine große Rolle. Eine Anlage, bei der die Betriebswege möglichst kurz sind, würde die gesamte, täglich zu leistende Arbeit nicht unwesentlich einschränken, da jeder Schritt mehr sich hundertfach wiederholt. Ein geschickt angelegtes Förderband würde hier viele Menschenschritte unnötig machen, vielleicht auch Raum sparen. Gemüseputzraum und auch Spülküche erhalten zweckmäßigerweise zur

Aufnahme der Abfälle je einen Abfallschacht, der unmittelbar von außen entleert wird.

c) Die Räume für die Speisenausgabe und Annahme. (Anrichte, Verteilungsräume.) Noch wichtiger als der Betriebsweg im Spülraum ist die Kürze des Betriebsweges der fertigen Speisen vom Herd oder Kessel bis in die Teeküchen. Bei kleinen Krankenhäusern mit der Kochküche im Kellergeschoß ist zwischen Herd und Aufzug, der die Speisen in die Teeküchen befördert, meist noch ein besonderer Raum oder eine Raumnische eingeschaltet, in der die Speisen angerichtet werden. Für Dampfkochkesselanlagen fällt aber ein derartiger *Anrichteraum* fort, weil die Speisen am Kessel selbst sofort versandfertig in die Fördergestelle gefüllt werden. Die gefüllten Gefäße werden von den Küchenbediensteten bis an eine Durchgabeschalteröffnung gebracht, wo sie von den Essenfahrern in Empfang genommen werden. Es handelt sich also bei den Dampfkochküchen nicht um die Schaffung eines Speiseausgaberaumes, sondern nur um die Herstellung einer möglichst leicht zugänglichen breiten Schalteröffnung in einer Wand des Kochküchenraumes und um eine allerdings möglichst geräumige Halle, in welcher die Förderwagen Platz haben und beladen werden. Diese Halle wird vielfach Speiseausgaberaum genannt, richtiger wäre es, sie Speisenannahme oder *Speisenverladeraum* zu nennen. Auch auf diesen Raum hat man vielfach verzichtet, indem man die Ausgabefenster in der Außenwand der Kochküche anbrachte, so daß die Essenfahrer mit ihren Wagen im Freien abgefertigt werden müssen, durch ein Schutzdach oder eine mehr oder weniger offene Halle nur ungenügend vor der Witterung geschützt. Wenn es sich nicht nur um einen Sommerbetrieb handeln sollte, empfiehlt sich das nicht, weil die Speisen zu kalt werden, ein Übelstand, der bei weiten Entfernungen sowieso schwer zu vermeiden ist. Deshalb ist für die Speisenannahme ein vollständig geschlossener, im Winter zu erwärmender Raum anzulegen, in welchen die Speiseförderwagen, wenn sie im Keller gestanden, schon am besten eine gewisse Zeit vor der Speisenverladung Aufstellung finden können, damit das Innere der Wagen auf die Speisen nicht etwa abkühlend wirkt. Die Wände dieses Raumes, dessen Abmessungen sich nach der Zahl der gleichzeitig aufzustellenden Wagen richtet, haben nun aber nicht nur die Durchgabeöffnungen von der Kochküche aus aufzunehmen, neben denen auch noch am besten ein *Glasverschlag* für die *Aufsicht* einzubauen ist, sondern auch noch andere Schalteröffnungen derjenigen besonderen Küchenräume, von denen aus unmittelbar Speisen oder Getränke an die Essenfahrer abgegeben werden

Zum Zweck möglichst schneller Abfertigung ist es unbedingt nötig, daß jeder Wagen an einer Stelle von allen Seiten her fertig versorgt wird und nicht etwa nach und nach zu den einzelnen, womöglich weit auseinanderliegenden Schaltern gefahren werden muß. Es ist also Hauptaufgabe der Grundrißlösung, alle Küchen möglichst nahe an die Schalterhallen heranzubringen, damit die Förderwege kurz sind. Ob auch hier nicht durch Förderband-

Abb. 96. München-Schwabing, städt. Krankenhaus, Speisenannahme.

anlagen eine Betriebsvereinfachung erreichbar ist, wird der nächsten Zukunft überlassen bleiben. Hier handelt es sich vorläufig um die Frage, welche der vielen Küchenräume unbedingt mit der Verladehalle durch Schalter in Verbindung stehen müssen. Im „Deutschen Krankenhaus" fordert Verwaltungsdirektor NAUMANN unmittelbare Ausgabeschalter aus Kochdampfküche, Fleischzubereitungsraum, Kaffeeküche und kalter Küche. Der Gutachterausschuß fordert in seinen Richtlinien „zwei Ausgaben von hinreichender Größe mit Vorfahrt". Es ist nicht ganz klar, ob damit zwei Ausgabeschalter gemeint sind, das wäre etwas sehr wenig, oder ob zwei getrennte Speisenannahmeräume verlangt werden. Der Entwurfsvorschlag für eine Anstalt von 2000 Betten zeigt nämlich in der Tat zwei weit voneinander entfernte Annahmeräume, von denen der eine lediglich für die Diätküche gilt. Das ist auch durchaus angängig, wenn der Betrieb so eingerichtet wird, daß bestimmte Speiseförderwagen nur der Diätkost dienen. Der Hauptannahmeraum hat unmittelbar Schalter von der Kochküche, Bratküche, Feinküche und kalten Küche. Es ist aber auch möglich, daß die zweite Ausgabe für die Spülküche gedacht ist. Auch solche Anlagen sind viel gemacht, z. B. in Essen, und durchaus nachahmenswert, da die Rückfuhr der leeren Gefäße in gar keinem zeitlichen Zusammenhang mit der Abholung des Essens steht, und da dann baulich leichter der Vorzug zu erreichen ist, daß die Gefäße in unmittelbarster Nähe der Spülküche abgeliefert werden und auch nachher keine weiten Wege haben.

Der Entwurfsvorschlag für Anstalten von 750 Betten sieht bei dem hier ebenfalls „Ausgabe" genannten Annahmeraum zahlreiche Schalter vor, nämlich von der Kochküche, der Bratküche, der Backküche, der Kaffeeküche, der Diätküche, der Milchküche und der kalten Küche. In den Annahmeraum ist ein Abstellraum für Speisefördergeschirr hineingebaut, das gereinigt von den Abteilungen zurückgebracht wird und hier bis zur Neubenutzung lagern soll. Dieser Einbau erschwert die Übersichtlichkeit des Raumes. Das Geschirr muß auch von hier erst wieder zu den einzelnen, zum Teil gar nicht sehr nahe gelegenen Verwendungsstellen geschafft werden. Es dürfte zu überlegen bleiben, ob nicht die Arbeit dadurch vereinfacht werden kann, daß die gereinigten Gefäße sofort auf die einzelnen Verwendungsstellen verteilt werden.

Bei beiden Entwurfsvorschlägen bleibt noch bezüglich des Annahmeraumes zu überlegen, ob nicht den neuerdings eingeführten Elektrokarren besondere Rechnung getragen werden muß. Die Vorzüge dieser Karren hat Verwaltungsdirektor Burghardt in der Z. Krk.hauswes. 1927, H. 13, und Brinkmann daselbst 1928, H. 1, eingehend geschildert sowie zahlenmäßig belegt. Sobald man auch schon nur mit Handwagen in den Annahmeraum hineinfährt, und das ist auf jeden Fall wünschenswert, darf natürlich der Fußboden des Raumes nicht übermäßig hoch über dem Gelände liegen, damit auf nicht zu steiler Rampe eingefahren werden kann. Bei größeren Elektrokarren wird man scharfe Krümmungen innerhalb des Raumes möglichst vermeiden müssen, es dürfte aber auch weiter zu überlegen sein, wie diese Karren möglichst nahe an die Kochkessel herangebracht werden können, so daß die Küchenbediensteten die Gefäße sofort in die Wagen stellen können. Die jetzt üblichen Schalter in Tischhöhe würden sich dann teilweise in offene Durchgänge verwandeln, kurz, es wird auch in diesem Punkte in bezug auf Vereinfachung der Betriebswege noch weiter im Zusammenwirken aller Beteiligten ernste Arbeit geleistet werden müssen, die aber sicher nicht ohne Erfolg sein wird. In amerikanischen Krankenhausküchen soll das Förderband bereits viel verbreitet sein.

d) Die Vorratsräume. Selbst zu der kleinsten Küche gehört eine *Speisekammer* in unmittelbarster Nähe derselben, vor allem im gleichen Stockwerk. Die Mindestfläche ist, wenn noch andere Vorratsräume da sind, bei kleinen Krankenhäusern 5—10 qm, bei mittleren 10—20 qm. Bei größeren Anstalten wird das Wort Speisekammer nur selten gebraucht, man spricht hier von *Räumen* für die *Tages-* oder *Handvorräte*, oder kurzweg von Vorratsräumen, deren an großen Anstalten mehrere vorgesehen werden. Andererseits treten an Stelle der Speisekammern auch Kühlschränke und Kühlkammern, letztere getrennt für Fleisch, Butter, Milch, Fisch und Geflügel. Alle diese Vorratsräume und Kühlräume, soweit sie im Hauptküchengeschoß selbst untergebracht werden, brauchen indessen nur so groß zu sein, daß sie für den Tagesbedarf ausreichen. Sie enthalten nur diejenigen Mengen, die der Oberköchin zur Verfügung stehen, während die größeren Mengen, die in den Räumen des Keller- und Obergeschosses aufbewahrt werden, bei größeren Anstalten von einem besonderen Verwalter in Verwahr gehalten zu werden pflegen. Danach schwankt die Gesamtfläche der Vorratsräume im Hauptgeschoß bei den größeren Anstalten zwischen 4 bis höchstens 6 qm je 100 Betten. Mit der Fläche der Kühlräume ist man begreiflicherweise wegen der hohen Bau- und hohen Betriebskosten bis aufs Äußerste sparsam. Im Krankenhaus Westend reichen bei rund 1000 Betten die drei Kühlzellen von je 2 × 3 m für den Tagesbedarf vollkommen aus.

Über die Größe der einem besonderen *Verwalter* unterstellten *Vorratsräume* lassen sich keine bestimmten Angaben machen. Grundsätzlich wäre es denkbar, nahezu ganz ohne derartige Vorratsräume auszukommen, manche Verwaltungen haben auch die Erfahrung gemacht, daß sie bei häufigerer Anlieferung der Waren besser fahren als mit der Häufung allzu großer Mengen, von denen dann mehr verdirbt, als durch den billigeren Preis gespart wird. Der Entwurfsvorschlag für eine Küche bei 750 Betten vertritt anscheinend diesen Standpunkt, da eine Unterkellerung des Gebäudes nur insoweit erfolgen soll, als sie unbedingt zu Vorratslagerung erforderlich ist. Namentlich ist wohl die Hauptküche nicht unterkellert gedacht, da dieser Raum ohne Licht und Luft auch sowieso schlecht brauchbar sein würde. Bei dem anderen Entwurfsvorschlag dürfte der Keller unter der großen Hauptküche, der für „Leergut“ bestimmt ist, ebenfalls zum größten Teil entbehrlich sein. Bei Küchengebäuden für 150—500 Betten treten solche baulich ungünstigen Verhältnisse weniger ein, hier findet man deshalb meist eine vollständige Unterkellerung, die dann auch jedenfalls Verwendung findet. Auch bei kleinen Anstalten wird man im allgemeinen der Küchenverwaltung an Vorratsraum ungefähr noch ebenso viel Fläche zur Verfügung stellen müssen, als die Küche mit Spül- und Gemüseputzraum selbst einnimmt. Die Unterteilung in einzelne Räume und deren Verwendungszweck ergibt sich dann aus örtlichen Verhältnissen heraus, die zu verschieden sind, als daß es möglich wäre, für jeden Zweck bestimmte Größenangaben zu machen. Gewissermaßen als obere Grenze mögen hier aber doch die Kellergeschoßvorratsräume mit Zweckbestimmung und Flächeninhalt angegeben werden, wie sie im Entwurfsvorschlag für 2000 Betten enthalten sind:

Fleisch und Wurst .	89 qm	Diätwaren	43 qm
Butter und Eier. . .	113 ,,	Büchsenspeisen. . . .	91 ,,
Milch.	11 ,,	Getränke (kühler Raum)	42 ,,
Brot	45 ,,	,,(mäßig warmer ,,)	42 ,,
Gemüse	91 ,,	Leergut	296 ,,
Kartoffeln (3800 Ztr.)	352 ,,	Leere Fässer	86 ,,

Das Obergeschoß enthält folgende Lagerräume:

Porzellan	91 qm	Reinigungsgeräte . . .	69 ,,
Glas	62 ,,	Bürstenwaren.	46 ,,

Dazu noch, wohl nicht ausschließlich zur Küche gehörig:

Bekleidung	353 qm	Leinen und Bettwäsche	263 qm

Zur Übersicht über die Gesamtfläche der Kühlräume seien folgende Angaben aus dem „Deutschen Krankenhaus“ (2. Aufl., S. 336) wiedergegeben:

Berlin: Virchow-Krankenhaus, ...	2000 Betten	234 qm
Bln.-Schönebg.: Auguste-Viktoria-Krkhs.,	700 ,,	64 ,,
Essen: Städtisches Krankenhaus, . . .	200 ,,	55 ,,
Berlin-Britz: Kreiskrankenhaus, ...	279 ,,	15 ,,

e) Die Nebenräume. Der Entwurfsvorschlag für 750 Betten sieht den Richtlinien entsprechend zwischen Kochküche und Annahmeraum einen *Glasverschlag* 2 × 2 m vor, von dem aus der gesamte Betrieb übersehen und geleitet werden kann (*Aufsichtsraum*). Das wird um so besser möglich sein, je weniger die einzelnen Küchen räumlich voneinander getrennt sind. Fernsprecher und Schreibgelegenheit dürfen an dieser Stelle nicht fehlen. Ob ein solcher Glasverschlag das oder die in den Richtlinien verlangten „*Zimmer für die Küchenleitung*“ auf jeden Fall voll ersetzen kann, erscheint fraglich. Jedenfalls ist bei selbständiger Diätküche ein besonderes Dienstzimmer für die Leiterin der Diätküche nötig, da hier die Zubereitung nach Art und Menge genaue Speiseberechnungen erforderlich macht. In diesem Zimmer muß auch Raum zur Aufbewahrung der kleineren Zutaten vorhanden sein.

Ist ein besonderer Betriebsleiter da, der täglich die Vorräte verausgabt, so ist auch für diesen und dessen etwaige Hilfskraft ein eigenes Dienstzimmer erforderlich.

Für die übrigen Bediensteten des Küchenbetriebes sind, wenn nicht Aufenthaltsräume mit Schränken zum Wechseln der Kleider, so doch stets besondere Eßzimmer vorzusehen, am besten sogar für weibliche und männliche Personen getrennt. Daß auch getrennte Aborte in möglichst bequemer Nähe, also im gleichen Geschoß, angelegt werden müssen, ist selbstverständlich, die Richtlinien gehen aber noch weiter und verlangen auch Badegelegenheiten, selbst für etwa nicht in der Anstalt wohnende Bedienstete, da für die größte Reinlichkeit alle baulichen Vorbedingungen getroffen werden müssen. Deshalb sollen auch nicht nur in den Vorräumen zu den Aborten, sondern auch in den Küchenräumen selbst an möglichst viel Stellen Waschbecken zum Händewaschen vorgesehen werden.

Über Zahl, Masse und Einrichtung all dieser Räume, sowie auch der etwa in oberen Geschossen vorzusehenden Wohnräume ist hier nichts Besonderes zu sagen, da hierfür keine anderen Grundsätze maßgebend sind als in anderen Betrieben auch. Nur der Reinlichkeit muß ganz besonders Rechnung getragen werden.

3. Die Räume für den Wäschereibetrieb.

Menge der Wäsche. SETZ rechnet auf jedes Krankenbett und jeden Arbeitstag bei Versorgungshäusern 0,5 kg, bei Irrenanstalten 1,2—1,5 kg, bei allgemeinen Krankenanstalten 1,6—1,8 kg, bei solchen für ansteckende Krankheiten, bei Kinder- und Geburtshilfeanstalten 1,8—2 kg trockene Wäsche. Nach BOETHKE sind diese Zahlen viel zu gering. Namentlich für den Fall, daß auch die Wäsche der Ärzte, Schwestern, Wärter, Wärterinnen und Arbeiter mitbesorgt werden muß, rechnet er bei 300 Krankenbetten mindestens 4 kg, bei 500 Betten 3,3 kg, bei 800 Betten 3 kg je Tag und Bett. Jedenfalls muß bei Bemessung der Maschinen auf schwankenden Bedarf und vorübergehende Betriebsstörungen von vornherein genügend Rücksicht genommen werden.

a) Die Waschräume kleinerer Anstalten. In kleinen Anstalten, in denen die Wäsche der Hauptsache nach noch mit der Hand gewaschen wird, reicht vielfach ein einziger Kellerraum von mäßigen Abmessungen, etwa 0,5 bis höchstens 1 qm je Bett aus. Wenn irgend möglich richtet man jedoch daneben noch ein be-

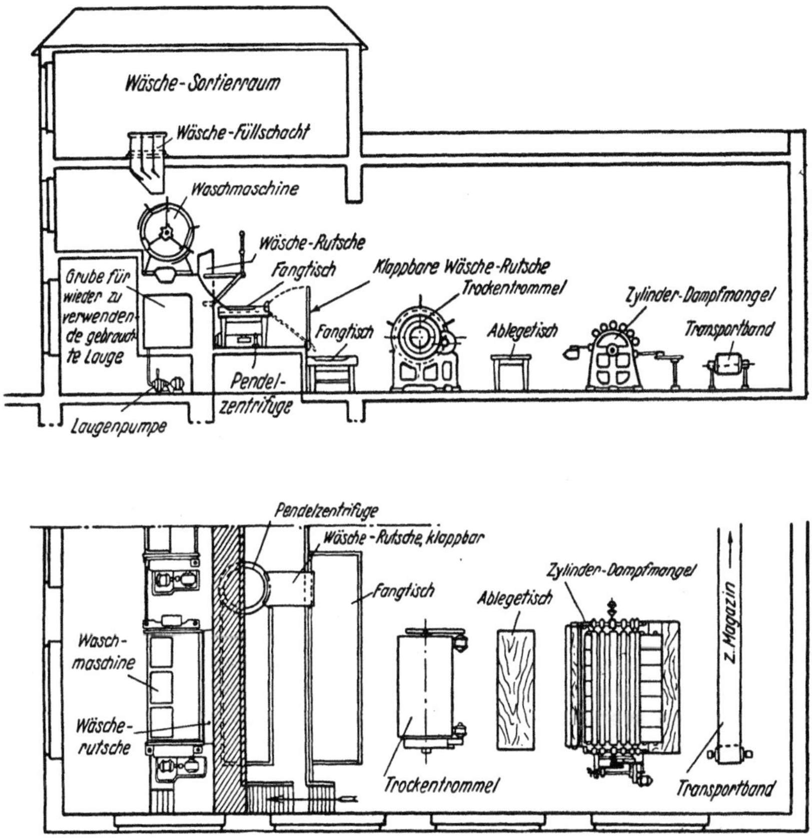

Abb. 97. Fließarbeits-Mustervorschlag für Wäschereimaschinen (nach VOGES).

sonderes Bügelzimmer von halber Größe des Waschraumes ein, und auch ein Lagerraum für reine Wäsche erweist sich als zweckmäßig, für dessen Größe man auf 10 Betten je 1 m Gestellänge bei 60 cm Tiefe rechnen kann.

Schon bei Anstalten von 50—100 Betten macht sich jedoch heutzutage immer mehr die Einführung eines Maschinenbetriebes als wünschenswert geltend, sei es, daß man den erforderlichen Dampf selbst erzeugt, sei es, daß man Gas- oder elektrische Kraft vorteilhaft ausnutzen kann. Namentlich letztere stellt an vorhandene Räume wenig Anforderungen, so daß eine allmähliche Umwandlung nicht schwierig ist. Trotzdem ist der Wäschebetrieb beim Anwachsen der Anstalt meist der erste, der aus dem Hauptgebäude herausgelegt wird, und in besonderem Gebäude eigene Räume erhält. Das begründet sich einmal daraus, daß der Waschbetrieb im Krankenhaus selbst leicht durch Waschdünste und Geräusch störend wirken kann, und weiterhin daraus, daß durch eine baulich gut angelegte und eingerichtete Anlage der Betrieb wesentlich vereinfacht und verbilligt wird.

b) Die Waschräume in größeren Anstalten. Schon seit langer Zeit hat man versucht, die größeren Wäschereibetriebe derart einzurichten, daß die Arbeit die denkbar geringste wird. Jedes Wäschestück hat im allgemeinen bei seiner Reinigung den gleichen Weg zu durchlaufen. Im Vergleich zum Kochbetrieb kann deshalb sehr viel einfacher bei der baulichen Anlage die Anordnung so getroffen werden, daß die Wäschestücke nur den denkbar kürzesten Weg zu machen haben. Im Sinne einer besseren Überwachung muß dabei vermieden werden, die Wäsche über Flure zu schaffen. Man reiht also eine Maschine an die andere, ja ohne Flure einen Raum an den anderen, so wie der Betrieb die Reihenfolge vorschreibt. Ein bemerkenswertes Musterbeispiel veröffentlicht hierfür Verwaltungsdirektor VOGES-Hamburg im ,,Gesundheitsingenieur 1929, S. 486 (Abb. 96). Trotzdem empfiehlt sich aber für große Betriebe nicht etwa ein einziger großer Raum, sondern eine Unterteilung in eine größere Zahl unter sich zusammenhängender Räume, da die baulichen Anforoerungen in den einzelnen Betriebsabschnitten sehr stark wechseln. Bei der nachfolgenden Besprechung dieser einzelnen Räume wird selbstverständlich auch die Reihenfolge des Betriebes maßgebend sein.

Die in den einzelnen Krankenabteilungen gesammelten und dort, wo nötig, auch keimfrei gemachten Wäschestücke werden in Säcken oder Wagen zum Wäschehaus geschafft. Von einem nur durch ein Dach überdeckten Stand oder besser von einem vollständig geschlossenen Vorraum, der *Wäscheabgabe*, aus wird die Wäsche durch eine Tür oder ein Fenster in den *Annahmeraum* hineingereicht, der meist nur zur Durchgabe dient, und dann nur sehr klein zu sein braucht. Er erfordert dagegen etwa bis 8 qm Fläche je 100 Betten, wenn in ihm die Wäsche gleichzeitig gezählt, je nach Art der vorzunehmenden Behandlung gesichtet und dementsprechend in Wandgestelle (Holzverschläge) oder noch besser in fahrbare Gestelle von etwa 60—80 cm Breite und 70—100 cm Länge verteilt wird. In größeren Betrieben werden sogar mitunter ein oder zwei gesonderte Räume (*Zählraum*, *Sortierraum*) vorgesehen, auch wird vielfach die Wäsche der chirurgischen und inneren Kranken ganz getrennt gehalten.

Aus den Gestellen gelangt die Wäsche in den *Einweichraum*, der eine größere Zahl hölzerner oder massiver Einweichbottiche

Abb. 98. Berlin-Reinickendorf, städt. Krankenhaus, Einweichraum.

enthält. Erstere am besten wiederum fahrbar, etwa 75—135 cm breit und lang, haben etwa 300—700 Liter Inhalt, letztere, meist aus Eisenbeton mit glasierten Platten sorgfältig und mit ausgerundeten Ecken ausgekleidet, erhalten eine lichte Größe von 80—140 cm Länge, 70—100 cm Breite und 75 cm Höhe. Sie werden mit Schwenkhahn, Ablauf und Überlauf entweder längs der Wände oder auch freistehend hergestellt, doch immer derart, daß der Verkehr sich gut abwickelt. Ihre Zahl ist mindestens drei, in größeren Anstalten kann auf 80—100 Betten je ein Bottich gerechnet werden. Da die neuesten Waschmaschinen die Wäsche auch trocken aufzunehmen vermögen, so braucht neuerdings nur noch die grob beschmutzte und solche, die mit Blut und Eiter behaftet ist, eingeweicht und ausgelaugt zu werden, weil letztere

Wäsche fleckig wird, wenn sie ohne weiteres kochendem Wasser oder auch Dampf ausgesetzt wird. Umgekehrt wird manche Wäsche sogar noch in besonderen Kochfässern gekocht, ehe sie in die Waschmaschinen kommt. Die Größe des Einweichraumes, der bei kleineren Anstalten sowohl mit dem Annahmeraum als auch mit dem Waschraum zusammengezogen werden kann, ist deshalb je nachdem mit 2—5 qm je 100 Betten zu bemessen.

Abb. 99. Hagen i. W., allgem. Krankenhaus, Waschküche.

Der Hauptwaschraum enthält die eigentlichen Dampfwaschkessel, die Laugenfässer zum Ausspülen der Wäsche und die Schleudermaschinen (Zentrifugen) zum Ausschleudern des Wassers aus der gespülten Wäsche. Die Dampfwaschmaschinen haben ein Fassungsvermögen von 0,20—0,80, ja bis 1,5 cbm, oder von 25—100, ja bis 150 kg trockener Wäsche und leisten in achtstündigem Betrieb etwa das 5—6fache ihres Fassungsvermögens, im Höchstfall sogar das 8fache. Die neue Ypsilon-Waschmaschine faßt bei 1,4 m Trommeldurchmesser und 2 m Trommellänge 320 kg, bei 3 m Länge 480 kg Wäsche. (s. Ges.-Ing. Nr. 29, S. 983.)

Mit einer Waschmaschine von 0,8 cbm Inhalt, einem Fassungsvermögen von 100 kg Wäsche, die einen Raum von 2,65—3,1 m Länge und 1—2 m Tiefe beansprucht, kann demgemäß die Wäsche von rd 200 Betten bewältigt werden. Die kleinsten Maschinen erfordern einen Raum von 1,5 m Länge und 0,9 m Tiefe, die größten einen solchen von 3,3 m Länge und 2 m Tiefe. Die großen offenen hölzernen Spülbottiche haben bei ihrer eiförmigen Grundrißgestaltung von 1,4 × 2,2 m bis beinahe 2 × 3 m Größe einen Platz von ~~mindestens~~ 2,25 × 1,65 m bis zu 3 m Länge und 3,5 bis 4 m Tiefe nötig. Ein Bottich von letzterer Größe reicht für etwa 500 Betten aus. Durch Handwringmaschinen, die am Rande dieser Bottiche befestigt waren, wurde früher an dieser Stelle sofort ausgewrungen. Heute kann der Spülbottich selbst völlig entbehrt werden, da in den neuen Waschmaschinen auch gleichzeitig gespült wird, und das Auswringen durch das Ausschleudern der Schleudermaschinen ersetzt wird. Die aufrecht stehenden

Abb. 100. Karlsruhe, Ludwig-Wilhelm-Krankenhaus, Kulissenschrank.

Trommeln dieser letzteren haben einen Durchmesser von 45 bis 85 cm. Einschließlich ihrer Antriebswerke erfordern sie einen Raum von 65—105 cm Breite und 150—210 cm Tiefe. Ihre Zahl ist etwa die doppelte wie die der Spülbottiche.

Außer diesen großen Maschinen muß auch noch eine Anzahl kleinerer im Waschraum Platz finden: Laugenkocher, Stärkekocher und Kochfässer für Wäschestücke, die vor dem Einbringen in die Waschmaschine gekocht werden müssen. Vor allem aber muß für die vielen Handwäschewagen genügender Raum vorhanden sein, so daß man allgemein auf je 100 Betten je 20 qm Grundfläche des großen Waschraumes rechnet.

Nachstehend die Abmessungen einiger größerer Anstalten.

Hamburg-Barmbeck,	2500 Betten	rd	$13 \times 16{,}8 = 218$ qm
Berlin, Virchow-Krkh.,	2000 ,,	,,	$9 \times 21{,}5 = 194$,,
Leipzig, St. Georg,	1920 ,,	,,	$13 \times 17 = 221$,,

München-Schwabing,	1300 Betten	rd 12 × 22	= 262 qm
Stuttgart-Cannstatt,	800 ,,	,, 9,4 × 16,5	= 155 ,,
Essen, ...	700 ,,	,, 10 × 12	= 120 ,,
Karlsruhe, ...	600 ,,	,, 8 × 18	= 144 ,,
Lichterfelde, . . .	400 ,,	,, 9,5 × 13,5	= 128 ,,

Die Fläche bleibt bei den großen Anstalten teilweise erheblich unter dem genannten Durchschnittsmaß und geht bei den kleineren, zumal wegen der neueren, Platz sparenden Maschinen darüber hinaus. Das ist erklärlich, man sollte deshalb lieber noch hinzusetzen, daß je nach Größe der Anstalt die Fläche von etwa 30 qm bis auf etwa 10 qm je 100 Betten herabgeht.

Wegen der großen Menge an Wasserdampf, der den Maschinen entsteigt, gibt man diesem Raum eine besonders große Höhe und eine gute Lüftungsvorrichtung. Es muß aber hier ebenso wie bei der Kochküche vor einer allzu großen Steigerung der Höhe gewarnt werden.

Neben dem großen Waschraum werden in einem kleineren Raum empfindliche Wäschestücke mit der Hand gewaschen (Handwaschraum). Größe eines Handwaschtroges etwa 70 × 110 cm.

Bei dem *Trockenraum* handelt es sich zunächst darum, ob die Wäsche nur auf künstlichem Wege getrocknet werden soll oder nicht. Das Trocknen auf einem Trockenboden setzt in den meisten Fällen einen Aufzug voraus und erfordert durch das An- und Abhängen viel Arbeitszeit. Außerdem kann das Trocknen bei feuchter Witterung zu lange dauern. Um hiergegen gesichert zu sein, hat Hamburg-Eppendorf den Trockenboden heizbar gemacht und doch im ganzen Kohle gespart, da im Sommer nur selten geheizt zu werden braucht. Trotzdem ist man in den meisten Fällen lediglich zur künstlichen Trocknung übergegangen, schon weil der Zeitverbrauch dabei von vornherein feststeht, die Arbeit also regelmäßig verläuft. Aber selbst wenn man gänzlich von der natürlichen Trocknung absieht, ist es für die Größe des Trockenraumes wichtig, ob daselbst sämtliche Wäsche getrocknet werden muß oder nur die faltige Wäsche, weil die glatte auf der Dampfmangel gleichzeitig getrocknet und gebügelt wird. Der Trockenraum wird entweder mit einem großen *Kulissenschrank* oder mit einem Kettenschrank ausgestattet. Bei ersterem werden die einzelnen etwa 38—40 cm breiten Rahmen zum An- und Abhängen der Wäsche nach vorn gezogen, vor dem Schrank muß also noch etwas mehr freier Raum vorhanden sein, als der Schrank tief ist. Schon für ein Krankenhaus von 200 Betten hat der 6 teilige Kulissenschrank 2,50—2,60 m Breite, 2,1—2,4 m Tiefe und 2,35 m Höhe. Er leistet in 8 Stunden etwa 300 kg

Wäsche. Ein 20 teiliger von 8 m Breite leistet rd 1000 kg. Seitenwände und Rückwand brauchen nicht zugänglich zu sein, der Schrank wird deshalb vielfach in eine Nische eingebaut. Beim *Kettenschrank* wird die Wäsche an der Vorderwand eingehängt, läuft auf Ketten langsam nach hinten, wo sie von selbst in Körbe abfällt, die von Zeit zu Zeit entfernt werden müssen, so daß also

Abb. 101. Berlin-Reinickendorf, städt. Krankenhaus, Dampfmangel.

vorn und hinten genügend Platz erforderlich ist. Der Kettenschrank ist 2—2,5—3 m breit und mindestens 5—8—10 m lang, erfordert also mindestens einen 7—12 m langen Raum. Bei beiden Schränken wird ein Dunstfang vorgesehen, der mit einem großen Luftrohr in Verbindung zu setzen ist, da schneller Abzug der wassergesättigten Luft Vorbedingung für schnelles Wirken ist.

Im *Mangelraum* werden Kaltmangeln und Dampfmangeln aufgestellt, unter Umständen auch in getrennten Räumen, falls überhaupt beide Arten von Mangeln beschafft werden. Der Mangelraum kann auch mit dem Trockenraum vereinigt werden. Die großen Kalt- oder Kastenmangeln sind 1—1,2 m breit und 2,3 bis 3,5 m lang, erfordern also mindestens eine Raumlänge von 3,5—5 m und eine Raumbreite von 1,8—2 m. Für Ablegetische muß dann auch noch genügend Raum vorhanden sein. Kaltmangeln mit mehreren übereinanderliegenden Holzwalzen haben nur eine Bodenfläche von 1,4 × 1,8 m nötig, sind also bei beschränkten Raumverhältnissen zu empfehlen. Kleinste Dampfmangeln erfordern bei 200 cm Walzenlänge einen Mindestraum von 1,8—2,4 m Breite und 3,25—3,7 m Länge, bei den größten steigert sich die Walzenlänge auf 3,50 cm, so daß sie bei gleicher Raumbreite eine Länge von 4,9—5,3 m beansprucht. Die Leistungsfähigkeit ist bei ersterer in 8 Stunden etwa 800 kg, bei letzterer 1400 kg.

Abb. 102. Offenbach a. M., Stadtkrankenhaus, Wäschelager.

Über jeder Dampfmangel muß eine große Dunsthaube angebracht werden, die den vielen aufsteigenden Wasserdampf aufsaugt und durch weite Entlüftungsrohre abführt. Natürlich muß auch hier für genügend große Ablegetische gesorgt sein. Die Dampfmangel ersetzt gleichzeitig bei vielen Wäschestücken das Plätten. Es gibt aber auch besondere Plättmaschinen für Gas-, Hochdruckdampf- oder elektrischen Betrieb mit Zylindern von 1—2 m Länge. Raumbedarf: 1,75—2,7 m Länge und 1,25 m Tiefe. Hauptsächlich dient aber der besondere

Plätt- oder Bügelraum der mit Hand zu verrichtenden Arbeit. Die Bügeleisen werden im Gasbügelofen oder elektrisch erwärmt. Im allgemeinen genügt ein Raum von 3—4 qm auf je 100 Betten. Wird die Wäsche hier noch gleichzeitig gefaltet und nachgesehen, so wird der Raum wegen der vielen erforderlichen Ablegetische besser die doppelte Größe erhalten.

Der Näh- oder Flickraum richtet sich in seiner Größe nach der

Zahl der hier arbeitenden Näherinnen und Flickerinnen, die gut belichtete Fensterplätze haben müssen. Für jede Arbeitskraft wird man etwa 5—8 qm rechnen müssen.

Der Lagerraum (*Magazin*) für die reine Wäsche erfordert, soweit er nur die zur täglichen Ausgabe erforderliche Wäsche aufzunehmen hat, etwa 5 qm auf je 100 Betten. Unabhängig hiervon wird meist im Obergeschoß noch ein größerer Lagerraum für Wäschevorräte angelegt, der mindestens die doppelte Größe erhält.

Von ersterem Lagerraum aus erfolgt unmittelbar die Ausgabe der Wäsche durch ein Fenster oder eine Tür. Unter Umständen wird auch noch ein besonderer kleiner *Ausgaberaum* zwischengeschaltet, in dem die Wäsche für die einzelnen Abholer zurechtgelegt wird. Für diese empfiehlt sich wiederum die Anordnung eines geschlossenen *Vorraumes* genau entsprechend dem Vorraum vor der Wäscheannahme.

c) Waschräume für durchseuchte Wäsche. Die Wäsche der mit ansteckenden Krankheiten behafteten Kranken wird ganz verschieden behandelt. Bei den Krankenabteilungen ist bereits oben die bauliche Anordnung besprochen für den Fall, daß die verseuchte Wäsche in unmittelbarster Nähe der Krankenräume keimfrei gemacht wird. Dieses Verfahren ist das sicherste, um Verschleppungen vorzubeugen, aber auch das umständlichste und teuerste, hängt auch stark von der Zuverlässigkeit aller bei der Arbeit Beteiligten ab, so daß man vielfach doch eine gemeinsame Behandlung der verseuchten Wäsche an einer Stelle vorzieht. In mittleren Anstalten begnügt man sich wohl damit, daß man neben dem Abnahmeraum der gewöhnlichen unreinen Wäsche einen kleinen Raum mit einem Entkeimungskessel anlegt, in den die Wäschefahrer die durchseuchte Wäsche hineintun, während sie entkeimt vom Annahme- oder Zählraum aus entnommen wird. Wenn man nun in einem so großen Krankenhause wie dem in Hamburg-Eppendorf eine dementsprechend größere Anlage mit 6 Einweichbottichen und 6 Dampfkesseln nicht im Waschhaus selbst angebracht, sondern mit der allgemeinen Entkeimungsanstalt verbunden hat, so werden hierfür örtliche Schwierigkeiten maßgebend gewesen sein, denn es entstehen dabei unnötige Wege, um die keimfrei gemachte Wäsche zu ihrer weiteren Behandlung in den eigentlichen Wäschebetrieb einzureihen. Eine dritte Möglichkeit ist die, daß man die durchseuchte Wäsche von Anfang bis zu Ende ganz getrennt für sich behandelt und wie in Leipzig St. Georg im Waschküchengebäude oder auch ganz für sich in der Nähe der Häuser für ansteckende Kranke besondere Räume schafft, die in Leipzig aus Annahmeraum, Wäscheraum, Trockenraum, Mangelraum und Ausgaberaum bestehen.

d) Die Nebenräume. Für die leitende Persönlichkeit des Wäschebetriebs ist bei größeren Anstalten ein besonderes Dienstzimmer erforderlich, wofür ein einfenstriger Raum genügt. Für die sonst im Wäschehaus Beschäftigten müssen Umkleideräume und Eßräume vorgesehen werden, selbstverständlich auch Abortanlagen und, wenn möglich, auch Badegelegenheit. Im Obergeschoß oder ausgebautem Dachgeschoß wird man auch Wohn- und Schlafräume schaffen.

Mit dem Hauptwaschraum muß ein Kellerraum zur Lagerung von Seife u. a. in möglichst naher Verbindung stehen. Weitere Kellerräume sind nötig, um von hier aus alle Maschinen usw. elektrisch antreiben zu können.

4. Die Betriebsräume für Entkeimung und Verbrennung. (Desinfektionsanstalt.)

a) Die Räume für die Entkeimungskessel (Desinfektionsraum). Abgesehen von den Vorkehrungen zur Entkeimung der Wäsche (s. oben) muß selbst in kleinen Anstalten Vorsorge getroffen werden, auch Kleidungsstücke, Geräte und sonstigen Hausrat keimfrei machen zu können. Wenn irgend möglich empfiehlt es sich jedoch, den Kessel gleich so groß zu wählen, daß auch Sofas und ganze Betten der Entseuchung unterzogen werden können. Ein solcher Kessel ist 2,1—2,4 m lang, 1,1—1,25 m breit und 1,5 bis 1,8 m hoch. Er wird von der einen Seite, der sogenannten „unreinen“ aus beschickt, von der entgegengesetzten „reinen“ Seite aus werden die keimfreien Gegenstände entnommen. Damit die „reine“ Seite niemals mit der „unreinen“ unmittelbar in Verbindung steht, müssen alle derartigen Kessel in die Trennungswand beider Räume dichtschließend eingemauert werden, und ein hin und her zu schiebender Sperriegel muß verhindern, daß beide Türen eines Kessels jemals gleichzeitig offen stehen. Auch durch keine etwa daneben liegenden Räume darf irgendeine Verbindung zwischen reiner und unreiner Seite möglich sein, nur für den Fall, daß dieselben Personen den Betrieb zunächst auf der unreinen und dann auf der reinen Seite bedienen müssen, ist eine Art Schleusenverbindung zulässig, deren erste Kammer zum Ausziehen, die zweite zum Baden oder Duschen und die dritte zum Anziehen reiner Kleidung einzurichten ist. Aber auch bei getrennter Bedienung wird behördlicherseits gefordert, daß die auf der unreinen Seite Beschäftigten erst nach Bad und Kleiderwechsel die Anstalt verlassen können.

Die wichtigste Raumabmessung für den zweigeteilten Betriebsraum (Hauptbetriebsraum) ist die Länge der Trennungswand, die so groß sein muß, daß alle für den Betrieb erforderlichen Kessel nebeneinander eingemauert werden können. Bei kleinen Krankenhäusern, bei denen die Anlage sehr wohl in Kellerräumen (z. B. eines Absonderungshauses) untergebracht werden kann, wenn nur für beiderseitige unmittelbare Ausgänge ins Freie gesorgt wird, reicht schon eine Länge der Trennungswand von 3—4 m

Abb. 103. Hamburg-Barmbeck, städt. Krankenhaus, Hauptentkeimungsraum.

aus, da meist nur ein Kessel Aufstellung findet. Vor der Trennungswand muß beiderseits ein Raum von rd 3—4 m vorhanden sein, so daß beide Räume zusammen eine Tiefe von 7—8 m haben. Zur Erzielung eines einwandfreien Betriebes wird man jedoch besser die Abmessungen nicht zu knapp bemessen, während man umgekehrt die oben beschriebene Schleusenanlage nicht größer als notwendig anzulegen braucht. Bei älteren Anlagen für kleinere Anstalten fehlt sie überhaupt meist, mitunter beschränkt sie sich nur auf einen Duschraum. Bei größeren Anstalten bis 1000 Betten wächst die Zahl der größeren Kessel auf 3 oder sogar 4, die Trennungswand also auf 8—10 m, die Gesamttiefe auf etwa 10 bis 12 m. Bei einem derart größeren Betrieb wird man dann auch auf ein möglichst bequemes Herein- und Herausschaffen Bedacht zu nehmen haben, beispielsweise durch Ein- oder Durchfahrten oder durch Laderampen, wie sie bei Güterschuppen üblich sind.

b) Die Räume für die Verbrennungsöfen. Gegenstände, deren geringer Wert eine Entkeimung nicht lohnt, ferner Abfälle von Operationen, verbrauchte Verbandstoffe und kleine Leichenteile müssen schon aus gesundheitlichen Gründen möglichst schnell vernichtet werden. Wenn zu diesem Zweck ein Verbrennungsofen beschafft wird, so ist dann aber die weitere Frage, ob man nicht aus wirtschaftlichen Gründen Abfälle, die sonst nicht verwertet werden können, durch Verbrennung vernichtet oder sogar noch auswertet, um gleichzeitig noch die Abfuhrkosten zu sparen. Diese letztere Frage muß also vorweg entschieden werden, ehe die Größe des oder der Verbrennungsöfen festgelegt werden kann.

Für geringeren Bedarf reichen zur Not Öfen mit Gasfeuerung aus, kleinere Verbrennungsöfen haben KURZ und RIETSCHEL und HENNEBERG gebaut, die größeren, wie die von KORI, haben 1,5—2 m Breite und 2,5—3,5 m Länge. Für Anstalten von 1000 Betten nimmt man meist zwei derartige, schon um den Betrieb stets aufrechterhalten zu können. Damit die Öfen genügend zugänglich sind, rechne man für zwei derartige Öfen je nach ihrer Größe 25—40 qm. Der Schornstein muß einen Querschnitt von mindestens 60 × 60 cm haben, am besten ist es jedoch, die Heizgase in den großen Schornstein der Heizkesselanlage zu leiten.

c) Die Nebenräume. Bei größeren Anlagen wird sich außer den Abort- und Badeanlagen *ein Dienstzimmer* des leitenden Beamten als nötig erweisen, so gelegen, daß durch Tür oder Fenster reine und unreine Seite übersehen werden können. Ferner *Arbeiterstuben*, ein oder mehrere Lagerräume auf beiden Seiten zur Lagerung von Gegenständen, namentlich Matratzen, Eimern u. a., ferner von chemischen Zusatzstoffen, die für die Reinigung erforderlich sind (Chlor, Formalin, Karbolsäure, Kaliseife u. a.).

Für die Brennstoffe des Verbrennungsofens sind Lagerräume vorzusehen.

5. Die Räume für sonstige Wirtschaftsnebenbetriebe.

Waren die bisher besprochenen Betriebe aus gesundheitlichen Rücksichten notwendig, so sollten sich die Anstalten mit den nachfolgenden Betrieben nur dann befassen, wenn die gewerblichen Betriebe wegen allzu großer Entfernung versagen oder aus anderen Gründen nicht in Betracht kommen. Man findet sie deshalb auch nur selten. Die Krankenanstalt Düsseldorf (1200 Betten) hat eine eigene *Bäckerei* mit einer Backstube (75 qm), einen Raum für den Backofen (20 qm) und für Brennstoffe (12 qm), eine Gewürzkammer (7 qm) und einen Brotlager- und -ausgaberaum (36 qm), außerdem Pförtnerstube und zwei Aborte. Sie besitzt ferner eine eigene *Schlächterei* mit einem Fleischverarbeitungsraum (50 qm), einer Wurstküche (21 qm), einer Fleischausgabe (25 qm) sowie zwei Aborten. Die Kellerräume unter der Schlächterei enthalten einen Kühlraum (17 qm), einen Pökelraum (34 qm), einen Raum für Dauerware (15 qm) und 3 Räucherkammern von je 6 qm. Einen oder den anderen dieser Räume findet man selbst in Krankenhäusern, wo von einem abgesonderten Schlächtereibetrieb nicht die Rede ist, als Ergänzung der Küchenräume.

Häufiger wird mehr oder weniger ausgedehnter *Viehzuchtbetrieb* eingeführt, sei es zur Gewinnung einwandfreier Milch, sei es hauptsächlich zur wirtschaftlichen Verwertung der Küchenabfälle (Schweinezucht). Die Räume hierfür unterscheiden sich, abgesehen davon, daß nach den Vorschlägen des Gutachterausschusses auch Räume für erkrankte Tiere vorgesehen werden sollen, in nichts von denen sonstiger, gut eingerichteter landwirtschaftlicher Betriebe, bedürfen hier also keiner näheren Erläuterung. Das gleiche ist der Fall bei dem *Gärtnereibetrieb*, der einmal zur Unterhaltung der gärtnerischen Anlagen, andererseits zum Gemüsebau, drittens aber auch unter Umständen zur Pflege eines eigenen Friedhofes dienen kann.

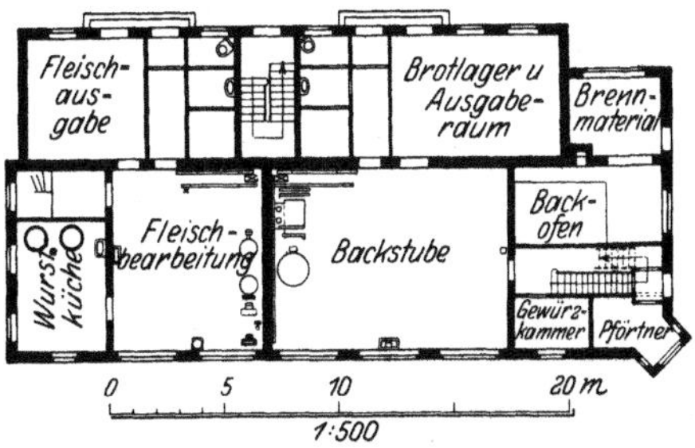

Abb. 104. Düsseldorf, städt. Krankenhausschlächterei und Bäckerei.

Eine andere Reihe von Betrieben sind mehr *Lagerbetriebe*. So werden, wie schon oben erwähnt, die größeren Vorräte für die Kochküche in größeren Anstalten als abgesonderte Betriebe verwaltet. Für einen solchen Lagerbetrieb der Kochküche sieht der Entwurfsvorschlag für 2000 Betten Räume vor, die bereits oben aufgeführt sind, und nicht nur für Lebensmittel, sondern auch für Geschirr und Gerät, sowie auch sogar für Bekleidung, Leinen- und Bettwäsche bestimmt sind. Damit ist aber der Raumbedarf noch nicht einmal erschöpft. Der Entwurfsvorschlag sieht auch noch über 200 qm Raumfläche vor für eine getrennt gehaltene *Beschaffungsstelle*, die namentlich dann als selbständiger Betrieb von Bedeutung ist, wenn die Beschaffung für mehrere Krankenhäuser derselben Stadt an einer Stelle erfolgt. Der Entwurfsvorschlag verlangt in einem solchen Falle ein Zimmer des Vorstehers (51 qm), ein Vorzimmer (24 qm), einen Raum für die Geschäftsstelle (67 qm), für die Rechenstelle (19 qm), für Warenproben (45 qm), außerdem Aborte usw. (Abb. 183).

Ein wenn auch kleinerer, aber doch besonderer Betrieb ist für die *Aufbewahrung der Kleider der Kranken* nötig. Hierzu wird vielfach der Dachboden über der Entkeimungsanstalt benutzt. Dieser Boden hat in Essen bei 700 Betten rd 160 qm Fläche, man kann also für das Bett rd 0,20—0,25 qm rechnen. Die Kleider werden in Säcken an Gestellen möglichst luftig aufgehängt, außer dem Lagerraum selbst ist noch ein kleines Dienstzimmer für den Lagerverwalter und ein Raum für besondere Gegenstände (Matratzen, Pelze usw.) nötig

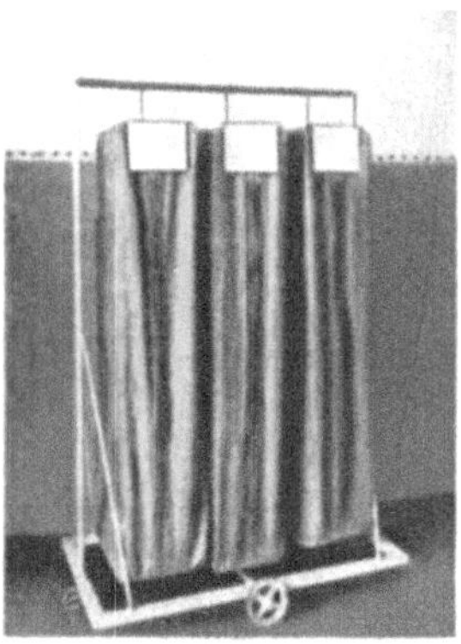

Abb. 105. München-Schwabing, städt. Krankenhaus, Krankenkleiderbeförderung und Lager.

6. Die Räume der technischen Betriebe.

Die Beschaffung von Wärme, Kälte, Licht, Wasser und Kraft, um die es sich bei den technischen Betrieben in erster Linie handelt, ist in den letzten Jahrzehnten für immer größere Raumgebilde vereinigt worden. Vom Einzelofen, von der Petroleumlampe ist man zu Sammelheizungen, zu Lichterzeugungsanlagen übergegangen, die statt des Einzelraumes ganze Häuser, dann statt einzelner Häuser ganze Gebäudegruppen, umfangreiche Anstalten und nunmehr sogar ganze Stadtteile, ganze Städte umfassen. Heutzutage wird es deshalb bei Krankenanstalten immer seltener, eigene Wasserwerke, eigene Elektrizitätswerke, eigene Werke zur Umbildung der Abwässer zu errichten, es genügen vielmehr meist einfache Anschlüsse an die vorhandenen öffentlichen Werke. Da für derartige Werke besondere, dem Krankenhausbetrieb eigentümliche Ansprüche nur ausnahmsweise zu erfüllen sind, fallen diese bereits ganz aus dem Rahmen dieses Buches heraus. Ja, immer mehr fängt dies auch an, auf den Heizbetrieb zuzutreffen. Die vielen amerikanischen Stadtheizwerke haben allmählich auch in Deutschland Schule gemacht. Schon heute haben wir Krankenanstalten, die keine eigenen Heizwerke mehr haben, sondern die an ein städtisches Heiz- und Kraftwerk angeschlossen sind. Trotzdem wird das wohl noch lange nicht so zur Regel werden wie beim Licht und Wasser, und es bleibt deshalb nichts übrig, als über die Räume für den Heizbetrieb und den hiermit verbundenen Kraftbetrieb auch in diesem Abschnitt vom hochbautechnischen Standpunkt aus das Notwendige zu sagen.

a) Der Kesselraum für Zentralheizungen. Die Kesselräume für Zentralheizungs- und Warmwasseranlagen, die im wesentlichen nur für ein Gebäude bestimmt sind, höchstens noch einige kleinere nahe gelegene Nebengebäude mit versorgen sollen, werden am besten in möglichst mitten gelegenen Kellerräumen untergebracht, da Anlage und Betrieb alsdann am billigsten sind.

Die Heizkessel. Der größeren Betriebssicherheit wegen wird man selbst in kleineren Anstalten mindestens zwei Kessel anlegen, von denen jeder Kessel bei mittlerer Wärme allein zur Heizung genügt und abwechselnd in Betrieb zu nehmen ist, damit ihre Betriebsfähigkeit stets gesichert ist. Auch bei mehreren Kesseln wird sich eine Zweiteilung in zwei Gruppen empfehlen.

Größenmaße gußeiserner Warmwasserkessel.

	5 qm	Heizfläche	0,75 m	breit	und	0,75 m	lang
	10 qm	,,	0,75 m	,,	,,	1,40 m	,,
oder			1,00 m	,,	,,	0,90 m	,,
	15 qm	,,	1,00 m	,,	,,	1,40 m	,,
oder			1,10 m	,,	,,	1,40 m	,,
			1,60 m	,,	,,	1,40 m	,,
oder			1,50 m	,,	,,	0,80 m	,,
	20 qm	,,	1,10 m	,,	,,	1,70 m	,,
oder			1,50 m	,,	,,	1,00 m	,,
	25 qm	,,	1,50 m	,,	,,	1,20 m	,,
	30 qm	,,	1,50 m	,,	,,	1,50 m	,,
	35 qm	,,	1,50 m	,,	,,	1,70 m	,,

Größenmaße schmiedeeiserner Kessel.

20-25 qm	2,1 m	br.,	3,3 m	lg.	bei Feuerrohr,	4,5 m	bei	Flammrohr
25-35 qm	2,25 m	,,	3,5 m	,,	,, ,,	5,5 m	,,	,,
35-40 qm	2,5 m	,,	3,5 m	,,	,, ,,	6,5 m	,,	,,
40-45 qm	3,00 m	,,	3,5 m	,,	,, ,,	7,5 m	,,	,,
45-50 qm	3,00 m	,,	4,3 m	,,	,, ,,	8,5 m	,,	,,

Die erforderliche Größe der Kesselheizfläche ergibt sich aus dem zu berechnenden stündlichen Meistbedarf an Wärmeeinheiten, dividiert durch die stündliche Leistung je eines Quadratmeters Kesselheizfläche (bei Warmwasserheizung 4000, bei Niederdruckdampfheizung 6000 WE.). Ist die erforderliche Wärmemenge noch nicht berechnet, aber der umbaute Raum bereits bekannt, so kann überschläglich leicht ermittelt werden, wieviel von dem umbauten Raum beheizt werden muß (je nach Umfang der nicht zu beheizenden Kellerräume bei ein- bis zweigeschossigen Bauten etwa 50—75%, bei drei- bis viergeschossigen etwa 80—90%). Man kann dann nach DIETZ annehmen, daß in den mittleren Gegenden Deutschlands jedes Kubikmeter des zu beheizenden Raumes 50—60 WE. erfordert. Ist auch der umbaute Raum noch nicht bekannt, so sind nach statistischen Ermittelungen von DIETZ (Das deutsche Krankenhaus, 2. Aufl., S. 335) auf jedes Krankenbett (B) an Wärmemenge (W) zu rechnen:

für Raumheizung . . . . . . $W = 2000\ B^{1,12}$
„ „ lüftung . . . . . . $W = 540\ B^{1,12}$
„ insgesamt also . . . . . $W = 2540\ B^{1,12}$

Ausgerechnet ergibt das folgende Werte:

bei	50	Betten	202819 W	bei	100	Betten	441401 WE
„	200	„	959358 W	„	300	„	1510792 WE
„	400	„	2085086 W	„	500	„	2677160 WE
„	600	„	3283966 W	„	700	„	3902456 WE
„	800	„	4532122 W	„	900	„	5171186 WE
„	1000	„	5818886 W	„	1200	„	7136892 WE
„	1400	„	8481822 W	„	1600	„	9850120 WE
„	1800	„	11239500 W	„	2000	„	12646660 WE

Diese Durchschnittszahlen erleiden selbstverständlich je nach den örtlichen, baulichen und sonstigen sachlichen Verschiedenheiten eine mehr oder weniger große Abänderung.

Größe des Kesselraumes. UBER fordert (Zbl. Bauverw. 1915, S. 673—680) neben den Kesseln 0,5 m Gangbreite, hinten 1,0 bis 1,4 m und vor den Kesseln eine lichte Weite, welche die Länge des Kessels um 0,5 m übertrifft. Wenn man also Zahl und Größe der Kessel ermittelt hat, läßt sich an Hand der vorstehenden Abbildung die Größe des erforderlichen Kesselraumes ohne weiteres feststellen.

Schornsteinquerschnitt. Da auf 1 qm Rostfläche stündlich etwa 80 kg Gaskoks verbrannt werden können, so ergibt sich die notwendige Größe der Rostfläche, wenn man den stündlichen Meistbedarf (s. oben) an Wärmeeinheiten durch die 80fache Leistung des Brennstoffes (Gaskoks 3500, Hüttenkoks 4000, Braunkohle 2000 bis 2500 WE.) dividiert und zur Sicherheit noch 10% hinzufügt. Man nimmt dann für den Schornsteinquerschnitt bei 16 m Höhe $^1/_4$, bei 16—22 m Höhe $^1/_5$, bei mehr als 22 m Höhe $^1/_6$ der Rostfläche. Ebenso wie bei den Kesseln legt man statt eines Schornsteins besser zwei getrennte kleinere Schornsteine an, da ein großer Schornstein bei halbem Betrieb schlecht zieht.

Lüftungskanäle. Damit zu den Brennstoffen die zum Verbrennen nötige Verbrennungsluft (1 kg Steinkohle erfordert 12,4 cbm, 1 kg Koks 12 cbm, 1 kg Braunkohle 7,5 cbm) hinzutreten kann, muß dem Kesselraum durch Querschnitte von Zugluftkanälen, die doppelt so groß wie der Querschnitt des Schornsteins sein müssen, Luft zuströmen können. Zur Entlüftung des Raumes, die namentlich wegen der Entwicklung von Kohlenoxydgas beim Abschlacken notwendig ist, wird am besten ein Kanal vom Fußboden aus und ein zweiter Kanal von der Decke aus angelegt, die aber beide etwa 1 m über der oberen Öffnung zu vereinigen sind. Kann dieser Kanal unmittelbar über Dach münden, so genügt ein Drittel des Schornsteinquerschnittes; ist es dagegen nicht anders möglich, als daß die Entlüftung unterhalb der Kellerdecke ins Freie geführt werden muß, und zwar dann nach zwei entgegen gesetzten Windrichtungen hin, so erhält jeder der beiden Kanäle einen Querschnitt gleich $^1/_3$ des Schornsteinquerschnittes.

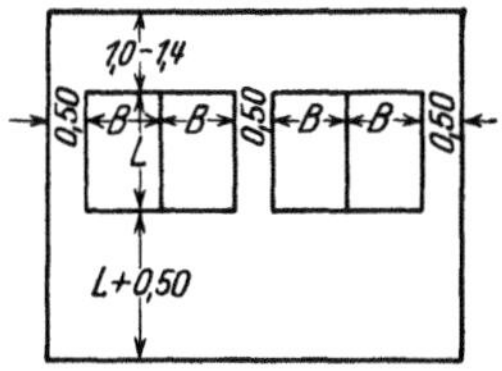

Abb. 106. Größe des Kesselraumes nach UBER.

b) Der Kesselraum für den Fernheiz- und Kraftbetrieb. Sobald die Krankenanstalten in mehrere Gebäude aufgelöst werden und in Koch- und Waschküche Dampfbetrieb eingerichtet wird, werden Kellerräume zur Unterbringung der erforderlichen Kessel immer ungeeigneter. Auch die Größe der Kessel erfordert Raumabmessungen, die sich in Kellergeschossen schlecht schaffen lassen, und schließlich verbieten die Bestimmungen, Kessel mit mehr als 6 Atmosphären unter Wohnräumen unterzubringen. Solche Kessel verlangen also ein besonderes Kesselhaus, das die mit dem Wachsen der Anstalt an Zahl zunehmenden Nebenräume zum Heizbetrieb ebenfalls mit umfaßt.

Erforderliche Größe der Kesselheizfläche. Bezüglich des Heizbetriebes sind oben bereits genügende Angaben gemacht, wie sich die Größe der Kesselheizfläche genau oder überschlägig berechnet. Bei Fernheizanlagen, um die es sich hier handelt, wird man noch je nach der Entfernung der zu beheizenden Gebäude einen Zuschlag für Wärmeverlust in Höhe von 5—10% machen müssen.

Weit schwieriger gestaltet sich die Berechnung der Heizfläche, die für den gesamten Kraftbetrieb erforderlich ist. Hier sind zunächst die Vorfragen festzustellen, ob ein eigenes Wasser- oder Lichtwerk gebaut werden muß, ob und zu welchen Einzelzwecken Gas und elektrischer Strom aus vorhandenen öffentlichen Werken entnommen werden kann und soll, in welcher Weise Warmwasser und Eis bereitet werden soll, vor allem auch, in welchem Umfang Kraft für ärztliche Zwecke erforderlich ist. Nach einem häufig angewandten Erfahrungssatz soll man für die im allgemeinen üblichen Verwendungszwecke, wenn Licht- und Wasserwerke vorhanden sind, den für Heizung ermittelten Bedarf noch um ein Drittel erhöhen. DIETZ (Dtsch. Krankenh., 2. Aufl., S. 336) rechnet sogar für Warmwasser 26,5% im übrigen 18,5%, im ganzen also 45% mehr, im ganzen also $W = 3680\ B^{1,12}$ Ausgerechnet ergibt das folgende Werte:

bei	50	Betten	293848 WE	bei	100	Betten	639510 WE
,,	200	,,	1389936 WE	,,	300	,,	2188864 WE
,,	400	,,	3020986 WE	,,	500	,,	3878720 WE
,,	600	,,	4757872 WE	,,	700	,,	5653952 WE
,,	800	,,	6566224 WE	,,	900	,,	7492112 WE
,,	1000	,,	8430512 WE	,,	1200	,,	10340064 WE
,,	1400	,,	12288624 WE	,,	1600	,,	14271040 WE
,,	1800	,,	16284000 WE	,,	2000	,,	18322720 WE

Au ch dieseZahlen sind wie die oben angeführten nur Durchschnittswerte, die gewissen Änderungen unterliegen.

Übliche Größe von Einflammrohr-, Zweiflammrohr- und Zweiflammrohr-Wellrohrkesseln im Mauerwerk (nach JOLY):

bei	40 qm	Heizfläche	2,8 m	breit,	7 m	lang,	2,1 m	hoch
,,	50 qm	,,	3,0 m	,,	8 m	,,	2,1 m	,,
,,	60 qm	,,	3,2 m	,,	9 m	,,	2,2 m	,,
,,	80 qm	,,	3,5 m	,,	10,5 m	,,	2,4 m	,,
,,	100 qm	,,	3,7 m	,,	12 m	,,	2,5 m	,,

Übliche Größe von verschiedenartigen Röhrenkesseln desgleichen

bei	40 qm	Heizfläche	2,20 m	breit,	4,8 m	lang,	3,70 m	hoch
,,	50 qm	,,	2,30 m	,,	5,3 m	,,	3,70 m	,,
,,	60 qm	,,	2,30 m	,,	5,3 m	,,	3,80 m	,,
,,	80 qm	,,	2,35 m	,,	5,8 m	,,	4,70 m	,,
,,	100 qm	,,	2,60 m	,,	5,8 m	,,	4,70 m	,,

Im allgemeinen kann man annehmen, daß neuzeitliche, besonders hochgebaute Kessel mit Oberkessel, Überhitzer od. dgl.

bei doppelter Höhe $^2/_3$ der Grundfläche, bei dreifacher Höhe die Hälfte der Grundfläche von Flammrohrkesseln beanspruchen.

Sonstige Raumerfordernisse. Nach dem Erlaß vom 5. August 1890 muß das Kesselmauerwerk mindestens 8 cm von den umgebenden Wänden entfernt bleiben. Hinter den Kesseln und auch zwischen ihnen müssen Bedienungsgänge von mindestens 80 cm manchmal aber auch bis zu 2 m Berite vorhanden sein. Der Beschickungsraum vor dem Kessel erfordert mindestens 3,5 m Breite, bei Siederohrkesseln muß er sogar so breit sein, wie die Kessel lang sind, damit die Siederohre leicht ausgewechselt werden können. Zum mindesten müssen in gerader Richtung vor den Siederohren Mauerwerksöffnungen vorhanden sein, die leicht völlig frei zu machen sind.

Abmessungen ausgeführter größerer Kesselräume.

Hamburg-Barmbeck	2500	Betten rd	16 × 48	= 768 qm
Berlin, Virchowkrankenh.	2000	,, ,,	18 × 60	= 1080 ,,
Leipzig, St. Georg	1920	,, ,,	22 × 35	= 770 ,,
Mannheim	1389	,, ,,	18 × 33	= 594 ,,
Düsseldorf	1200	,, ,,	18 × 33	= 594 ,,
Würzburg..............	750	,, ,,	16 × 22	= 352 ,,
Essen	700	,, ,,	18 × 24	= 432 ,,
Königshütte O.-S.	550	,, ,,	18 × 19	= 342 ,,
Zabrze O.-S.	480	,, ,,	15 × 17,5	= 263 ,,

Durchschnittlich kann man also 0,6—0,4 qm Kesselraumfläche je Bett rechnen.

Bauliche Besonderheiten. Da über den Kesselräumen eine feste Balkendecke oder gar Überwölbung verboten ist, werden sie meist mit einem leichten Pappdach, Dachaufbau und großen Oberlichtöffnungen versehen. Über die Schornsteine und Entlüftungskanäle vgl. oben.

c) Brennstoffräume. Auch für den Brennstoffraum gibt Uber im Zbl. Bauverw. 1915, S. 673—680, wertvolle Unterlagen. Die Brennstoffmenge errechnet sich ebenfalls aus der Menge des errechneten stündlichen Meistbedarfs an Wärmeeinheiten. Für Krankenhäuser rechnet man mit einer 16stündlichen Betriebsdauer am Tage und im mittleren Deutschland mit 200, in den östlichen Provinzen mit 220 Heiztagen. Da jedoch nur der Durchschnittssatz der stündlich erforderlichen Wärmeeinheiten in Frage kommt, der etwa die Hälfte des Meistbedarfs beträgt, so ergibt sich als Jahresmenge der Wärmeeinheiten für die mittleren Provinzen der $16 \cdot 200 \cdot {}^1/_2 = 1600$fache Betrag des errechneten Stundenmeistbedarfes.

Nun beträgt die Heizleistung oder Heizkraft von 1 kg Gaskoks 3500 WE., Zechenkoks 4000 WE., Braunkohle 2—2500 WE. Daraus erhellt, daß 0,43 kg Gaskoks, 0,4 kg Zechenkoks oder 0,64—0,8 kg Braunkohle multipliziert mit dem stündlichen Meistbedarf an Wärmeeinheiten den Jahresbedarf an Brennstoffen ergibt. Da für 1 cbm geheizten Raumes 50—60 WE. erforderlich sind, so ergibt sich weiter, daß der Jahresbedarf für jedes Kubikmeter beheizten Raumes höchstens 26 kg Gaskoks, 24 kg Zechenkoks oder 38—48 kg Braunkohle beträgt und daß, auf den ganzen umbauten Raum umgerechnet, 50—90% dieser Mengen (s. o.) erforderlich sind. Für jedes Krankenbett ist als Jahresbedarf 1500—2300 kg Gaskoks, 1300—2000 kg Zechenkoks oder 2000—3200 kg Braunkohle zu rechnen.

Diese Mengen müssen für die üblichen Kraftbetriebe, wie oben ausgeführt, noch um 33,3—45% verstärkt werden.

Größe des Brennstoffraumes.

1000 kg	Steinkohle beanspruchen	1,15—1,40 cbm	Raum
1000 kg	Gaskoks	2,15—2,80 cbm	,,
1000 kg	Zechenkoks	1,90—2,65 cbm	,,
1000 kg	Braunkohle in Stücken	1,30—1,55 cbm	,,
1000 kg	Braunkohlenbriketts	1,00—1,15 cbm	,,
1000 kg	Holz in Scheiten	3,15 cbm	,,

Mit Hilfe dieser Zahlen wird man leicht den Stapelinhalt des Jahresbedarfes errechnen können. Nimmt man bei Kellerräumen eine Stapelhöhe von 1 m an, und schlägt man zu der sich ergebenden Fläche noch 25% für Zugänge hinzu, so ergibt sich die erforderliche Fläche des Kellerraumes. Ist er in dieser Größe nicht gut zu beschaffen, so wird man versuchen müssen, ihn wenigstens für den halben Jahresbedarf einzurichten, jedoch muß alsdann die Anfuhr vollständig gesichert und geregelt sein. Bei Kohlenschuppen wird man mit der Schütthöhe unter den besonderen Vorsichtsmaßregeln gegen Selbstentzündung eine weit höhere Stapelhöhe, vielleicht bis zu 4 m, annehmen können, obgleich das Einladen dann Schwierigkeiten macht.

Bauliche Besonderheiten. Auf ein günstiges Herein- und Herausschaffen ist bei dem Brennstoffraum das größte Gewicht zu legen. Damit die Arbeitsleistung beim Hereinschaffen eine möglichst geringe ist, legt man ihn am besten als Hofkeller an, in den durch Deckenöffnungen die Brennstoffe unmittelbar vom Wagen hineinfallen können. Umgekehrt darf aber auch der Fußboden des Brennstoffraumes nicht tiefer als die Einschüttöffnungen liegen, die sich vielfach in der Decke des Kessels befinden. Wenn sich beide Forderungen nicht gleichzeitig erfüllen lassen, was häufig vorkommt, so wird man bei großen Anlagen entweder auf die letzte Forderung verzichten und die Brennstoffe aus dem zu tief liegenden Kellerraum mit besonderen Beschickungsanlagen bis in die Kessel befördern, oder man hebt sofort vom Wagen aus den Brennstoff in hochgelegene Behälter, von denen aus er durch schräge Schächte in die Kessel gleitet. Derartige Anlagen sind in Essen, Mannheim und sonst ausgeführt (Abb. 199, 203).

In großen Betrieben gehört zum Brennstoffraum eine passend gelegene Brückenwaage, durch die das Gewicht der angelieferten Menge festgestellt werden kann. Statt dieser kostspieligen Anlage empfiehlt UBER für kleinere Betriebe den Brennstoffraum in kleinere Abteilungen zu teilen, deren Fassungsraum einer bestimmten Brennstoffmenge entspricht. Man kann dann nicht nur beim Einliefern die Menge leicht nachprüfen, sondern auch jederzeit leicht feststellen, wie weit die angelieferte Menge bereits verbraucht ist.

d) Nebenbetriebsräume. (Regelungs- und Schalträume, Pumpenräume, Maschinenräume, Warmwasserbereitungsräume.) Um die Kessel ordentlich in Betrieb halten und um ihr warmes Wasser oder ihren Dampf für besondere Zwecke nutzbar machen zu können, sind neben ihnen noch in größerer Zahl Einrichtungen, Pumpen, Maschinen und Behälter nötig, die von technisch geschulten Kräften bedient werden müssen und deshalb zwecks möglichster Einschränkung der Arbeitskräfte am besten in nächster Nähe untergebracht werden. Solange einfache Zentralheizungsanlagen die Unterlage des ganzen Betriebes bilden, werden sie bei ihrem geringen Umfang vielfach der Einfachheit halber im Zentralheizungsraum selbst untergebracht, sobald aber größere Kesselräume für Fernheizungen und Kraftbetriebe nötig werden, wird man sie ihres größeren Umfanges wegen, aber auch schon aus Gründen größerer Sauberkeit, aus den Kesselhäusern heraus in einen oder mehrere besondere Räume verweisen. Ihre Anordnung im einzelnen richtet sich sehr nach Zahl und Art der unterzubringenden Gegenstände und bedarf gründlicher Vereinbarung und Entwurfsbearbeitung mit dem Maschineningenieur. Bei der außerordentlichen Verschiedenartigkeit der einzelnen Fälle können hier nur wenige Angaben allgemeiner Art gemacht werden.

Regelungsraum. Schon seit mehreren Jahrzehnten legt man größere Heiz- und Kraftanlagen derart an, daß sie von einer Stelle aus, dem „Regelungsstand", den Bedürfnissen entsprechend durch den Heizer eingestellt werden können. Zu diesem Zweck ist zunächst eine Fernthermometeranlage nötig, welche den Wärmegrad jedes wichtigen Raumes an diesem Stande abzulesen gestattet. In unmittelbarster Nähe sind die großen Ventilstöcke angebracht, in welche die Hauptkesselleitungen münden, um hier in zahlreiche, mit Einzelventilen regelbare Einzelstränge aufgelöst zu werden. Von dieser Stelle aus müssen auch die Hauptluftklappen eingestellt, womöglich auch die Rauchgasmesser, Unterschiedszugmesser, Speisewassermesser usw. nachgeprüft werden können.

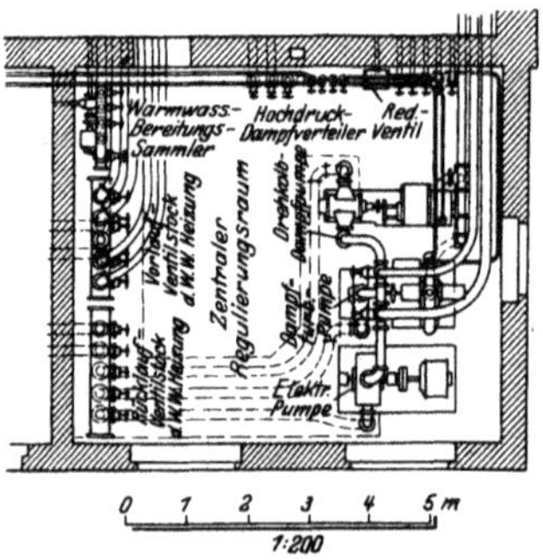

Abb. 107. Essen a. d. Ruhr, städt. Krankenanstalt, Hauptregelungsraum.

Die Ventilstöcke nehmen schon bei Anstalten von etwa 600 Betten eine Wandlänge von 9 m, bei 2000 Betten etwa 18 m in Anspruch. Will man keine besondere Bedienungs- oder Regelungsstube einrichten, so kann auch die Verwendung langer Wandflächen in anderen Räumen zweckmäßig sein.

Pumpenraum. Pumpen können erforderlich sein zum Füllen der Kessel mit Speisewasser, zum Heben des Dampfwassers (Kondensat), zum beschleunigten Umlauf des Wassers in Fernheizleitungen, zum Heben des Reinwassers aus Tiefbrunnen in Hochbehälter bei eigener Wasseranlage, zum Heben von Schmutzwasser bei ungünstiger Lage der Entwässerungsleitungen usw. Man wird aber alle diese Pumpen nicht unnötig in einem Raum vereinigen, da es zweckmäßig ist, daß jede Pumpe möglichst nahe und niedrig über der Entnahmestelle steht, damit die Saughöhe möglichst gering wird, z. B. die Pumpen des Dampfwassers unmittelbar über der Dampfwasserquelle, also meist in einem Kellerraum unterhalb der anderen Betriebsräume. Da jede Pumpe je nach ihrer Bauart nur höchstens 2×2 m Platz beansprucht, handelt es sich immer nur um kleine Räume.

Betriebsräume für Warmwasserbereitungsanlagen. Der Raumbedarf für die Warmwasserbereitungsanlage richtet sich nach der Art der Anlage. Wird das warme Wasser erst am Ort der Verwendung durch Gas (selbsttätige Schnellerhitzer) oder elektrischen Strom erzeugt, so ist überhaupt kein besonderer Raum erforderlich, wenn Gas oder elektrischer Strom, wie heute wohl in der Regel, aus öffentlichen Werken entnommen wird. Diese örtliche Erwärmung ist für weit entlegene Entnahmestellen zweckmäßig, so unter Umständen für Operationssäle zur Erzeugung keimfreien Wassers. Wird die Wärme des Wassers durch eigene

Feuerung erzeugt, so vergrößert sich bei Anstalten bis zu etwa 300 Betten die Niederdruckkesselanlage, wie oben bereits angegeben. Der besondere Wasserspeicherkessel (Boiler), in dem die Erwärmung des Wassers durch Dampf oder Warmwasserschlangen erfolgt, kann bei genügender Raumhöhe über den Heizkesseln angebracht werden, während der bei der offenen Anlage über den höchsten Entnahmestellen anzubringende Sammelbehälter (Wasserreservoir) meist im Dachboden oder an der Decke des obersten Geschosses an einem verfügbaren Platz anzubringen ist. Erst bei Anstalten, die sich in eine größere Zahl von Gebäuden auflösen und deshalb ein besonderes Kesselhaus mit Hochdruckkesseln erhalten, und bei denen die für die Erwärmung des Wassers erforderliche Wärme in den Hochdruckkesseln erzeugt wird, nehmen die Wasserspeicherkessel mehr Platz ein, so daß sie vielfach in einem besonderen Raum, der z. B. in Hamburg-Barmbeck (2500 Betten) etwa 6 × 8 m Fläche hat, untergebracht sind, meist allerdings mit anderen Maschinen zusammen in einem großen Maschinenraum ihren Platz finden.

Betriebsräume für Kühlanlagen. Die im Küchenbetrieb erforderlichen Kühlschränke und Kühlräume (s. oben) werden entweder durch Natur- oder Kunsteis auf dem gewünschten Kältegrad erhalten. Dann ist zur Speicherung des Eises ein Eiskeller anzulegen, wie er auch sonst üblich ist. Oder die Kühlräume werden durch hoch an den Decken angebrachte Rohrleitungen kühl gehalten, deren Salzwasser durch eine Kältemaschine auf 2—5° herabgekühlt wird. Für 234 qm Kühlräume hat im Virchowkrankenhaus Berlin die gesamte Kühlerzeugungsanlage einschließlich der treibenden Dampfmaschine einen Raum von rd 50 qm erfordert. Diese dient aber gleichzeitig noch dazu, in einem Nebenraum von etwa 30 qm das im Krankenhaus für ärztliche Zwecke nötige Eis herzustellen. Der Bedarf hierfür beträgt täglich mindestens 1 kg je Bett. Natürlich kann die Kältemaschine auch durch elektrische Kraft getrieben werden, wie man auch seit einigen Jahren die Kühlschlangen in großen Kühlschränken durch elektrischen Strom in Betrieb hält. Sie erfordern so gut wie gar keine Bedienung.

Die besonderen Betriebsanlagen für die Entwässerung. Die menschlichen Auswurfstoffe und Abwässer müssen im allgemeinen aus den Krankenhäusern ebenso entfernt werden, wie dies in der betreffenden Ortschaft auch für Wohnhäuser vorgeschrieben ist. Gruben und Tonnen wird man allerdings nur im Notfall anwenden. Kläranlagen und Rieselfelder auf dem Anstaltsgrundstück selbst erfordern zwar genügende Größe desselben und besondere Sorgfalt bei ihrer Herstellung und Wartung, unterscheiden sich aber in nichts von der Ausführung solcher für Wohngrundstücke oder ganze Gemeinden. Wenn jedoch die Krankenhausanstalten an derartige öffentliche Einrichtungen angeschlossen werden, so werden hier schon meist behördlicherseits noch über das übliche Maß hinausgehende Anforderungen gestellt, durch die eine Verbreitung ansteckender Stoffe über das Gebiet der Anstalt hinaus möglichst vermieden werden soll. Das geschieht durch Zwischen-

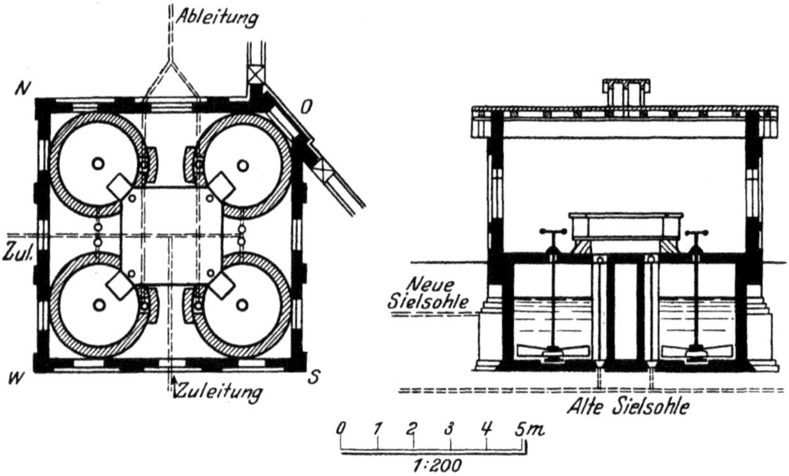

Abb. 108. Entkeimungsanlage für Abwässer.

schaltung eines Bauwerkes, in welchem die Auswurfstoffe durch Beimengung chemischer Stoffe, namentlich Chlorkalk, oder durch Aufkochen mittels Dampf bis zur Siedehitze keimfrei gemacht werden. Vielfach genügt es, nur für die Absonderungshäuser, die Seuchen- und Operationshäuser eine derartige Entkeimung durchzuführen; die erwähnte Kochanlage, wie sie in München-Schwabing durchgeführt ist, ist im Bau und Betrieb kostspielig, aber auch in der Wirkung am sichersten.

Räume für elektrische Anlagen. Wenn auch, wie oben vermerkt, auf den Bau eigener Elektrizitätswerke nicht näher eingegangen werden soll — im neuen Würzburger Luitpoldkrankenhaus erfordern die zwei Dynamomaschinen von 130 KW, die mit zwei Dampfmaschinen von je 170 PS unmittelbar gekuppelt sind, einen Raum von rd 11 × 12 m mit einer Schaltnische von rd 3 × 6 m —, so soll hier doch nicht unerwähnt bleiben, daß auch schon der meist erforderliche *Umformerraum* einen größeren Raum in Anspruch nehmen kann. So ist im neuen Krankenhaus St. Georg in Leipzig für die Umformung des aus dem städtischen Elektrizitätswerk kommenden Drehstroms von 10000 V in 380 V Spannung und den für verschiedene Zwecke erforderlichen Gleichstrom ein Raum von 10,73 × 13,37 m vorgesehen. Der Starkstromschaltraum dazu liegt im Keller. Allein für Akkumulatoren ist ein Raum von etwa 10 qm auf je 100 Betten zu rechnen.

e) **Werkstatträume.** Schon weil fremde Handwerker die Ruhe im Krankenhaus weit mehr stören als eigene, die ihre Arbeit zeitlich dem Betrieb im Krankenhaus besser anpassen können, werden in größeren Anstalten Handwerker aller Art als Angestellte beschäftigt. Ihre Zahl kann natürlich nur so hoch bemessen werden, daß im ganzen Jahr genügend Beschäftigung für sie vorliegt. Danach richtet sich denn auch die Größe der einzurichtenden Werkstätten. Ein Krankenhaus von etwa 1000 Betten erfordert:

1 Lagerraum für den Maurer	etwa 20 qm	groß
1 Schmiede mit Schmiedeherd	20— 30 qm	,,
1 Schlosserei	30— 50 qm	,,
1 Tischlerwerkstatt mit Leimküche	30— 70 qm	,,
dazu Spänegelaß und Holzlagerraum . . .	20— 50 qm	,,
1 Glaserwerkstatt	15— 20 qm	,,
1 Malerwerkstatt	20— 30 qm	,,
dazu Farbengelaß	15— 20 qm	,,
1 Klempnerwerkstatt	15— 20 qm	,,
1 Rohrlegerwerkstatt	20— 30 qm	,,
1 Werkstatt für Elektriker	20— 30 qm	,,
1 Tapezierwerkstatt mit Raum für die Zupfmaschine und Lagerraum	50—100 qm	,,

f) **Fuhrwerksbetrieb.** Bisher bildeten bei größeren Anstalten die Handwagen, mit denen das Essen von der Küche zu den einzelnen Gebäuden geschafft wurde, den Hauptanteil an den erforderlichen Fuhrgeräten: womöglich für jede Krankenabteilung ein besonderer größerer Handwagen mit geschlossenem Kasten, der zuweilen heizbar. Insgesamt erfordern diese einen, wenn auch geräumigen, aber einfach hergestellten Schuppen.

Nachdem man mit der Einführung von Elektrokarren sehr gute Erfahrungen gemacht (Z. Krk.hauswes. 1927, S. 353; 1928, S. 48) dürfte ihre allgemeine Einführung nur eine Frage der nächsten Zeit sein, zumal nicht nur ein weit schnellerer Betrieb, sondern sogar eine nicht unwesentliche Ersparnis erzielt wird. Gebräuchlich sind entweder zweirädrige, von einem Mann bediente Karren, bei denen die Speisegefäße an der Achse frei aufgehängt werden, oder vierrädrige Plattformwagen mit abnehmbaren, auf kleinen Rädern ruhenden, geschlossenen oder offenen Aufbauten lediglich für Speisegefäße. Das Städtische Krankenhaus Essen hat zwei kleine 750 kg-Siemens-Schuckert-Elektrokarren von 1,5 qm Ladefläche, drei solcher Karren von 2,5 qm Ladefläche (1500 kg Nutzlast), sowie einen Anhänger Mit deren Hilfe werden nicht nur die Speisen für 850 Personen, sondern auch die Lebensmittel- und Eisvorräte, die ganze Wäsche, Verbandstoffe, Kehricht und Brennstoffe auf dem rd 60 Morgen großen Gelände befördert, und zwar zum Teil mit einem Mann, zum Teil mit zwei Mann Bedienung. Auch zum Sprengen und Kehren der Wege können sie verwendet werden. Die vollkommen geschlossenen Aufbauten haben den Vorzug, daß sie bis dicht an die Kochkessel gerollt werden können und daß die Speisen weniger leicht kalt werden; sie werden aber andererseits als arbeitshemmend empfunden. Für alle diese Karren wird man ein oder zwei größere Schuppen anlegen, die aber dann schon eine sorgfältigere Ausführung erfordern, da sie den besonderen baupolizeilichen Bestimmungen für Kraftwagenschuppen entsprechen müssen.

Außer diesen Karren werden auch noch Schuppen für Wagen zur Personenbeförderung errichtet werden müssen, deren Zahl und Größe sich nach den örtlichen Verhältnissen richtet. Auch hierfür kommen heute wohl nur noch Kraftwagen in Frage. Die neuerdings genormten Krankenwagen sind in ihren äußersten Maßen etwa 1,70 m breit, 5,05 m lang und 2,40 m hoch. Ihre Spurweite ist 1,36 m. Auch für die den Ärzten selbst gehörigen Gefährte wird vielfach Unterkunft beschafft werden müssen.

g) Dienst- und Aufenthaltsräume. Schon in Krankenhäusern von 2000 Betten ist für den technischen Betriebsleiter, den Maschinenmeister ein besonderes Dienstzimmer nötig. In größeren Anstalten können auch weitere Dienstzimmer für Techniker hinzukommen. Für die Heizer und sonstige Angestellte sind Räume zum Kleiderwechseln und zum Essen anzulegen, ferner Bäder und Aborte. Die gleichen Räume sind auch für die in den einzelnen Werkstätten tätigen Handwerker vorzusehen.

B. Grundrißgestaltungen der einzelnen Krankenhausabteilungen.

Der gesamte Abschnitt A dieses Buches bezweckte in erster Linie eine Aufzählung aller hier erforderlichen Räume, um an Hand derselben in jedem einzelnen Baufall schon bei der Aufstellung des Bauprogramms über Anzahl und Größe aller herzustellenden Räume die nötige Klarheit zu schaffen, dabei auch dem

Entwerfenden möglichst alles das an die Hand zu geben, was er, ohne daß es im Bauprogramm besonders erwähnt ist, wissen muß, um zunächst Größe und Gestaltung der Einzelräume dem Zweck entsprechend festlegen zu können. Es sind dies, wie oben bereits gesagt, die Keimzellen des baulichen Gesamtgebildes, und es handelt sich nunmehr darum, in diesem Abschnitt auseinanderzusetzen, wie aus diesen Keimzellen ein brauchbares lebensfähiges Glied geschaffen werden kann.

Hier fängt also im Grunde genommen die eigentliche Arbeit und Kunst des Entwerfens erst an.

Wie kann nun eine solche Aufgabe gefördert werden?

Einmal durch Hinweise auf diejenigen Gesichtspunkte, die bei der Anordnung der Räume zueinander zu beachten sind, und sodann durch Vorführung von bemerkenswerten, ausgeführten Bauten möglichst auch unter Beachtung der geschichtlichen Entwicklung jeder Grundrißmusterform. Beispiele lehren, mitunter können aber auch gerade verfehlte Ausführungen am lehrreichsten werden, wenn die Fehler klar erkannt werden.

I. Aufenthaltsabteilungen.

1. Bettensaalabteilungen. (Krankenpavillons.)

Bettenhäuser mit einem Saal. Während man in Frankreich einstöckige, freistehende nur durch Wandelgänge verbundene Einzelkrankensäle, sogenannte Pavillons, bereits seit 1764 kannte und bevorzugte, entwickelten sich in Deutschland derartige Bettensaalhäuser erst beinahe 100 Jahre später aus den Barackenbauten, die in Not- und Kriegszeiten plötzlich geschaffen werden mußten und sich für ihren Sonderzweck bewährt hatten, vielfach sogar derart, daß man auch ohne Not oder Krieg Barackenbauten für die günstigste Lösung ansah, zumal man sich wesentlich billigere Kosten versprach. Dieser letztere Vorteil erweist sich aber meist nachher als trügerisch. Holzbauten sind bei gleicher Ausstattung nur in holzreichen Gegenden wesentlich billiger und wenn der gleiche Bau in großer Anzahl errichtet wird. Aber auch dann wird durch die kostspielige Unterhaltung sowie Heizung und durch die geringere Lebensdauer der Geldvorteil im Laufe der Jahre leicht wieder aufgehoben, sogar ins Gegenteil verkehrt.

So ist es auch mit den Krankenbaracken gegangen. Als Notbaracken waren sie gut und billig und erfüllten ihren Zweck im Kriege vollkommen. Dann hat man den Saalgrundriß der Baracken für Dauerbauten weiter durchgebildet, man hat sie mit allen Erfordernissen der Lüftung und Heizung, Zentralheizung, sogar Fernheizung ausgestattet, man hat zu dem Zweck eine Unterkellerung nicht mehr entbehren können, und man hat schließlich unterirdische und oberirdische Verbindungsgänge anlegen müssen, um die Nachteile einzelstehender Gebäude möglichst zu mildern, ohne die Vorteile der Abtrennung voneinander ganz aufzugeben.

Die bekannte Moabiter Baracke (Abb. 109) bietet hierfür ein

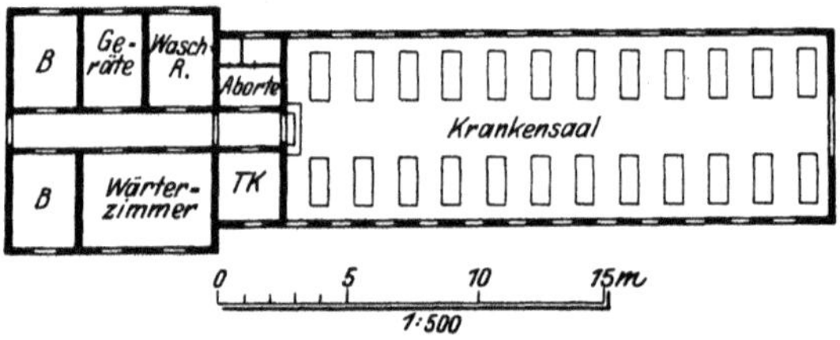

Abb. 109. Berlin-Moabit, städt. Krankenhaus, Bettenbaracke aus dem Jahre 1870.

lehrreiches Beispiel. Ihre Grundrißanordnung hat im Laufe der Zeit große Wandlungen durchgemacht, um weitergehenden Anforderungen möglichst zu genügen. So hat man — leider nur vereinzelt — den Mittelflur durch einen Seitenflur ersetzt und bei weiterem Anwachsen der Nebenräume auch senkrecht dazu einen weiteren Flur angeordnet. Der sehr bald unternommene Schritt, auch noch am anderen Ende des Saales Nebenräume anzuordnen, wurde dann allerdings verhängnisvoll, je mehr sich neben dem großen Krankensaal das Verlangen nach Einzelzimmern geltend machte, denn nun waren nicht immer von den Einzelzimmern aus alle Nebenräume ohne Durchschreiten des Saales zugänglich. Um nicht doppelte Nebenräume schaffen zu müssen, verlegte man den Saal schließlich in der „Lindenburg" zu Köln doch wieder an das Ende des Gebäudes (Abb. 110). Nahm früher der Saal $^2/_3$ des ganzen Gebäudes ein, so war seine Bedeutung allmählich bis auf weniger als $^1/_3$ herabgesunken. Um so mehr wuchs die Schwierigkeit, für die Zugänglichkeit zu den anderen Räumen genügend helle Flure zu schaffen, zumal der Saal das Kopflicht wegnahm. Die Zwischenschaltung von Lichtquerfluren konnte den Übelstand dunkler Mittelflure nur selten wirklich befriedigend beheben. Auch im übrigen kann sie nicht gerade als eine vorbildliche Lösung betrachtet werden, da alle derartigen Lichtflure nachher nur allzu gern zu anderen Zwecken benutzt werden, für die sie nicht bestimmt sind und die ihre eigentliche Bestimmung mehr oder weniger beeinträchtigen. Der in den letzten Jahren erfolgte Umbau der 1850—1852 erbauten Bettenhäuser des Krankenhauses Friedrichshain zu Berlin zeigt uns am deutlichsten die zeitliche Wandlung der Ansprüche (Abb. 111 a und b).

Bettenhäuser mit zwei Sälen. Konnte man jahrzehntelang sich mit der Aufteilung eines Krankenhauses in möglichst viel Einzelgebäude nicht genug tun, so hatte man doch auch bald die außerordentlich hohen Mehrkosten einer solchen allzusehr zerstreuten Anlage und auch den weitläufigeren, kostspieligeren Betrieb derselben unangenehm empfinden müssen, so daß allmählich eine Gegenströmung einsetzte. Das erste Mittel war in dieser Beziehung, vom einstöckigen zu zwei- und dreistöckigen Bettenhäusern überzugehen, hatte doch gelegentlich des Krankenhausbaues in Hamburg-Eppendorf eine genaue Vergleichsberechnung zwischen ein- und zweistöckigen Bettenhäusern bei letzteren eine Ersparnis von 22,3% ergeben, eine Zahl, die schon allein durch den geringeren Anteil der Kellergeschoßkosten erklärlich ist. Wollte man umgekehrt die für die Kranken sicherlich günstigste ebenerdige Lage aller Krankenbetten beibehalten, auch die andererseits nicht unerheblichen Kosten für Treppen und Aufzüge sparen, so ergab sich ein anderer Weg zur Verminderung der Kosten durch unmittelbares Aneinanderbauen zweier Säle oder vielmehr zweier Abteilungen, weil dann gewisse Nebenräume für beide Abteilungen nur einmal hergestellt zu werden brauchen. So entstand das Doppelsaalhaus, als dessen reifste Form jahrzehntelang der von Deneke vorgeschlagene Grundriß (Abb. 112) angesehen worden ist. Beachtenswert sind die wohl englischen Vorbildern entstammenden, knapp gehaltenen, aber sehr wirksamen Windfänge über Eck. Weniger vorbildlich ist der

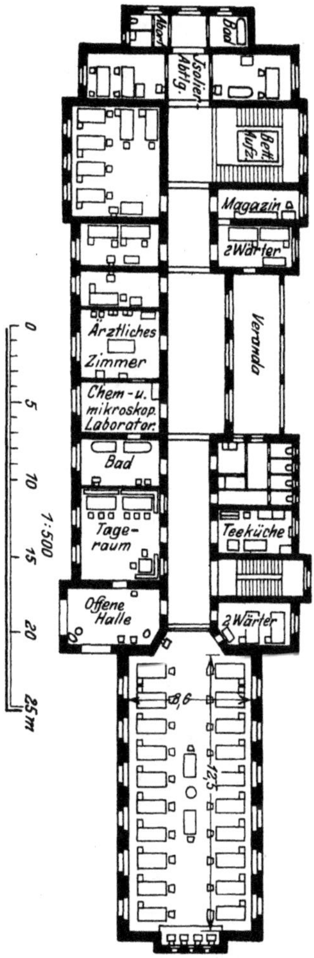

Abb. 110. Köln, Krankenhaus „Lindenburg", Bettenhaus.

Mittelflur mit den Lichtfluren aus den bereits angeführten Gründen. Eine günstigere Lösung ist bereits oben (Abb. 43) wiedergegeben. Helle Flure weist auch die genormte, zerlegbare Baracke auf

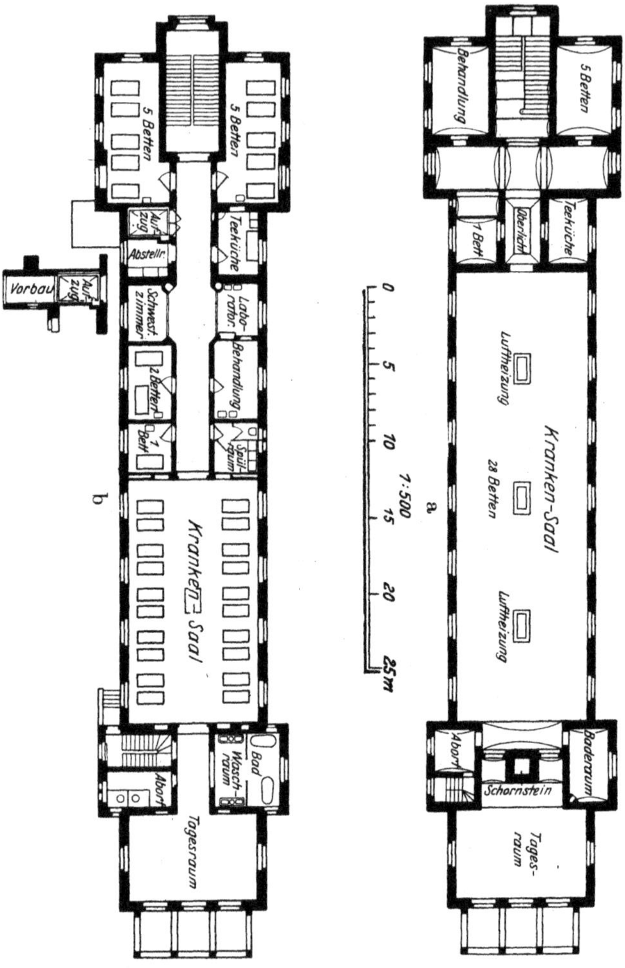

Abb. 111 a u. b. Berlin, städt. Krankenhaus am Friedrichshain, a Bettenhaus 1870—74, b nach dem Umbau 1926—27.

(Abb. 113) und der Bettenflügel in Frankfurt a. O. (Abb. 114). Bei letzterem ist keine Gebäudeecke vorhanden, in der die Abortanlage mit gut entlüftbaren Vorräumen anzubringen wäre. Durch Zurückrücken der Saallängsachsen in die Flurachse hätte sich dieser Übelstand beseitigen lassen. Auch bei diesen Doppelsälen wieder die unglücklichen Anbauten an beiden Kopfenden der Säle und eine Längenausdehnung der Gebäude bis über 90 m (Abbildung des Bettenhauses im Rudolf-Virchow-Krankenhaus und im Krankenhaus St. Georg, Leipzig s. RUPPEL, Allgemeiner Krankenhausbau der

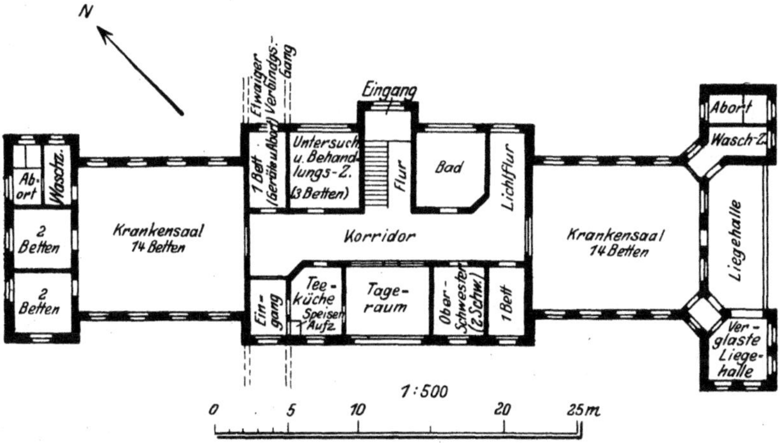

Abb. 112. Hamburg-Eppendorf, städt. Krankenhaus, Bettenhaus nach DENEKE.

Neuzeit, S. 299). Inzwischen hatten sich auch in Deutschland zwischen den bis dahin gänzlich freistehenden Bettensaalhäusern oberirdische Verbindungsgänge immer mehr eingebürgert, sie stießen aber bei Doppelsaalhäusern auf Schwierigkeiten. Legt man sie im Zuge der kurzen Mittelachse an, so geht der Verkehr stets durch die Krankenabteilungen; führt man die Verbindungsgänge von der Seite aus ein, so geht der Verkehr zum zweiten Saal sogar durch den ersten

Abb. 113. Genormte (Fanok), zerlegbare Baracke für 20 Betten.

hindurch (Leipzig, St. Georg). Erstere Lösung ist indessen sehr brauchbar, wenn es sich nur um die Verbindung zweier Bettenhäuser handelt, so daß die Gesamtanlage ein H oder U ergibt. Diese Gesamtanordnung ist für mittelgroße Krankenhäuser beliebt. Ihrem Grundgedanken tut es nicht viel Abbruch, ob der Mittelbau selbst nicht bis an die Flügel heranreicht und die Verbindung nur durch einen einstöckigen Gang hergestellt wird, oder ob alle Geschosse des Mittelbaus bis zu den Flügeln durchgehen. Letztere Lösung ermöglicht auch noch einige zu den Abteilungen in den Flügelbauten gehörige Räume im Mittelbau unterzubringen. Sie bringt auch das allgemeine Bestreben des einheitlicheren Zusammenfassens der Gebäude stärker zum Ausdruck, hat aber den Nachteil, daß sich in den Gebäudeecken die Luft staut.

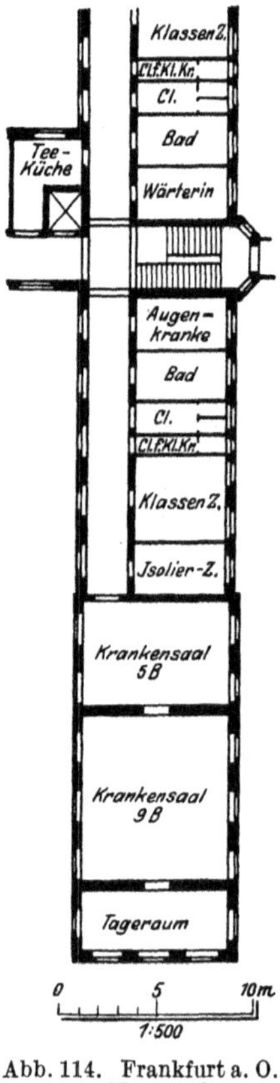

Abb. 114. Frankfurt a. O., städt. Krankenhaus, Bettenhaus.

Wenn örtliche Verhältnisse eine allzu große Längenentwicklung verboten, hat man auch zu anderen Lösungen gegriffen (Abb. 115), wobei man sogar vielfach auf eine Belichtung beider Längsseiten verzichtet hat. Dann wird natürlich auch die Sonnenbelichtung desto geringer, und es kommt um so mehr auf eine an sich günstige Lage zur Sonne an. Über die Dosquetsäle, die gewissermaßen ein Mittelglied zwischen Krankensaal und Krankenstube bilden, ist oben schon das Nötige gesagt. Hier sei nur im Zusammenhang der Grundriß des Zwickauer Bettenhauses eingefügt (Abb. 116). Eine geschickte Anordnung mit Flur, dessen Grundfläche sich auch noch leicht ohne Schaden vermindern läßt, zeigt der Grundriß des Ulmer Bettenhauses (Abb. 117) mit einer allerdings weit geringeren Bettenzahl.

Im einzelnen kommt es bei Durchbildung eines Bettensaalgrundrisses hauptsächlich darauf an, daß die Nebenräume günstig angeordnet werden: die Wege der Kranken zwischen Bettenraum einerseits und Abort, Waschraum, sowie Badezimmer andererseits müssen möglichst kurz und bequem sein, aber auch ebenso die Wege für die behandelnden und bedienenden Kräfte, also besonders zwischen Dienstzimmer, Teeküche und Krankenräumen.

2. Bettenstubenabteilungen. (Korridorhäuser.)

Wenn sich der Vorschlag des Gutachterausschusses, höchstens 10 Kranke in einem Raum unterzubringen, allgemein durchsetzt, so würde damit das Schicksal der von zwei gegenüberliegenden

Abb. 115 a—i. Gesamtanordnung von Bettenhäusern.

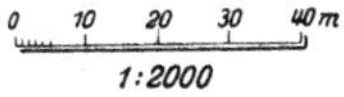

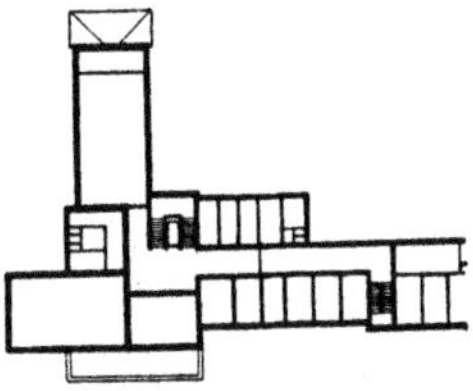

a) Darmstadt, Stadt-Krankenhaus.

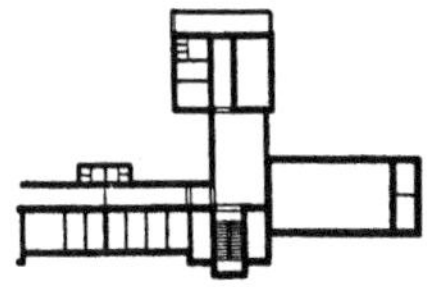

b) Wien, erste medizinische Klinik.

c) Würzburg, Staatliches Luitpold-Krankenhaus.

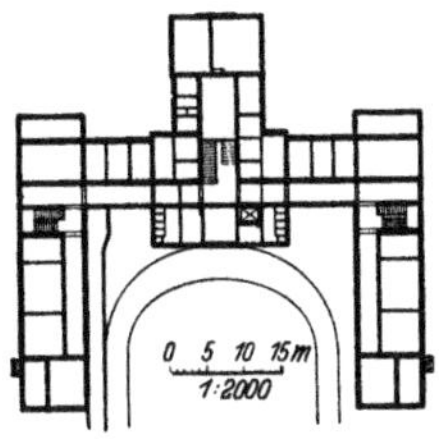

d) Berlin-Reinickendorf, Städtisches Krankenhaus.

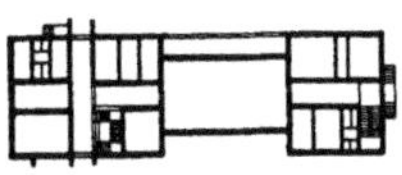

e) Berlin-Neukölln, Städtisches Krankenhaus, Lage des zweiten Saales ähnlich Westend (s. u.).

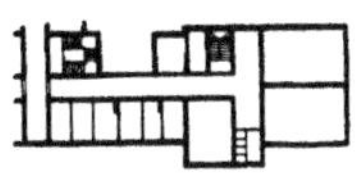

f) Dortmund, Luisenhospital.

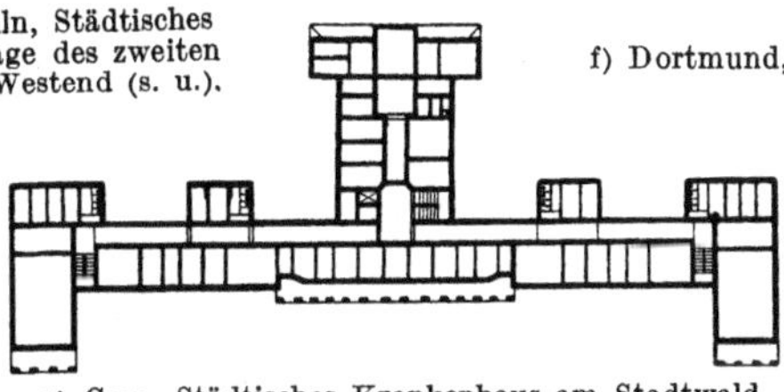

g) Gera, Städtisches Krankenhaus am Stadtwald.

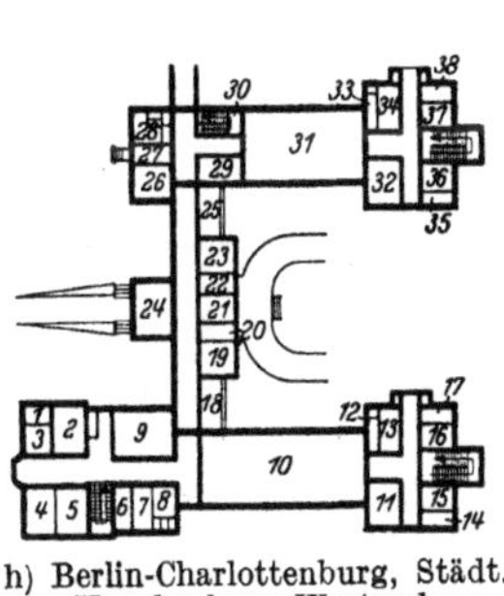

h) Berlin-Charlottenburg, Städt. Krankenhaus Westend.

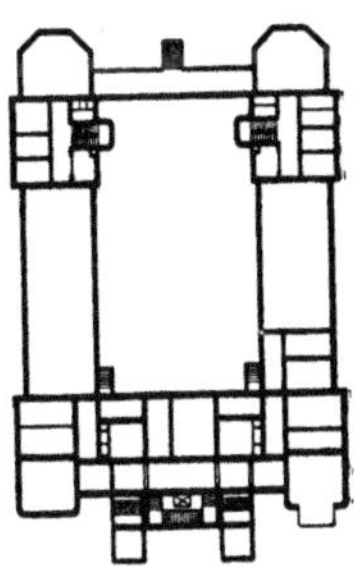

i) Zabrze. Knappschaftskrankenhaus.

1. Sterilisierraum. 2. Verbandsz. 3. Tobzelle. 4. u. 5. Krankenz. (3 B.). 6. u. 7. Wäscheentkeimungs- u. Ausgußraum. 8. Aborte für Kranke. 9. Tagesraum. 10. Krankensaal (22 B.). 11. Bad. 12. Geräte u. Abort d. Bedienung. 13. Krankenwaschr. 14. Wäschelager. 15. Dienstz. der Ärzte und Schwestern. 16. Anrichte. 17. Spülküche. 18. Liegehalle. 19. Aufnahmebad. 20. Auskleidezelle. 21. Warteraum. 22. Aufnahmewärter. 23. Abteilungslaboratorium. 24. Tagesraum. 25. Liegehalle. 26. Verbandz. 27. u. 28. Wäscheentkeimungs- u. Ausgußraum, daneben Krankenaborte. 29. Bade- u. Waschraum. 30. Sterilisierraum. 31. Krankensaal (16 B.). 32. Krankenzimmer (3 B.). 33. Geräte und Aborte der Bedienung. 34. Krankenzimmer (2 B.). 35. Wäschelager 36. Dienstzimmer der Ärzte und Schwestern. 37. Anrichte. 38. Spülküche.

Seiten aus belichteten Krankensäle und damit der Bettensaalhäuser zugunsten der Bettenstubenhäuser endgültig besiegelt sein; es ist aber noch sehr die Frage, ob sich nicht zum mindesten in manchen Fällen, so bei Krankenhäusern für Kranke gleichen Berufes, wie z. B. bei denen für die Knappschaften, der größere Krankensaal schon wegen der geringeren Baukosten und des einfacheren Betriebes auch noch weiterhin behaupten wird. Die

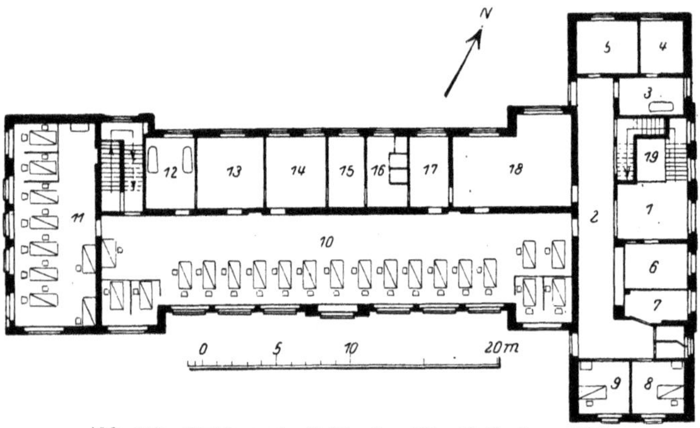

Abb. 116. Zwickau, staatl. Krankenstift. Bettenhaus 1920.
1 Haupttreppe. 2 Flur. 3 Bad. 4 Kleiderkammer. 5 Schwesternzimmer. 6 Teeküche. 7 Geräteraum. 8—11 Krankenräume. 12 Bad. 13 Verbandraum. 14 Arztzimmer. 15 Spülraum. 16 Abort. 17 Waschraum. 18 Tagesraum.

größeren Säle verbieten sich von selbst bei kleineren Anstalten, weil hier die einzelnen, nach Krankheiten und Geschlechtern abzutrennenden Abteilungen schon an und für sich so wenig Betten aufweisen, daß von großen Sälen wenig die Rede sein kann. Wir treffen also bei kleinen Krankenhäusern fast stets auf Lösungen, die einem Bettenstubenhaus eigen sind. Es sei deshalb auf die späteren Abbildungen von kleineren Anstalten im Abschnitt C verwiesen, da die einzelnen Krankenabteilungen bei diesen vom baulichen Standpunkt aus nicht ein in sich derart abgeschlossenes Ganzes bilden, das als Lösung für sich zu werten ist, vielmehr im Zusammenhang mit allen den übrigen Behandlungs- und Betriebsabteilungen betrachtet werden muß.

Bettenstubenhäuser größerer Krankenanstalten aus der Zeit vor 1870 in Abbildungen zu bringen hat keinen großen Wert, da die damals übliche Zimmertiefe von 9—10 m und die geringe Zahl der Nebenräume den heutigen Anforderungen zu wenig entspricht. Im übrigen zeigt der Grundriß der Bettenstubenhäuser entweder die gleichen Formen, die wir beim Bettensaalhaus festgestellt haben, nur daß der zehnbettige Saal noch weniger den

Grundriß beherrscht, als dies selbst bei den Saalbauten letzter Entwicklung immer noch der Fall war, oder wir kommen zu der gebräuchlichsten und einfachsten Lösung, bei der auf der einen Seite eines durchgehenden, langen Flures die Bettenzimmer, womöglich auch die Tagesräume nebeneinander aufgereiht sind, während auf der anderen Seite des Flurs sämtliche Nebenräume zu liegen kommen. Bei größeren Abteilungen dürfen letztere jedoch nicht die ganze Länge des Flurs einnehmen, müssen vielmehr nach den preußischen Bestimmungen bei mehr als 25 m Gebäudelänge die Hälfte des Flurs zwecks besserer Helligkeit desselben freilassen. Man teilt deshalb die Nebenzimmer derart ein, daß je nach der Gesamtlänge des Baues nach hinten 2, 3, 4 oder sogar 5 Anbauten entstehen, deren Einzelbreite möglichst unter 15 m bleibt, da bei größerer Breite in der Mitte der Anbauten der Flur doch schon sehr dunkel bleibt, wenn man nicht zu besonderen Mitteln greift, von denen das beste dasjenige ist, daß man an den Anbauten den langen Flur verbreitert (s. Abb. 130). Nehmen die Nebenräume mehr als die Länge der Flurlänge ein, so kann man sich entweder dadurch helfen, daß man einen oder den anderen Nebenraum, in erster Linie wohl das Schwesterndienstzimmer auch noch nach vorn anordnet und so das Gebäude verlängert, die Anbauten aber vermindert, oder daß man senkrecht zum Hauptflur einen Stichflur anlegt, von dem links und rechts die Nebenräume zugänglich sind. Die letztere Anordnung erhöht indessen die Länge der Betriebswege meist erheblicher als die Verlängerung des Gebäudes. Übrigens wird auch an sich gegen eine etwas größere Breite der Anbauten über die halbe Gebäudelänge hinaus nichts einzuwenden sein, wenn nur der Zweck dieser Vorschrift, die genügende Helligkeit der Flure, durch andere Mittel erreicht wird (s. oben).

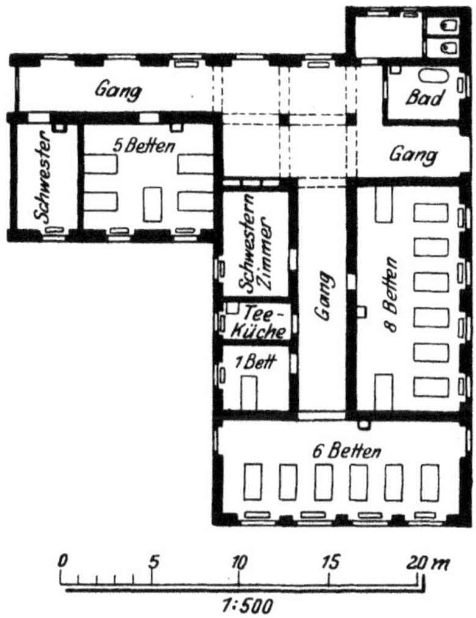

Abb. 117. Ulm, Krankenhaus.

Die einseitige Lage der Fenster macht die Richtung dieser Fensterwand nach Süden zu um so wünschenswerter, auch sollte man die Flügelbauten nicht allzusehr nach vorn vor-

ziehen, weil sonst die zurückliegenden Räume in den Ecken zu stark im Schatten liegen (s. oben Bemerkung zu Abb. 15 u. 16).
Verbindungsgänge können hier unbedenklich auch an den Flü-

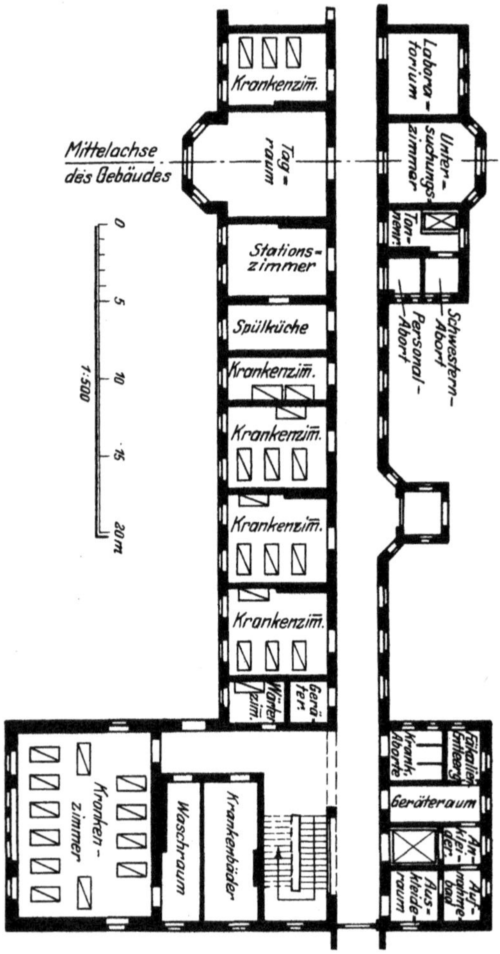

Abb. 118. München-Schwabing, städt. Krankenhaus, Bettenhaus.

geln angeordnet werden, weil sie nicht in Säle, sondern in die Flure einmünden.

3. Bettenabteilungen für Kinder und Säuglinge.

Der Grundriß für Kinder-Bettenabteilungen ist grundsätzlich nicht von denen für Erwachsene verschieden, auch für Säuglingsabteilungen ist dem oben unter I 1a Gesagten nichts weiter hinzuzufügen.

4. Bettenabteilungen für Leichtkranke und Dauerkranke.

Der Vorschlag, durch besondere gemeinschaftliche Abteilungen für Leichtkranke und für Dauerkranke (chronische Kranke) Ver-

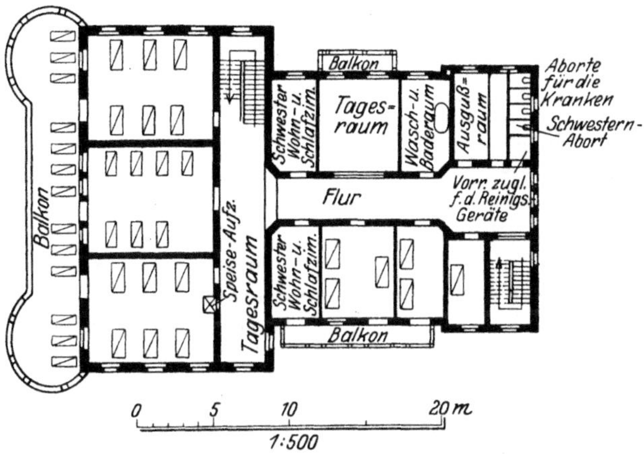

Abb. 119. Berlin-Charlottenburg, städt. Krankenhaus Westend, Leichtkrankenhaus.

billigungen in Bau und Betrieb zu erreichen, beruht darauf, daß weder Leichtkranke, namentlich Genesende, noch Dauerkranke (Sieche) kostspieliger Behandlungseinrichtungen bedürfen, so daß eine ganze Reihe sonst notwendiger Räume für sie nicht erforderlich ist. Die Häuser für Leichtkranke kommen daher baulich den Wohnhäusern, die für Dauerkranke den Pflegehäusern näher. Drei Stockwerke sind selbst ohne Aufzug angängig.

In den Leichtkrankenhäusern des Westender Krankenhauses (Abb. 119) in Berlin-Charlottenburg ist für alle drei Stockwerke nur eine Teeküche vorgesehen. Das Erholungshaus für Scharlachkranke im Bremer Krankenhaus (Abb. 120) ist nach englischem Vorbild eingerichtet.

Zu beachten ist, daß derartige Abteilungen zur Unterbringung sonstiger Kranker in Fällen der Not nur wenig geeignet sind.

5. Absonderungsabteilungen.

Während bei der Besprechung der Aufenthaltsräume darauf hingewiesen ist, daß solche für ansteckende Kranke baulich sich nicht von denen anderer unterscheiden, zeigen die Grundrisse doch einige Besonderheiten, und zwar erstens, weil die Zahl der Betten für die einzelnen Abteilungen meist eine sehr viel geringere ist — es kommen solche mit zwei Betten vor, für die allerdings Einzelhäuser sehr kostspielig werden (Abb. 121) —, zweitens, weil die Schleusen, die gerade hier sich vielfach nötig erweisen, den Grundriß beeinflussen, und ebenso drittens auch die Operationsräume, wenn auch in kleinstem Ausmaß und ohne viel Nebenräume den Bettenabteilungen unmittelbar eingefügt zu werden pflegen.

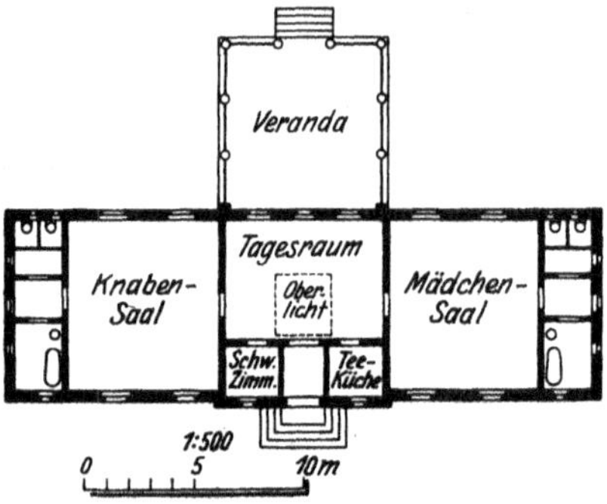

Abb. 120. Bremen, städt. Krankenhaus, Erholungshaus für Scharlachkranke.

Die oberschlesischen Knappschaftskrankenhäuser haben auffallend wenig Nebenräume in den Absonderungshäusern (Abb. 122 auch Abb. 123). Sonst überwiegen bei den kleinen Abteilungen die Nebenräume die eigentlichen Bettenzimmer manchmal sogar um

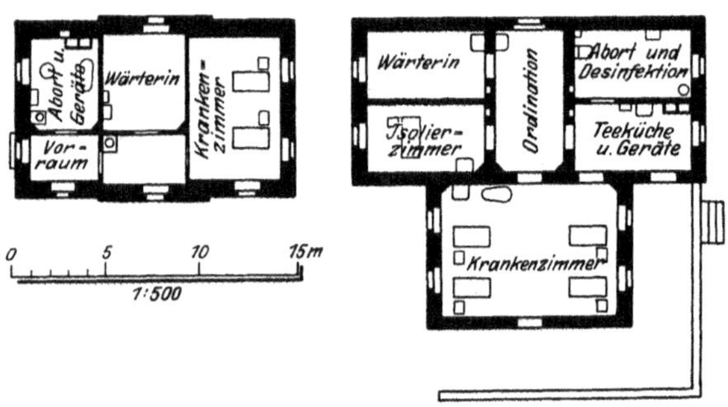

Abb. 121. Wien, Wilhelminenspital, kleine Absonderungshäuser.

ein ganz beträchtliches (Abb. 124—126). Natürlich wird eine Beschränkung der Nebenräume gern angestrebt. Da stets mehrere getrennte Abteilungen für ansteckende Kranke nötig werden, läßt sich die Beschränkung bis zu einem gewissen Grade dadurch erreichen, daß man einzelne Nebenräume, in erster Linie das Schwesternzimmer, in zweiter die Teeküche, in dritter Wäscheräume, ja in vierter Linie sogar Baderäume für zwei Abteilungen gemeinschaftlich vorsieht (Abb. 127). Die Schwestern und Wärter müssen dann

Vorsichtsmaßnahmen treffen, daß sie nicht ihrerseits die Krankheitskeime der einen Abteilung in die andere hineintragen. Da nun bei dem meist zeitlich getrennten Auftreten der einzelnen ansteckenden Krankheiten der Bettenbedarf einer Abteilung oft plötzlich sehr stark wird, während die anderen womöglich still liegen, findet man manchmal eigenartige, aber empfehlenswerte

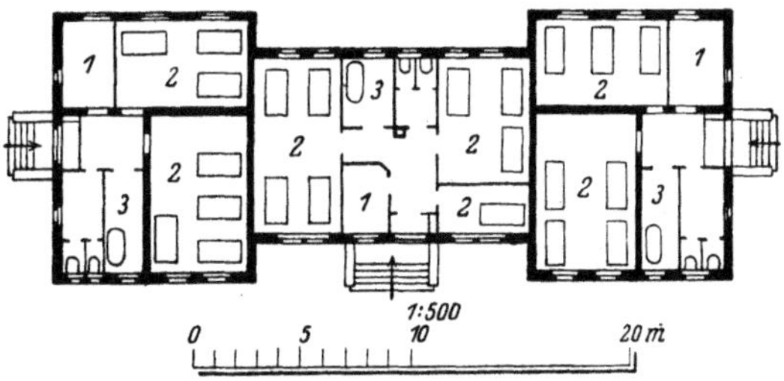

Abb. 122. **Rudahammer, Knappschaftskrankenhaus, Absonderungshaus mit 3 Abteilungen.**

Grundrißlösungen, die es gestatten, die Grenze zwischen den Abteilungen nach Bedarf zu verschieben (Abb. 128). Nach gründlicher Reinigung des Raumes und der Betten hat Geheimrat Prof. Dr. Schlossmann keine schlechten Erfahrungen gemacht, wenn er schon nach 3 Stunden einen Raum mit einem anderswie Kranken belegt hat. Derselbe hat auch gerade bei ansteckenden Krankheiten, insbesondere bei Diphtherie, Keuchhusten, ja sogar Scharlach und Masern mit weitgehendster Freiluftbehandlung beste Erfolge erzielt. Das Bettenhaus, das nach seinen Angaben im Düsseldorfer. Krankenhaus errichtet ist (Abb. 129), hat als ständigen Aufenthaltsraum für die Kinder eine glasgedeckte Liegehalle, die seitlich überhaupt nicht zu schließen ist. Nur „zur Angewöhnung der Kinder und Fütterung" sind an den Enden noch zwei größere geschlossene Räume vorhanden. Diese und alle Nebenräume öffnen sich nach der Halle hin. Hier hätte natürlich ein geschlossener Flur auch keinen Sinn.

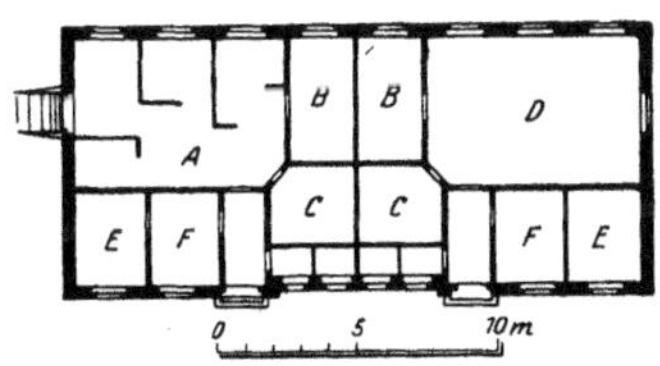

Abb. 123. **Düsseldorf, städt. Krankenhaus, Absonderungshaus mit Buchten f. Kinder. A Krankensaal. B Bad. C Teeküche. D Krankensaal. E Wirtschaftszimmer. F Abtritte.**

6. Absonderungsabteilungen für bestimmte Krankheiten.

Einige ansteckende Krankheiten erfordern besondere bauliche Maßnahmen.

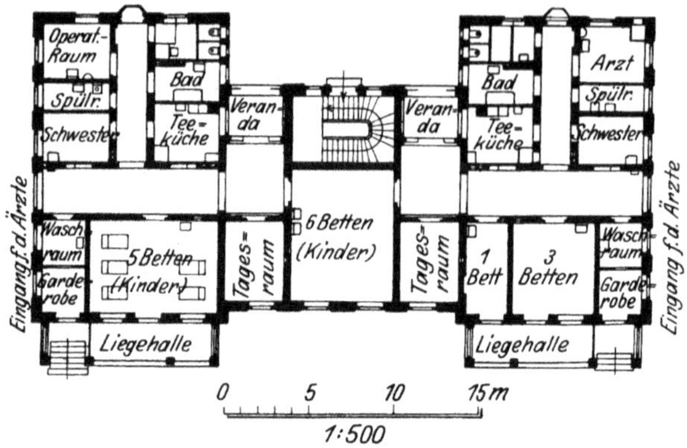

Abb. 124. Elberfeld, städt. Krankenhaus, Absonderungshaus.

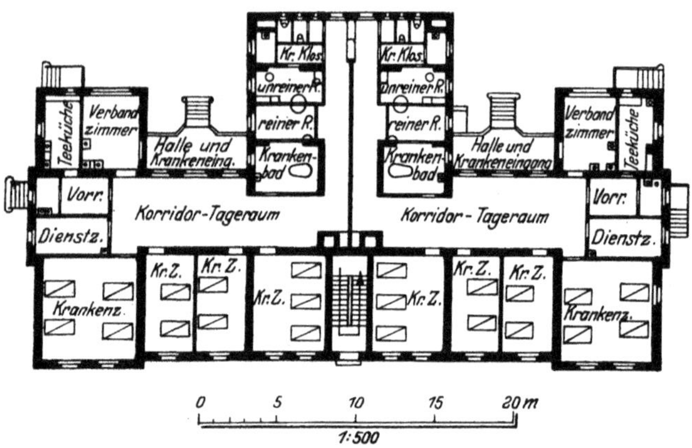

Abb. 125. Berlin-Charlottenburg, städt. Krankenhaus Westend. Absonderungshaus.

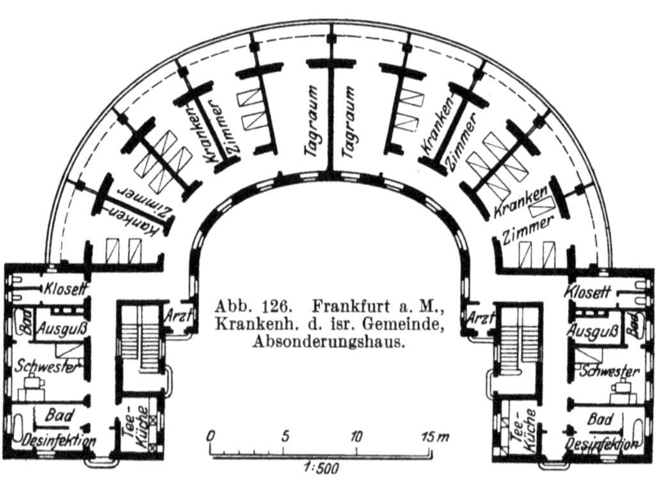

Abb. 126. Frankfurt a. M., Krankenh. d. isr. Gemeinde, Absonderungshaus.

Bettenabteilungen für Tuberkulöse müssen unbedingt mit ausreichen den Liegehallen ausgestattet werden, und zwar für Schwerkranke mit solchen unmittelbar neben oder vor dem Bettenraum, wobei aber Verdunkelung des letzteren vermieden werden muß (s. S. 38). Für Leichtkranke können sie auch weiter entfernt liegen, ja auch ganz getrennt im Garten errichtet werden. Außer diesen möglichst sonnig zu legenden Hallen sind für die heiße Sommerszeit zum günstigeren Aufenthalt der Schwerkranken auch noch Nordliegehallen zweckmäßig.

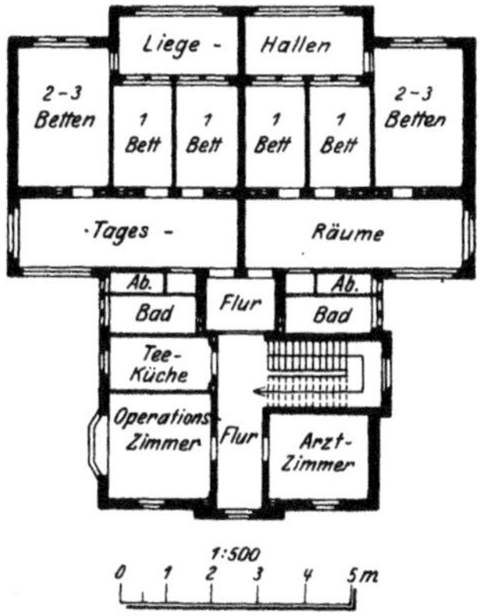

Abb. 127. Hagen i. W., Allgem. Krankenhaus, Absonderungshaus.

Über die für den längeren Aufenthalt dieser Kranken erwünschten Gesellschaftsräume ist oben schon das Notwendige gesagt. In den Hauseingängen sind Stiefelputzräume mit den erforderlichen Schränken vorzusehen.

Auch bei *Bettenabteilungen für Geisteskranke* werden reichlichere Gemeinschaftsräume eingerichtet, namentlich, soweit es sich um

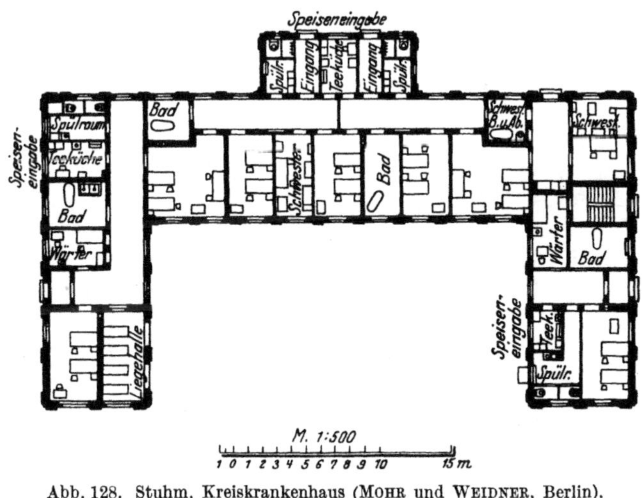

Abb. 128. Stuhm, Kreiskrankenhaus (MOHR und WEIDNER, Berlin). Absonderungshaus mit 5 Abteilungen.

leichter Erkrankte handelt. Genauer auf die Grundrisse der Bettenhäuser für Heilanstalten einzugehen ist hier nicht am Platze.

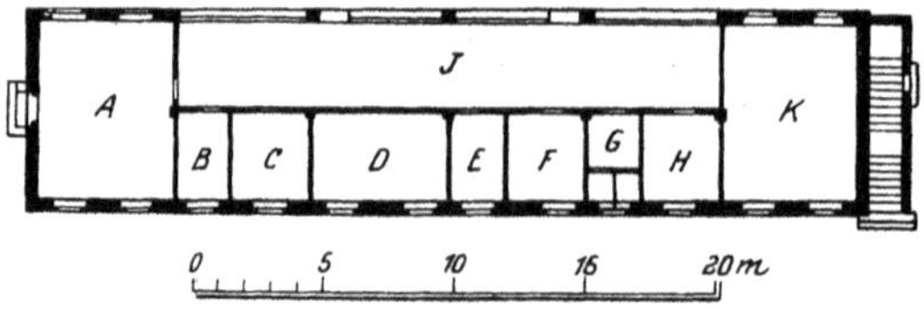

Abb. 129. Düsseldorf, städt. Krankenanstalt, Freiluftabsonderungshaus.
A u. K Räume zur Angewöhnung der Kinder und zum Füttern. B Bad. C Wärmküche.
D Schwester. E Arztzimmer. F Einzelzimmer. G Abtritte. H Schrank u. Wäschezimmer.

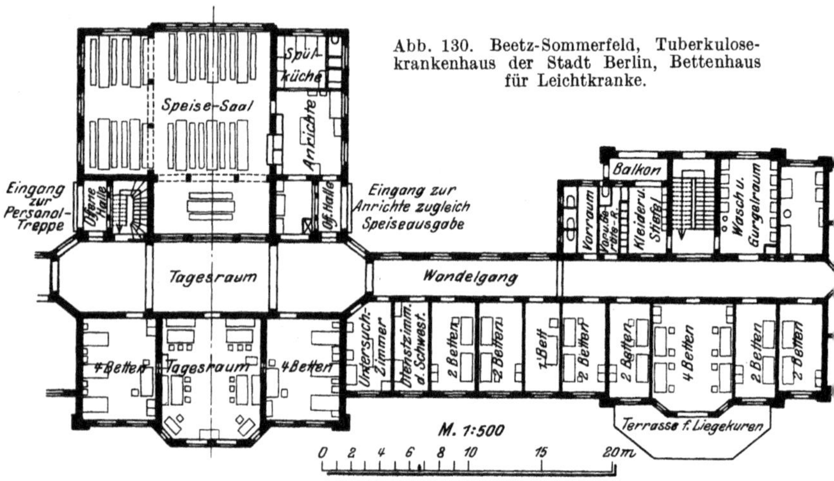

Abb. 130. Beetz-Sommerfeld, Tuberkulosekrankenhaus der Stadt Berlin, Bettenhaus für Leichtkranke.

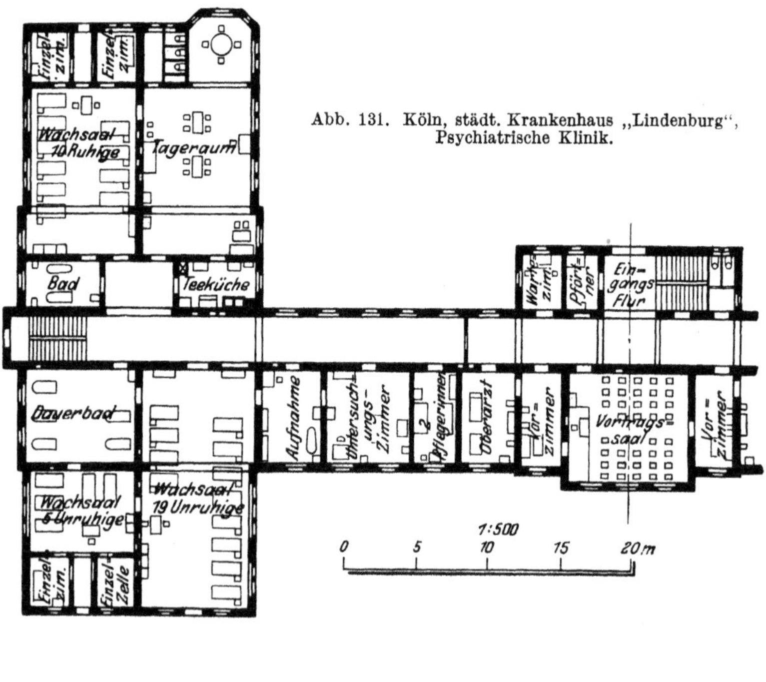

Abb. 131. Köln, städt. Krankenhaus „Lindenburg“, Psychiatrische Klinik.

7. Beobachtungsabteilungen. (Quarantänestationen.)

Die Einrichtungen besonderer Bettenabteilungen zur Beobachtung zweifelhafter Fälle hat sich in den letzten Jahren immer mehr als zweckmäßig erwiesen.

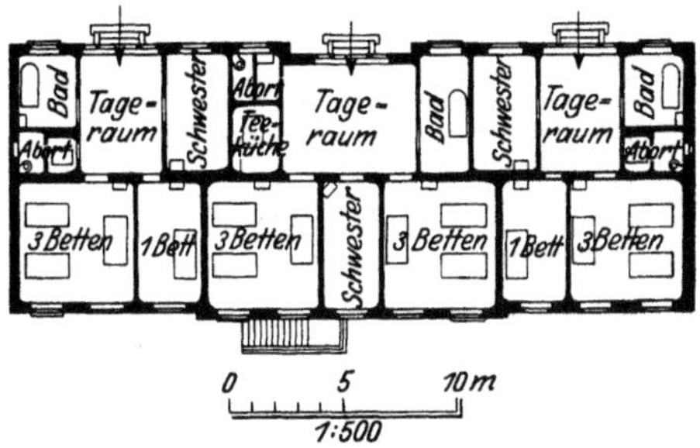

Abb. 132. Hamburg-Eppendorf, städt. Krankenhaus, Beobachtungshaus.

Glich das 1889 errichtete Haus im Hamburg-Eppendorfer Krankenhaus noch genau einem üblichen Absonderungshaus mit drei getrennten Abteilungen von vier und sechs Betten, und war auch das 25 Jahre jüngere vierteilige Haus des Krankenhauses Charlottenburg-Westend mit je fünf, im ganzen also 20 Betten nichts anderes, nur daß hier die Bewirtschaftungs- und Behandlungsräume, ja auch das Entlassungsbad gemeinsam waren, so hatte man 1904/07 im Düsseldorfer Krankenhaus vier Räume für je zwei Betten und jeden mit besonderem Bad und Ausgang ins Freie geschaffen. Dann hat man wieder 1909 in Königsberg i. Pr. jedem von sechs einzelnen Betteräumen einen besonderen Zugang vom Freien aus für den Kranken, einen anderen Zugang mit Waschgelegenheit für den Arzt und einen besonderen Abort gegeben. Nur Aufnahmebad einerseits und Entlassungsbad andererseits sind für die sechs Räume gemeinsam.

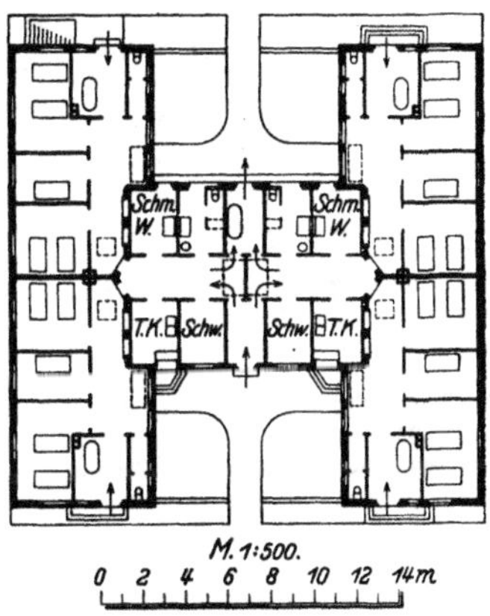

Abb. 133. Berlin-Charlottenburg, städt. Krankenhaus Westend, Beobachtungshaus.

Einheitlich scheint also die Frage, wie weit die Trennung gehen soll, noch nicht geklärt zu sein.

Anhang.

Gesellschaftsräume der Ärzte und Schwestern. (Arzt- und Schwesternmesse, -kasino.) Einige Grundrißlösungen für die Gesellschaftsräume der Ärzte und Schwestern geben die Abb. 136—139. Sie

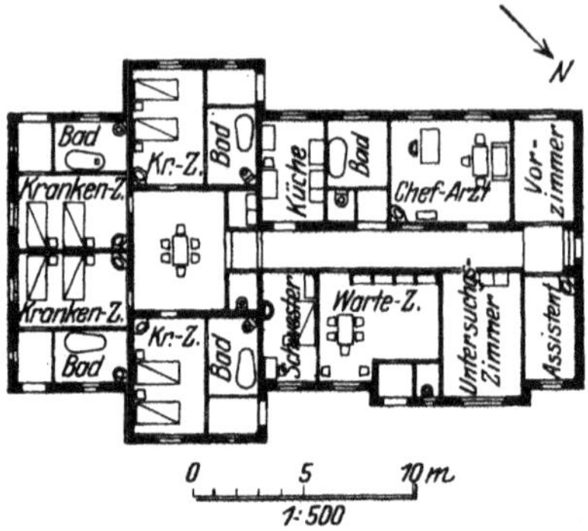

Abb. 134. Düsseldorf, allgem. städt. Krankenanstalt, Beobachtungshaus.

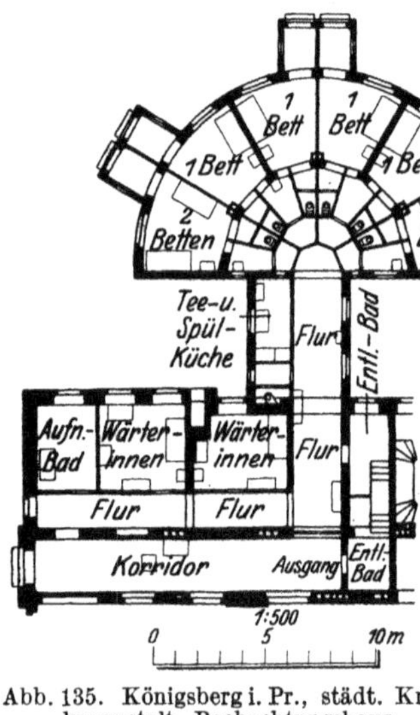

Abb. 135. Königsberg i. Pr., städt. Krankenanstalt, Beobachtungshaus.

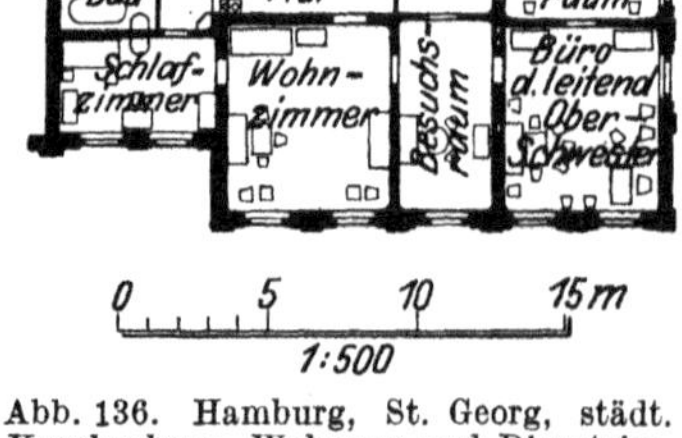

Abb. 136. Hamburg, St. Georg, städt. Krankenhaus, Wohnung und Dienstzimmer der leitenden Oberschwester.

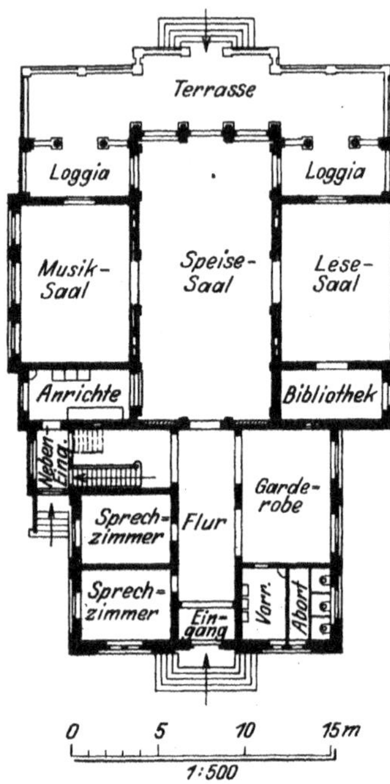

Abb. 137. Hamburg-Barmbeck, städt. Krankenhaus. Schwesternhaus.

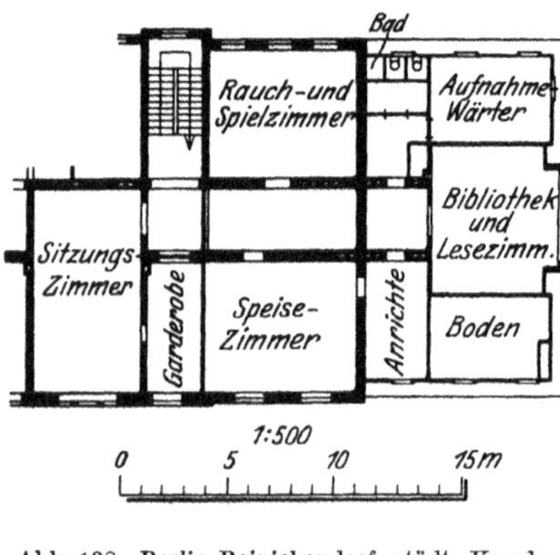

Abb. 138. Berlin-Reinickendorf, städt. Krankenhaus, Gesellschaftsräume der Ärzte und Sitzungszimmer.

werden am besten in Verbindung mit den Wohnungen angeordnet, möglichst abseits von den Krankenaufenthalts- und Behandlungsräumen, entweder über den Verwaltungsräumen, selten und auch weniger empfehlenswert über der Küche, am günstigsten in ganz besonderen Häusern.

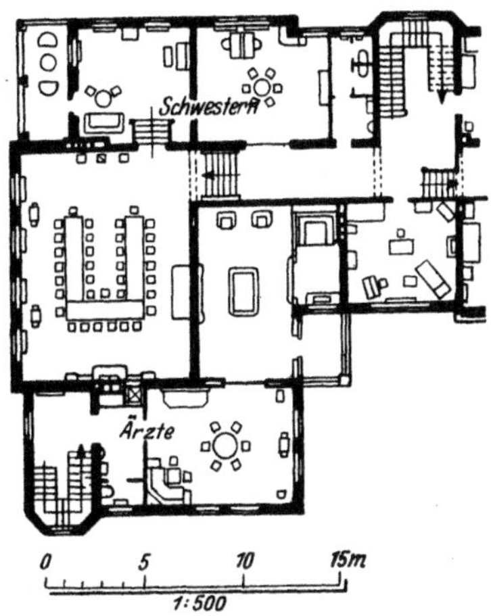

Abb. 139. Gera, städt. Krankenhaus im Stadtwald, Gesellschaftsräume der Ärzte und Schwestern.

II. Behandlungsabteilungen.

1. Aufnahmeabteilung, Untersuchungsabteilung.

In den Aufnahme- oder Untersuchungsabteilungen stellt der Arzt die Krankheit, der Verwaltungsbeamte die persönlichen Verhältnisse des neu eingelieferten Kranken fest, der alsdann in dem mit der Aufnahmeabteilung unmittelbar verbundenen oder vor den Krankenabteilungen befindlichen Aufnahmebad gereinigt und neu gekleidet wird. Man nennt dann auch vielfach diejenigen Bettenabteilungen, in denen neuaufgenommene Kranke zunächst zur Beobachtung aufgenommen werden, Aufnahmeabteilungen. Über solche ist schon unter B I 7 das Nötige gesagt. In kleineren Anstalten, in denen die Aufnahmen abwechselnd von allen Ärzten, seltener von mehr oder weniger ständigen Kräften vorgenommen werden, enthält die Aufnahmeabteilung neben dem Untersuchungszimmer vielfach noch einen kleinen Arbeitsraumfür den Arzt (Laboratorium), ferner Warteräume und dazugehörige Aborträume, am besten für die Geschlechter getrennt. Dazu kommt dann noch das obengenannte Aufnahmebad.

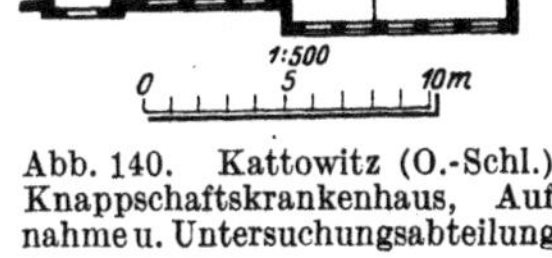

Abb. 140. Kattowitz (O.-Schl.), Knappschaftskrankenhaus, Aufnahme u. Untersuchungsabteilung.

Die Knappschaftskrankenhäuser in Oberschlesien mit ihrem allerdings einförmigeren Betrieb haben bei einem Umfang von 50—200 Betten und mehr stets ein Arztzimmer, ein Untersuchungszimmer, 1—2 Verwaltungszimmer und 1—2 Warteräume mit den nötigen Aborten, dagegen keine Badezimmer in unmittelbarem

Zusammenhang mit diesen Räumen. Hier geht also die gesamte Verwaltungsabteilung in der Aufnahmeabteilung auf (Abb. 140).

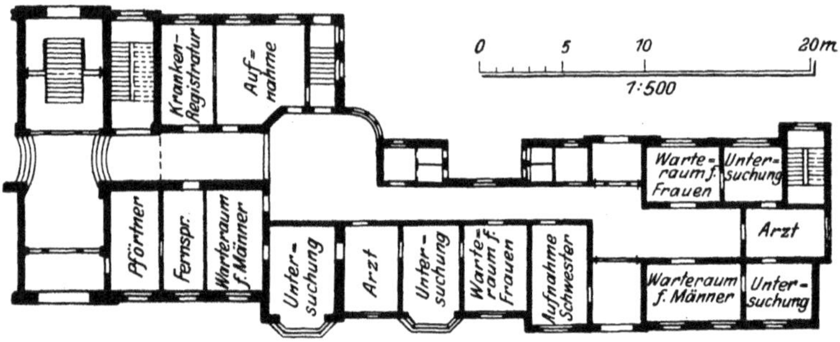

Abb. 141. Essen, städt. Krankenhaus, Aufnahme und Untersuchungsabteilung.

Anders in den größeren allgemeinen Krankenhäusern. Hier bleiben die ärztlichen Aufnahmeabteilungen in dem oben geschilderten Umfang lediglich als solche bestehen, werden höchstens noch durch besondere Schlafzellen für Betrunkene und Irre vervollständigt oder bei sehr großen Krankenhäusern sogar in mehrfacher Zahl (Abteilung für Männer, Abteilung für Frauen) vorgesehen (Abb. 141). Schließlich werden sie auch mit einigen Bettenräumen ausgestattet für Kranke, die noch weiter beobachtet werden müssen, ehe sie in eine Krankenabteilung gebracht werden können, d. h. es wird noch eine mehr oder weniger große Beobachtungsabteilung (s. oben) angegliedert.

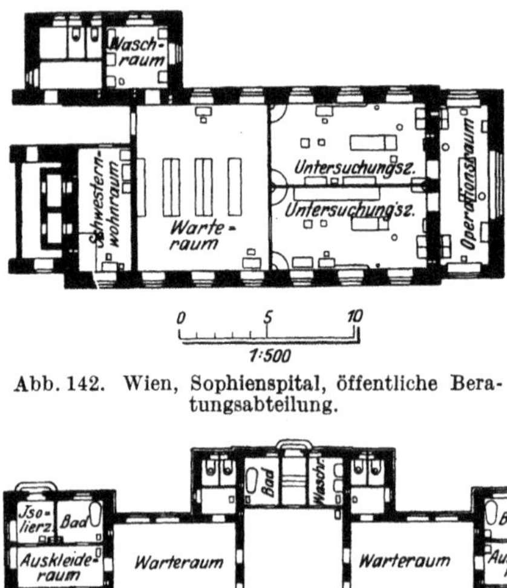

Abb. 142. Wien, Sophienspital, öffentliche Beratungsabteilung.

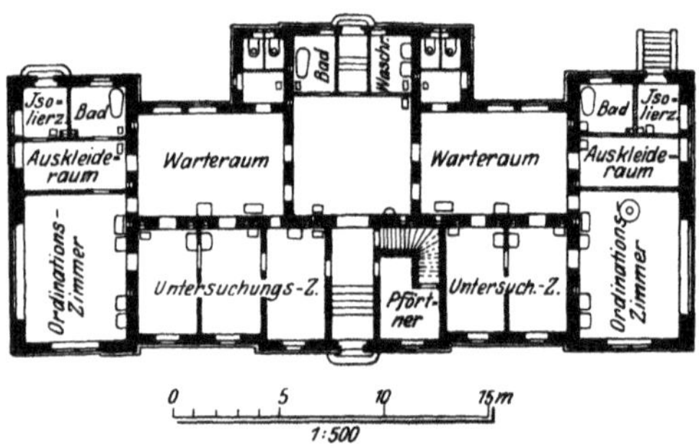

Abb. 143. Wien, Georg-Kellermann-Stiftung, öffentliche Beratungsabteilung.

Unter- oder Durchfahrten sind für Kranke, die im Wagen eingebracht werden, sehr erwünscht.

Für vollständig abgetrennte Absonderungsabteilungen wird wohl auch noch eine besondere, ebenso ausgebildete Aufnahmeabteilung errichtet.

2. Beratungsstellen (Ambulatorien, Polikliniken).

Besondere Abteilungen, in denen im Krankenhaus nicht nächtigende Kranke beraten und behandelt werden, bestehen in kleinen Anstalten nur aus Sprech- und Wartezimmer, wie sie jeder behandelnde Arzt in seiner Wohnung einrichtet. Bei größerem Betrieb verdoppeln sich diese Räume, es treten Abort- und Baderäume hinzu, sowie auch Arzt- und Schwesternzimmer

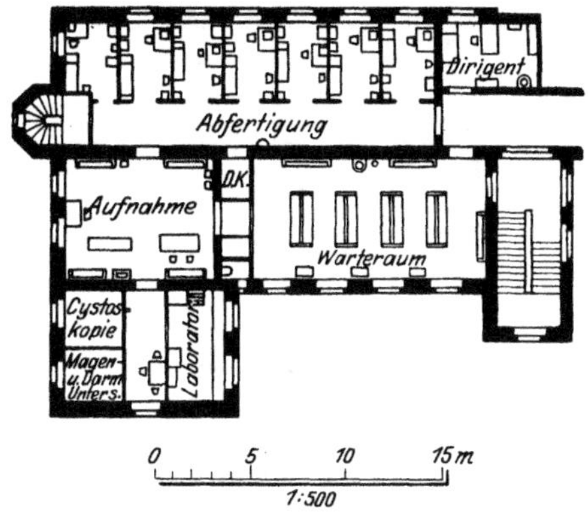

Abb. 144. Berlin, Charité, Beratungsabteilung.

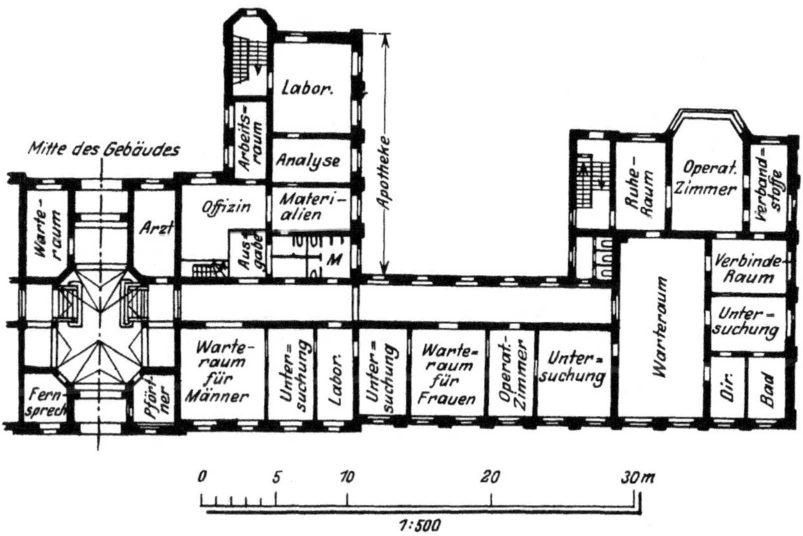

Abb. 145. Berlin, Krankenhaus d. jüd. Gemeinde. Öffentliche Beratungsabteilung.

(Abb. 142, 143). Muß mit noch stärkerem Besuch gerechnet werden, so erfolgt Untersuchung und Behandlung in getrennten Räumen. Für erstere genügen Zellen von 10 qm Fläche, die jedoch in

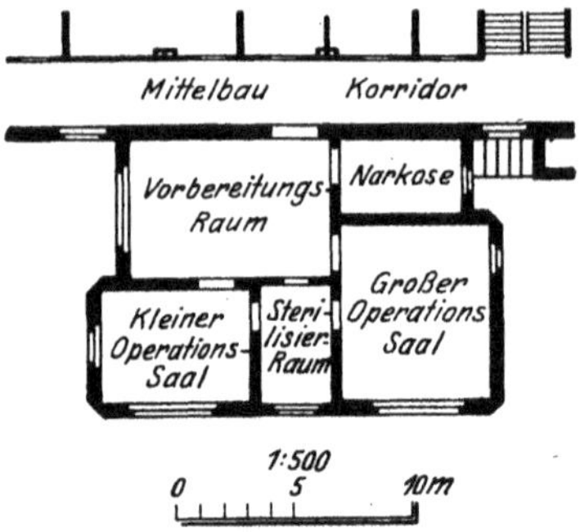

Abb. 146. Darmstadt, städt. Krankenhaus. Operationsabteilung.

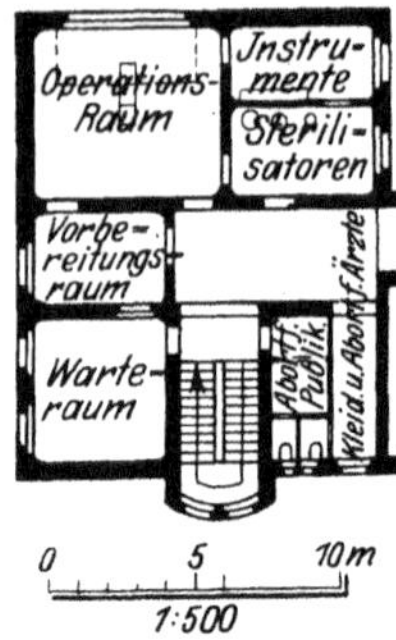

Abb. 147. Operationsabteilung für ein kleines Krankenhaus nach MÜSSIGBRODT.

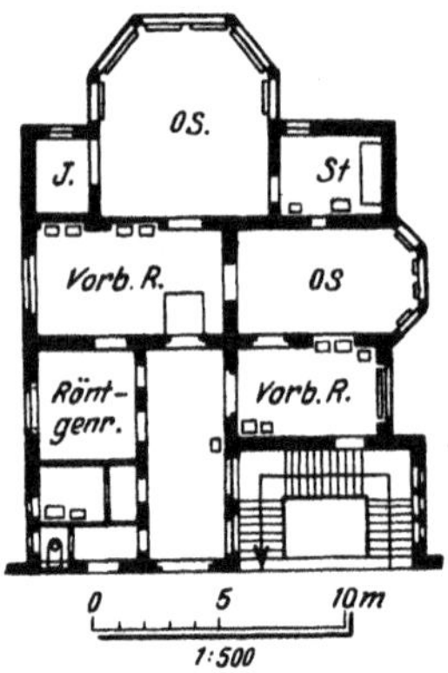

Abb. 148. Neuß, städt. Krankenhaus, Operationsflügel.

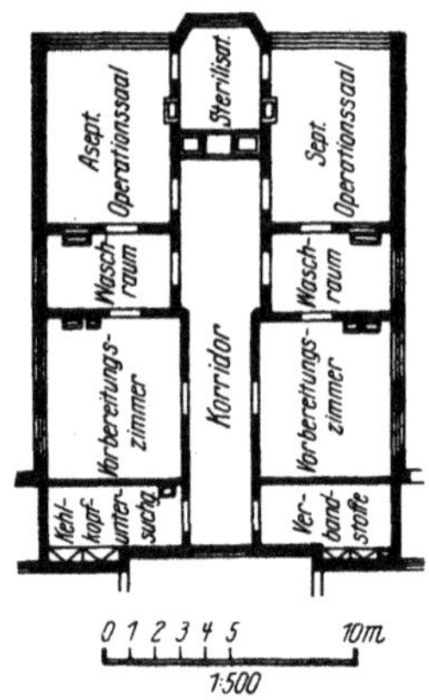

Abb. 149. Delmenhorst, städt. Amtskrankenhaus, Operationsflügel.

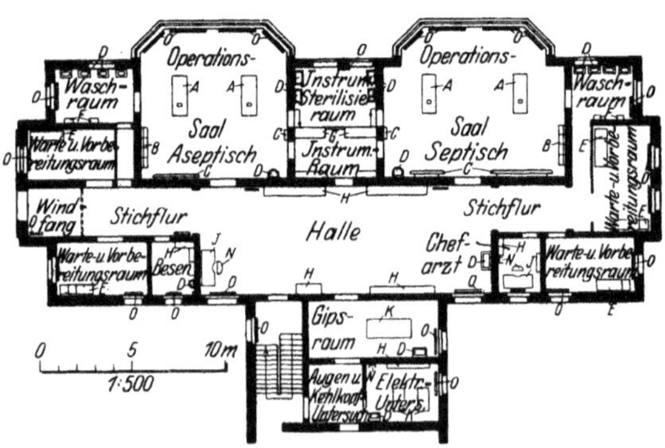

Abb. 150. Hannover, städt. Krankenhaus I. Operations- u. Röntgenhaus.

möglichst großer Zahl eingerichtet werden (Abb. 144). Für letztere wird das übliche Behandlungszimmer bei größeren Ansprüchen zum Operationszimmer, ja sogar schließlich zu einer vollständigen Operationsabteilung mit großen Warteräumen (Abb. 145).

3. Operationsabteilungen.

Während in den älteren Krankenhäusern kleineren Umfangs der einzige Operationssaal, der kaum einen Nebenraum hatte, unmittelbar am Krankenflur lag, verbietet sich diese an sich nicht günstige Anordnung heutzutage wegen der vielen Nebenräume schon meist von selbst, sie ist in neueren Anstalten nur noch in Absonderungshäusern zu finden, wo sie auch annehmbar ist. Größere Operationsabteilungen legt man besser an Stichfluren an, die an den Hauptfluren oder an den Verbindungsgängen abzweigen und dort mit einer Flurtür abge-

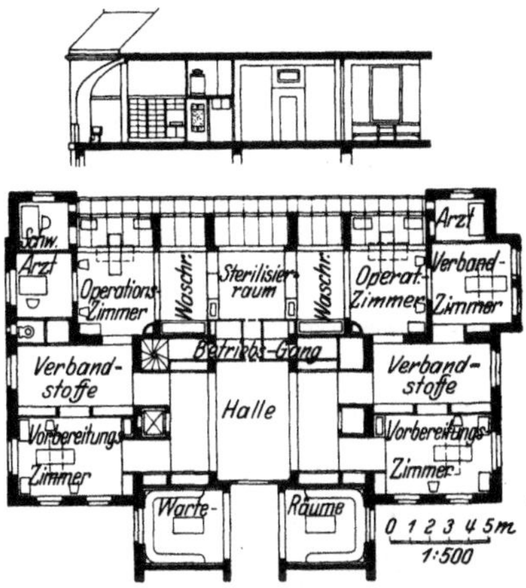

Abb. 151. Vorschlag zu einem Operationsflügel mit abgesondertem Betriebsraum.

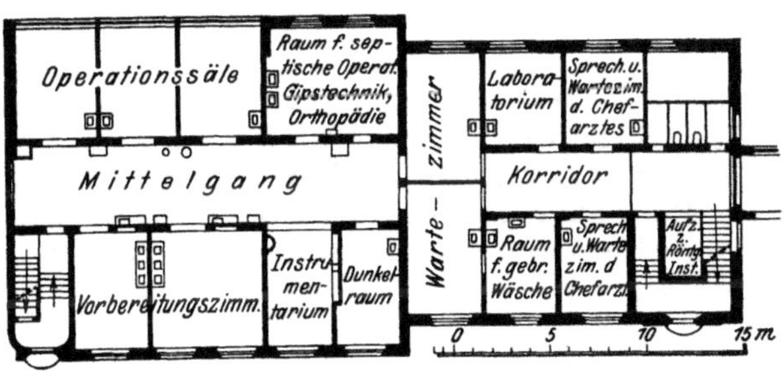

Abb. 152. Zwickau, staatl. Krankenstift, Operationshaus.

schlossen werden können. Für genügend gute Belichtung dieses Flurs muß dann Sorge getragen werden. Leider findet man sehr oft gerade hier dunkle Mittelflure. Am Ende dieses Flurs wird dann häufig noch ein Querflur eingeschaltet, um Vorbereitungszimmer und Operationssäle zu trennen und wenigstens etwas Helligkeit zu schaffen. Man will durch diese Trennung Geräusche aus dem Operationssaal von den anderen Räumen fernhalten. Das wird aber nicht für alle Fälle gelingen, und es ist deshalb fraglich, ob man die Trennung unbedingt durchführen soll.

Abteilungen mit einem Saal wie in Darmstadt (Abb. 146) oder nach dem Musterbeispiel MÜSSIGBRODT (Abb. 147) genügen heute nur noch in ganz kleinen Anstalten, in mittleren überwiegen heute, und zwar aus Gründen, die oben bereit sauseinandergesetzt sind, solche mit zwei Sälen wie in Neuß (Abb. 148) und Delmenhorst Abb. 149), von denen der letztere Grundriß bei weit größeren Anstalten wiederkehrt. Selbst in der sehr großen Hannoverschen

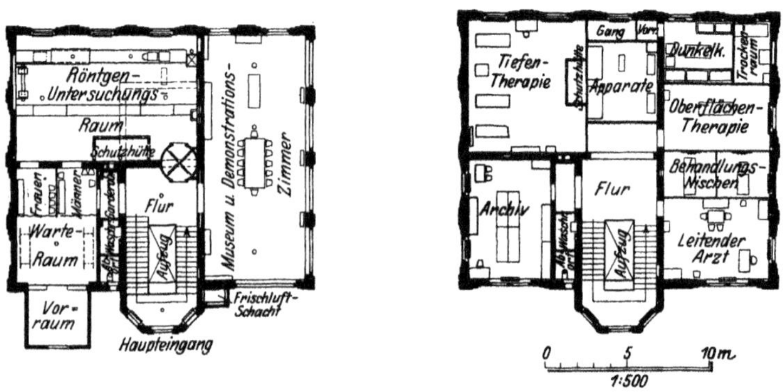

Abb 153. Hamburg, St. Georg, Röntgenhaus.

Anlage (Abb. 150) ist er wiederzuerkennen. Bei Neuausführungen wird man sich heute allerdings wohl meist die Vorschläge HELLER und BRAUN bezüglich der Abmessungen, des Fensters und der offenen Durchgänge an Stelle der Türen zunutze machen. Um die Gummivorhänge zu sparen, wird man die Maueröffnungen so anlegen, daß offener Durchblick unmöglich ist. Das läßt sich erreichen, wie mein Vorschlag Abb. 151 zeigt, bei dem auch noch ein besonderer Betriebsgang angeordnet ist, damit Ausbesserungen möglichst ohne Betreten der Räume möglich ist, wie das schon oben unter A II als wünschenswert hingestellt ist.

BRAUN ist aber auch noch in bezug auf Gesamtanordnung ganz andere Bahnen gegangen, wie das der Grundriß der Zwickauer Operationsabteilung zeigt (Abb. 152). Er hat hier in einfachster Weise rechts von einem 4 m breiten, durch Kopflicht erhellten Mittelflur vier kleine Operationssäle aneinandergereiht, einen sogar mit gewöhnlichen Fenstern, während links gegenüber die Vorbereitungs- und sonstigen Nebenräume angeordnet sind. Der Mittelflur dient an Stelle eines Sterilisationsraumes. Die Abmessungen sind derart, daß sich in den Geschossen darunter gute, für alle möglichen Zwecke brauchbare Räume ergeben. Es ist hier also baulich in höchstem Maße das erreicht, was im vorigen Haupt-

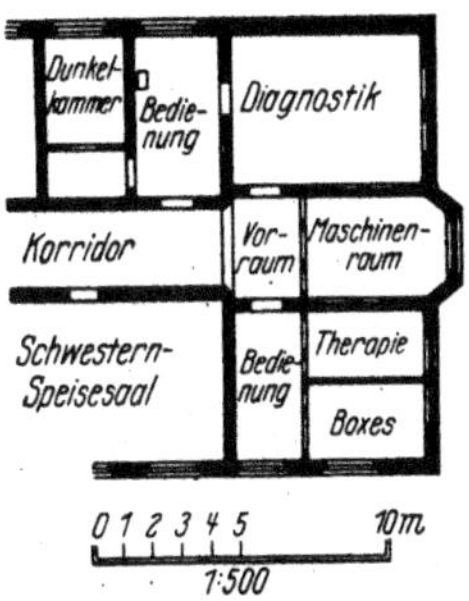

Abb. 154. Delmenhorst, Stadt u. Amtskrankenhaus, Röntgenabteilung.

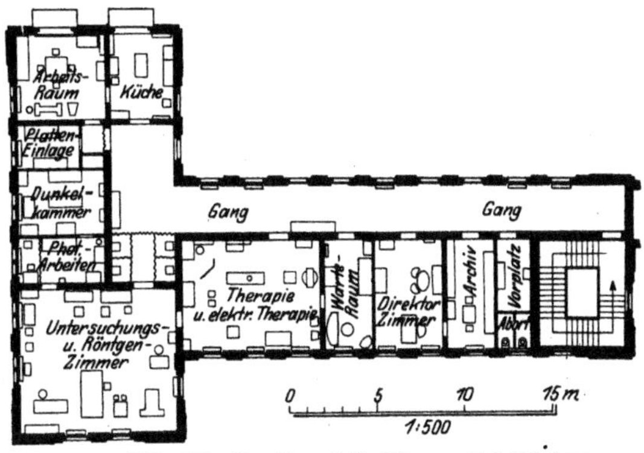

Abb. 155. Straßburg i. E., Bürgerspital, Röntgenabteilung.

abschnitt im Sinne einer einfachen und demgemäß billigen Bauweise mehrfach betont worden ist.

4. Abteilungen für elektrische Behandlung.

Wenn auch die elektrische Einrichtung ganz außergewöhnliche Anforderungen an die Räume stellt, so gehen doch die baulichen Abmessungen derselben nicht über das sonst übliche hinaus, sind auch nicht so unumstößlich, daß man sie sehr wohl z. B. unterhalb einer Operationsabteilung einrichten könnte, ohne die für letztere selbst erforderlichen Abmessungen ändern zu müssen, ja man hat sogar vielfach vorhandene Räume nachträglich ohne Zwang mit gutem Erfolg für die Einrichtung elektrischer Abteilungen ausgenutzt.

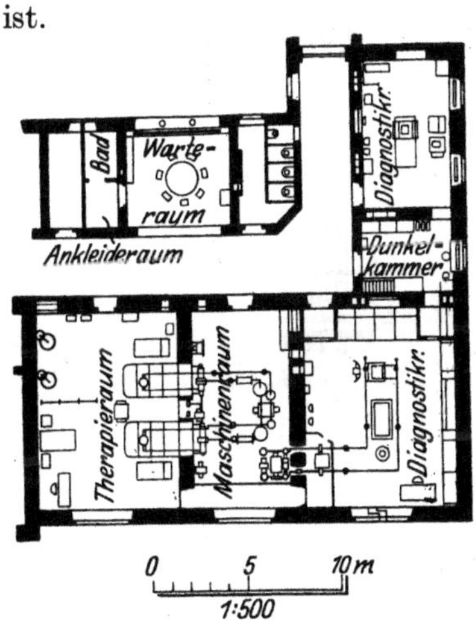

Abb. 156. München, Krankenhaus rechts der Isar, Röntgenabteilung.

Das eigens für diesen Zweck 1914 errichtete Röntgenhaus des Krankenhauses Hamburg St. Georg ist trotz der Kürze seines

Bestehens in seinen Einrichtungen vielfach durch neuere Erfindungen überholt, die Warteräume der Kranken haben durch einen Anbau erweitert werden müssen, der sich wenig in den Bau einpaßt.

Auch die anderen in den Abb. 154—156 wiedergegebenen Grundrisse können kaum als unmittelbar verwendbare Musterbeispiele dienen, man merkt ihnen an, daß bereits vorhandene Verhältnisse für sie maßgebend waren, sie geben aber doch in ihren Einzelheiten manche guten Winke für Entwurfsbearbeitungen.

5. Badeabteilungen.

Da die eigentlichen Heilbäder sowohl wegen ihrer hohen Baukosten als auch beträchtlichen Betriebskosten nicht gut mehrfach angelegt werden können, liegt die Badeabteilung am besten in der Mitte der Abteilungen für innere Krankheiten. Sie wird dann von den männlichen und weiblichen Kranken zu verschiedenen Stunden benutzt.

Selbst in kleinen Krankenanstalten ist die Zahl der Baderäume im Laufe der letzten Jahrzehnte ständig gestiegen, es handelt sich dann aber fast stets nur um eine mehr oder weniger große Reihe nebeneinander liegender, meist einfenstriger Räume, höchstens wird der Ruheraum größer gehalten, damit er gleichzeitig für 2—4 Personen ausreicht.

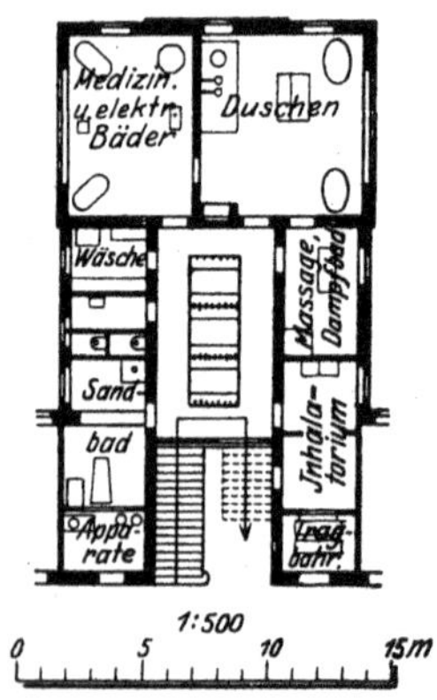

Abb. 157. Berlin-Reinickendorf, städt. Krankenhaus, Badeabteilung.

Bei größeren Anstalten wird dieser Ruheraum immer mehr zum Mittelpunkt der ganzen Anlage. Man kann dann auf 100 Betten beinahe ein Ruhebett rechnen. Von den eigentlichen Baderäumen bildet der Duschenraum seiner Größe und Bedeutung nach den Hauptraum, den man deshalb auch gern stattlicher ausbildet (Abb. 72). Die übrigen Wasserbäder ohne Zusätze (A II d, 2—4) brauchen nur vom Duschenraum aus zugänglich zu sein, während die Wasserbäder mit heilkräftigen Zusätzen (A II d, 5—9) besser einzeln an einem Gang liegen, da die hier Badenden sich meist erst in der Badezelle selbst ausziehen. Selbstverständlich ist der Badebetrieb am bequemsten und übersichtlichsten, wenn alle Baderäume in einem womöglich ebenerdigen Geschoß liegen. Ist das nicht möglich, so lassen sich Sand- und Moorbäder auch in einem Untergeschoß günstig unterbringen, wenn eine bequeme Treppenverbindung geschaffen werden kann. Unter derselben Voraussetzung ist die Verlegung des Schwefelbades in ein oberes Geschoß

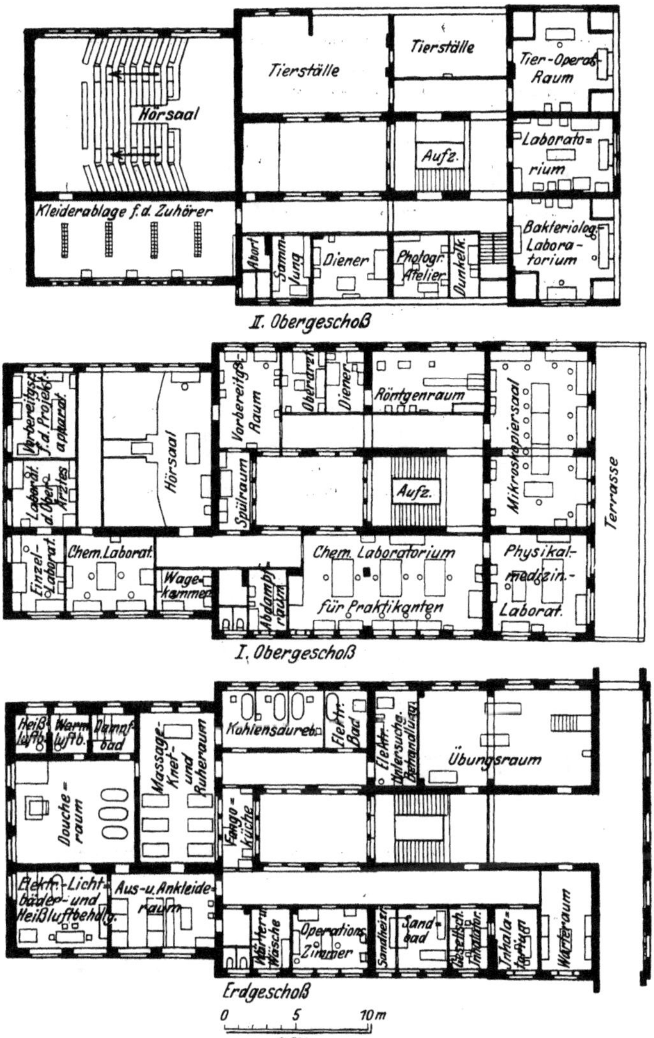

Abb. 158. Köln, städt. Krankenhaus „Lindenburg", Badehaus.

zwecks besseren Fernhaltens der üblen Gerüche sogar unter Umständen empfehlenswert.

Abgesehen von den Radiumbädern wird man die eigentlichen Luft- und Sonnenbäder am besten möglichst hoch in

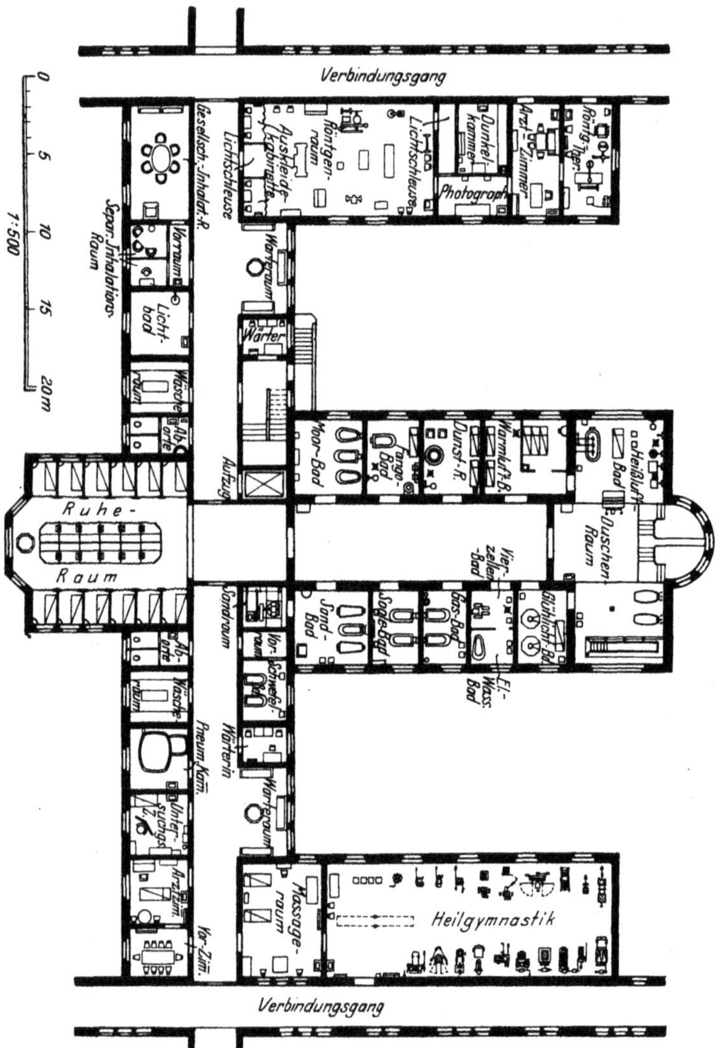

Abb. 159. München-Schwabing, städt. Krankenhaus, Badehaus.

einem Dachgeschoß bzw. auf dem Dach unterbringen, damit ein Einblick in das Luftbad möglichst vermieden wird.

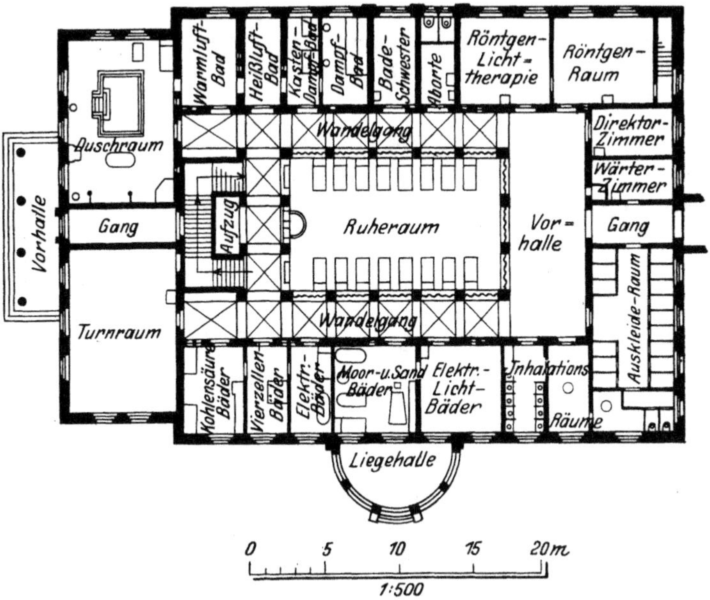

Abb. 160. Leipzig, städt. Krankenhaus St. Georg, Badehaus.

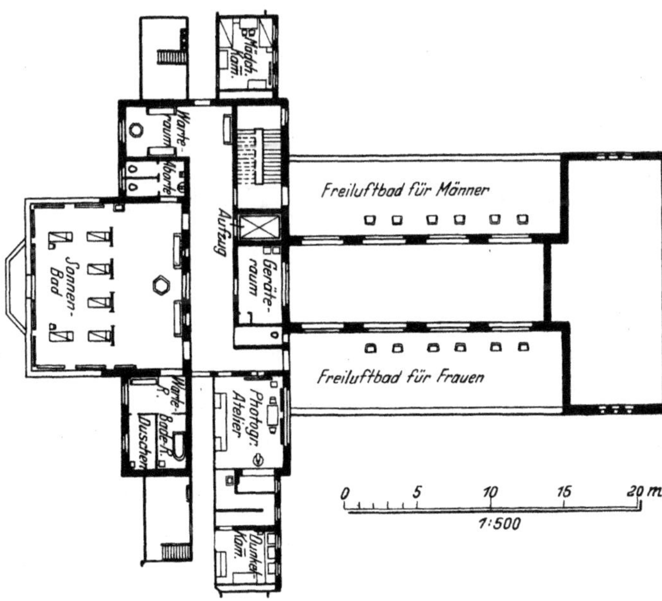

Abb. 161. München-Schwabing, städt. Krankenhaus, Licht- und Sonnenbad.

Auch die Räume für die Leibesübungen gliedern sich am besten der Badeabteilung entweder unmittelbar oder in einem Anbau an, vielfach werden sie auch in einem Ober- oder Dachgeschoß der Badeabteilung untergebracht.

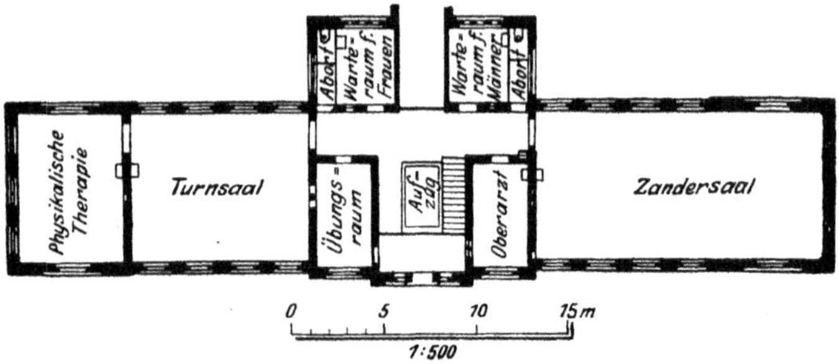

Abb. 162. Hamburg-Barmbeck, städt. Krankenhaus, Anbau für den Turn- und Zandersaal.

6. Untersuchungs- und Leichenhäuser. (Anatomie, Prosektur, Pathologische Anstalt.)

Die unter AIIe nahmhaft gemachten Räume werden fast stets in einem von allen anderen Abteilungen vollständig abge-

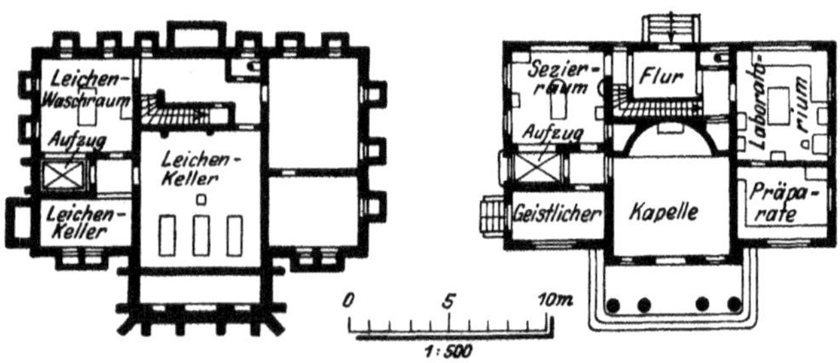

Abb. 163. Cottbus, städt. Krankenhaus, Leichenhaus.

trennten Hause untergebracht, was um so angängiger und empfehlenswerter ist, als die Kranken selbst diese Räume nicht berühren.

In ganz kleinen Anstalten besteht dieses Haus aus einem einzigen Raum, in dem die Leichen geöffnet und aufgebahrt werden; sehr bald wird sich aber das Bedürfnis nach mehr Räumen geltend machen. In etwas größeren Krankenhäusern umfaßt das Haus schon mindestens einen Leichenuntersuchungsraum, einen Leichenaufbewahrungsraum und einen Raum für bakteriologische und mikroskopische Untersuchungen. Außer den nötigen kleinen Nebenräumen und außer dem Leichenkeller wird dann meist noch ein Aufbahrungsraum, ein Raum für Trauerfeiern, ja eine Beerdigungsdienststube verlangt, und schließlich führt bei größeren Anstalten die Vergrößerung all dieser Räume, namentlich aber auch die zahlenmäßige Vermehrung der Arbeitsplätze zu einem sehr umfangreichen Gebäude, besonders wenn darin auch noch Unterrichtszwecke erfüllt werden sollen.

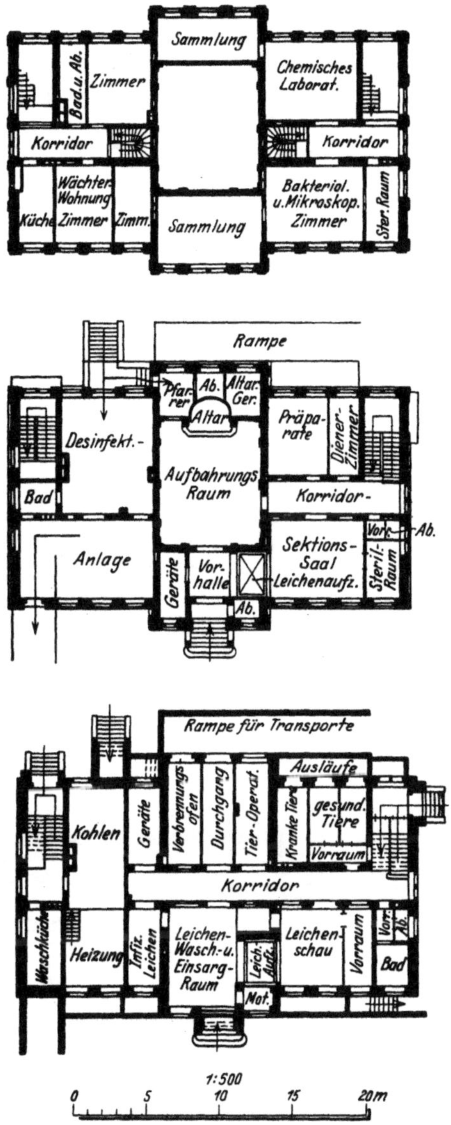

Abb. 164. Berlin-Cöpenick. Kreiskrankenhaus, Leichenhaus.

Bei einem so großen Umfang ist es nicht verwunderlich, wenn dann sogar noch der Wunsch auf eine Teilung des Gebäudes laut wird, die dann derart erfolgt, daß ein besonderes Beerdigungshaus abgetrennt wird. Man kann dann das eigentliche Untersuchungshaus den übrigen Krankengebäuden näherbringen, dabei womöglich eine günstigere Lage der Arbeitsräume nach Norden erreichen, während für das Beerdigungshaus eine entferntere Lage sogar erwünscht ist, natürlich unmittelbar an einer Nebenstraße.

Besondere Schwierigkeiten macht die günstige Anordnung der einzelnen Zugänge. Nicht nur, daß die besonderen Räume für die an Pest, Cholera und Pocken Verstorbenen vollständig abzutrennen sind, also besondere Zugänge erhalten müssen, daß weiter für die Leidtragenden und für die Besucher der etwaigen Hörsäle getrennte

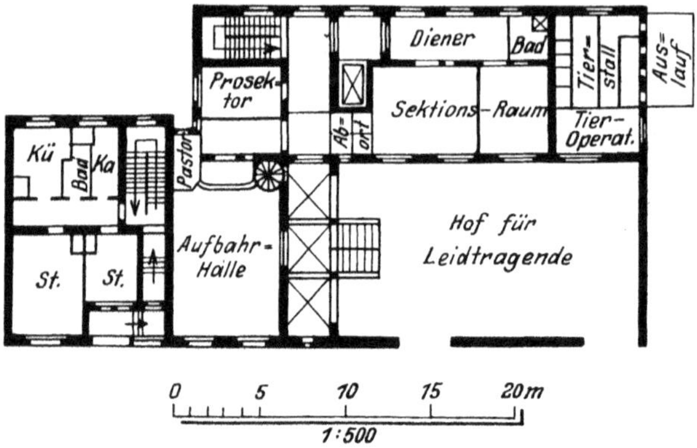

Abb. 165. Berlin-Lichtenberg, städtisches Krankenhaus, Leichenhaus.

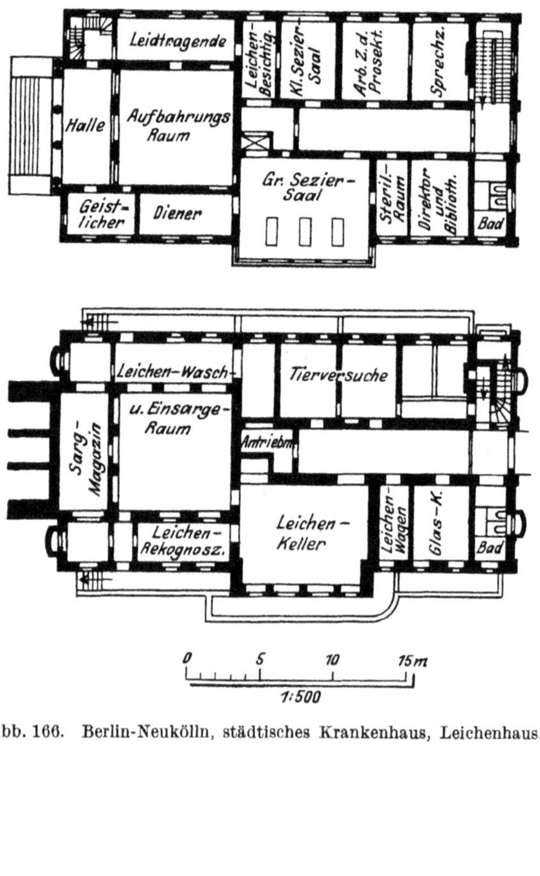

Abb. 166. Berlin-Neukölln, städtisches Krankenhaus, Leichenhaus.

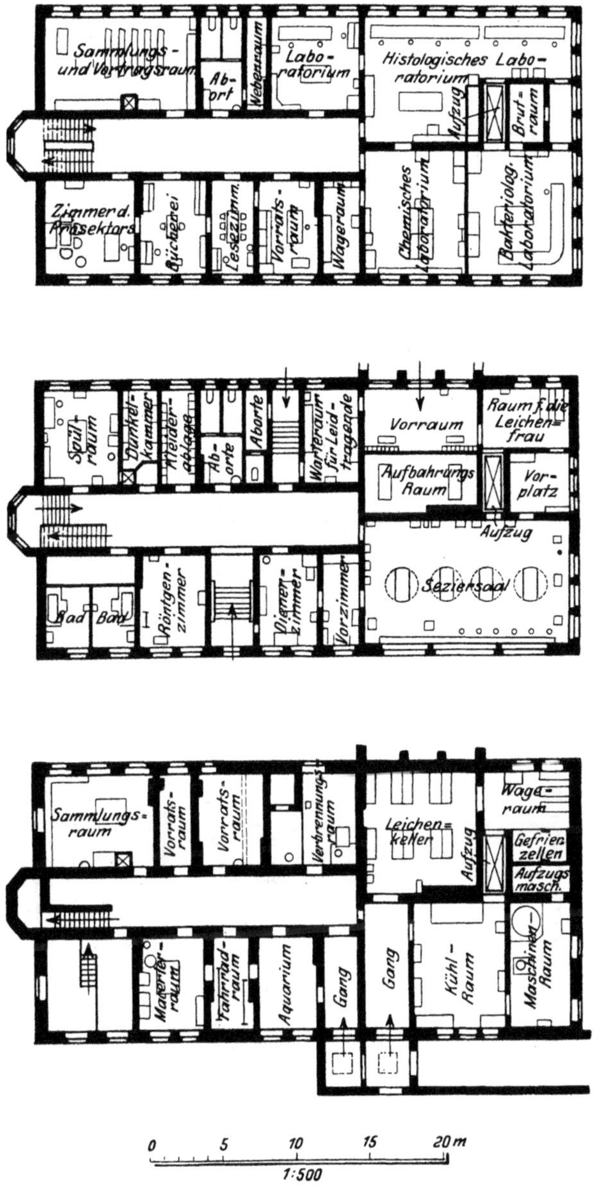

Abb. 167. München-Schwabing, städtisches Krankenhaus, Pathologisches Institut.

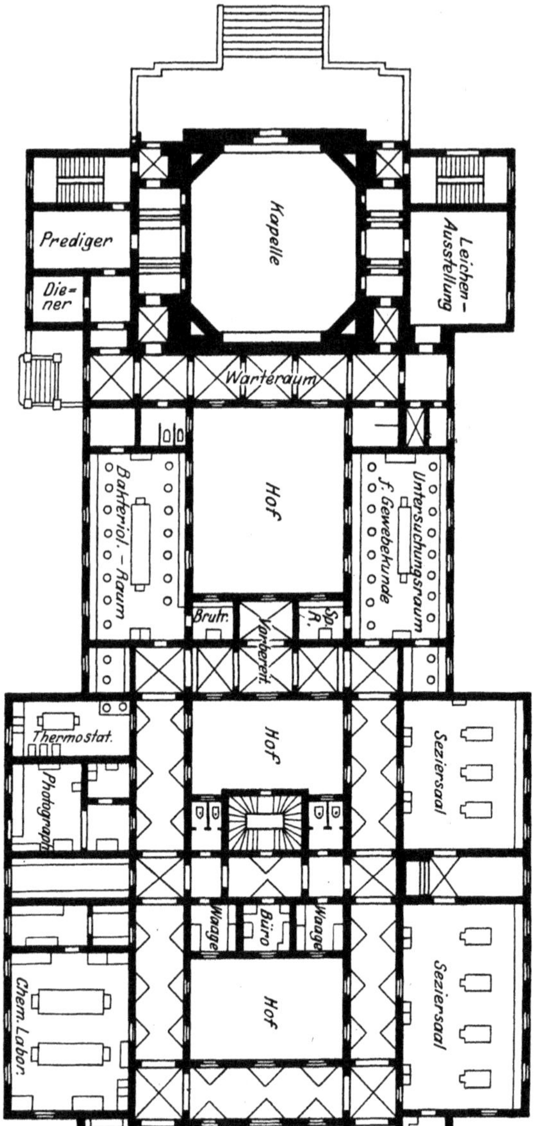

Maßstab 1:500

Abb. 168. Berlin. Rudolf-Virchow-Krankenhaus, Pathologisches Institut.

Eingänge gefordert werden, sondern es kommt vor allem auch noch darauf an, die Leichen möglichst unauffällig in das Haus zu schaffen. Zu dem Zweck hat man in Hamburg-Barmbeck einen geschlossenen, durch eine Durchfahrt erreichbaren Lichthof günstig ausgenutzt, man hat aber auch vielfach deshalb die Krankenabteilungen mit dem Untersuchungshaus durch unterirdische Gänge verbunden.

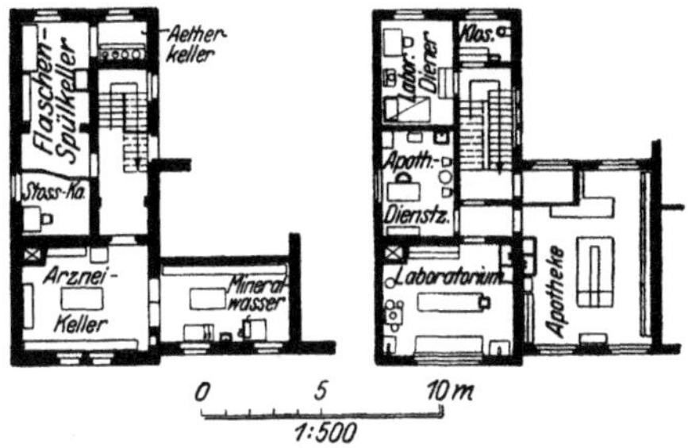

Abb. 169. Essen a. d. Ruhr, städt. Krankenanstalt, Apotheke.

Abgesehen von den hier beigefügten Abb. 163—168 sei noch besonders auf die Abbildung und Beschreibung der Dortmunder Anlage in dem Aufsatz: Das pathologische Institut von SCHRIDDE hingewiesen (s. Bd. 3).

Daß auch die Behausung für die Versuchstiere (Abb. 83 u. 84) besser gänzlich abgetrennt wird, ist oben bereits gesagt.

7. Apotheke.

Die schon bei Anstalten über 300 Betten wünschenswerte Apotheke kann man wegen der Apothekengerüche und auch wegen

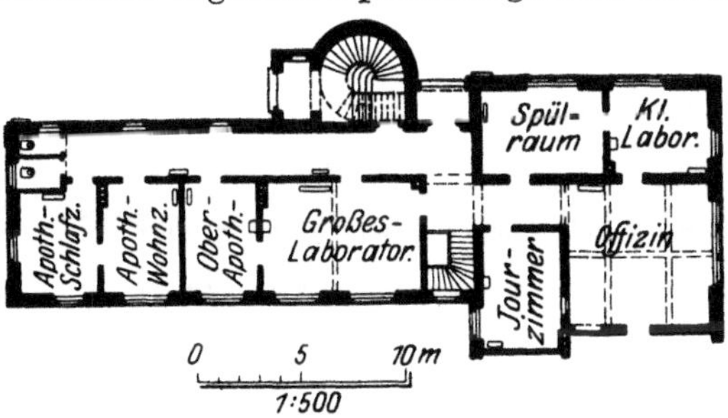

Abb. 170. Würzburg, staatl. Luitpold-Krankenhaus, Apotheke.

der Feuersgefahr nicht gut in den für die Kranken bestimmten Häusern unterbringen, auch eine völlige Einfügung in das Verwaltungsgebäude empfiehlt sich nicht gerade, am günstigsten bleibt schon ein vollständig abgetrennter Anbau an das letztere, und zwar womöglich derart, daß die Anfuhr der Apothekenwaren ohne Beeinträchtigung des sonstigen Krankenhausbetriebes erfolgen kann.

III. Die Betriebsabteilungen.

1. Verwaltungsabteilungen.

Die Grundrißanordnung der Verwaltungszimmer ähnelt, wie schon oben gesagt, denen anderer Verwaltungsbehörden. Hier seien zwei Grundrisse als Beispiele eingefügt (Abb. 171 u. 172).

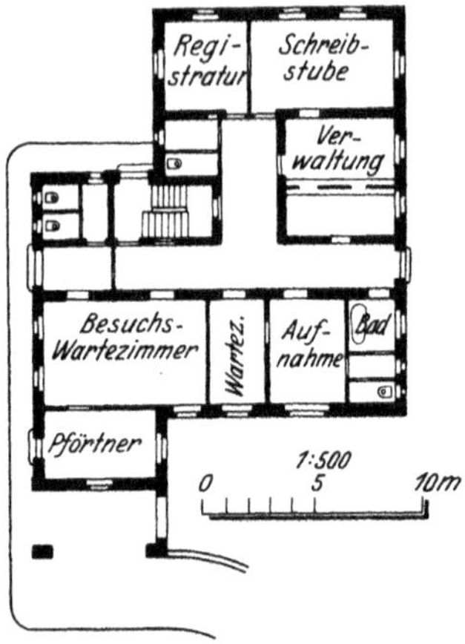

Abb. 171. Frankfurt a. M., Krankenhaus der israelitischen Gemeinde, Verwaltungsabteilung.

2. Kochabteilungen.

Bei kleinen Anstalten ist man sich schon seit langen Jahren nicht recht einig darüber, ob die Kochküche besser im Unter- oder im Dachgeschoß unterzubringen ist. Ein allzu tiefes Einsenken unter den Erdboden ist selbstverständlich nicht empfehlenswert: ständige Niederschläge an den starken und deshalb sehr viel Kälte in sich aufspeichernden Wänden sind nur schwer zu vermeiden. Auch können zweifellos die Küchendünste nur mit größeren Schwierigkeiten von den Krankenräumen ferngehalten werden, indessen ist diese Aufgabe mit Hilfe elektrisch zu betreiben-

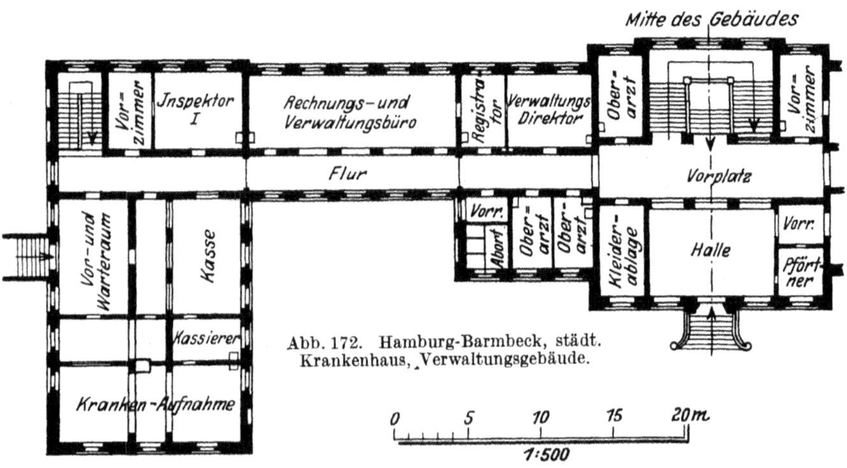

Abb. 172. Hamburg-Barmbeck, städt. Krankenhaus, Verwaltungsgebäude.

der Lüftungseinrichtungen einwandfrei zu lösen, es muß nur für Unterdruck in den Räumen gesorgt werden. Wenn demgegenüber darauf hingewiesen wird, daß heutzutage die Kochküchen großer Gasthöfe und Gaststätten meist im obersten Geschoß liegen, so ist dabei nicht zu vergessen, daß in diesen Fällen ebenerdige Räume für den Fremdenbetrieb selbst zu wertvoll sind, auch selbständige Gebäude sich aus ähnlichen Erwägungen von selbst verbieten. Diese Gründe treffen für Krankenanstalten in dem Umfang nicht zu. Hier bleibt für Kochküchen doch der Nachteil, daß alle für die Speisen erforderlichen Rohstoffe erst mit Aufzügen heraufgeschafft werden müssen, der Betriebsweg bis zur Küche also unter allen Umständen länger, umständlicher und teurer wird, daß auch zwischen Kochküche und Kellervorratsräumen ein weiter Weg ist, und daß die Küchenräume mehr der Witterung, der Wärme, der Kälte und dem Wind ausgesetzt sind.

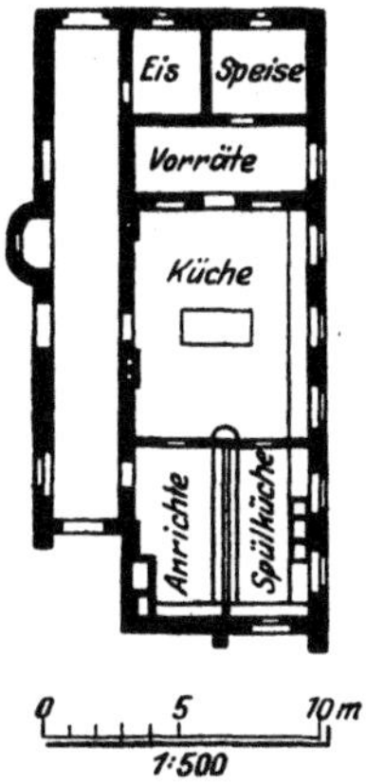

Abb. 173. Traunstein, Krankenhaus für 38 Betten, Kochküche.

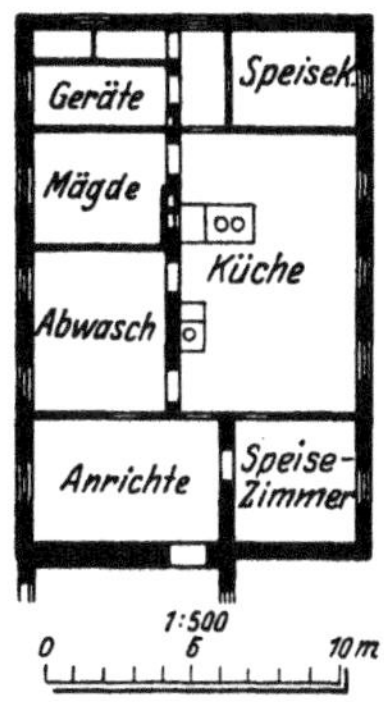

Abb. 174. Krumau i. Böhmen. Jubiläumskrankenhaus für 54 Betten, Kochküche.

Für mittlere Krankenanstalten, in denen man die Kochabteilung in einem Anbau oder sogar selbständigem Gebäude unter-

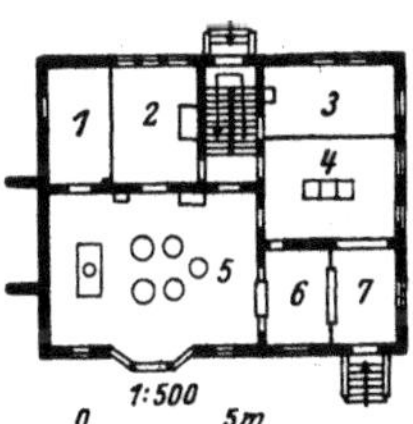

Abb. 175. Laurahütte, Knappschaftskrankenhaus für 240 Betten, Kochküche.

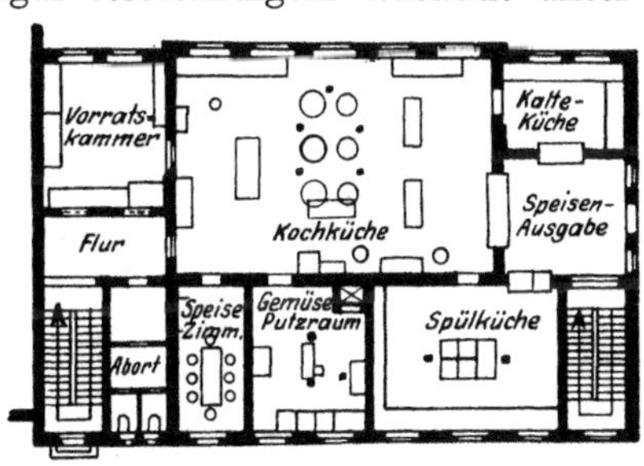

Abb. 176. Cottbus, städt. Krankenhaus für 323 Betten, Kochküche.

gebracht, finden sich zahlreiche gute Lösungen, von denen nur wenige hier wiedergegeben werden können. Schwierig wird erst die Grundrißlösung bei größeren Anstalten, was im einzelnen schon oben auseinandergesetzt ist. Lösungen, die von der Annahmestelle der Rohvorräte bis zur Abgabe der fertigen Speisen

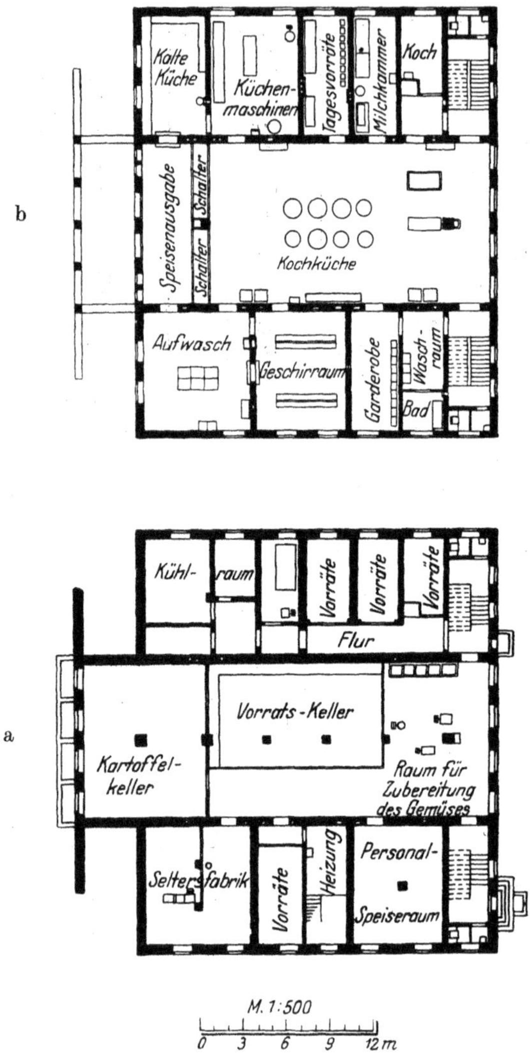

Abb. 177. Kiel, städtisches Krankenhaus für 501 Betten, Kochhaus, Erd- und Kellergeschoß.

d

c

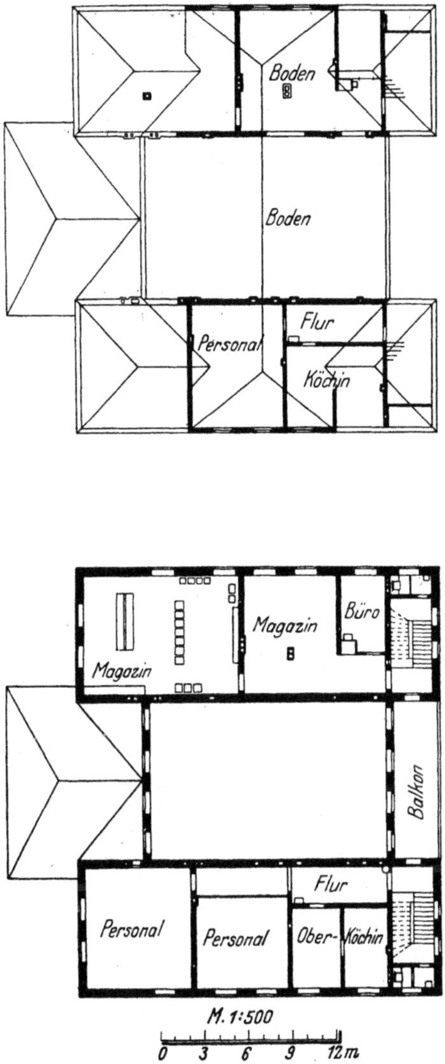

Abb. 177. Kiel, städtisches Krankenhaus für 501 Betten, Kochhaus, Dach- und Obergeschoß.

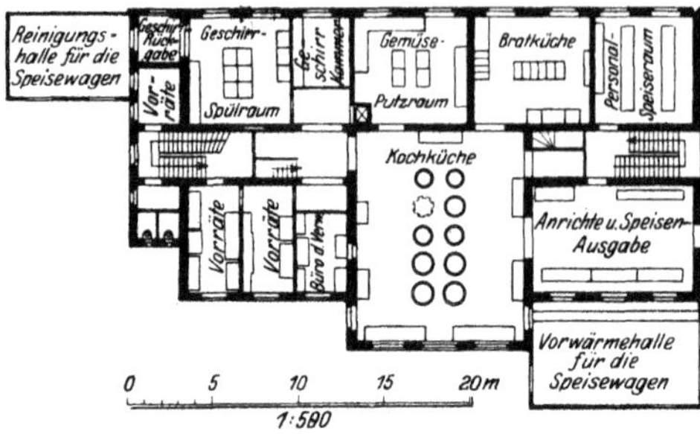

Abb. 178. Essen a. d. Ruhr, städtisches Krankenhaus für 700 Betten, Kochküche.

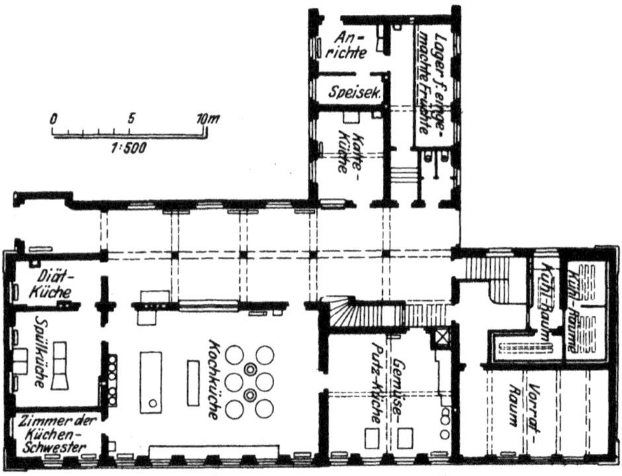

Abb. 179. Würzburg, staatliches Luitpold-Krankenhaus für 600, später 750 Betten, Kochküche.

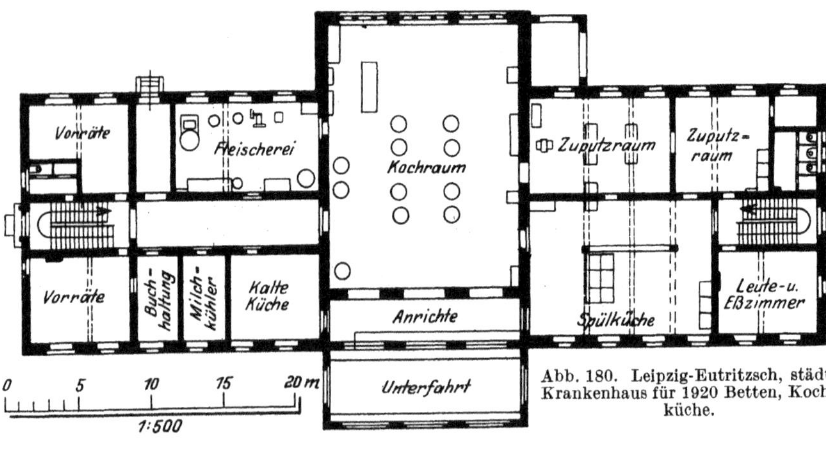

Abb. 180. Leipzig-Eutritzsch, städt. Krankenhaus für 1920 Betten, Kochküche.

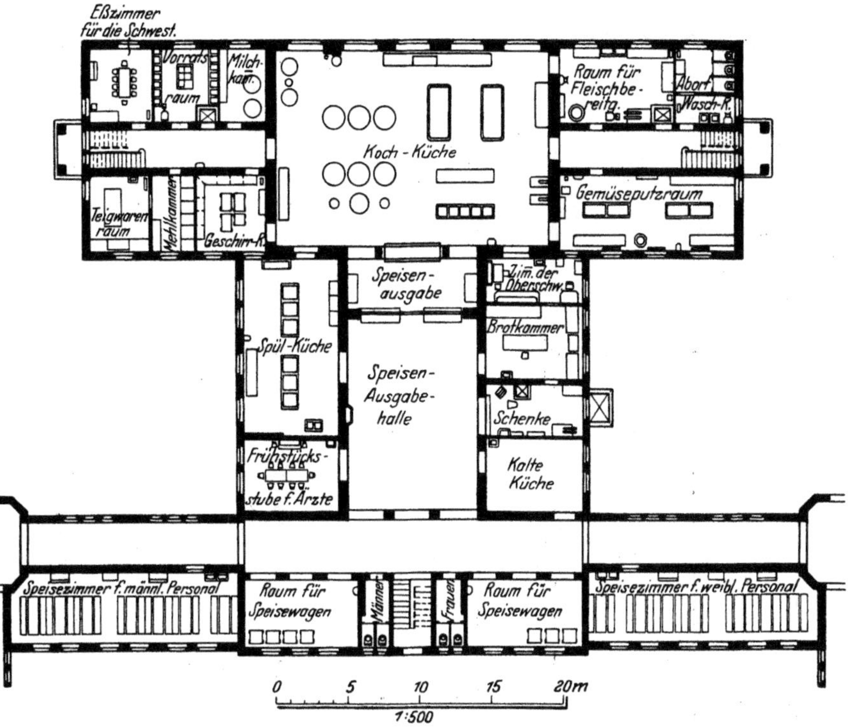

Abb. 181. München-Schwabing, städtisches Krankenhaus für 1300 Betten, Kochküche.

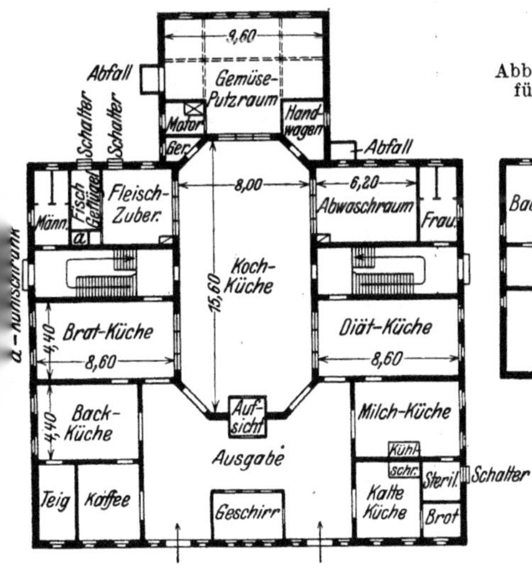

Abb. 182. Musterentwurf einer Kochküche für 750 Betten nach ALTER und LANG.

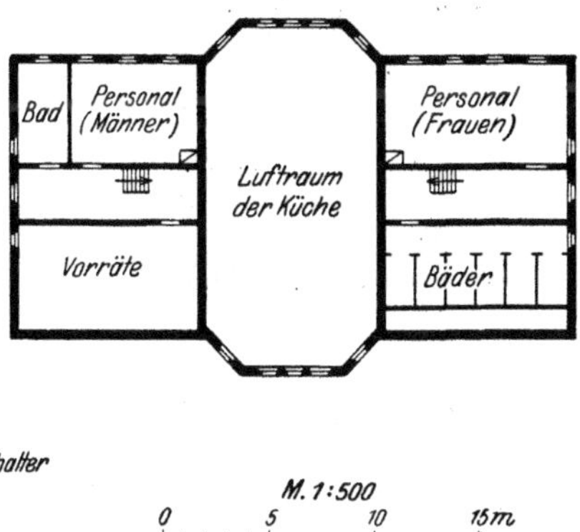

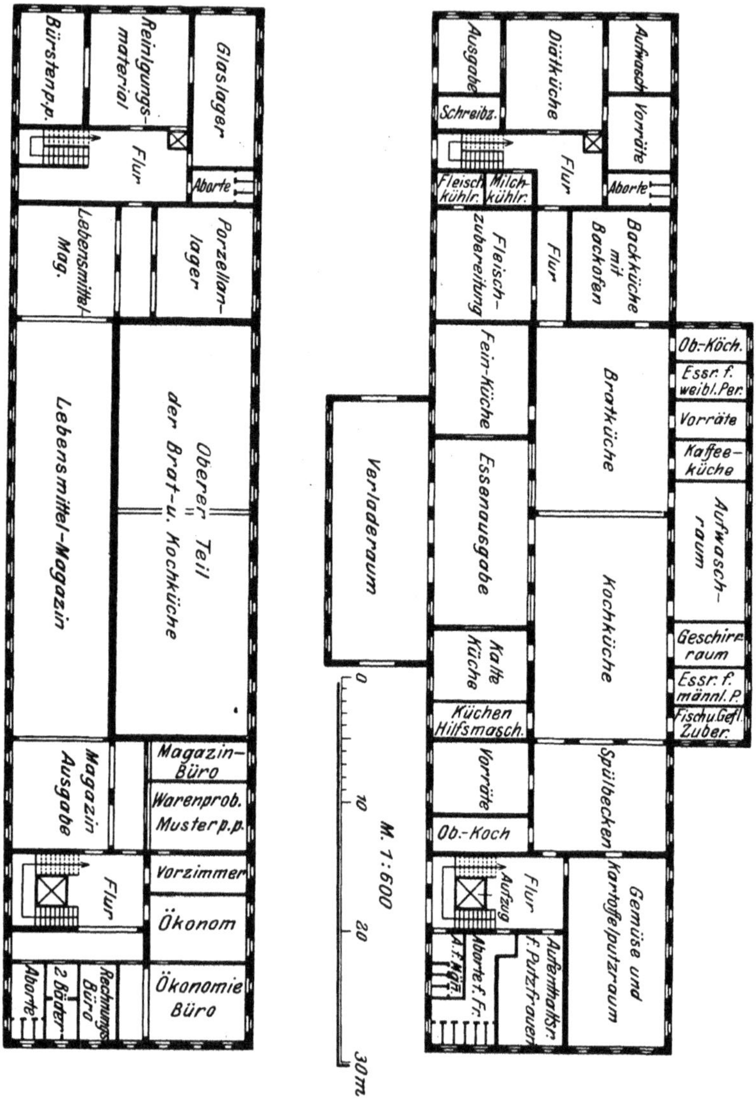

Abb. 183. Musterentwurf einer Kochküche für 2000 Betten nach v. Sellin, Erdgeschoß und I. Stock.
(Maßstab 1:600 statt wie sonst 1:500).

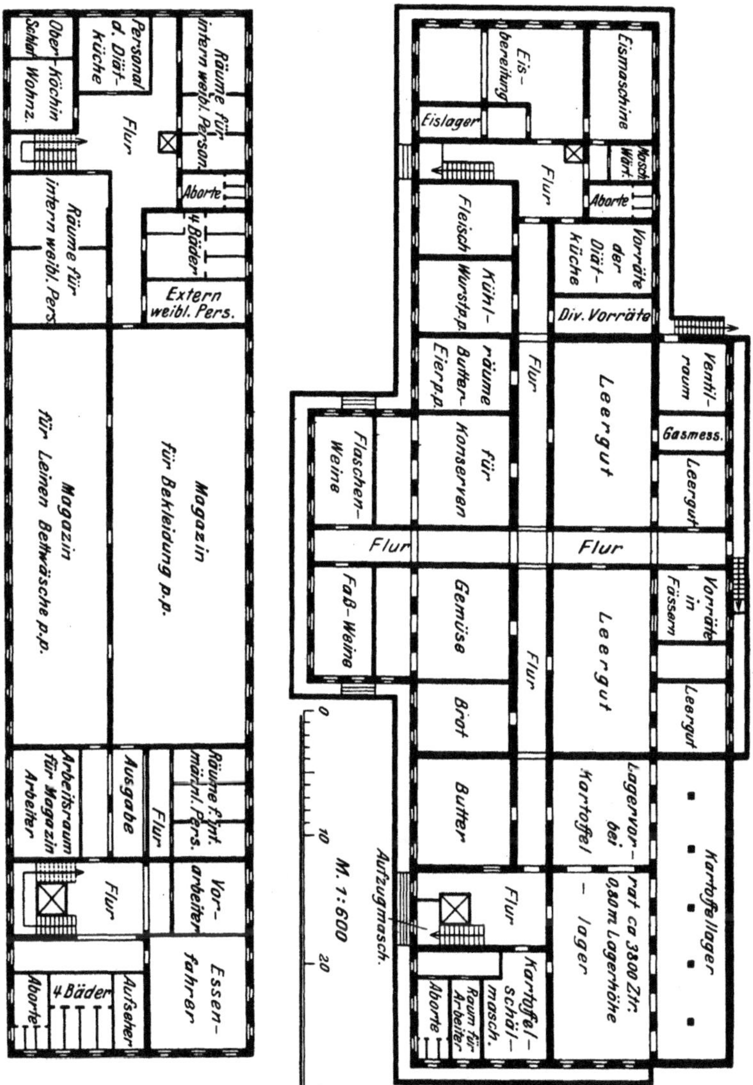

Abb. 183. Musterentwurf einer Kochküche für 2000 Betten nach v. SELLIN, Kellergeschoß und II. Stock.
(Maßstab 1:600 statt wie sonst 1:500).

klar den Grundsatz kürzester Betriebswege erkennen lassen, sind dem Verfasser nicht bekannt, auch wohl schwieriger, weil jede Vorratsart ihren besonderen Weg zu gehen hat, aber doch auch stets Vermengungen der Einzelvorräte vorkommen. Auch die Musterbeispiele zeigen zum mindesten keine wesentlichen Verbesserungen.

In einem späteren Bande dieses Buches schildert Verwaltungsdirektor v. SELLIN, wie in den Hamburger Krankenhäusern die Frage der Diätküche in drei verschiedenen Arten gelöst ist: In St. Georg ist keine Diätküche für nötig gehalten, in Eppendorf ist zwischen 2 Bettenhäusern, in welchen hauptsächlich Diätbedürftige liegen, eine völlig getrennte Diätküche gebaut worden (Abb. 184), in Barmbeck in einem vollständig freistehenden Hause (Abb. 93). Eine vierte Möglichkeit sehen die Entwurfsvorschläge vor, nämlich eine völlige Eingliederung in das Hauptküchengebäude, mit dem Unterschiede jedoch, daß der kleinere Vorschlag nur einen einzigen Raum für die Diätküche enthält, während der größere nicht etwa, wie man nach den oben mitgeteilten Grundsätzen vermuten könnte, zwei getrennte Diätküchen anordnet, sondern nur einen Raum, diesen aber mit einer ganzen Reihe von Nebenräumen ausstattet (Spülküche, Vorräte, Speisenannahme, Milchkühlraum, Schreibzimmer und Abort). Man hofft hier infolge besonderer Maßnahmen mit einer Küche auszukommen. Für den Hauptraum sind bei 40 bis 60 Diäten mindestens 30 qm erforderlich. Hamburg-Barmbeck weist bei 2000 Betten 54 qm auf. Welche dieser drei baulichen Lösungen zu wählen ist, hängt, abgesehen von zwingenden baulichen Verhältnissen, hauptsächlich davon ab, wie die Diätküche in den Gesamtküchenbetrieb eingepaßt werden soll.

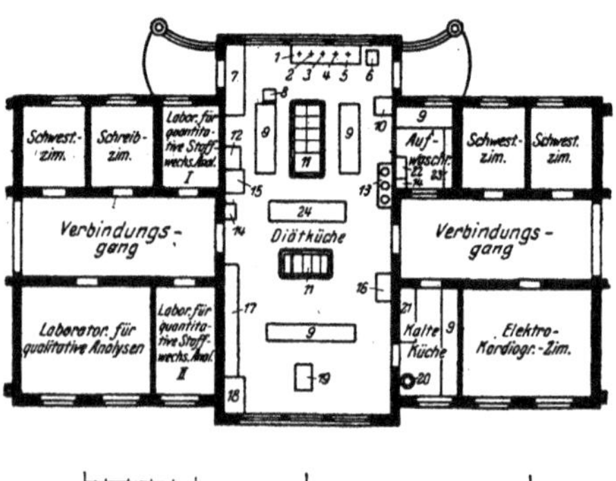

Abb. 184. Hamburg-Eppendorf, Diätküche.

3. Waschabteilungen.

Umgekehrt liegt es bei den Waschabteilungen. Hier zeigt sich der Grundsatz der kurzen Betriebswege bei den großen Anstalten

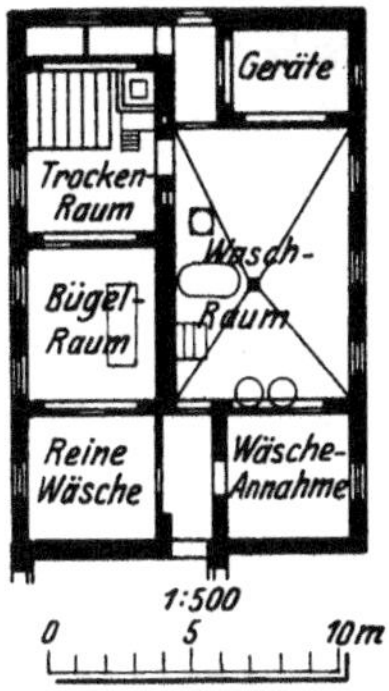

Abb. 185. Krumau i. Böhm. Jubiläums-Krankenhaus f. 54 Betten, Waschküche.

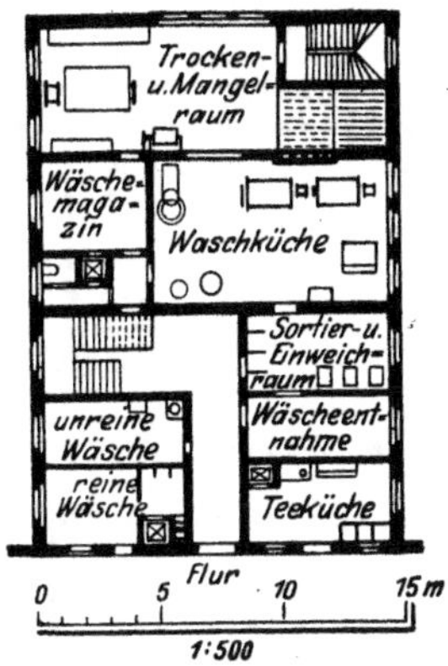

Abb. 186. Schwelm, Tuberkulose-Krankenhaus für 100 Betten, Waschküche.

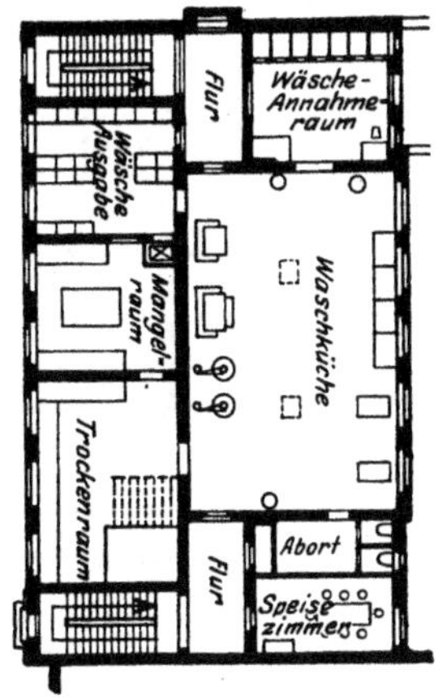

Abb. 187. Cottbus, städt. Krankenhaus für 323 Betten, Waschküche.

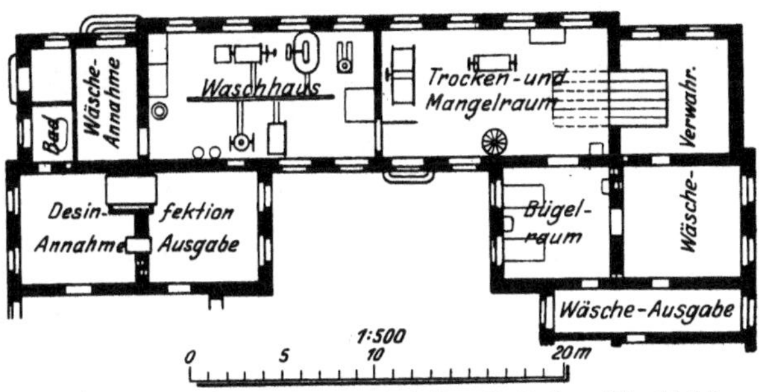

Abb. 188. Wien, Wilhelminenspital für 427 Betten, Waschküche.

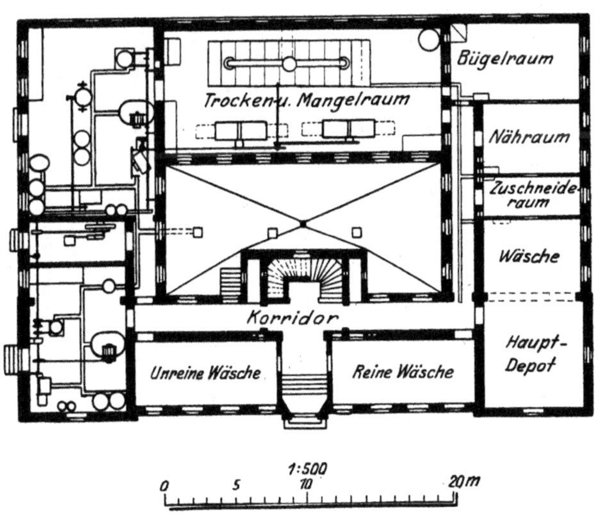

Abb. 189. Wien, Kaiser-Franz-Josefs-Spital für 726 Betten, Waschhaus.

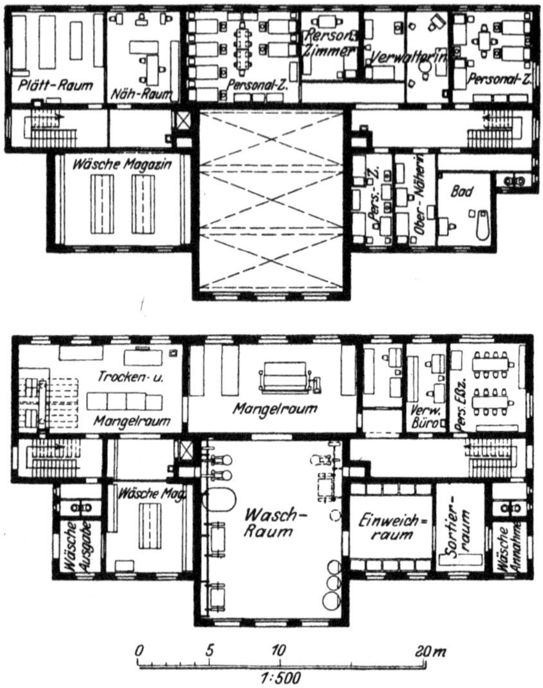

Abb. 190. Essen a. d. R., städtisches Krankenhaus für 700 Betten, Waschhaus.

1 Wäschelager. 2 Wäscheausgabe. 3 Eingang. 4 Vorplatz. 5 u. 6 Aborte. 7 Wäschelager. 8 Bügelraum. 9 Trocken- und Mangelraum. 10 Dampfwaschraum. 11 Sortier- und Einweichraum. 12 Handwäscherei. 13 Behälter für schmutzige Wäsche.

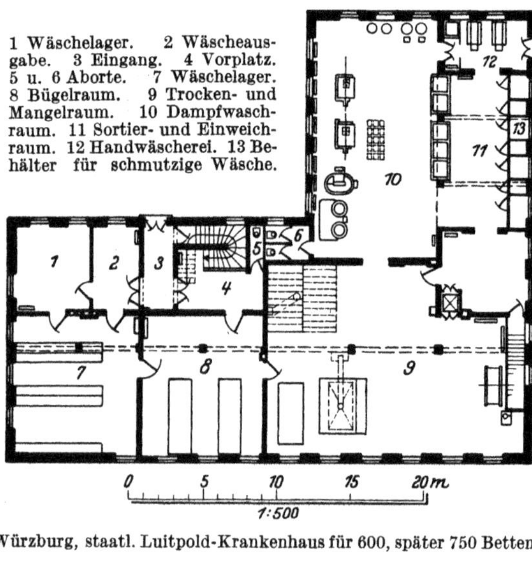

Abb. 191. Würzburg, staatl. Luitpold-Krankenhaus für 600, später 750 Betten, Waschhaus.

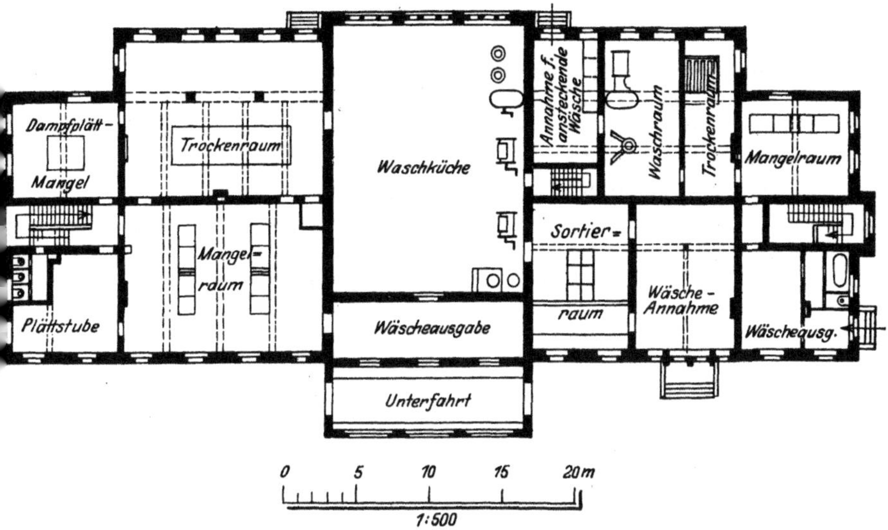

Abb. 192. Leipzig-Eutritzsch, städt. Krankenhaus St. Georg für 1920 Betten, Waschküche.

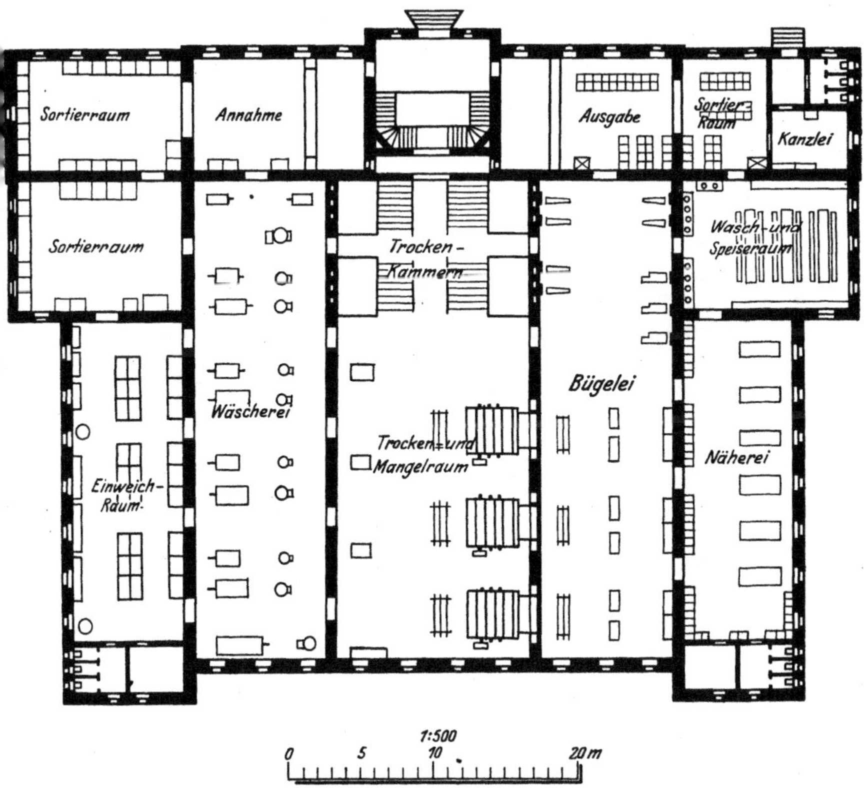

Abb. 193. Wien, Landes-Heil- und Pflegeanstalt „Am Steinhof" für 3000 Betten, Waschhaus.

am deutlichsten. Namentlich die österreichischen Beispiele sind hier beachtenswert. Vgl. auch noch außerdem die Abb. 210—214. Kleinere Waschküchen im Dachgeschoß über Krankenräumen unterzubringen, ist übrigens wegen der Übertragung der Maschinengeräusche noch weniger zu empfehlen, als Kochküchen.

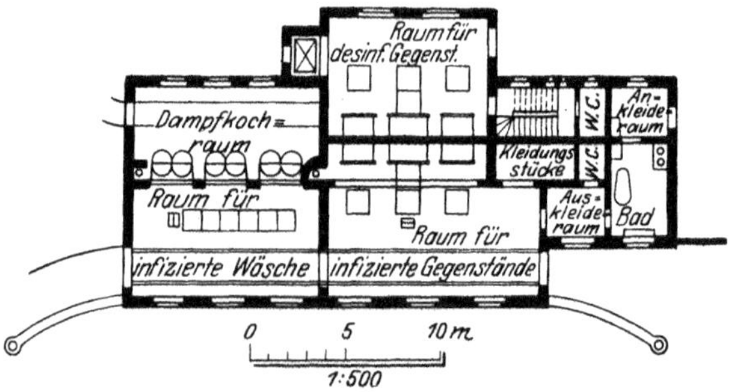

Abb. 194. Hamburg-Eppendorf, städt. Krankenhaus für 1500 Betten, Entkeimungsanstalt.

4. Entkeimungsabteilung. (Desinfektionsanstalt.)

Die vorgeführten Beispiele (Abb. 194—196) unterscheiden sich in der Zahl und Größe der Nebenräume. Wichtig ist hierbei, wieweit,

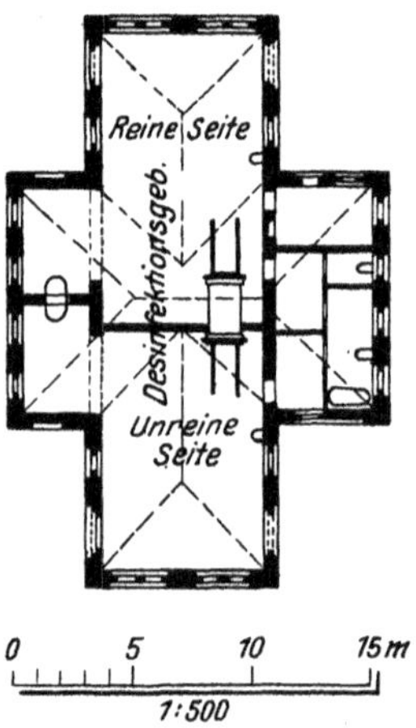

Abb. 195. Mannheim, neues Krankenhaus für 1389 Betten, Entkeimungsanstalt.

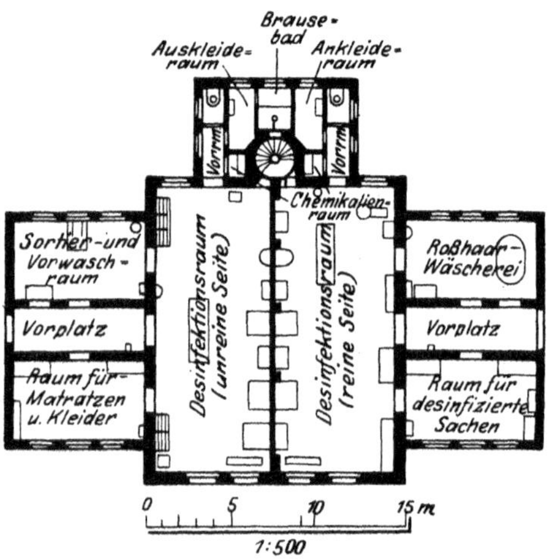

Abb. 196. München-Schwabing, städt. Krankenhaus für 1300 Betten, Entkeimungsanstalt.

abgesehen von den im Krankenhaus selbst nötigen Arbeiten auch noch sonst einschlägige Arbeiten für ein größeres Ortsgebiet ausgeführt werden sollen. Der, oder besser die Verbrennungsöfen, die eigentlich mit zur Entkeimungsabteilung hinzugehören, werden aus rein baulichen Gründen mindestens ebenso oft mit dem Kesselhaus in Verbindung gebracht. Vgl. auch noch die Abb. 197, 204, 205, 212.

5. Betriebsabteilung für Wärme und Kraft.

In kleineren Anstalten besteht diese Abteilung nur aus 1—2 Räumen, über deren Größenbemessung oben so genaue Angaben gemacht sind, daß sich Grundrißbeispiele erübrigen. Für größere Anstalten will dagegen die Lösung eines guten Kessel- und Maschinenhauses mit Hilfe der Sonderfachleute sehr genau durchgearbeitet sein. Auch hier ist wieder die Hauptaufgabe die Betriebswege, namentlich die der Brennstoffe, möglichst kurz zu halten. Eine gute Anlage kann die Betriebskosten sehr niedrig halten (Abb. 197—201. Siehe auch die Abb. 206, 210—213).

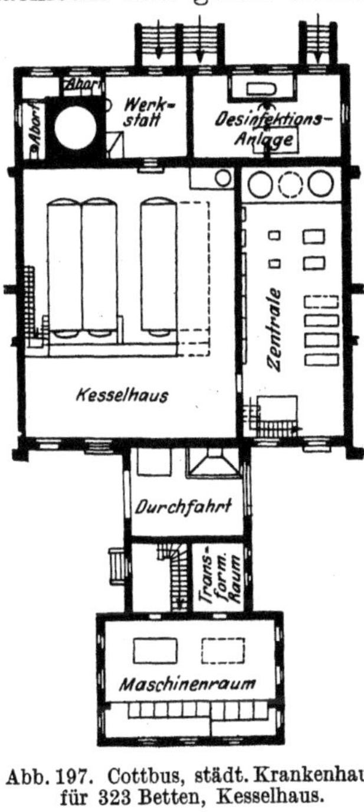

Abb. 197. Cottbus, städt. Krankenhaus für 323 Betten, Kesselhaus.

6. Werkstattabteilungen und Fuhrwerksbetriebsleitungen.

Die Grundrißlösung bietet keine Schwierigkeit, es sind deshalb nur die Räume von Hamburg-Barmbeck wiedergegeben (Abb. 202).

IV. Die bauliche Zusammenfassung einzelner Abteilungen.

Vor etwa 100 Jahren wurden die sämtlichen Räume einer Krankenanstalt am liebsten in einem Gebäude von mehreren Stockwerken zusammengefaßt. Es unterliegt gar keinem Zweifel, daß man dabei nicht nur mit dem kleinsten Grundstück auskam, sondern daß auch die Bau- und Betriebskosten die denkbar geringsten waren. Es traten dann aber allmählich gesundheitliche Forderungen in den Vordergrund, die zu einer weitestgehenden Auflösung der Anstalten in möglichst viele Einzelhäuser führte. Oben ist bereits darauf hingewiesen worden, daß die einstöckige Krankensaalbaracke, wie sie sich durch die Kriegsbedürfnisse herausgebildet hatte, den größten Anstoß zu der Auflösung in

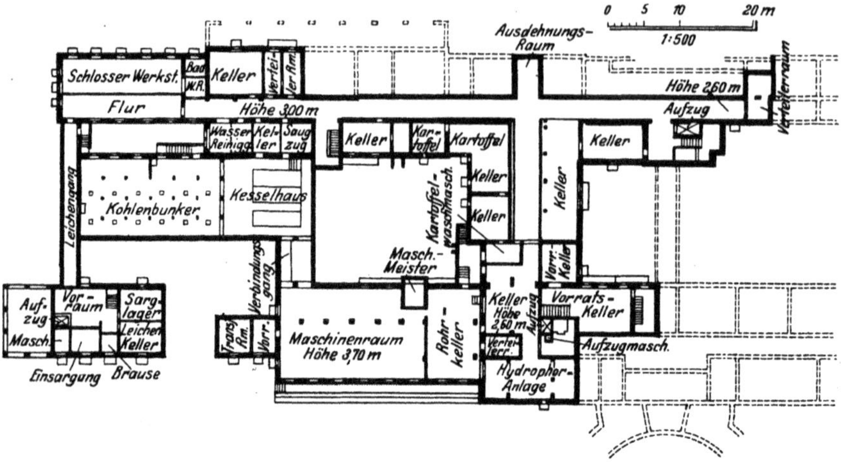

Abb. 198. Steele a. d. Ruhr, Knappschaftskrankenhaus für 350 Betten, Kessel- und Maschinenräume.

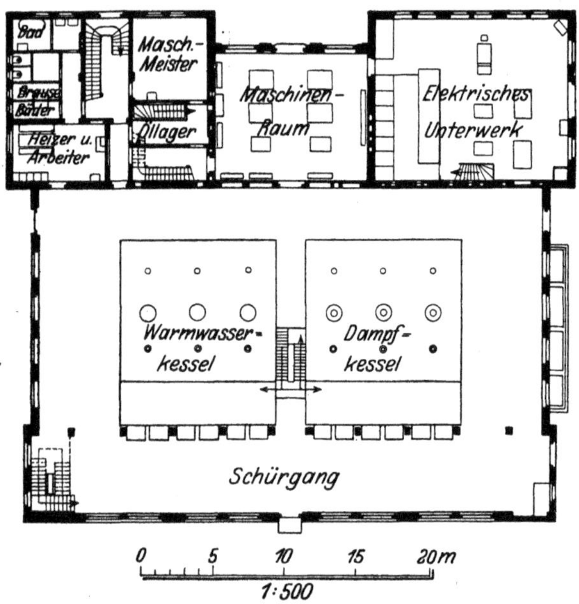

Abb. 200. Leipzig-Eutritzsch, städt. Krankenhaus St. Georg für 1920 Betten, Kesselhaus.

lauter Einzelhäuser gegeben hat. Aber man blieb mit diesem Grundsatz nicht allein bei den Krankenabteilungen stehen, son-

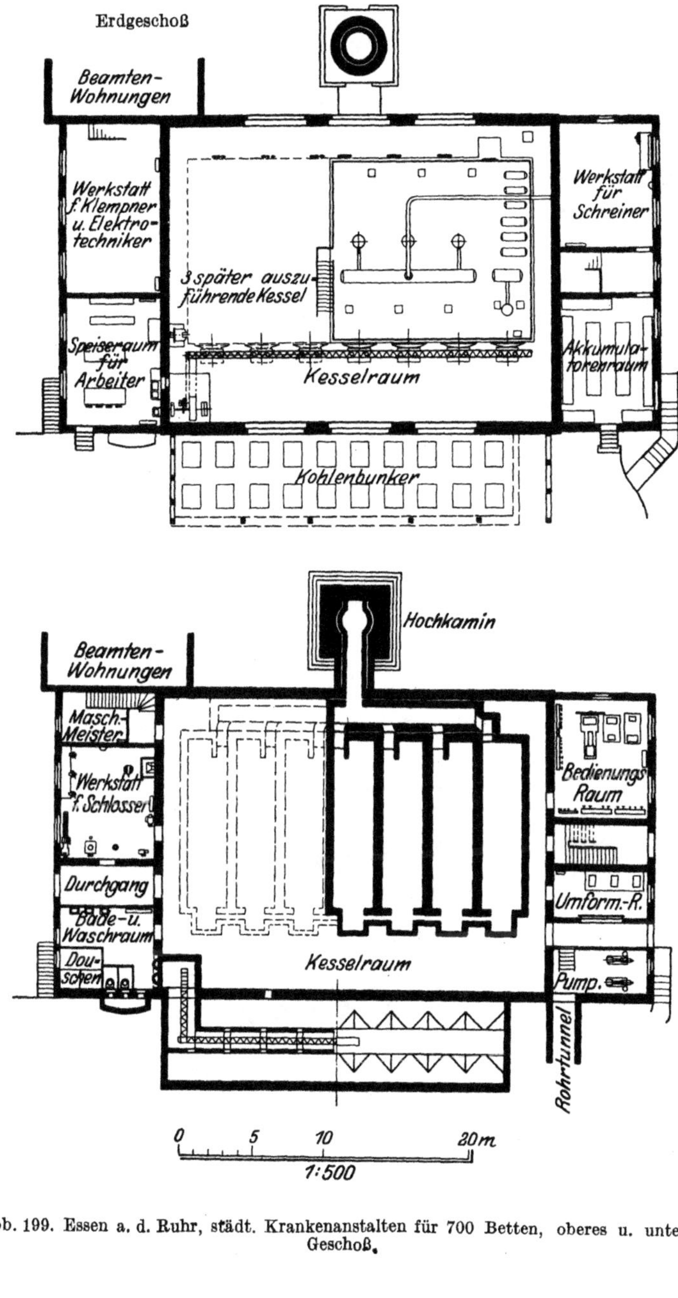

Abb. 199. Essen a. d. Ruhr, städt. Krankenanstalten für 700 Betten, oberes u. unteres Geschoß.

dern auch die Behandlungs- und sogar die Betriebsabteilungen wurden in möglichst viel, völlig getrennten Häusern untergebracht.

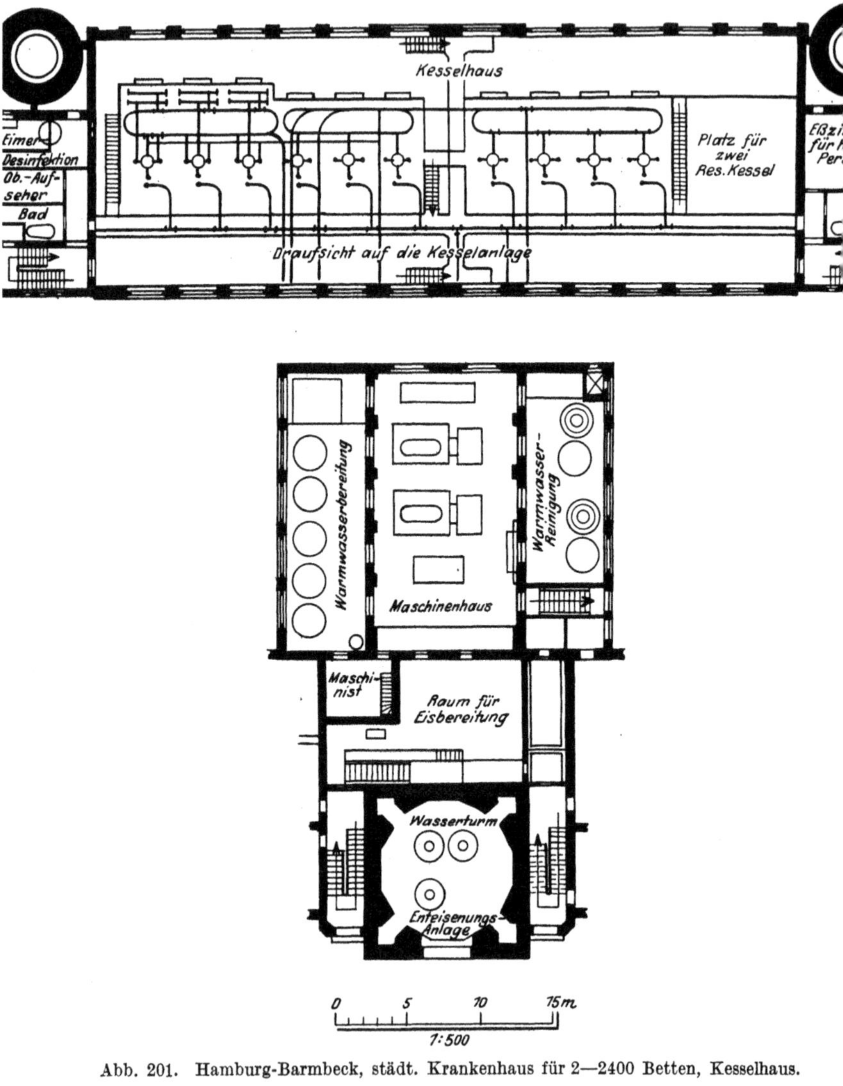

Abb. 201. Hamburg-Barmbeck, städt. Krankenhaus für 2—2400 Betten, Kesselhaus.

Würde dieser Grundsatz auch heute noch herrschen, so würde die Einfügung dieses Kapitels sich erübrigen, man ist aber ganz allmählich immer mehr wieder auf die Zusammenfassung der einzelnen Abteilungen zurückgekommen, und deshalb muß über die hierbei zu beachtenden Grundsätze doch einiges gesagt werden.

Zunächst sind es die ganz kleinen Anstalten, bei denen allerdings stets am wenigsten die vollständige Auflösung Platz gegriffen hatte. Die Bau- und Betriebsverteuerung war hier wohl doch am

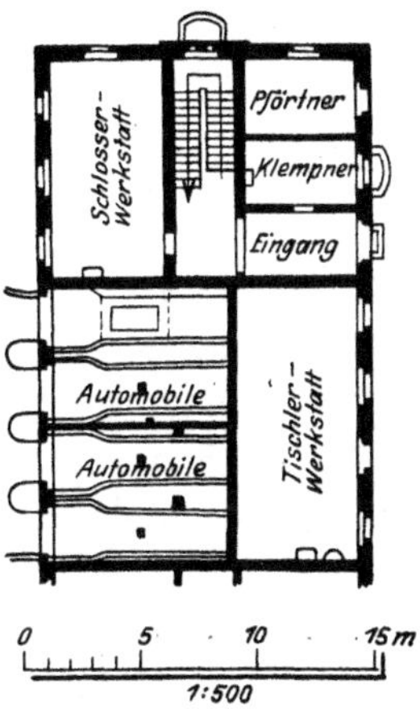

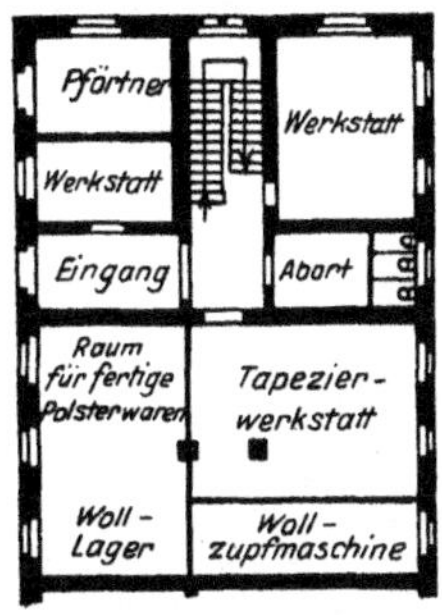

Abb. 202 a u. b. Hamburg-Barmbeck, städt. Krankenhaus, Werkstätten und Fahrzeugschuppen.

offensichtlichsten und außerdem hier am wenigsten tragbar, weil gerade die kleinen Krankenanstalten meist von leistungsschwachen Körperschaften unterhalten werden müssen.

Solche Anstalten bis zu 150 Betten finden wir demnach aus allen Jahrzehnten des letzten und jetzigen Jahrhunderts fast durchweg nur aus einem Gebäude bestehend. Höchstens ist noch ein meist erst nachträglich hinzugefügtes, besonderes Absonderungshaus vorhanden, vielleicht auch untergeordnete kleine Nebengebäude, wie Ställe, oder gar ein kleines Wohnhaus. Ist ausnahmsweise statt eines Anbaues schon ein vollständig abgetrenntes Wirtschaftsgebäude für Koch- und Waschzwecke vorhanden, so kann mit ziemlicher Sicherheit angenommen werden, daß das nur mit Rücksicht auf spätere Erweiterung geschehen ist.

Die Streitfrage, ob die Wirtschaftsbetriebe besser im Unter- oder im Dachgeschoß unterzubringen sind, ist oben schon besprochen worden. Eine dritte Möglichkeit ist noch die, sie in einem besonderen Flügel anzuordnen. Es gibt viele gute Beispiele, bei denen ein solcher Flügelanbau im Untergeschoß die Heizungs- und Entkeimungsanlage, im Hauptgeschoß die Kochküche und im Obergeschoß die Waschküche enthält, während das Dachgeschoß womöglich noch für Nebenräume oder Wohnungen ausgebaut ist. Hier ist es gänzlich ungefährlich, jedes Geschoß mit dem Haupt-

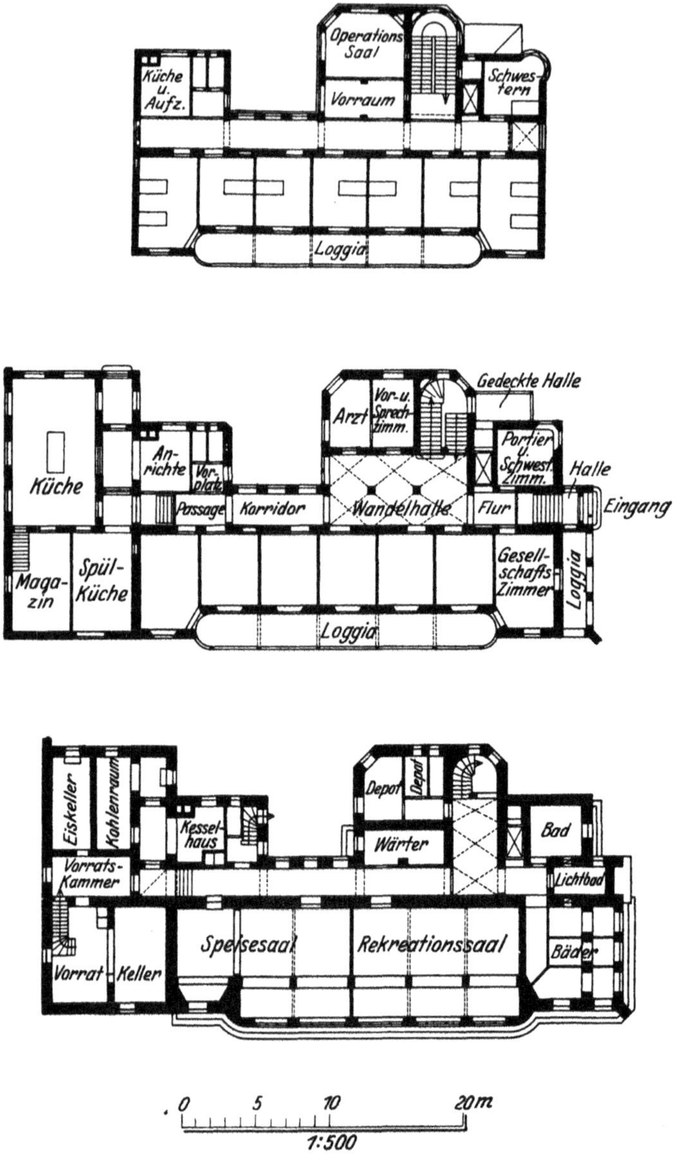

Abb. 203. Innsbruck, Sanatorium d. Schwestern vom hl. Kreuze, 25 Betten, Ober-, Erd- u. Sockelgeschoß.

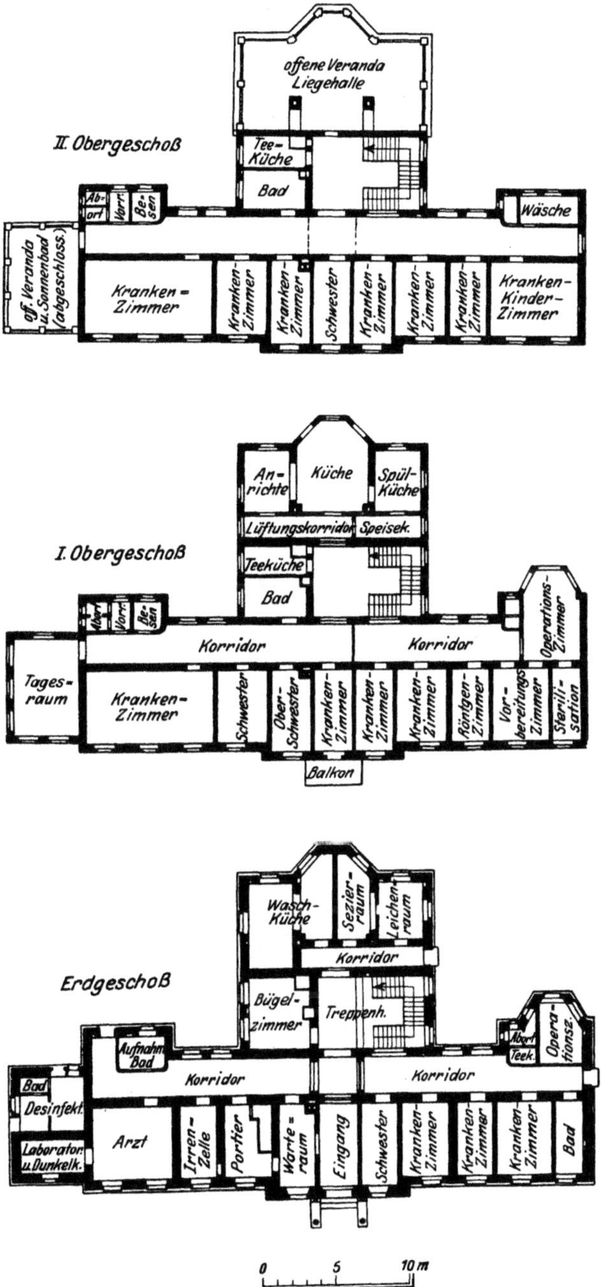

Abb. 204. Kirn, städt. Krankenhaus, 28 Betten, Ober-, Erd- u. Sockelgeschoß.

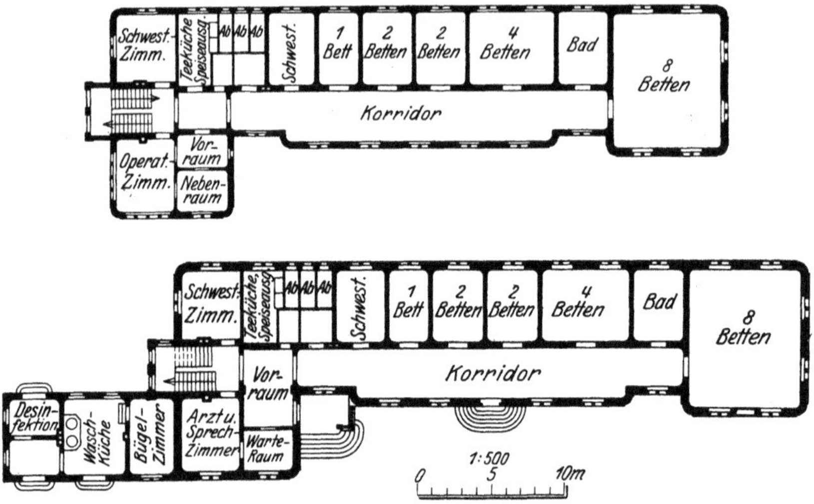

Abb. 205. Alfeld i. H., Bezirkskrankenhaus, Hauptgebäude, 38 Betten, Ober- u. Erdgeschoß.

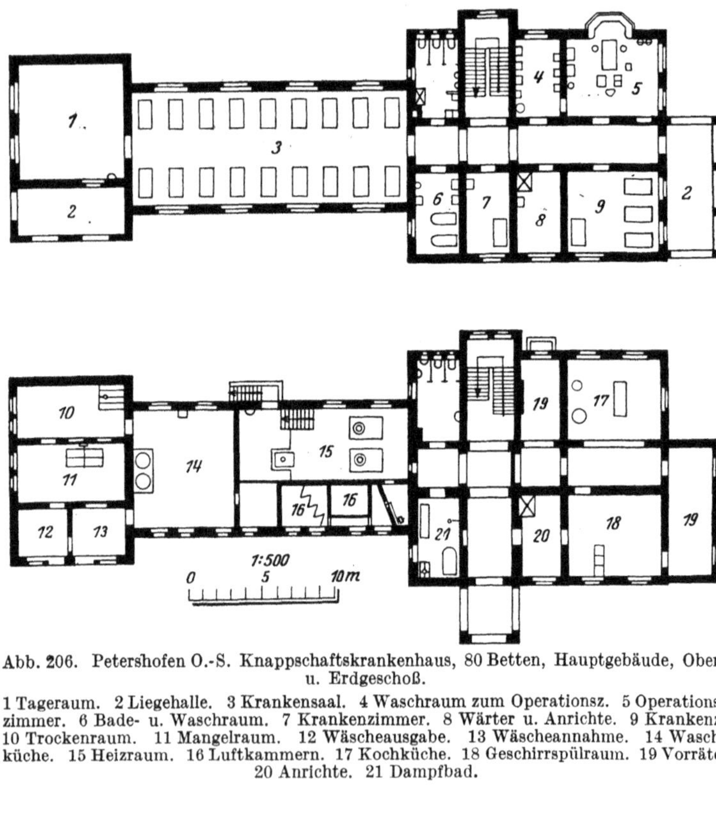

Abb. 206. Petershofen O.-S. Knappschaftskrankenhaus, 80 Betten, Hauptgebäude, Ober- u. Erdgeschoß.

1 Tageraum. 2 Liegehalle. 3 Krankensaal. 4 Waschraum zum Operationsz. 5 Operationszimmer. 6 Bade- u. Waschraum. 7 Krankenzimmer. 8 Wärter u. Anrichte. 9 Krankenz. 10 Trockenraum. 11 Mangelraum. 12 Wäscheausgabe. 13 Wäscheannahme. 14 Waschküche. 15 Heizraum. 16 Luftkammern. 17 Kochküche. 18 Geschirrspülraum. 19 Vorräte. 20 Anrichte. 21 Dampfbad.

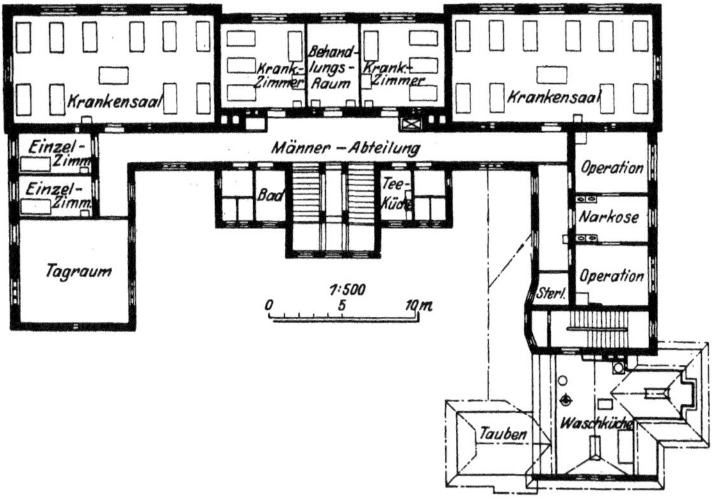

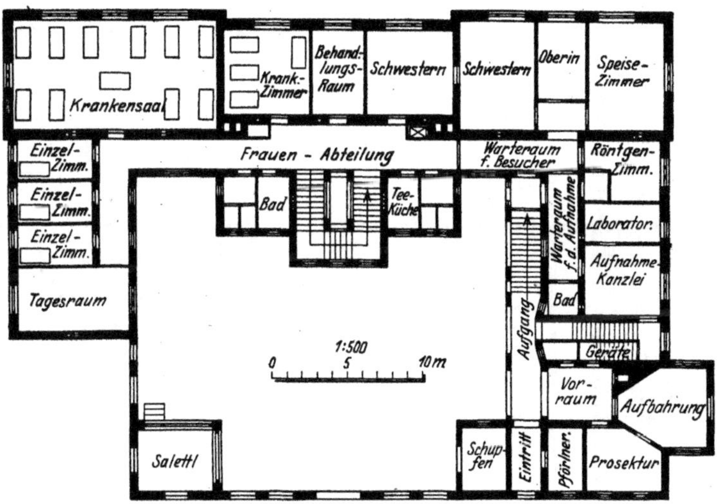

Abb. 207. Waidhofen a. d. Ybbs, Kaiserjubiläums-Krankenhaus, 58 Betten, Ober- u. Erdgeschoß.

Spk.
Küche
Spülküche
Vorr.
Narkose-Raum
Operat.-Raum
Sterilisation
1B. I. Kl.
2B. II. Kl.
2B. III. Kl.
2B III. Kl.
4 Betten III. Kl.
Tage-Raum
Bad
2 Betten III. Kl.
Tee-küche
2B. III. Kl.
6 B. III. Kl.
Terrasse
Vorräte
Dun-kel-Kam.
Operat.-Raum
Laborat.
Hausarzt
Röntgen-Kabine
Wärter
Oberin
Büro
Bad
Vor-halle
2B. Ruhr
2B Typhus
Bad
Tee-küche
Schwest.
2B. Scharlach
2B. Diphterie
Magazin Plättst.
Rollst. Trockenr.
Bad
2 Schwest.
2 Schwest.
Wohnzimmer
Boden
Gemeinde-Schwestern
Dienstmädch.
Irren-zelle
2 Syphilis-Kranke
Bad u. Ab.
Tee-küche
2 Krätzige
Bad
2 Krätzige
Seife
Wasch-Küche
a
Tageraum u. Betsaal
2B. II. Kl.
1B. I. Kl.
2B. II. Kl.
5 Betten III. Kl.
4 B. III. Kl.
3 B. III. Kl.
Bad
Tee-küche
2 B. III. Kl.
6B. III. Kl.
0
5
10
20
30 m

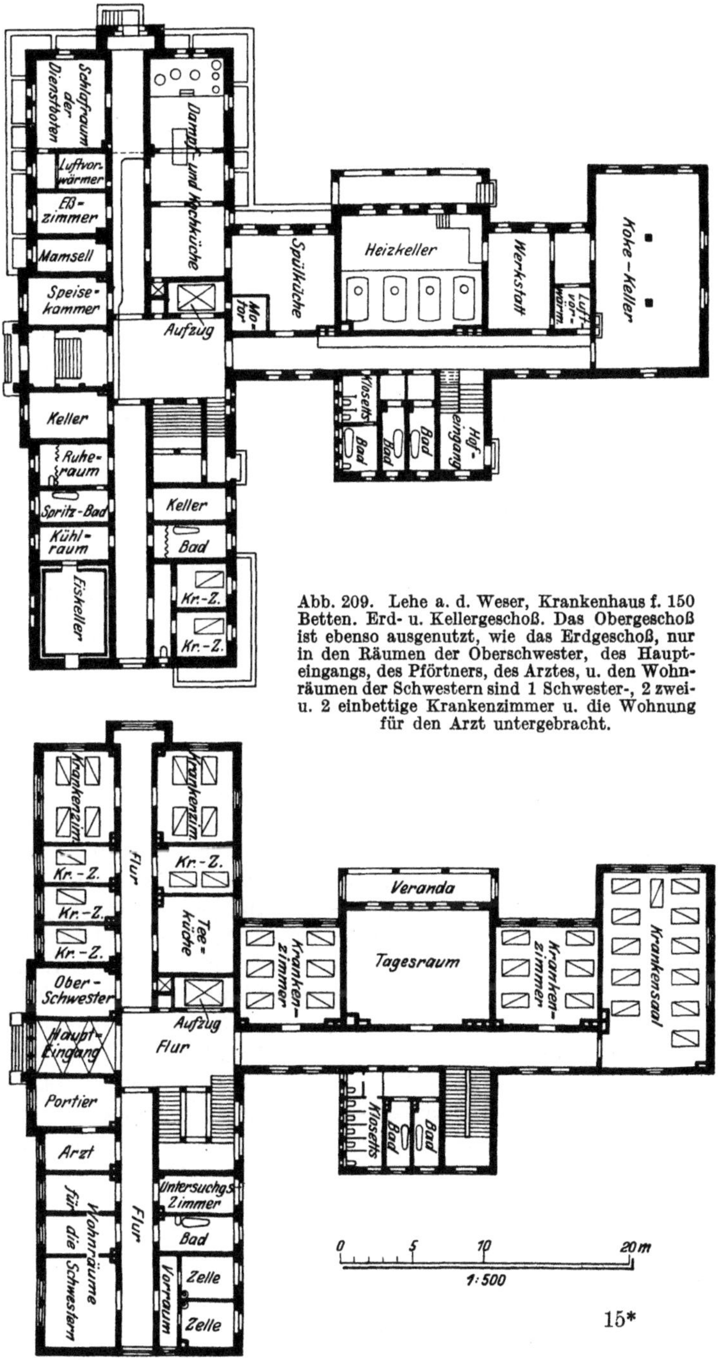

Abb. 209. Lehe a. d. Weser, Krankenhaus f. 150 Betten. Erd- u. Kellergeschoß. Das Obergeschoß ist ebenso ausgenutzt, wie das Erdgeschoß, nur in den Räumen der Oberschwester, des Haupteingangs, des Pförtners, des Arztes, u. den Wohnräumen der Schwestern sind 1 Schwester-, 2 zwei- u. 2 einbettige Krankenzimmer u. die Wohnung für den Arzt untergebracht.

bau durch einen Verbindungsflur in unmittelbare Verbindung zu bringen, namentlich wenn dieser Verbindungsweg durch Fenster auf beiden Seiten Querlüftung erhalten kann. Eine Verbindung durch das Treppenhaus selbst, derart, daß die Stockwerke in halber Höhe der Stockwerke des Hauptbaues liegen, ist allerdings namentlich für das Küchengeschoß weniger zu empfehlen, da der Verkehr über die halbe Treppe lästig ist.

Sind auf diese Weise die Wirtschaftsbetriebe an günstigster Stelle untergebracht, so finden im Hauptbau selbst von den übrigen Abteilungen die Aufnahme- und Verwaltungsabteilung, gegebenenfalls auch Absonderungsabteilungen mit getrennten Eingängen zu ebener Erde ihren Platz, im nächsten Geschoß die innere Abteilung mit den Baderäumen und darüber die äußere Abteilung mit den Operationsräumen. Schon wegen der besseren Verbindung zwischen Krankenräumen und zugehörigen Behandlungsräumen empfiehlt sich also eine waagerechte Teilung nach Krankheiten, woraus sich dann ohne weiteres eine senkrechte Teilung nach Geschlechtern ergibt. Bei etwas größeren Anstalten wird man dabei auch für jedes Geschlecht eine besondere Treppe vorsehen können. Über diesen drei Geschossen ergibt sich unter Umständen noch ein weiteres Geschoß für besondere Kranke (zahlende Kranke, Tuberkulose, Haut- und Geschlechtskranke), und über diesem schließlich noch ein Dachgeschoß mit Dienstwohnung oder Dienstwohnräumen.

Die Grundrißlösung eines derartigen Gebäudes entspricht nun im allgemeinen durchaus derjenigen von Bettenhäusern: Eine lange Flucht der Bettenräume nach Süden zu, nach Norden die Nebenräume und an Querflügeln ebenfalls nach Norden zu die Behandlungsräume. Hier war nun aber schon ein Querflügel für die Koch- und Waschabteilung als günstig herausgefunden, es werden also unter Umständen zwei Flügel links und rechts von der Mittelachse entstehen (siehe z. B. Z. Krk.hauswes. 1928, H. 7), oder es muß sonstwie nach einer geeigneten Lösung gesucht werden.

Immerhin wird die Länge des ganzen Gebäudes schon bei 100 Betten nicht ganz unbeträchtlich. Architekt E. KOPP hat deshalb den Vorschlag gemacht, die Räume nicht in gerader Linie anzuordnen, sondern um einen geschlossenen Innenhof herum. Man würde die Mängel eines derartigen Innenhofes, die er neuerdings durch große, eine Querlüftung gestattende Durchgangsöffnungen mildern will, unter Umständen in Kauf nehmen, wenn dadurch eine große Ersparnis erzielt würde. Das ist aber nicht anzunehmen, die bebaute Grundfläche eines Langbaues braucht an sich nicht größer zu sein als die mit Innenhof. Auch wesentliche Ersparnisse an den Betriebswegen sind ebenfalls nur für ganz bestimmte Fälle nachweisbar, aber es bleibt immer die Frage, ob diese Fälle gerade diejenigen sind, die am häufigsten vorkommen. Endlich kann die Ersparnis an Baukosten infolge der ganz in der Mitte gelegenen Betriebswerke keine wesentliche Rolle spielen,

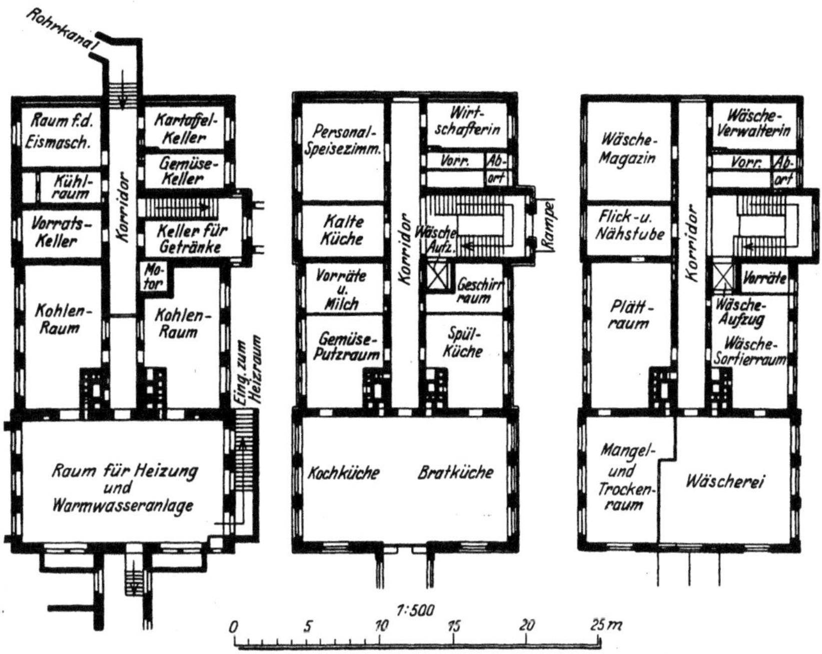

Abb. 210. Berlin-Cöpenick, Kreiskrankenhaus, Wirtschaftsgebäude, Keller-, Erd- und Obergeschoß.

da ja die gesamten Installationen nur etwa 10—12% des gesamten Kostenanschlages ausmachen, die eigentlichen Leitungen, bei denen überhaupt nur eine Ersparnis in Frage kommt, aber nur etwa 4—6% des gesamten Kostenanschlages betragen. Also von einer irgendwie ins Gewicht fallenden Ersparnis durch Anordnung des Innenhofes kann nicht die Rede sein.

Wenn er nun neuerdings geringere Baukosten durch die Anordnung von 6 Geschossen begründen will, weil an Grund- und Kellermauern, sowie an Dachfläche gespart wird, so kann er erstens nicht den Anspruch machen, derartig hohe Häuser zuerst ausgeführt zu haben, und zweitens haben andere eingehende Berechnungen ergeben, daß die Ersparnisse von Grund- und Kellermauern sowie an Dachfläche schon bei 5 und mehr Geschossen

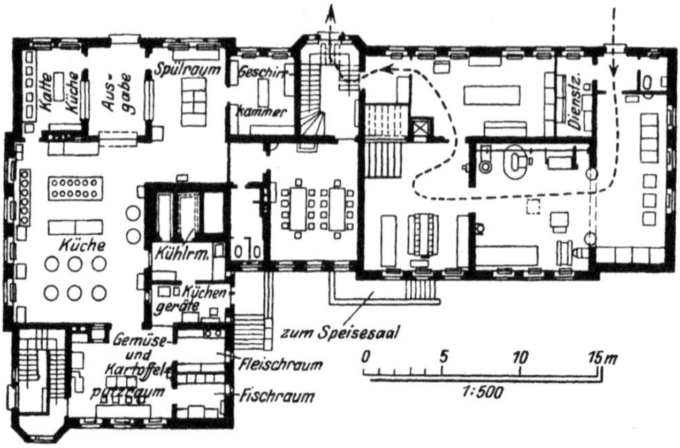

Abb. 211. Gera, städtisches Waldkrankenhaus im Stadtpark, 275 später 400 Betten. Koch- und Waschküche.

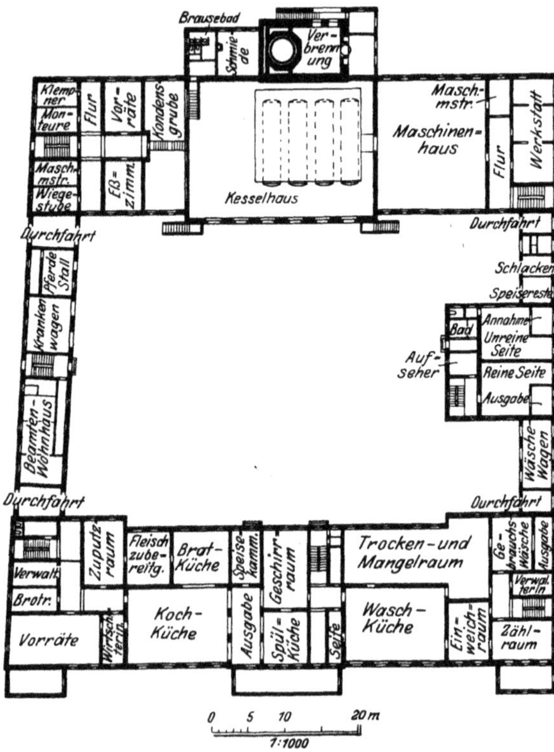

Abb. 212. Berlin-Neukölln, städtisches Krankenhaus für 400 Betten. Wirtschaftsgebäude. (Maßstab: 1:1000 statt wie sonst 1:500.)

mit denen bei 3 und 4 Geschossen kaum unterschiedlich sind, und zwar weil mit dem Anwachsen der Geschosse auch die Kosten

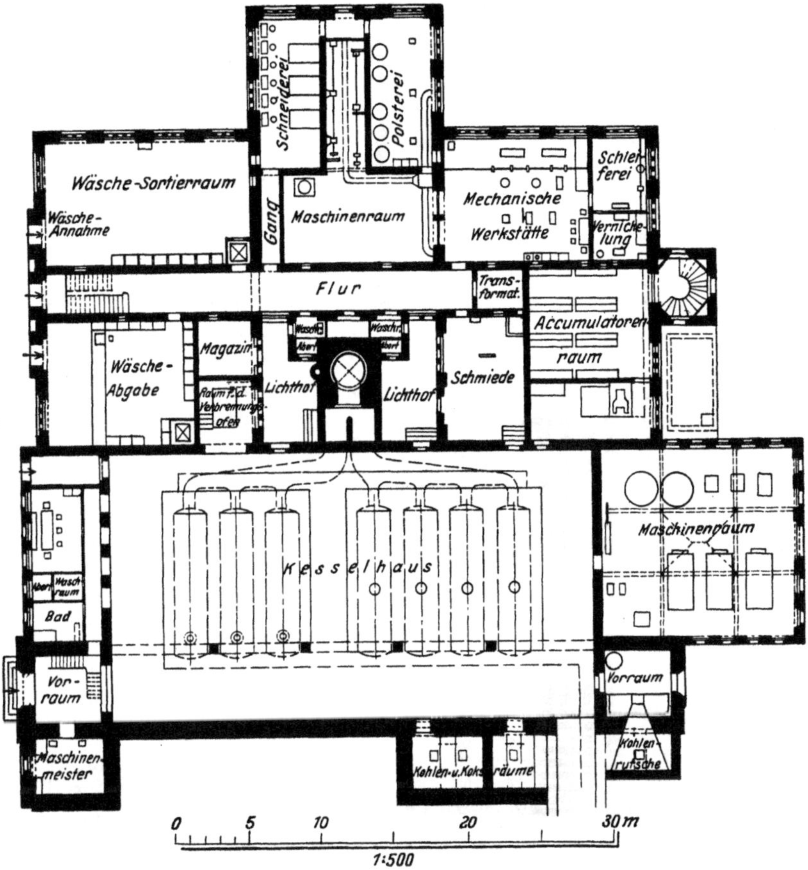

Abb. 213. Mannheim, neues Krankenhaus, 1389 Betten, Kesselhaus mit Wäscherei.

für Mauerwerk und für das höhere Heraufschaffen der Baustoffe stärker anwachsen.

Werden die Anstalten so groß, daß ein einziges Hauptgebäude für die gesamten Bettenabteilungen zu gewaltige Abmessungen annehmen würde, so kann zum mindesten eine Teilung in zwei große Bettenhäuser nicht mehr vermieden werden. Die gegebene Teilung ist dann, daß man ein Bettenhaus für die inneren, eins für die äußeren Krankheiten bestimmt, wobei dann eine Vereinigung des ersteren mit der Badeabteilung, des zweiten mit der

Operationsabteilung sehr wohl noch möglich und auch zweckmäßig bleibt. Erst wo die Anstalten so groß werden, daß auch zwei Bettenhäuser nicht mehr angängig erscheinen, ergibt sich auch eine vollständig abgetrennte Unterbringung von Bade- und Operationsabteilung in zwei selbständigen Gebäuden.

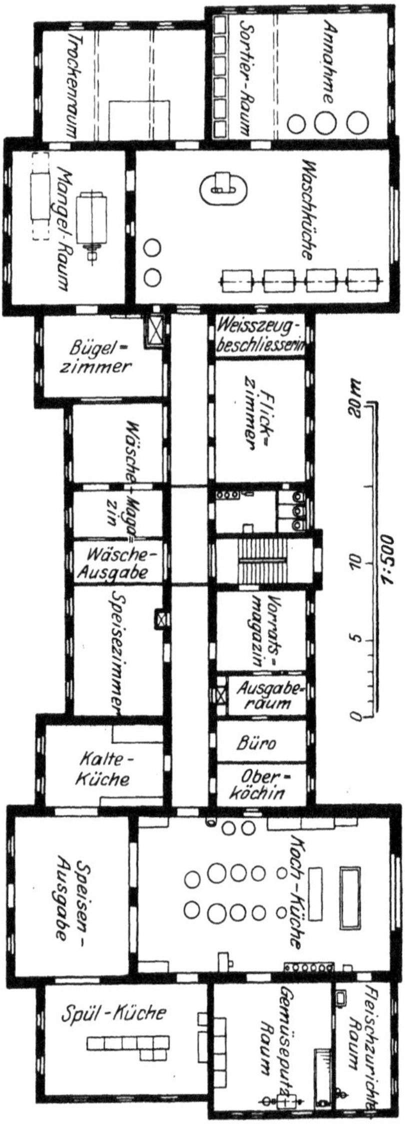

Abb. 214. Düsseldorf, allgem. Krankenhaus für 1200 Betten, Koch- und Waschküche.

Etwas anders liegt die Sache bei den Betriebsabteilungen.

Sowie zwei getrennte Bettenhäuser nötig werden, ist die Unterbringung in einem Flügelanbau so gut wie ausgeschlossen, aber es ist dann selbst bei den größten Anstalten wenn auch nicht immer zweckmäßig, so doch stets möglich, durch Zusammenlegung aller Betriebsabteilungen in einem Gebäude gewisse bauliche Ersparnisse zu erzielen, nicht nur weil durch einfaches Aneinanderrücken an Giebel oder Brandmauern gespart werden kann, sondern vor allem, weil auch manche Nebenräume nicht doppelt hergestellt zu werden brauchen, wie z. B. Aborte, Kleiderablagen, Eßzimmer der Angestellten usw., und weil die Kosten für die Verbindungsleitungen oder sogar „Verbindungsgänge“ wesentlich geringer werden.

So hat man deshalb gern Kesselhaus mit Koch- und Waschküche zu einer Gebäudegruppe vereinigt und womöglich um einen größeren Hof herum angeordnet, der in seiner Abgeschlossenheit zum Wirtschaftshof ganz besonders gut geeignet ist.

C. Grundstückswahl und Lageplangestaltung.

I. Grundstückswahl.

Bevor der Architekt mit der Entwurfsbearbeitung eines Krankenhauses beginnen kann, muß schon eine sehr wichtige und auch schwierige Aufgabe gelöst sein: es muß bereits ein geeignetes Grundstück gefunden sein.

Aber auch schon bei der Lösung dieser Aufgabe haben Arzt und Techniker als die hauptsächlichsten Sachverständigen in gemeinsamer Arbeit mitzuwirken, und die Hinzuziehung weiterer besonderer Sachverständiger, namentlich Erd- und Wasserkundiger, in Anregung zu bringen, sobald das irgendwie erforderlich erscheint. Eine Versäumnis in dieser Beziehung kann leicht die Folge haben, daß ein Grundstück erworben wird, welches sich nachträglich als durchaus ungeeignet herausstellt. Es erscheint deshalb wichtig, alle Gesichtspunkte kurz zu besprechen, die bei der Auswahl des Grundstückes zu beachten sind.

1. Verkehrslage.

Die Lage eines Krankenhausgrundstückes zum Verkehr muß die denkbar günstigste sein, und zwar zunächst zum Besten der Kranken selbst. Wenn auch bei dem heute ganz anders entwickelten Schnellverkehr größere Entfernungen keine solche Rolle mehr spielen wie früher, so steht demgegenüber doch die Tatsache, daß es bei manchen Krankheitsfällen auf Minuten ankommt, daß es mit einer Operation zu spät ist, wenn infolge einer nur etwas längeren Fahrtdauer kostbare Augenblicke verlorengehen. Der Umstand, daß auch die Angehörigen Wert darauf legen müssen, ihre Kranken bequem aufsuchen zu können, kommt natürlich erst in zweiter Linie, ist aber doch auch nicht ganz außer acht zu lassen.

Ich kann deshalb dem Gutachterausschuß nicht ganz beistimmen, wenn er in seinen Richtlinien den Grundsatz aufstellt, „Neubauten von Krankenanstalten sollen — wenn nicht besondere Verhältnisse Abweichungen begründen — nicht im Innern von Städten oder Ortschaften, sondern in Außenbezirken erfolgen“.

Ist auch ohne weiteres zugegeben, daß die gesundheitlichen Verhältnisse im allgemeinen in den Außenbezirken besser sind, so kommen doch auch heute noch sehr viele Fälle vor, wo sich im Innern der Stadt Grundstücke finden, die an Größe und gesundheitlichen Verhältnissen nichts zu wünschen übrig lassen. Es sei nur an das erst 1922 bezogene große Krankenhaus in Mannheim erinnert, dessen Lage am Neckar und mitten in einem alten Park

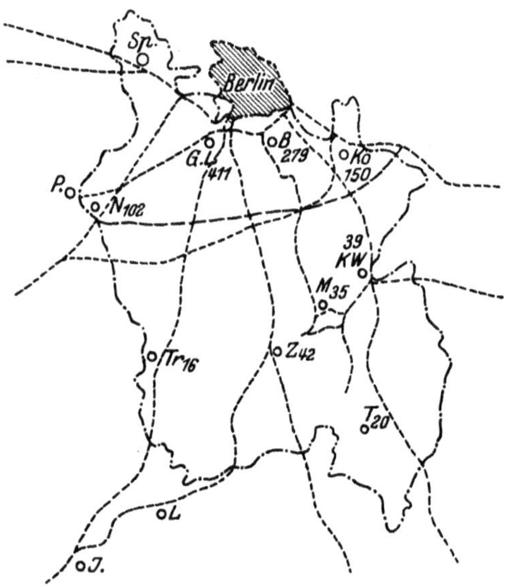

Abb. 215. Verteilung der Kreiskrankenhäuser im Kreise Teltow von 1922.

wohl kaum durch ein anderes weiter außerhalb gelegenes Grundstück hätte übertroffen werden können, bei der man aber doch noch nicht von einem Außenbezirk reden kann. Auch der sehr durchgreifende Neu- und Erweiterungsbau des alten Berliner Krankenhauses am Friedrichshain oder der vollständige Erneuerungsbau der alten Charité in Berlin würde als ein schwerer Fehler angesehen werden müssen, wenn der Innenteil der Städte als gesundheitswidrig von vornherein ausgeschaltet werden müßte. Noch mehr ist das bei mittleren und kleineren Städten der Fall. Man sollte deshalb doch wohl lieber zunächst eine für die Kranken und Angehörigen möglichst leicht erreichbare Lage als das Erstrebenswerteste hinstellen, und erst für den Fall, daß solche Grundstücke nicht zu haben sind, das Augenmerk auf solche Grundstücke in Außenbezirken richten, die vielleicht durch bessere gesundheitliche Verhältnisse die Mängel der größeren Entfernung einigermaßen wettmachen.

Die weitestgehende Rücksicht auf die Kranken sollte bei den ersten Entschließungen auch zu der Überlegung führen, ob nicht für ein größeres Versorgungsgebiet mehrere Krankenhäuser an verschiedenen Stellen den Zweck besser erfüllen, selbst auf die Gefahr hin, daß die Bau- und Betriebskosten dann teurer werden. Das Vorgehen des Kreises Teltow dürfte in dieser Beziehung auch heute noch vorbildlich sein, der vor seiner Verkleinerung durch Ausgemeindung großer Teile des Kreises nach Berlin hin vier größere und vier kleinere Krankenhäuser derart auf das ganze Versorgungsgebiet verteilt hatte, daß von jeder Bahnlinie eines leicht erreichbar war.

Der Gutachterausschuß, der mit seinen Richtlinien hauptsächlich die Verhältnisse größerer Städte in Betracht zieht, legt ganz besonderes Gewicht auf das Vorhandensein günstiger Straßenbahnverbindung. Diese sind allerdings namentlich für die Lage in Außenbezirken unerläßlich, aber es ist ihm auch weiter beizupflichten, wenn er auf den Vorteil von Eisenbahnanschlüssen besonders aufmerksam macht. Unter Umständen kann auch schon ein guter Wasseranschluß genügen, der nicht nur für den Bau durch billiges Heranschaffen von Baustoffen, sondern auch dauernd für die Brennstoffbeschaffung von großem Wert ist.

Zu einer günstigen Verkehrslage gehört es auch, wenn die Versorgungsnetze für Gas, Kraft, Wasser und namentlich für die Abwässer ohne weiteres ausgenutzt werden können. Neuerdings kann es sich noch von ganz besonderem Vorteil erweisen, wenn ein Anschluß an ein Stadtheizwerk möglich ist. Infolge Ersparnis eines besonderen Kesselhauses werden nicht nur trotz der Fernleitungsrohre die Baukosten möglicherweise niedriger, sondern auch die Betriebskosten müssen sich bei einer günstigen Anlage geringer belaufen. Vgl. dazu auch die Bemerkungen bei B III.

2. Grundstücksgröße.

Von größter Bedeutung ist die Größe des Grundstücks, zumal diese weit über landläufige Abmessungen hinausgeht, so daß meist der Erwerb mehrerer Grundstücke erforderlich ist. Man muß sich also unbedingt von vornherein über die erforderliche Größe völlig klar werden. Sie hängt einmal von der Anzahl der zur Zeit und auch in Zukunft nötigen Krankenbetten ab, über deren Ermittlung oben unter A I, 1 schon die Unterlagen gegeben sind. Hier bedarf es also nur noch der Erörterung, wieviel Grundstücksfläche für jedes Bett zu rechnen ist.

Die früheren preußischen Bestimmungen forderten 100 qm. In der Zeit der Not ist die Fläche auf 75 qm herabgesetzt worden. Hierbei waren jedoch nicht nur Gründe einer augenblicklichen Not maßgebend, sondern es hatte sich auch die Sachlage wesentlich verschoben. Die Forderung von 100 qm stammte noch aus einer Zeit, in der möglichst aufgelöste und sogar einstöckige Bebauung allgemein üblich war. Es ist klar, daß diese mehr Grundstücksfläche erfordert als eine mehrstöckige Bebauung, bei der auch die Gebäude untereinander noch möglichst zusammengefaßt werden. Nun würde bei dem vielfach sehr geringen Angebot von geeigneten Grundstücken eine unnötig hohe Mindestforderung — es ist nachweisbar, daß in günstigen Fällen selbst eine Fläche unter 75 qm noch sehr gut ausreicht (Dtsch. Bauztg 1928, Beilage Bauwirtschaft und Baurecht, S. 61) — leicht zur Folge haben können, daß an sich sehr gut brauchbare Grundstücke nur deshalb ausgeschlossen werden, weil sie kleiner sind als dies unnötig hoch angesetzte Mindestmaß. Es erscheint vielmehr unbedingt wünschenswert, selbst bei noch kleineren Grundstücken durch eine rohe Entwurfsbearbeitung von Fall zu Fall festzustellen, ob ein in Aussicht genommenes Grundstück wirklich genügt oder nicht. Ist das Grundstück an und für sich besonders günstig, so wird man reichlich zu überlegen haben, ob nicht die etwa knappe Größe durch eine höhere Bebauung überwunden werden kann. Es ist auch weiterhin zu bedenken, daß bei einer guten regelmäßigen Form des Grundstückes mit weit weniger Fläche auszukommen ist, als wenn das Grundstück eine sehr unregelmäßige, womöglich zerrissene Form hat, durch die eine gute Anordnung der Gebäude sehr erschwert wird. Auch die Lage des Grundstückes zu den öffentlichen Straßen spielt eine nicht unwesentliche Rolle. Grenzt das Grundstück nur mit einer ganz geringen Breite an Straßen, so erfordern unter Umständen schon die dann nötigen Zufahrtswege auf dem Grundstück selbst beträchtliche Grundstücksflächen, die beim Vorhandensein langer Straßen längs der Grundstücksgrenze nicht in dem Ausmaß nötig sind. Daß man sich umgekehrt sichern muß, ob nicht auf Grund eines bestehenden Bebauungsplanes noch Flächen für Straßenzwecke sogar abgetreten werden müssen, ist selbstverständlich.

Aus allen diesen Gründen bin ich in der Deutschen Bauzeitung a. a. O. zu dem Vorschlag gekommen, ob man nicht bei einer Änderung der bestehenden Bestimmungen von der Festsetzung irgendeiner Zahlengröße wegen ihrer verhängnisvollen Folgen besser gänzlich absehen, und nur die Grundsätze festlegen soll, die bei Wahl des Grundstücks beachtet werden müssen. Jedenfalls kann ich dem Gutachterausschuß nicht beipflichten, der nicht nur die 100 qm als Mindestmaß wieder eingeführt wissen will, sondern sogar 200 qm je Bett für Neuanlagen empfiehlt, „die nicht als Hochhäuser entstehen". Noch weniger bin ich mit dem Vorschlag des Landesbaurats LANG einverstanden, der eine Erhöhung auf 125 qm bezweckt. Allerdings muß zugegeben werden, daß beide Vorschläge hauptsächlich spätere Erweiterungen ermöglichen wollen. Wenn nun aber die Richtlinien „eine spätere Erweiterung zum mindesten bis zum Doppelten der ursprünglichen Belegungsziffer" gewahrt wissen wollen, so scheint es doch mehr als fraglich, ob diese so allgemein gehaltene Forderung dem unbedingt zu befolgenden Grundsatz größter Wirtschaftlichkeit in genügender Weise Rechnung trägt, oder ob nicht besser von vornherein je nach Lage der Sache unterschieden werden sollte. Es wäre auch wünschenswert, unzweideutig klarzustellen, was unter „Hochbauten" zu verstehen ist. Sollen in Hochbauten schon zweistöckige Anlagen einbegriffen werden, so wäre die Zahl 200 qm an sich ungefährlich, da durchweg einstöckige Bauten wohl heute niemand mehr baut. Bezüglich der doppelten Belegschaft sollte man aber nicht außer acht lassen, daß für kleine Krankenhäuser dieser Satz unter Umständen viel zu gering ist, während er bei Krankenhäusern, die von vornherein für eine sehr große Bettenzahl angelegt werden, wie z.B. das Virchowkrankenhaus in Berlin mit seinen 2000 Betten, die Forderung zu einer Unmöglichkeit wird, weil ein gleich um 200000 qm großes Grundstück in Wirklichkeit kaum zu beschaffen sein dürfte. Zum mindesten würden ganz außerordentlich hohe Kosten womöglich gänzlich nutzlos aufgewendet werden, da es sehr fraglich sein dürfte, ob eine Vergrößerung auf 4000 Betten wirklich angebracht ist. Ist es deshalb nicht viel richtiger, daß die Erweiterungsmöglichkeit von Fall zu Fall aber auch gleich bei den ersten Vorarbeiten für eine Anstalt so eingehend wie möglich geprüft wird, und daß man dann an der Hand der Ergebnisse dieser Prüfung jedesmal eine bald starke, bald aber auch geringe Erweiterung in Rücksicht zieht? Dabei ist natürlich nichts dagegen einzuwenden, wenn lieber für nicht vorherzusehende Erweiterung noch ein angemessener Zuschlag gemacht wird. Zu vermeiden ist, wie gesagt, nur, daß nicht etwa durch eine allzu große Anforderung die Ausführung eines sonst wirtschaftlich günstigen Vorschlages zu Fall gebracht wird.

3. Grundstücksgestalt.

Im allgemeinen wird man, wie schon angedeutet, mit einem um so kleineren Grundstück ausreichen, je mehr sich die Grundstücksfläche einem regelmäßigen Rechteck nähert, und zwar einem nicht allzusehr in die Länge gezogenen Rechteck. Dabei ist es günstiger, wenn die größere Länge des Rechteckes möglichst in der Richtung Ost—West verläuft, weil nur dann die für die Krankenräume wichtige Südlage der Räume in genügender Ausdehnung sicher vorhanden ist. Kleinere Aus- oder Einbuchtungen können dabei als Schönheitsfehler leicht in Kauf genommen werden, wenn nur der Hauptsache nach ein großes Rechteck da ist, auf dem eine regelrechte Anordnung der Hauptgebäude möglich ist, ja es lassen sich unter Umständen Flächenteile, die nur wenig mit der eigentlichen Rechteckfläche in Verbindung stehen, für bestimmte Zwecke, wie Parkanlagen, Leichenhalle, Kesselhaus, besonders geschickt ausnutzen. Hier sei z. B. wieder auf das Mannheimer Krankenhaus verwiesen, wo ein sogar durch eine öffentliche Straße abgeschnittener Zipfel sehr vorteilhaft ausgenutzt ist.

Das bisher Gesagte gilt in erster Linie für völlig ebene Grundstücke oder wenigstens solche, bei denen die Höhenunterschiede nur sehr gering sind. Je mehr sich diese jedoch steigern, um so mehr verliert die rechteckige Form des Grundplans an Bedeutung, und um so wichtiger ist es, nach welcher Himmelsrichtung hin das Gelände ansteigt, und außerdem in welcher Linie die Punkte gleicher Höhenlage verlaufen. Ein Gelände, das nach Süden hin abfällt, ist deshalb als besonders günstig zu betrachten, weil dann die niedriger gelegenen Gebäude den höher gelegenen weniger Sonne fortnehmen, die Gebäude also auch in einem kleineren Abstand hintereinander errichtet werden können, während umgekehrt ein stark nach Norden zu abfallendes Gelände nahezu unbrauchbar ist, weil das höher gelegene Haus dem niedriger gelegenen vollständig die Sonne entzieht, namentlich bei tiefem Sonnenstand im Winter. Oder der Abstand zwischen den Gebäuden müßte schon derart gesteigert werden, daß weit mehr Grundstücksfläche nötig wird und außerordentlich große Betriebswege zwischen den Gebäuden entstehen.

Bei ansteigendem Gelände ist es Hauptaufgabe des Entwurfes, darauf bedacht zu sein, daß trotzdem bei den ständigen Wirtschaftswegen nur möglichst wenig Höhenunterschied überwunden zu werden braucht. Auch aus diesem Grunde müssen die Linien gleicher Höhe möglichst günstig, und zwar in ihrer Hauptrichtung von Ost nach West in nicht allzusehr von einer Graden abweichenden Linie verlaufen. Eine nach Süden zu sich öffnende Mulde kann dabei den äußeren Eindruck des gesamten Anstaltsbildes in glücklichster Weise steigern, während umgekehrt das Bild durch eine nach Süden zu vorspringende Bergkuppe ungünstig zerrissen wird. Auf jeden Fall erfordert ein stärker abfallendes Gelände eine weit sorgfältigere Planung, da das Gefälle der Wege sowohl als auch der meisten Leitungen sehr überlegt sein will, und auch die Kosten sich stark erhöhen, wenn nicht die Gebäude und Wege möglichst günstig den vorhandenen Höhenunterschieden angepaßt werden. Dafür kann aber der architektonische Eindruck einer solchen Anlage auch in erfreulichster Weise gesteigert werden.

4. Grundstücksbeschaffenheit.

Bezüglich der Bodenbeschaffenheit ist zwischen gesundheitlichen und technischen Anforderungen zu unterscheiden. Über die ersteren hat der Arzt zu entscheiden, er hat nicht nur zu beurteilen, ob die nähere oder sogar weitere Umgebung den Belangen eines Krankenhauses abträglich ist oder nicht, wobei nicht nur die Witterungsverhältnisse im allgemeinen, sondern auch etwaige Störungen durch Rauch und Ruß, durch Gerüche und ruhestörende Geräusche in Betracht gezogen werden wollen, sondern er hat auch das Grundstück selbst daraufhin zu untersuchen, ob nicht seine Lage und Beschaffenheit selbst wegen ungünstiger Windverhältnisse, geringer Besonnung, zu starker Feuchtigkeit, die sich womöglich in Nebeln fühlbar macht, und schließlich auch wegen ungesunder Beschaffenheit des Untergrundes zu gesundheitlichen Bedenken Veranlassung gibt. Abgesehen von diesen ärztlichen Gesichtspunkten, die natürlich auch für den Techniker durchaus nicht gleichgültig sind, hat der letztere sein Augenmerk hauptsächlich darauf zu richten, ob der Grund und Boden für die Errichtung der Bauwerke günstig ist oder nicht und wieweit sich durch eine zu tiefe Lage des tragfähigen Baugrundes oder durch ungünstige Vorflutverhältnisse sowie Unebenheiten der Oberfläche die Baukosten erhöhen. Derartige Kosten müssen natürlich ebenso wie etwa noch zu leistende Straßenregulierungskosten oder besondere Beiträge für den Anschluß an die Versorgungsnetze den Grundstückskosten hinzugerechnet werden, weil sich erst durch Hinzurechnung dieser Kosten ein wirklicher Vergleich ergibt, welches der etwa zur Wahl stehenden Grundstücke tatsächlich das wirtschaftlich vorteilhafteste und billigste ist.

Schon der Umstand, daß die Aufgabe des Technikers lediglich auf eine Kostenermittlung hinausläuft, beweist indes, daß hier nicht etwa für eine Krankenanstalt ganz besondere Hinweise zur Erfüllung dieser Aufgabe erforderlich sind, sie ist technisch genau so zu lösen wie bei jedem anderen Bau auch, nur allerdings in besonders sorgfältiger Weise. Eine eingehende Klarstellung, welche Bodenarten des Untergrundes als gut oder schlecht anzusehen sind, und durch welche Bauweise ungünstige Bodenverhältnisse am besten und billigsten auszugleichen sind, erübrigt sich also im Rahmen dieses Buches.

II. Lageplangestaltung.

1. Himmelsrichtung.

Viel mehr als bei sonstigen Gebäuden ist bei Krankenhäusern die Himmelsrichtung der einzelnen Räume und infolgedessen der Gebäude von Bedeutung. Im einzelnen ist dazu schon in den früheren Abschnitten das Nötige gesagt. Hier bleibt lediglich zu betonen, daß bei der Lageplangestaltung in erster Linie maßgebend ist, allen Krankenräumen eine möglichst günstige Lage zur Sonne zu geben. Es ist schon oben gesagt worden, daß bei den von zwei Seiten belichteten großen Krankensälen die Lage zur Sonne weniger von Bedeutung ist, so daß die Frage, ob die Lage in Nord-Südrichtung oder Ost-Westrichtung zu bevorzugen ist, bei den Bettensaalhäusern stets strittig geblieben ist, daß aber bei Stubenhäusern eine Längsentwicklung derselben von Ost nach West unbedingt zu bevorzugen ist. Das Aufgeben großer Krankensäle muß also eine einförmigere Lageplangestaltung zur Folge haben.

Die Durchführung der Südlage aller Krankenräume wäre kaum möglich, wenn nicht umgekehrt für die Mehrzahl der Nebenräume zu den Krankenstuben eine Nordlage, wenn auch nicht unbedingt zu fordern wäre, so doch als durchaus brauchbar anerkannt werden könnte. Nur bei denjenigen Nebenräumen, die zum Wohnen dienen, also bei den Schwesternzimmern, die nicht nur Dienst-, sondern auch Schlafzimmer sind, wird man gegen eine ausschließliche Belichtung von Norden her vielfach auf Bedenken stoßen, obgleich Wohnräume, die ständig benutzt werden, und auch durch Zentralheizung ständig beheizt werden, längst nicht den unbehaglichen Eindruck erwecken, der wenig benutzten und selten beheizten Nordräumen leicht anhaftet.

Nur für die Operationsräume ist Nordlicht ein unweigerliches Erfordernis (s. oben). Wünschenswert ist eine von der Sonne möglichst abgekehrte Lage für Arbeitszimmer, in denen schon an sich größere Hitze herrscht, also namentlich für Koch- und Waschküchen.

2. Windrichtung.

Richtet sich die Lage der Bettenhäuser in erster Linie nach der Himmelsrichtung, so wird man beim Aussuchen des günstigsten Platzes für die Wirtschaftsbetriebe hauptsächlich die Windrichtung derart beachten müssen, daß die von diesen Betrieben ausgehende Luftverschlechterung sich nicht etwa durch Windübertragung in den Krankenräumen geltend machen kann. Im allgemeinen wird man also die Wirtschaftsgebäude, namentlich Kochküche, Waschküche und Kesselhaus auf dem östlichen Teil des Grundstückes anordnen.

3. Vorflutverhältnisse.

Nicht selten sind ungünstige Gefällverhältnisse und Anschlüsse an die Entwässerungsleitungen für die Lageplangestaltung von zwingendem Einfluß. Es bedarf deshalb vielfach frühzeitig eingehender Prüfung, ob die sonstigen Anforderungen an die Lageplangestaltung bei den bestehenden Vorflutverhältnissen ohne Schwierigkeit durchführbar sind, damit man die Verteuerung der Bau- und der Betriebskosten durch eine Pumpenanlage möglichst vermeidet.

4. Zugänge.

Für die richtige Anordnung der Zugänge ist sowohl die äußere als auch die innere Eigenart des Grundstückes von maßgebender Bedeutung. Liegt das Grundstück, wie in der Regel, mit einer Seite hauptsächlich nahe dem Ortsverkehr, so wird man den Haupteingang für die Kranken und ihre Besucher nicht ohne triftigen Grund gerade an der entgegengesetzten Seite anordnen, weil sonst unnötig stets das ganze Grundstück umschritten werden muß. Auch das Auffinden des Eingangs würde nicht gerade erleichtert werden. Wenn dagegen das von mehreren Straßen aus zugängliche Grundstück mit einer Seite an einer sehr verkehrsreichen Hauptstraße liegt, so ist es nicht unbedingt nötig, den Haupteingang hierher zu verlegen. Städtebaulich architektonische Grundsätze sollten hierbei nicht allein den Ausschlag geben, namentlich wenn wichtige Belange der Kranken, so vor allem die größere Ruhe für diese, gegen den Eingang von der Hauptstraße aus sprechen sollten. Für den inneren Betrieb kann der Haupteingang sehr viel vorteilhafter an einer Querstraße der Hauptstraße liegen, wo sich dann auch ein stärkerer Verkehr vor dem Eingang störungsloser abwickeln kann als auf der Hauptstraße selbst.

Nun ist selbst schon bei einer kleineren Anstalt mit einem einzigen Zugang sehr schwer auszukommen. Abgesehen davon, daß man etwaige Wohngebäude gern unmittelbar von der Straße aus zugänglich macht, ist erstens für die Wirtschaftsbetriebe ein besonderer Zugang sehr wünschenswert, damit der Verkehr dieser Betriebe von dem der Kranken gänzlich getrennt werden kann, und zweitens erfordert auch die Leichenhalle schon aus Gründen des Gefühls eine möglichst günstige Abtrennung, damit der Anblick die Kranken nicht stört. Diese vielen Zugänge können um so leichter und günstiger bei Grundstücken erreicht werden, die mindestens an zwei Straßen angrenzen, da ein sonst nötiger langer Zufahrtsweg innerhalb des Grundstückes womöglich doch nur unvollkommenen Ersatz schafft.

5. Gebäudeabstände.

Die früher nahezu übertriebene Bevorzugung völlig abgetrennter einstöckiger Bettenhäuser war hauptsächlich dadurch hervorgerufen, weil man glaubte, durch einen möglichst großen

Luftraum zwischen den einzelnen Gebäuden könnten am sichersten Krankheitsübertragungen vermieden werden. Wenn demgegenüber 1928 Geheimrat Dr. SCHLOSSMANN öffentlich erklärt hat, es gehöre in das Reich der Fabel, daß Hochbauten für ansteckende Kranke gefährlicher sind als eingeschossige, so beweist das nicht nur den vollständigen Umschwung in den Anschauungen gegen früher, sondern man kann daraus wohl auch unbedingt den Schluß ziehen, daß, wenn nicht einmal Zusammenlegung in einem Hause gefährlich ist, erst recht nicht die mehr oder weniger große Entfernung zwischen zwei Häusern von ausschlaggebender Bedeutung sein kann. Wurde also früher die Entfernung zwischen den Gebäuden je nach der Größe der Ansteckungsgefahr bemessen und für die Häuser mit ansteckenden Kranken sogar ein Mindestabstand von 25 m gefordert, so muß man heute zu dem Schluß kommen, daß für den Abstand zwischen den Gebäuden die Ansteckungsmöglichkeit überhaupt nicht mehr maßgebend ist, sondern lediglich die Forderung einer guten Belichtung aller Räume, namentlich der Krankenräume. Abgesehen hiervon ist nur dafür zu sorgen, daß ein gegenseitiges Berühren und Anhauchen der Kranken unmöglich ist.

Selbst unter diesem neuen Gesichtspunkt kann man sich aber mit den preußischen Vorschriften doch noch sehr wohl abfinden, nach welchen der Gebäudeabstand von Krankenräumen 14 m, sonst 9 m betragen soll, und zwar weil dieser Abstand bei einstöckigen Gebäuden und bei den üblichen Gebäudehöhen auch

Erforderliche Entfernung

zwischen Außenkante, Fensterwand und der den Lichteinfall hindernden Gebäudekante zwecks Sicherung eines Lichteinfallswinkels von 5°.

h = Höhenunterschied zwischen Fenstersturzunterkante und Lichteinfall hindernder Gebäudekante. Wird der Lichteinfall bei flachem Dach durch die Hauptgesimskante gehindert, so erhält man als erforderliche Entfernung den lichten Abstand der Gebäude, hindert der Gebäudefirst den Lichteinfall, so ist die errechnete Entfernung der Abstand zwischen Fensterwand und Gebäudefirst des vorstehenden Gebäudes.

Höhe des Fenstersturzes über Fußboden	Vorhandene Raumtiefe (a) + Mauerstärke (m)			
	4,40 + 0,40	5,20 + 0,40	6,00 — 0,40	8,00 — 0,40
4,00 m	1,44 (h+0,66)	1,70 (h+0,70)	1,96 (h—0,74)	2,68 (h—0,87)
3,60 m	1,61 (h+0,62)	1,90 (h+0,66)	3,21 (h—0,70)	3,04 (h—0,84)
3,20 m	1,83 (h+0,57)	2,17 (h+0,62)	2,53 (h—0,67)	3,52 (h—0,81)
2,80 m	2,12 (h+0,54)	2,53 (h+0,59)	2,97 (h—0,64)	4,19 (h—0,79)

ohne weitere Berechnung denjenigen Lichteinfall reichlich sichert, der in den Bestimmungen an anderer Stelle gefordert ist.

Hier heißt es, daß auf jeden Punkt des Fußbodens von Krankenräumen das Himmelslicht mit einem Lichteinfallswinkel von 5° dauernd einwirken kann. Vor Erlaß dieser neuen Bestimmung habe ich im Zentralblatt der Bauverwaltung 1920, S. 490f., mich ausführlich dazu geäußert und eine umfangreiche Zahlentafel veröffentlicht, aus der durch einfache Berechnung der erforderliche Gebäudeabstand jedesmal ermittelt werden kann. Auf diese Veröffentlichung hat nachher der Erlaß Bezug genommen.

In sehr verkürzter Form ist die Zahlentafel auf Seite 242 für die landläufigsten Fälle wiedergegeben.

6. Gebäudeverteilung.

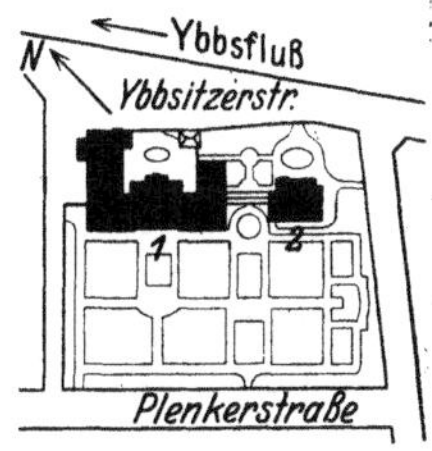

Abb. 216. Waidhofen an der Ybbs, Kaiser-Jubiläums-Krankenhaus für 58 Betten. 1 Hauptgebäude. 2 Absonderungshaus.

Nachdem im Vorangegangenen alle Vorfragen über die Lageplangestaltung geklärt oder wenigstens kurz gestreift worden, sind nunmehr nur noch die bisher üblichen Lösungen, sowie ihre Vorzüge und Nachteile zu besprechen.

Über die Lagepläne kleiner Anstalten, von denen einige Musterbeispiele in den Abb. 216—219 wiedergegeben sind, ist wenig zu sagen: Das eine einzige Hauptgebäude wird an der denkbar günstigsten Stelle meist unmittelbar längs der Zugangsstraße errichtet, die Nebengebäude, die beim weiteren Anwachsen der Anstalt hinzukommen, sind meist so klein, daß man sie lediglich aus den naheliegenden Zweckmäßigkeitsgründen, vielfach sogar ohne Beachtung derartiger Gründe in der Nähe des Hauptgebäudes unterbringt. Nur selten erkennt man die Absicht, durch ihre gleichmäßige Anordnung links und rechts vom Hauptgebäude eine gesteigerte architektonische Wirkung zu erzielen. Selbst der Lage der Absonderungshäuser, die dann bei noch größeren Anstalten getrennt errichtet werden, erkennt man vielfach die Verlegenheit an, wie man sich ohne Beachtung größerer Gesichtspunkte mit einer ganz beliebigen Stelle des Grundstücks abgefunden hat, obgleich gerade schon zu dem Zeitpunkt, wo das

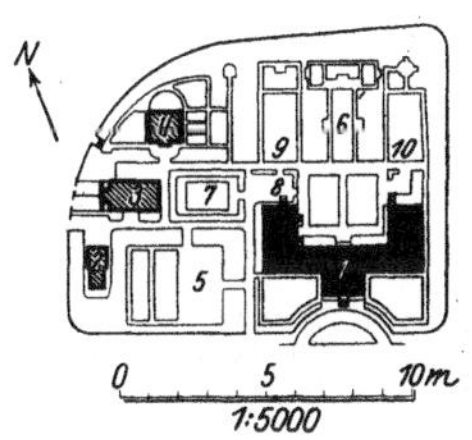

Abb. 217. Bergedorf, Krankenhaus für 75 Betten. 1 Hauptgebäude. 2 Leichenhalle. 3 Waschhaus. 4 Wohnhaus. 5 Wäschetrockenplatz. 6 Schwesterngarten. 7 und 8 Garten für ansteckende Kranke. 9 Männergarten. 10 Frauengarten.

erste Absonderungshaus nötig wird, ernstlich die Lösung einer größeren Erweiterung der Anstalt erwogen werden sollte, damit man sich für die Zukunft nicht gute Erweiterungsmöglichkeiten unnötig erschwert.

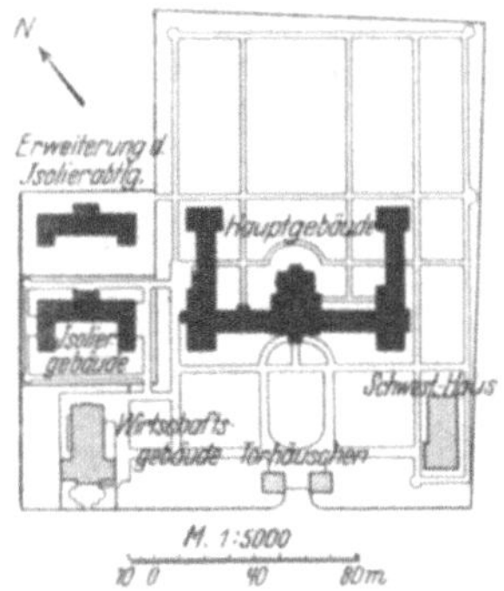

Abb. 218. Stuhm, Kreiskrankenhaus für 94 später 140 Betten.

Erst die guten Lagepläne einiger nicht allmählich entstandener, sondern sofort fertig ausgebauter mittlerer und größerer Anstalten zeigen uns, wie durch sorgfältigere Bearbeitung gerade des Lageplans vorzügliche Lösungen erreicht werden können, wie aber auch erst gerade durch die richtige Stellung der einzelnen Gebäude zueinander wichtige Forderungen befriedigt werden können. Bei dieser Größe der Anstalten bekommt die Schaffung eines besonderen Wirtschaftshofes eine immer größere Bedeutung. Seine Lage, Größe und Abtrennung will nach allen Richtungen hin überlegt sein, wenn die Anstalt sich wirtschaftlich günstig entwickeln soll. Welche Bedingungen zur einwandfreien Anordnung der Leichenhalle zu erfüllen sind, ist oben bei den Zugängen bereits besprochen.

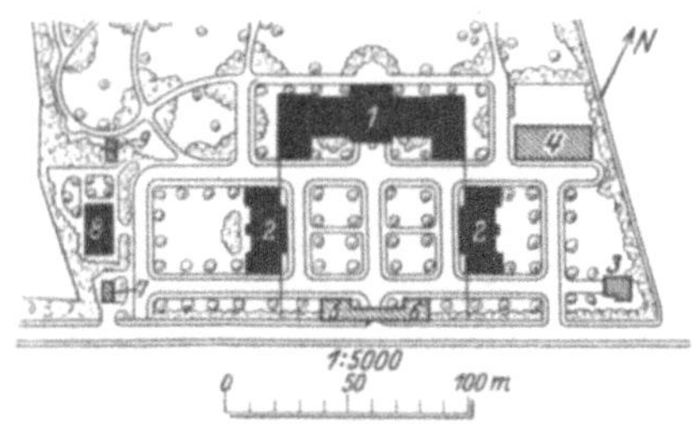

Abb. 219. Knurow, O.-S., Knappschaftskrankenhaus für 300 Betten. 1 und 2 Bettenhäuser. 3 Wohnhaus. 4 Wirtschaftsgebäude. 5 Verwaltung und Aufnahme. 7 Pförtner. 8 Absonderungshaus.

Bei noch größerem Anwachsen der Anstalt treten dann mit der größeren Zahl der Bettenhäuser noch wieder ganz neue Gesichtspunkte der Lageplanung in den Vordergrund, die mehr ärztlicher Natur sind. Es ist oben schon darauf hingewiesen worden, daß bei zwei und mehr Bettenhäusern zunächst eine Teilung nach Krankheiten, dann aber bei weiterer Vermehrung auch eine Teilung der Bettenhäuser nach Geschlechtern erfolgt. Lageplanmäßig hat das zur Folge, daß man die Operationshäuser in der Nähe der Bettenhäuser für die äußere Abteilung, die Badehäuser nahe denen der inneren Abteilung unterbringt. Schon bei vier Bettenhäusern ergibt sich die sehr übliche Fischgrätenanordnung, bei welcher Operations- und Badehaus zwei Glieder des Rückgrats bilden, während die vier Bettenhäuser vier Gräten abgeben, von denen zwei am Operationshaus, zwei am Badehaus sitzen. Dabei ist gleichzeitig die eine Seite für Männer, die andere Seite für Frauen bestimmt, so daß das Rückgrat selbst die Geschlechter trennt. Ohne irgendwelche grundsätzliche Verschiedenheit ist diese Anordnung natürlich auch noch bei der doppelten Anzahl der Bettenhäuser möglich und günstig. Hier wird dann aber eine andere Anordnung ebenso beliebt, bei der Operations- und Badehaus aus dem Rückgrat herausgenommen, und zwischen den Fischgräten angeordnet werden. Vom ärztlichen Standpunkt aus dürfte kein großer Unterschied zwischen diesen beiden Lösungen bestehen, als notwendige Folge ergibt sich nur, daß die Trennungslinie für die Geschlechter nicht mehr im Rückgrat liegt, sondern daß sie nunmehr senkrecht dazu erfolgt. In baulicher Beziehung dagegen wird durch das Freibleiben des Rückgrates von Gebäuden zweifellos eine größere Übersichtlichkeit erzielt, die um so wichtiger wird, je größer die Anstalt ist. Bei der Entscheidung, ob Fischgrätenform mit oder ohne Betonung des Rückgrates, spielt die Frage der Verbindungsgänge eine nicht bedeutungslose Rolle. Eine durchweg befriedigende Anordnung ist nicht leicht. Die Verbindungsgänge sollen denkbar kurz sein und müssen deshalb möglichst nahe dem Rückgrat selbst liegen. Letzteres ist nur durchführbar, wenn Operations- und Badehaus das Rückgrat freilassen. Statt der zwei Verbindungsgänge links und rechts ist dann nur einer in der Mitte nötig. Der Vorteil größerer Übersichtlichkeit geht aber, architektonisch wenigstens, teilweise wieder verloren.

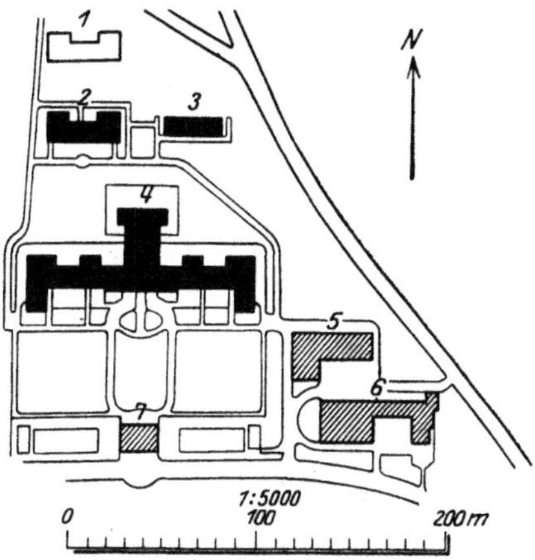

Abb. 220. Gera, städt. Waldkrankenhaus am Stadtpark. 1—3 Absonderungshäuser. 4 Hauptbettenhaus. 5 Koch- und Waschhaus. 6 Kessel- und Leichenhaus. 7 Verwaltung und Dienstwohnung.

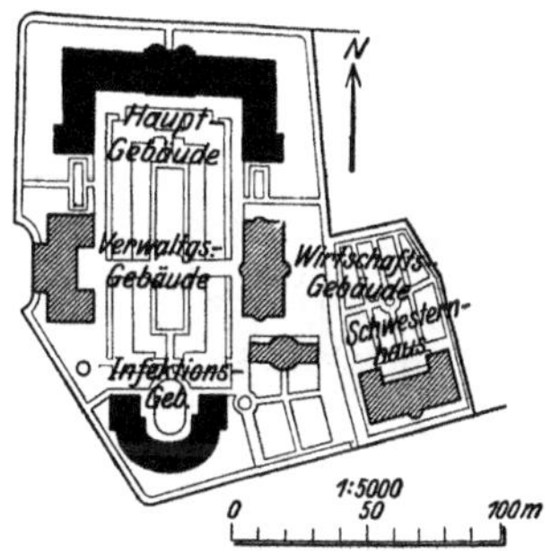

Abb. 221. Frankfurt a. M., Krankenhaus der jüd. Gemeinde f. 200 Betten.

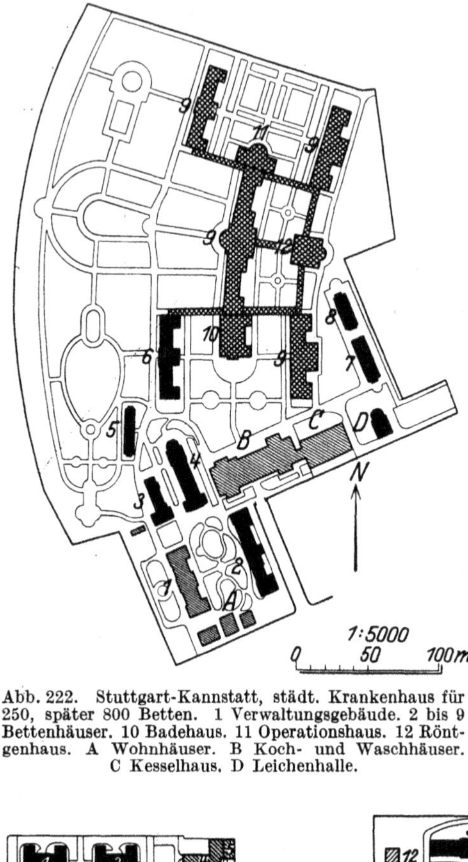

Abb. 222. Stuttgart-Kannstatt, städt. Krankenhaus für 250, später 800 Betten. 1 Verwaltungsgebäude. 2 bis 9 Bettenhäuser. 10 Badehaus. 11 Operationshaus. 12 Röntgenhaus. A Wohnhäuser. B Koch- und Waschhäuser. C Kesselhaus. D Leichenhalle.

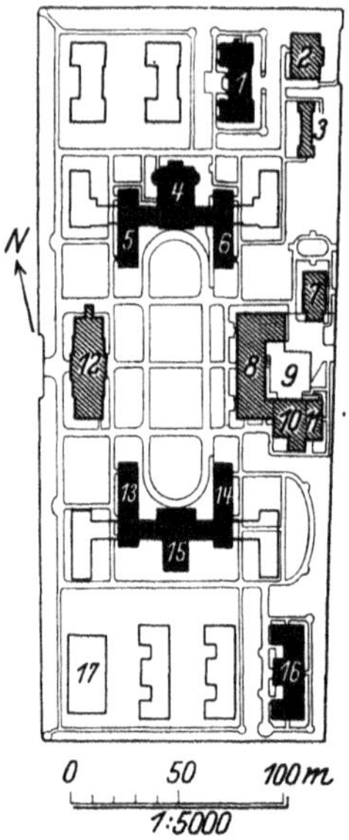

Abb. 223. Berlin-Reinickendorf, städt. Krankenhaus für 192, später 456 Betten. 1, 6, 13, 14, 16, 17 Bettenhäuser. 2 Pathol. Anstalt. 3 Tierstall. 4 Operationsflügel. 7 Wohnhaus. 8 Koch- u. Waschküche. 9 Wirtschaftshof. 10 Kesselhaus. 11 Maschinenhaus. 12 Verwaltungsgebäude. 15 Badeabteilung.

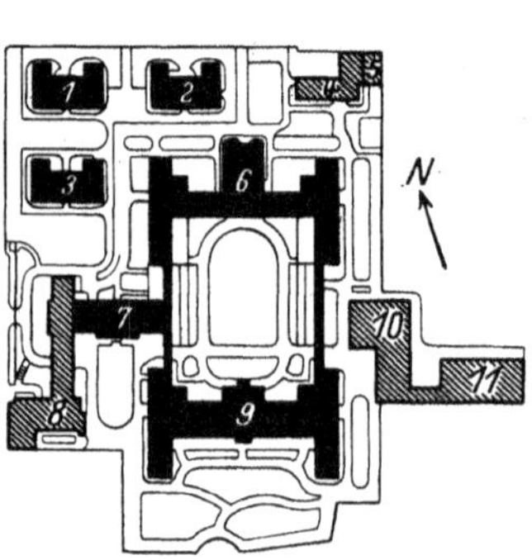

Abb. 224. Berlin-Lichtenberg, städtisches Krankenhaus. 1 bis 3 Absonderungshäuser. 4 Leichenhaus. 5 Wohnhaus. 6, 7, 9 Bettenhäuser. 8 Verwaltungsgebäude. 10 Wirtschaftsgebäude. 11 Kesselhaus.

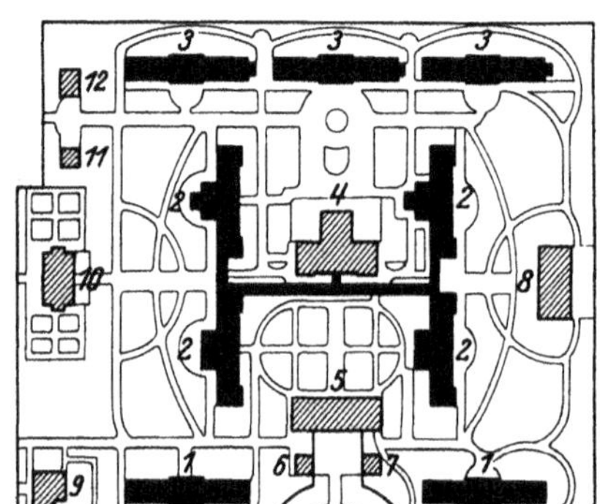

Abb. 225. Berlin-Tempelhof, Garnisonlazarett. 1 bis 3 Bettenhäuser. 4 Wirtschaftsgebäude. 5 Verwaltungsgebäude. 6 Pförtner. 7 Schuppen. 8 Lagerhaus. 9 Wohnhaus des leitenden Arztes. 10 Beamtenwohnhaus. 11 Eishaus. 12 Leichenhaus.

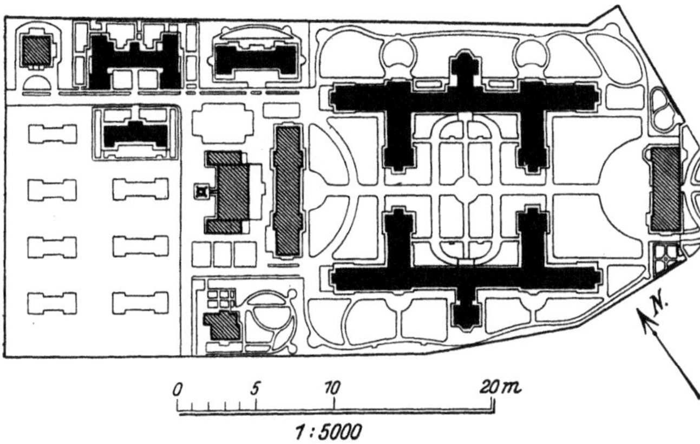

Abb. 226. Karlsruhe i. B., städtisches Krankenhaus für 790 Betten.

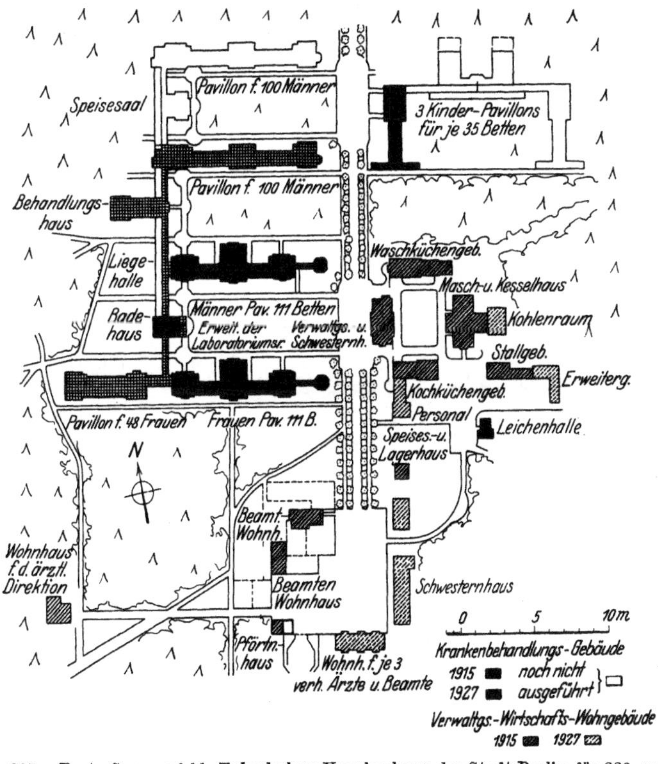

Abb. 227. Beetz-Sommerfeld, Tuberkulose-Krankenhaus der Stadt Berlin für 220, später 600 Betten („Waldhaus Charlottenburg“). M. 1:5000.

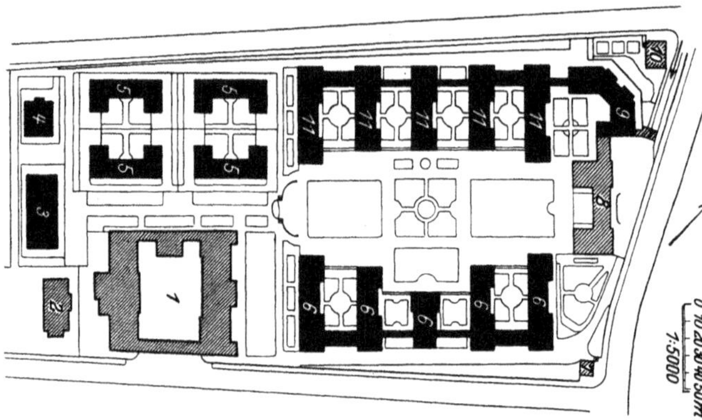

Abb. 228. Berlin-Neukölln, städt. Krankenhaus für 405, später 1200 Betten.
1 Wirtschaftsgebäude. 2 Leichenhaus. 3, 4, 5, 6 und 11 Bettenhäuser. 7 Pförtner.
8 Verwaltunsgebäude. 9 Operationshaus. 10 Direktor-Wohnhaus.

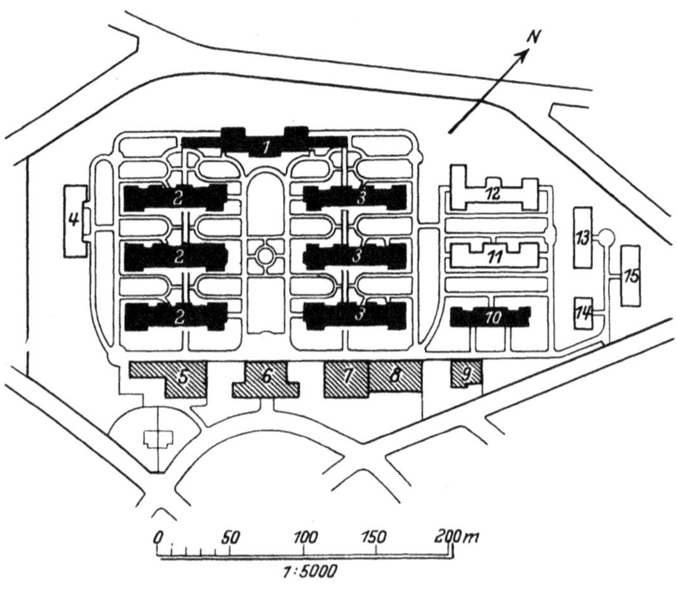

Abb. 229. Barmen, städt. Krankenhaus für 556, später 900 Betten.
1 bis 4 und 10 bis 15 Bettenhäuser. 5 Kochküche. 6 Verwaltungsgebäude. 7 Waschhaus.
8 Kesselhaus. 9 Prosektur.

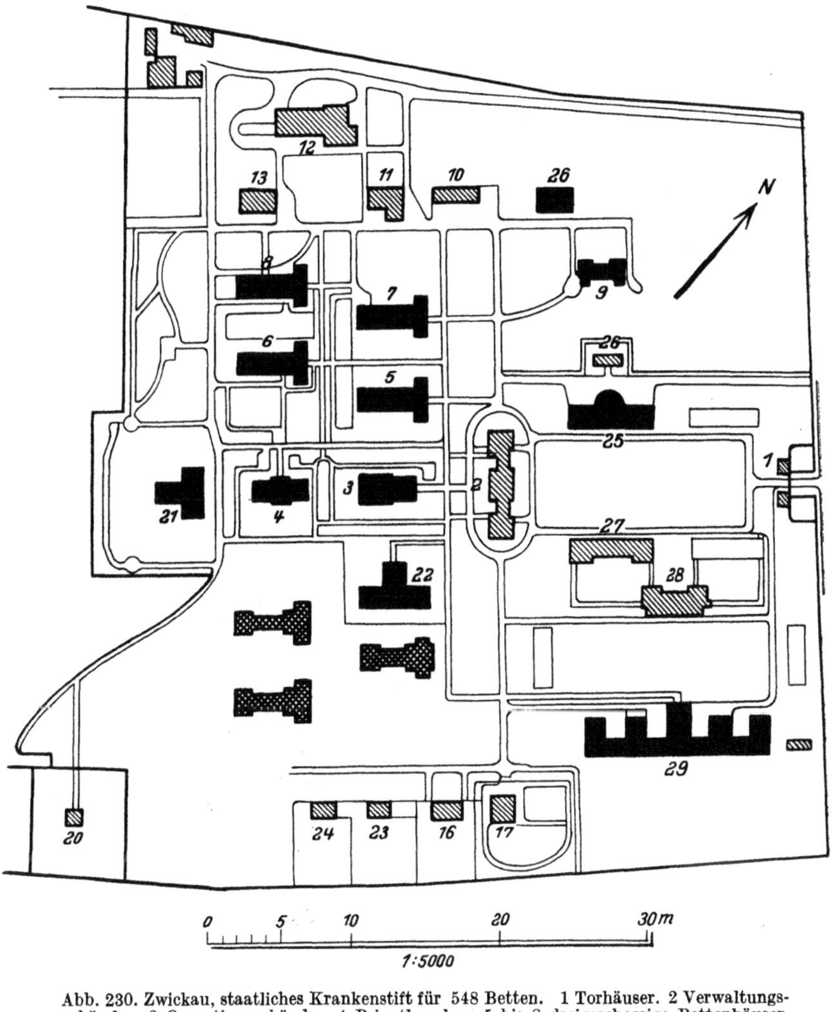

Abb. 230. Zwickau, staatliches Krankenstift für 548 Betten. 1 Torhäuser. 2 Verwaltungsgebäude. 3 Operationsgebäude. 4 Privatkranke. 5 bis 8 dreigeschossige Bettenhäuser. 9 Absonderungshaus. 10 Wagenschuppen. 11 Wäscherei. 12 Maschinenhaus. 13 Kochküche 14 Gärtnerei, 16 und 17 Wohnhäuser. 20 Garten der Schwestern. 21 Badehaus. 22 Dreigeschossiges Bettenhaus. 23 und 24 Wohnhäuser. 25 Pathologisches Institut. 26 Tierställe. 27 und 28 Schwesternhaus. 29 Abteilung für Geburtshilfe und Frauenkrankheiten.

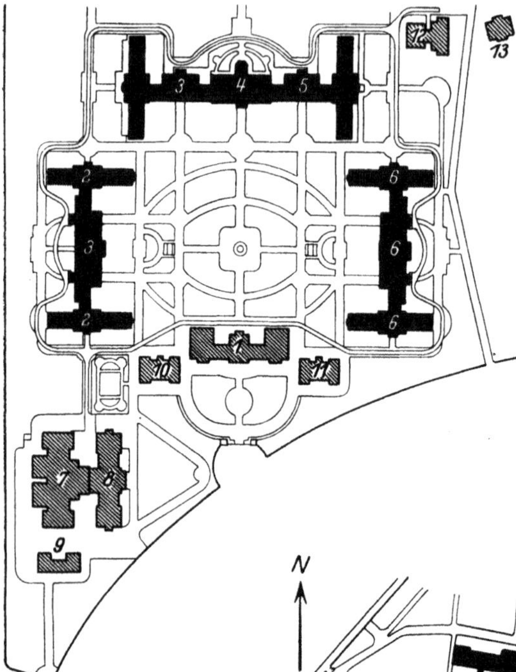

Abb. 231. Wien, Kaiser Jubiläumsspital für 991 Betten. 1 Verwaltungsgebäude. 2, 3, 5 u. 6 Bettenhäuser. 4 Schwesternheim. 7 Kesselhaus. 9 Kraftwagenschuppen. 10 und 11 Ärzte- und Beamtenwohnhaus. 12 Prosektur. 13. Desinfektlon.

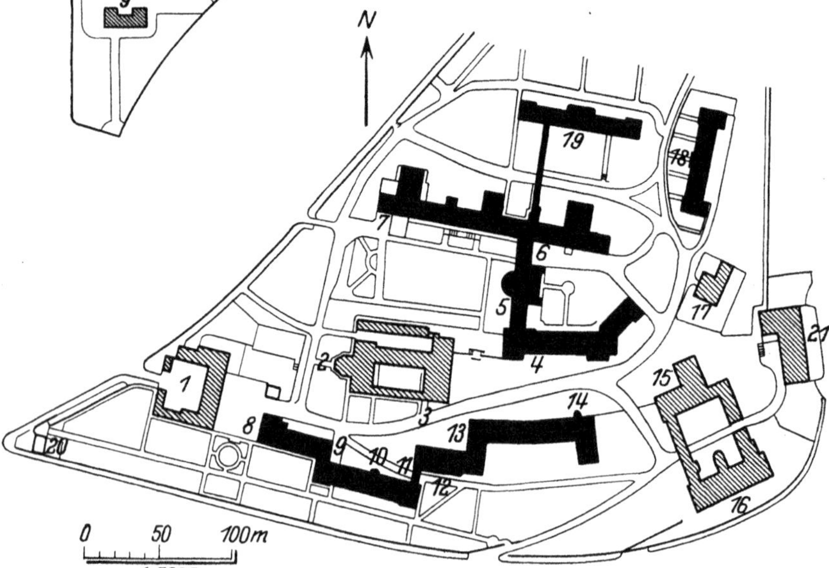

Abb. 232. Würzburg, staatliches Luitpold-Krankenhaus für 600 später 750 Betten. 1 Verwaltungsgebäude. 2 Kapelle. 3 Kochküche und Schwesternhaus. 4 bis 14 Bettenhäuser, 15 Waschküche. 16 Kessel- und Maschinenhaus. 17 Professoren-Wohnhaus. 18 Absonderungshaus 19 Tuberkulosenabteilung. 20 Beamten-Wohnhaus. 21 Pathologisches Institut.

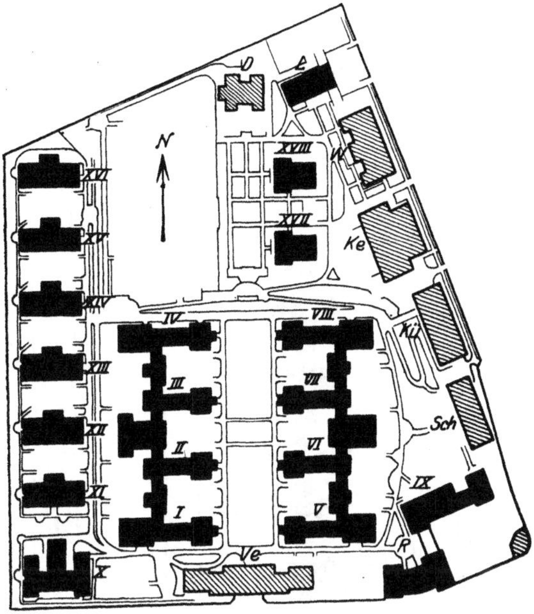

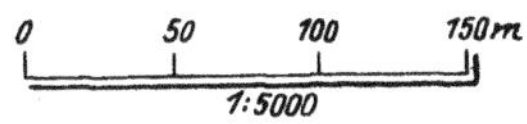

Abb. 233. Berlin-Charlottenburg, städt. Krankenhaus „Westend". 662, jetzt 1000 Betten.

I—IV Äußere Abteil. V bis VIII Innere Abteil. IX Einzelbetten-Haus. X Frauenabteilung. XI bis XVI Absonderungshäuser. XVII-XVIII Leichtkrankenhaus. Ve Verwaltungsgebäude. Sch Schwesternhaus. Kü Kochküche. K Kesselhaus. W Waschküche. L Leichenhaus. D Desinfektionshaus. R Röntgen-Haus.

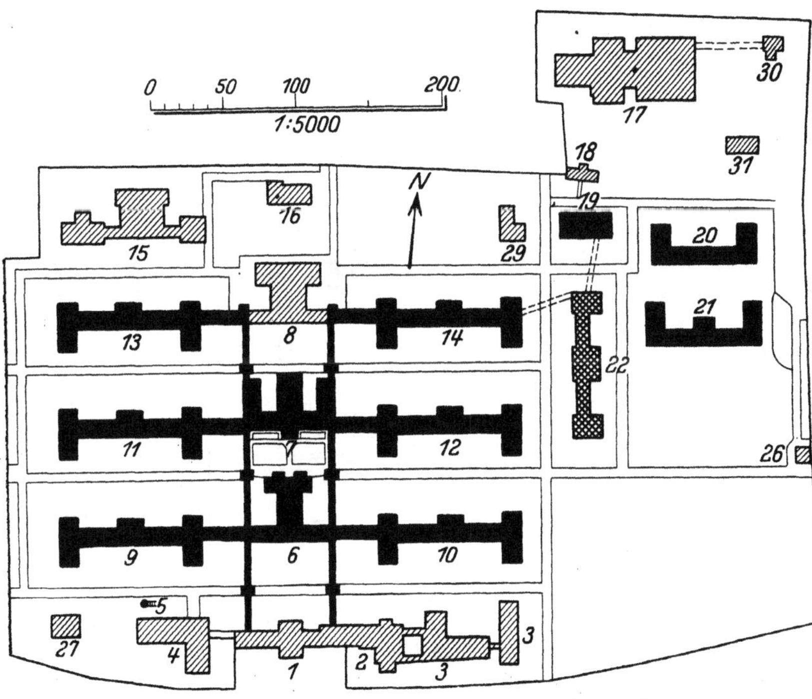

Abb. 234. München-Schwabing, städt. Krankenhaus für 1300 Betten.

1 Hauptgebäude. 2 Kapelle. 3 Schwesternhaus. 4 Verwaltung u. Apotheke. 6 Operationshaus. 7 Badehaus. 8 Kochküche. 9—10 äußere Abteilung. 11—14 innere Abteilung. 15 Waschhaus u. Desinfektion. 16 Gärtnerei. 17 Kessel- u. Maschinenhaus. 18 Tierstall. 19 Pathol. Institut. 20, 21, Absonderungshaus. 22 Haut- und Geschlechtskranke. 27 Direktorwohnhaus· 29 Zentralregulierhaus. 30 Kohlenkipperhaus. 31 Dienstwohngebäude.

Auch bei diesen großen Anstalten bleibt bedauerlicherweise für die Absonderungshäuser meist nur eine Verlegenheitsstelle übrig.

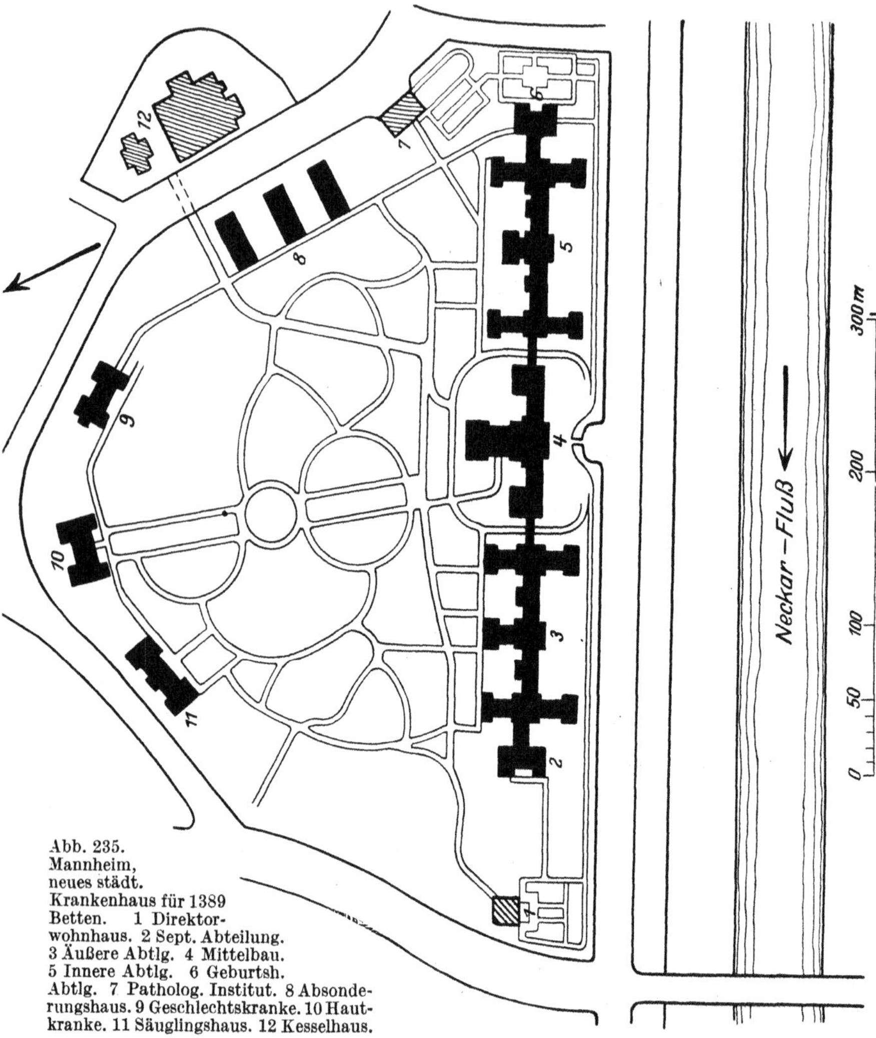

Abb. 235. Mannheim, neues städt. Krankenhaus für 1389 Betten. 1 Direktorwohnhaus. 2 Sept. Abteilung. 3 Äußere Abtlg. 4 Mittelbau. 5 Innere Abtlg. 6 Geburtsh. Abtlg. 7 Patholog. Institut. 8 Absonderungshaus. 9 Geschlechtskranke. 10 Hautkranke. 11 Säuglingshaus. 12 Kesselhaus.

Eine städtebaulich wirklich befriedigende Einfügung ist nur selten geglückt, ebensowenig wie bei den sonstigen Sonderabteilungen für kranke Kinder, für Hals- und Nasenleidende, für Geschlechtskranke usw.

Auch die große Bedeutung der Wirtschaftsgebäude spricht sich im Lageplan nur selten genügend aus. Dabei hat es an einem Entwurfsvorschlag nicht gefehlt, der die Bedeutung der Kochküche sogar dadurch zum Ausdruck bringen wollte, daß er sie zum Mittelpunkt der ganzen Anlage machte. (Vergl. auch Abb. 225.)

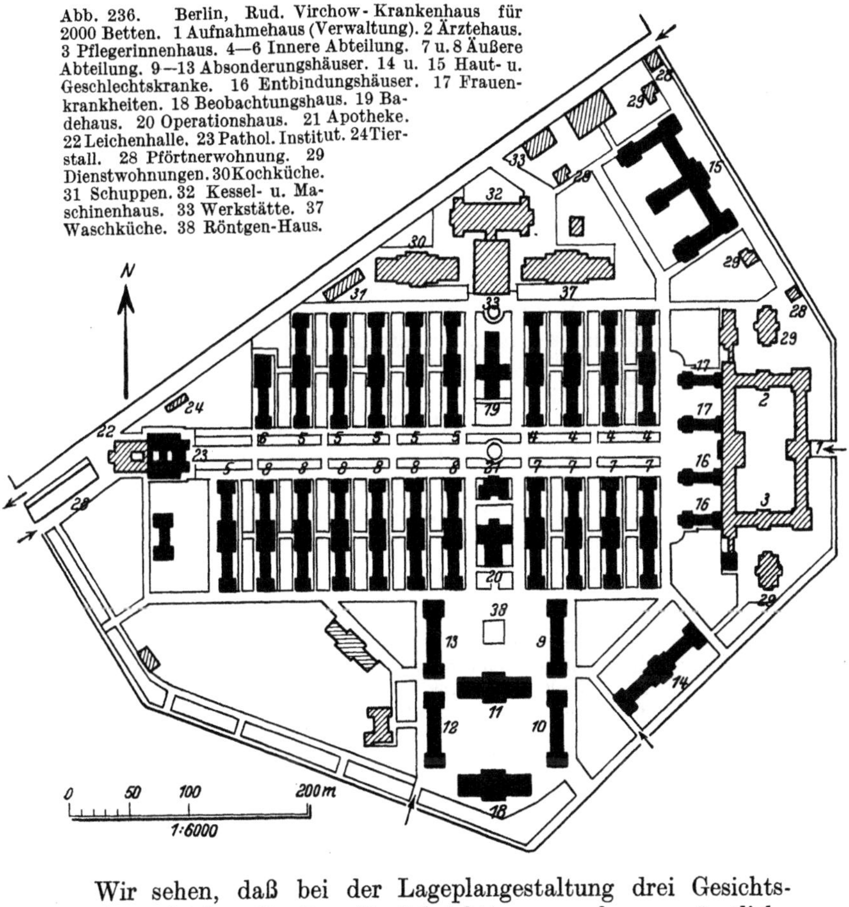

Abb. 236. Berlin, Rud. Virchow-Krankenhaus für 2000 Betten. 1 Aufnahmehaus (Verwaltung). 2 Ärztehaus. 3 Pflegerinnenhaus. 4—6 Innere Abteilung. 7 u. 8 Äußere Abteilung. 9—13 Absonderungshäuser. 14 u. 15 Haut- u. Geschlechtskranke. 16 Entbindungshäuser. 17 Frauenkrankheiten. 18 Beobachtungshaus. 19 Badehaus. 20 Operationshaus. 21 Apotheke. 22 Leichenhalle. 23 Pathol. Institut. 24 Tierstall. 28 Pförtnerwohnung. 29 Dienstwohnungen. 30 Kochküche. 31 Schuppen. 32 Kessel- u. Maschinenhaus. 33 Werkstätte. 37 Waschküche. 38 Röntgen-Haus.

Wir sehen, daß bei der Lageplangestaltung drei Gesichtspunkte gleichmäßig ihre Berücksichtigung verlangen: ärztliche Belange, Verkehrs- und Betriebsrücksichten, und schließlich auch architektonische, d. h. städtebaulische Forderungen. Es ist unbedingt zuzugestehen, daß die ersteren beiden vorweg beachtet voll erfüllt werden müssen, aber man soll auch die künstlerische Seite nicht als unwichtig oder gar unnötig ansehen.

Allzuoft ist man gegen architektonischen Aufwand bei Krankenhausbauten zu Felde gezogen, die Vorwürfe sind indessen nur gerechtfertigt, wenn sie sich gegen unnötigen, womöglich schädigenden, kostspieligen Zierat wenden, als ein verwerflicher Aufwand ist es aber nicht zu betrachten, wenn man durch Verwendung besserer Baustoffe eine größere Haltbarkeit, also größere Wirtschaftlichkeit erreicht, und wenn man es versteht, die Gebäudemassen ohne Verteuerung in eine schöne dem Auge gefällige Form zu bringen. Darin liegt gerade die städtebauliche Aufgabe, die man bisher bei den Krankenhausbauten leider noch nicht genügend erkannt hat. Die Lageplangestaltung eines größeren Krankenhauses ist schließlich vom künstlerischen Standpunkt aus nichts anderes als der Entwurf eines Bebauungsplanes für einen Stadtteil. Man sollte deshalb nicht nur auf die zweckmäßige Aneinanderreihung der einzelnen Gebäude Gewicht legen, sondern man sollte wie beim Stadtplan auf die Raumgestaltung des verbleibenden freien Luftraumes mehr Gewicht legen, man sollte also nicht Häuser nebeneinander setzen, sondern durch die Häuser möglichst geschlossene und schön wirkende freie Plätze und einheitlich wirkende Straßenzüge schaffen. Einige Ansätze dazu sind da — man sehe sich darauf nur die abgedruckten Lagepläne an — sie bedürfen nur der weiteren Durchbildung. Hier blühen dem Architekten noch dankbare Aufgaben, denn schließlich ist gerade der Laie derjenige, der häßliche Bauwerke zuerst verdammt, mögen sie technisch noch so auf der Höhe sein, und der trotz aller Reden gegen Aufwand eine dem Auge gefällige Form verlangt.

Quellennachweis.

H. BLÜMEL, Handbuch der Tuberkulose-Fürsorge. — L. BRAUER, Prof. Dr., Deutsche Krankenanstalten für Körperkranke. — J. GROBER, Prof. Dr., u. Mitarb., Das Deutsche Krankenhaus. — F. RUPPEL, Dr. ing. Baurat, Der allgemeine Krankenhausbau der Neuzeit. — F. RUPPEL, Dr. ing. Baurat, Deutsche und ausländische Krankenanstalten der Neuzeit. — M. SETZ, Architekt, Grundzüge des modernen Krankenhausbaues. — M. SETZ, Architekt, Kleine und mittlere Krankenhäuser. — Krankenanstalten des Kreises Teltow, 1914. — Oberschlesischer Knappschaftsverein in Tarnowitz.

Einzelschriften über die Krankenhäuser in Berlin (Virchow-Kr.), Stadtbaurat Dr. ing. Ludw. Hoffmann. — Berlin-Reinickendorf, Architekt Mohr und Weidner. — Elberfeld, Baurat Dr. ing. Ruppel. — Gera, Stadtbaurat Luthardt. — Kiel, Stadtbaurat Dr. ing. Pauly. — Köln-Lindenburg, Stadtoberbaurat Dr. med. E. h. Kleefisch. — Leipzig, Stadtbaurat Scharenberg. — Mannheim, Stadtbaurat Perrey. — München-Schwabing, Professor Dr. med. h. c. R. Schachner. — Stuhm, Arch. Mohr und Weidner. — Treuenbrietzen, Landesbaurat Lang. — Würzburg, Oberregierungsbaurat Dr. E. h. Lommel.

Bauwelt. — Deutsche Bauzeitung. — Gesundheits-Ingenieur. — Zeitschrift für das gesamte Krankenhauswesen. — Zentralblatt der Bauverwaltung.

Baumaterialien.

Von H. Schmieden, Berlin.

Einleitung.

Diejenigen Baustoffe, die den allgemeinen Aufgaben des *Hochbaues* dienen, sind im wesentlichen auch die des *Krankenhausbaues.* Fast will es scheinen, als erübrige sich ihre Behandlung an dieser Stelle vom technologischen und bautechnischen Standpunkt aus. Auch dürfte die Ökonomie des Baubetriebes kaum Gesichtspunkte liefern, die eine Einspannung bestimmter Baustoffgruppen in den Zusammenhang des Krankenhauswesens rechtfertigen.

Indessen führen die Sonderansprüche, die der Krankenhausbau stellt, dennoch von selbst auf gewisse Unterscheidungen, und bestimmte Baustoffe gewinnen in diesem Betracht an Bedeutung. Diese Sonderansprüche liegen einerseits auf dem Gebiete der allgemeinen und besonderen Bauhygiene, gesteigert durch die Höchstleistungsforderungen der ärztlichen Wissenschaft und der klinisch-therapeutischen Praxis, andererseits gehören sie zum Bereiche der Betriebsökonomie, die mit denkbar niedrigen Kosten zu rechnen wünscht.

Im technologischen Sinne haben wir zunächst naturgegebene und künstlich erzeugte Baustoffe zu unterscheiden. Unter bautechnischen Gesichtspunkten gliedern sich die Materialien in Aufbaustoffe, Bindemittel und Füllstoffe. Im Lichte der Krankenhausbaukunst mag eine andere und besondere Gliederung des Gegenstandes zu dessen Abgrenzung Platz greifen.

Auf der Grenze des hier zu umreißenden Gebietes steht die Frage der *Feuersicherheit* der Krankenhausanlagen. Sie beeinflußt deren Konstruktion neben den Forderungen der Hygiene in der entscheidendsten Weise. Aber die Lösung der Feuersicherheitsfrage kehrt im allgemeinen Bauwesen als solche wieder. Sie dürfte fast schon außerhalb der Grenzen der vorliegenden Abhandlung liegen.

Erst mit den *hygienischen Forderungen* gewinnen wir nächste Fühlung mit dem Krankenhausbau. Die Frage nach Materialien guter Reinigungsfähigkeit, insbesondere nach glatten, fugenlosen, volumenbeständigen und säurefesten Stoffen, ferner nach solchen mit Eigenschaften der Wasserabweisung, der Wärmesperrung und der Wärmespeicherung, schließlich der geringen Schalleitung führt auf den engsten Kreis der Baustoffe des Krankenhauswesens. Dabei handelt es sich um das Verhalten eines Werkstoffes während seiner Herstellung, während seiner bautechnischen Verarbeitung und während seiner hygienischen und ökonomischen Bewährung im fertigen Bau.

Alle diese Gedankengänge sind Linien, die sich im Gestaltungsvorgang eines Krankenhauses mannigfach berühren oder durchkreuzen, oft erst im technischen Zusammenbau ihre Vervollständigung erfahren und daher einer systematischen Darstellung kaum zugänglich sind, will man nicht auf das Gebiet des eigentlichen Aufbaues übergreifen. Dieser aber bleibe hier mehr außerhalb der gezogenen Abgrenzungen, innerhalb deren wiederum verschiedene Gründe für Auswahl des Stoffes und Tiefe der Behandlung maßgebend sein müssen.

Im großen Ganzen sollen die Baustoffe nach dem technischen Hergang im Gesamtwerk geordnet werden, ohne sie dabei nach Materialien des Rohbaues und des Ausbaues scheiden zu wollen. Dies dürfte am anschaulichsten sein.

Für die vorliegenden Ausführungen wurden vor allem Erfahrungen der Praxis und Umschau in Lagern und Werkstätten ausgewertet. Von einem umfänglichen Propagandaschrifttum der Industrie konnte ein gewisser Gebrauch gemacht werden.

A. Zement und Beton.

a) Baustoffe und Verarbeitungsweisen.

Portlandzement ist ein hydraulisches, d. h. unter Wasser erhärtendes Bindemittel mit nicht weniger als 1,7 Gewichtsteilen Kalk auf 1 Gewichtsteil löslicher Kieselsäure + Tonerde + Eisenoxyd, hergestellt durch feine Zerkleinerung und innige Mischung der Rohstoffe, Brennen bis mindestens zur Sinterung und Feinmahlen.

Man unterscheidet außer dem normal (nach einer bis zwei Stunden) abbindenden Portlandzement noch schnell und langsam bindende Zemente.

Guter Portlandzement soll raumbeständig sein. Er hat etwa den gleichen Ausdehnungskoeffizienten wie Eisen und hat daran eine von Temperatureinflüssen nicht abhängige Haftkraft. Portlandzement erreicht nach etwa 28 Tagen der Verarbeitung seine normengemäße Festigkeit.

Hochwertige Zemente. In Fällen, wo einzelne Bauteile sehr früh ausgeschalt oder hoch belastet werden müssen, wird hochwertiger Zement benutzt, der sehr rasch eine hohe Festigkeit erlangt.

Eisenportlandzement besteht aus mindestens 70% Portlandzement und höchstens 30% gekörnter Hochofenschlacke und ist dem gewöhnlichen Portlandzement als gleichwertig zu erachten.

Hochofenzement ist ein hydraulisches Bindemittel, das mindestens 15% Portlandzement und höchstens 85% basische, gekörnte Hochofenschlacke enthält. Auch dieser Zement hat gleiche Wirkung wie der normale Portlandzement.

Traß ist feingemahlener Tuffstein, aus den Laacher Vulkanen stammend. Traß als Zusatz macht den Zement- oder Kalkmörtel wie auch den Beton dichter und fester. Von großer Bedeutung ist sein Widerstand gegenüber salz- und säurehaltigen Wassern (Meerwasser, Moor) und gegenüber Öl, wovon reine Zementmischungen zerstört werden.

Zuschläge. Als Zuschläge zur Bereitung von Zementmörtel, Beton und Eisenbeton gehören Sand, Kies, Splitt und Wasser, und zwar richtet sich das Mischungsverhältnis stets nach dem Bedarf an Festigkeit, der von dem entsprechenden Bauteil erwartet wird.

Zementmörtel setzt sich lediglich aus Zement, Sand und Wasser zusammen.

Beton. Reiner Beton ist nur in geringem Maße zur Aufnahme von Zugspannungen geeignet. Durch Einlegen von Eisen in den Beton, und zwar derart, daß dabei der Beton die Druckkräfte, das Eisen die Zugkräfte aufzunehmen hat, kommt man zum *Eisenbeton.*

Stampfbeton wird erdfeucht gemischt. Diese Mischung wird nur durch Maschinen in hinreichend innigem Maße ausgeführt. Die erdfeuchte Masse erreicht erst durch das Einstampfen die höchste Festigkeit.

Gußbeton. Reichliche Wasserbeigabe vermindert die Enddruckfestigkeit des Beton. Trotzdem ist der Gußbeton durchaus brauchbar, erfordert aber besonders geschulte Leute und Einrichtungen. Dann erweist er sich im Hochbau als wirtschaftlich überlegen. Seine Einführung erfolgte aus Amerika.

Betonspritzverfahren. Das gleichfalls aus Amerika eingeführte sogenannte „Torkretverfahren" besteht darin, daß der Beton in trocken gemischtem Zustande durch Preßluft aus einer Düse gespritzt wird. Das erforderliche Wasser fügt ein Strahl aus einer zweiten Düse hinzu. Zunächst nur zum Putzen und Umhüllen verwendet, wurde das Torkretverfahren alsdann auch zum Aufbau von Körpern über Eisengeflechten mit großem Vorteil herangezogen. Die dazu nötige Apparatur nennt man die Zementkanone.

Leichtbeton. Unter den Materialien zur Herstellung von Außen- und Innenwänden spielt für den Krankenhausbau der Leichtbeton neuerdings eine Rolle von wachsender Wichtigkeit. Dies gilt ganz besonders von der Herstellung von Hochhausbauten des Krankenhauswesens. Derartige Hochbauten werden sich zum Zweck einer möglichst günstigen Ausnutzung des Baulandes innerhalb der Großstädte sicherlich auch in Europa einführen.

In diesem Zusammenhang bietet der Leichtbeton als Ausfachungsstoff den großen Vorteil, daß infolge seines geringen spezifischen Gewichtes der Transport dieses Baustoffes zu den Obergeschossen sich außerordentlich viel billiger bewerkstelligen läßt als bei den bisher verwendeten schweren Stoffen.

Man unterscheidet im einzelnen: Schlackenbeton, Bimskiesbeton, Gasbeton, Zellenbeton, Porosit, Eisbeton. Von diesen Arten des Betons darf heute der Gasbeton als eine Neuerung ein eingehendes Interesse für sich in Anspruch nehmen.

Gasbeton (Aerokret). Der Gasbeton tauchte 1923 in Schweden zuerst auf. Er wird dort in Blöcken von 50×25 cm bei einer Stärke von 7, 14, $17^1/_2$ und 20 cm fabrikmäßig hergestellt. Gasbeton entsteht dadurch, daß in einer feinen Betongrundmasse durch Beimengung von Aluminiumpulver nebst einigen Zuschlägen ein chemischer Prozeß eingeleitet wird, bei dem Wasserstoff frei wird. Dieses Gas umgibt jedes Aluminiumkörnchen mit einer selbständigen Gasblase, sodaß der Beton wie in einem Gärungsprozeß aufgetrieben wird. Die dünnen Trennungswände des schaumigen Gebildes stellen nach dem Erhärten einen dichten Zusammenhang dar mit einer sehr niedrigen Wärmeleitzahl und einem großen Widerstand gegen das Eindringen von Wasser.

Gasbeton an Ort und Stelle zu gießen ist nicht empfehlenswert, weil unter dem Druck der aufgebrachten Massen die Gasblasen sich vor dem Abbinden zusammendrücken würden und damit die beabsichtigte Wirkung zum Teil hinfällig würde.

Das spezifische Gewicht des Gasbetons ist durchschnittlich 0,8—0,9 und ist nach oben und unten veränderlich je nach den Anforderungen, die an die Druckfertigkeit des betreffenden Bauteils gestellt werden. Die Torkretgesellschaft, die nach ihren eigenen Patenten den Gasbeton unter der Bezeichnung „Aerokret“ in Deutschland ausführt, ist von der Verwendung gewöhnlicher Betonsubstanz, die als Gasbeton nur eine Druckfestigkeit von wenig über 20 kg pro qcm lieferte, zu dem wesentlich leichteren aber feinporigeren Bimsgasbeton übergegangen, der unter Zuschlag von Bims oder Hochofenschlacke erzeugt wird, und hat damit jetzt eine Druckfestigkeit von 35 kg pro qcm und mehr erreicht.

Die Probe der Frost- und Feuerbeständigkeit hat hier sowohl wie in Amerika vorzügliche Ergebnisse gezeitigt. Dabei hat eine 10 cm starke Deckenplatte über einem Versuchsraum, der viele Stunden hindurch einem inneren Brande ausgesetzt und unter einer Hitze von 900° C gehalten wurde, auf der oberen Fläche eine Temperatur von nur 120° C gezeigt und blieb in ihrer Substanz fest erhalten.

Es ist wichtig, daß die in der Fabrik hergestellten Gasbetonblöcke vor der Verwendung gut austrocknen. Diesen Prozeß befördert die bei dem Abbinden des Zements entwickelte Wärme, zu der noch eine weitere Temperaturerhöhung durch die Gasbildung hinzukommt. Während des Erhärtungsvorganges macht sich ein Schwinden geltend. Daher ist Wert auf genügende Ablagerung vor der Verwendung zu legen. Andererseits tritt innerhalb von 24 Stunden ein zur Auslösung der Blöcke aus der Form hinreichendes Abbinden ein.

Das Versetzen der Blöcke findet mit gewöhnlicher Mörtelfuge in Aerokretmörtel statt. Die deutsche Ausführung des Vermauerns geschieht nicht mit geradflächigen Stoßseiten sondern unter federartigem Eingreifen zweier solcher Seiten eines Blockes in entsprechende Ausrundungen der Nachbarsteine. Für die Gebäudeecken werden besondere Steine geformt. In den Blöcken sind zylindrische Hohlräume ausgespart. Schwache Wände können nach Art der Prüßwände mit Eisen armiert werden.

Besonders vorteilhaft gestaltet sich bei Gasbetonmauern die *Putzfrage*. Für das Äußere genügt ein sogenannter Aerowaschüberzug von wenigen Millimetern Stärke, der, mit Gebläse aufgebracht, nach dem Abbinden alle Feuchtigkeit abweist. Im Innern ist Putz überhaupt nicht überall erforderlich. In Krankenhäusern ist allerdings zur besseren Glättung der Fläche ein dünner Putzüberzug unerläßlich, der mit dem Reibebrett hergestellt wird. Die Haftung der Putzschale auf der Gasbetonfläche ist ausgezeichnet.

Die Gasbetondeckenplatten werden mit Draht armiert und sind so geformt, daß sie als Füllkörper zwischen Betonrippen wirken, die durch Einguß in Hohlräume entstehen.

Gasbeton stellt eine vorzügliche Isolierung gegen die Fortpflanzung und den Durchgang von Geräuschen dar. Ein stählernes Bauskelett ist durch die Blöcke und Platten der Ausfachung völlig eingeschlossen und von der Übertragung von Schallwellen ferngehalten. Nicht ohne Bedeutung sind dabei die auf die Trägerflanschen aufzulegenden Gasbetonplatten mit darin eingebauten Korkschalen.

Aerokretbaustoff besitzt eine 3—3$^1/_2$fache Wärme-Isolierfähigkeit gegenüber Ziegelmauerwerk. Neben ihm wird auch *Aerokretisolierstoff*, entsprechend mit einer 5fachen Isolierfähigkeit, hergestellt. Aerokret ist volumenbeständig, da nach dem Erhärtungsprozeß keine chemischen Veränderungen mehr vor sich gehen. Er ist nagelungsfähig und sägbar. Bei Flachbauten kann man eines Eisenskelettes entraten. Fensterstürze und Deckenträger werden armiert.

Von besonderem Wert ist, daß mit der Gasbetonbauweise außerordentlich wenig Feuchtigkeit in den Bau kommt. Die beim Arbeitsvorgang in feuchter Verarbeitung sich entwickelnde Wärme gestattet ein Arbeiten auch bei Frost.

b) Rissebildung im Beton.

Dauernde Feuchterhaltung während des Erhärtens und Nachhärtens ist für die Vermeidung von Schwinderissen im Beton wichtigste Voraussetzung. Am besten wirkt Deckung mit feuchter Erde. Bewegungsrissen wird durch Dehnungsfugen begegnet.

Systematische Untersuchungen über die Mischungsverhältnisse und Wasserbeigaben zur Betonmasse sowie über die Abbindungs- und Erhärtungsvorgänge haben ergeben, daß ein ganz bestimmtes Verhältnis der Wassermenge zu den übrigen Bestandteilen der Mischung für das Erreichen höchster Endfestigkeit von ausschlaggebender Bedeutung ist. Ein Zuviel an Wasser steigert die Zahl der Hohlräume und mindert damit die Festigkeit.

Frühzeitiges Abtrocknen auch der oberflächlichen Schichten erzeugt Schwinderisse, die der ganzen Konstruktion verderblich werden können. Brettschalungen entziehen dem Beton die Feuchtigkeit. Kalkige und tonige Sande, die viel Wasser aufnehmen können, verursachen nach Verdunstung größere Risse, als sie bei der Verwendung reiner Sande vorkommen können.

Mit dem Alter läßt die Neigung zum Schwinden im Beton nach, bis sie zum Stillstand kommt. Bei Eisenbeton treten infolge der Haftspannungen, die zwischen Zement und Eisen entstehen, geringere Längenänderungen während des Trocknungsprozesses ein als bei unarmiertem Beton.

Beton quillt unter dem Einfluß der Feuchtigkeit wenig auf, schwindet aber beim Trocknen erheblicher.

Temperaturschwankungen sind für den Beton nicht sehr gefährlich, obgleich sein Ausdehnungskoeffizient mit demjenigen von Eisen nicht ganz übereinstimmt. Die in entstandene Risse eintretenden Wassermengen können in der Nähe des Gefrierpunktes dem Beton dadurch weniger Schaden zufügen, daß die Dehnung, die das Wasser von + 4° C an bei sinkender Temperatur durchmacht, und die über den Nullpunkt hinaus sich steigert, durch die Zusammenziehung des Betons, die gleichzeitig eintritt, etwa ausgeglichen wird. Theoretisch übersteigt die Bewegung des Betons sogar diejenige des Wassers. Immerhin muß der Bildung von Rissen im Beton die allergrößte Aufmerksamkeit zugewendet werden, da sie das Einfallstor für schwere Schädigungen bieten.

Säuren und saure Salze schädigen den Beton besonders stark, auch die in der Luft schwebenden und durch Meteorwässer zur Lösung kommenden Stoffe, an denen namentlich die Luft der Industriestädte reich ist. Schweflige Säure gilt als der ärgste Feind des Betons. Man spricht vom „Zementbazillus“.

c) Dichtung von Beton und Putz.

Beton ist in keinem Falle wasserdicht, und selbst gebügelter Zementputz vermag dem Druckwasser keinen dauernden Widerstand entgegenzusetzen. Bei Druckwasser empfiehlt sich stets eine besondere Dichtung durch bituminöse Pappen (Biehn'sche Dichtung oder Tektolit). Gegen Erd- und Wetterfeuchtigkeit sind andere Dichtungsmittel am Platze.

Während man früher zum Zweck der Wasserdichtung durch verschiedene Mittel die im Beton wie im Putz vorhandenen Poren zu schließen versuchte, hat die Kolloidchemie Mittel an die Hand gegeben, um das Ziel der Wasserdichtigkeit der genannten Baustoffe auf einem ganz anderen Wege zu erreichen. Eine Anzahl seit längerer Zeit bereits bewährter Mittel sind im Handel, die darauf beruhen, durch Beifügung einer kolloidalen Lösung zum Mörtel den kleinsten Teilchen eine wasserabweisende Wirkung zu verleihen. Diese Wirkung beruht auf einer Verkleinerung der Adhäsion des Wassers am Baustoff, die so weit geht, daß die Oberflächenspannung des Wassers sie überwiegt. Die dafür zur Verfügung stehenden Präparate werden im Anmachwasser gelöst und gelangen so gleichmäßig verteilt in alle kleinsten Hohlräume der Mörtelsubstanz, um daselbst nach dem Abtrocknen Reste zu hinterlassen, an denen sich jene kolloidale Eigenschaft auswirkt. Auf diese Weise kann der sonst wirksame, auf der Kapillarität beruhende Vorgang sich nicht abspielen, und an Stelle des Ansaugens von Feuchtigkeit tritt die Wasserabweisung ein.

Als wasserabweisend hat sich Ceresit der Wunnerschen Bitumenwerke in Unna bewährt, eine breiig hellfarbige Paste, die den Mörtel wasserdruck- und schwefelsäurefest macht. Der Bedarf ist 25 kg/m^3 und $^1/_2$—1 kg/m^2. Ebenso wird Novon von den gleichen Werken sehr empfohlen.

Neuerdings wendet man sich auch dem Prinzip des Schließens der oberflächlichen Poren wieder zu und läßt die tragende Betonmasse unberührt von Emulsionen. Sika wird dafür vielfach mit Erfolg angeboten.

Dieser Abschnitt soll nicht ohne den Hinweis darauf geschlossen werden, daß die sichere Anwendung von Zement und Beton eine Kunst ist, die auf Gefühl und Erfahrung beruht und deshalb im hohen Maße Vertrauenssache ist. Die Sicherung des Erfolges ist theoretischer Erörterung kaum zugänglich.

B. Baustahl.

Das eigentliche Feld des *Baustahles* ist der Hochhausbau. Die für Hochhausbauten vorwiegend in Betracht kommende Stahlskelettbauweise ist vom sechsten Geschoß an und bis zu einer bestimmten Grenze aus mehr als einem Grunde sehr wirtschaftlich. Sie gestattet eine sehr schnelle Bauausführung und eine wesentliche Ersparnis von Mauerstärken in den unteren Geschossen gegenüber dem Massivbau.

Die auf engem Raum amerikanischer Städte erwachsenen Hochhausbauten haben nun auch auf dem Gebiete des Krankenhausbaues Hochhauslösungen erheblichen Umfanges nach sich gezogen, und man beginnt in Deutschland mit der Notwendigkeit zu rechnen, im größeren Maße als bisher den Baustahl zur Erfüllung baukonstruktiver Aufgaben des Krankenhauswesens heranzuziehen. Aber auch für Flachbauten wird seine Verwendung mannigfach empfohlen.

Die Vorteile dieser Bauweise scheinen bedeutend. Vor allem kann jene große Schnelligkeit der Ausführung dann erreicht werden, wenn der Bau gründlich vorbereitet und namentlich im Stadium der behördlichen Verhandlungen bereits statisch berechnet werden kann. Weiterhin ist mit dem Stahlbau der wirtschaftliche Vorteil einer reichlichen Ausnutzung von Werkstattarbeit gegeben, die der Baustelle nur noch die Montagearbeit überläßt. Weitgehende Verwendung ungelernter Kräfte gestaltet dabei den Bauvorgang billig. Bei großem Zeitgewinn gelangt das Kapital zu schnellerem Umsatz und zu neuer nutzbringender Arbeit. Abänderungen während der Ausführung, ja selbst nach Fertigstellung, endlich auch der Abbruch eines solchen Werkes machen weniger Schwierigkeiten als bei irgendeiner anderen Bauweise. Größere Mengen an Baustoff sind aus einem Abbruch wieder verwendbar. Zu Aufstockungszwecken eignet sich die Stahlbauweise besonders gut und kann im übrigen, je nach Art der Ausfachung, jeder technischen und hygienischen Forderung angepaßt werden. Da das gesamte konstruktive Eisenwerk feuerbeständig eingehüllt wird, so wird im allgemeinen der Stahlbau anderen feuerbeständigen Bauweisen als ebenbürtig angesehen. Gegen Einsturzgefahren mannigfacher Ursache ist er hervorragend bewährt.

Widerstand gegen die Korrosion bietet am einfachsten ein wiederholter Überzug mit Zementschlämme. Auch die Einhüllung in Betonmassen kann wohl als hinreichende Sicherung gegen die Rostgefahr betrachtet werden. Man verwendet daher im Stahlhochbau durchweg den Baustahl 37 und kann auf metallurgische Beimengungen wie Kupfer verzichten. Im Flachbau, wo zur Bildung der Außen- oder Innenhaut vielfach Stahlbleche zur Verwendung kommen, ist gekupferter Stahl (0,2% Cu) in Betracht zu ziehen. Außerdem verwendet man einen auf der gefährdeten Seite durch ein Strahlgebläse aufgebrachten Korkstaubüberzug, der feuchte Niederschläge aufsaugen und unter der Voraussetzung gewisser technischer Anordnungen unschädlich zur Verdunstung bringen kann. Einstweilen weiß man aber von langjährigen Erfahrungen auf diesem Gebiet noch nicht zu sprechen.

Die Frage nach der Schallsicherheit von Stahlgerüstbauten ist berechtigt. Indessen wird nicht allein durch das Mittel besonderer Bauplatten das störende Auftreten von Geräuschen in derartigen Bauten herabgemindert, sondern ganz besonders ist die Gasbetonbauweise als Ausfachung dazu geeignet, durch Ummantelung aller Eisenteile mit schalldämpfenden Medien eine möglichst wirksame Sicherung herbeizuführen.

Im übrigen geht der räumliche Ausbau derartiger Stahlgerüstbauten so vor sich, daß mit Hilfe besonderer Vorkehrungen und unter Anwendung auch der feinen Isoliermittel alle Räume gewissermaßen als in sich abgeschlossene, gut isolierte Einzelgebilde eingefügt werden.

Sonder-Eisen. Im Zusammenhang mit diesen neuzeitlichen Stahlbaukonstruktionen wird man auch sonstige Erzeugnisse der Eisen- und Stahlwerke im Krankenhausbau bevorzugt weiter verwenden, die für ein zweckmäßiges Bauen schon seit längerer Zeit zur Verfügung stehen und die eine weitere Durchbildung erfahren haben.

Eine außerordentliche Erleichterung in der Ausführung des Innenausbaues bieten die in allen Variationen auf dem Markt gebotenen *Mannstaedt-Eisenprofile*, die unter anderem als Türzarzen Verwendung finden und die die hölzernen Konstruktionen wie Zargen, Blendrahmen und Futter mit Bekleidungen ersetzen. Neben dem Vorteil der Rationalisierung dieser Konstruktionselemente zeigen sich die Eisenprofile gegen Einflüsse von Feuchtigkeit und Temperaturschwankungen widerstandsfähiger als Holz. Der Anschluß von Eisen an den Putz wird daher viel exakter bleiben, und ebenso wird das sauber gewalzte, fast unveränderliche Eisenprofil der Tür dauerhafte Anschlagsbedingungen bieten. Etwa auftretenden vermehrten Geräuschen beim Schließen der Türen kann mit Gummieinlagen leicht abgeholfen werden.

C. Glas, Metall, Holz.

a) Glas.

Glas ist in der Regel ein inniges Gemenge von Silikaten und Kieselsäure, das aus einem Schmelzvorgang entsteht. Es ist besonders für die Bearbeitung im warmen Zustande geeignet, weil der Übergang aus der Schmelze in die starre Form sich sehr langsam über teigige Zwischenzustände von zunehmender Zähigkeit vollzieht. Außerdem liegt die Erweichungstemperatur verhältnismäßig niedrig: gewöhnliche Gläser schmelzen unter 1300° C.

Fensterglas besteht aus Natrium- und Kalziumsilikaten und Kieselsäure. Für andere Glassorten werden andere Bestandteile eingeführt, z. B. Kalium statt oder neben Natrium, Blei an Stelle von Kalzium, Bor- oder Phosphorsäure neben Kieselsäure. Auch die Mischungsverhältnisse sind je nach dem Zweck verschieden.

Die meist verwendeten Rohstoffe sind folgende: Quarzsand (= Kieselsäure), Soda oder Glaubersalz (= Natriumkarbonat bzw. -sulfat), Pottasche (= Kaliumkarbonat) und Marmor, Kreide oder Kalkstein (= Kalziumkarbonat). Als bleihaltiges Rohmaterial eignet sich Mennige.

Die Herstellung in der Glashütte geschieht durch Schmelzen der Gemische in Hafen- oder Wannenöfen. Die Häfen bestehen aus Schamotte. Zur Verarbeitung entnimmt der Glasbläser der Schmelze mit der „Pfeife" einzelne „Posten" und formt sie durch geeignetes Blasen, Drehen, Ziehen usw. zu Gegenständen. So werden auch Fensterscheiben gefertigt durch Blasen von Hohlzylindern, die alsdann aufgesprengt und in besonderen Öfen gestreckt und geglättet werden. Ein kräftiger Mann vermag eine Scheibe von 30 × 200 cm in dieser Weise herzustellen.

Spiegelglas, aus besonders reinen Rohstoffen geschmolzen, wird auf dem Gießtisch in Scheiben gegossen und gewalzt. Nach einem ausgedehnten Kühlprozeß werden die Scheiben geschliffen und poliert.

Bleikristallglas enthält statt Kalzium Blei und statt Natrium Kalium. Es ist stark lichtbrechend und leichter schmelzbar als Kalziumglas.

Das *Jenaer Geräteglas* zeichnet sich durch große Widerstandsfähigkeit gegen chemische Einflüsse und erhöhte Haltbarkeit bei schroffem Temperaturwechsel aus.

Am widerstandsfähigsten gegen Temperaturwechsel und am schwersten schmelzbar ist das *Quarzglas*, das aus reiner Kieselsäure besteht. Wegen seiner Durchlässigkeit für ultraviolettes Licht wird es weiter unten noch besprochen werden.

Opakglas wird unter Zuschlag von Trübungsmitteln wie das Spiegelglas hergestellt. Als Trübungsmittel wirken vor allem Fluoride, Knochenasche und Zinnoxyd. Die Färbung erfolgt durch bestimmte Metalloxyde.

Opakglas wird heute für Raumauskleidungen und als Belag für festeingebaute und bewegliche Einrichtungsstücke verwendet. Hervorragende künstlerische und hygienische Eigenschaften vereinigen sich in ihm und lassen es zur Herstellung fast fugenloser Wandflächen in aseptischen Räumen ebenso wie zur Erzielung hochwertiger raumkünstlerischer Wirkungen geeignet erscheinen.

Die *Mattierung* von Gläsern wurde früher vorwiegend im Wege des Ätzens mit Flußsäure vorgenommen. Heute bedient man sich für technische Produkte hierfür meist des Sandstrahlgebläses.

Die für den Krankenhausbau hauptsächlich in Betracht kommende Fensterglassorte ist neben Spiegelglasscheiben *Rheinisches Glas* in Stärken von

4/4 = etwa 2 mm
6/4 = ,, 3 mm
8/4 = ,, 4 mm

Die Scheiben werden nach vereinigten Zentimetern als der Summe von Länge und Breite gemessen. An sonstigen Glassorten kommt in Betracht:

Halbweißes, ferner Gartenglas und 4 andere Sorten, Rohglas, Drahtglas.

Diese letzten Sorten werden gegossen und gegebenenfalls geschliffen. Rohglas wird auch in Riffelungen und allerlei sonstigen lichtstreuenden Mustern gepreßt.

Ultraviolett-durchlässiges Glas. Seit etwa 25 Jahren beschäftigt sich die Technik mit der Herstellung ultraviolett-durchlässiger

Gläser. Diese Produkte dienten zunächst ausschließlich wissenschaftlichen Zwecken zur besseren Ausnutzung optisch-chemischer Wirkungen. Die Erfindung der Quecksilberdampflampe gab den Anstoß zu ausgedehnterer Anwendung; denn es ergab sich die Notwendigkeit, als Hülle für die glühenden Quecksilberdämpfe zur besseren Ausnutzung der ausgesandten Strahlung ultraviolett-durchlässige Röhren zu verwenden. Die hierauf gerichteten Versuche gingen gleichzeitig auf zwei Wegen nebeneinander her. Neben der von HERÄUS in zäher Arbeit zu wirtschaftlicher Brauchbarkeit entwickelten Quarzlampe entstand in den Jenaer Glaswerken die Uviollampe, deren Röhre aus einem geeigneten Spezialglase besteht.

Zur Herstellung ultraviolett-durchlässiger Fensterscheiben führten wissenschaftliche Untersuchungen über die im Sonnenspektrum enthaltenen ultravioletten Strahlen. Nach Entdeckung der Heilkraft dieser Strahlen für bestimmte Krankheiten kam DORNO in Davos zu umfassenden Untersuchungen über die biologischen Wirkungen derjenigen Strahlengruppe, deren Wellenlänge kleiner als 315 mμ ist. Umfaßt nun der von 290—2800 mμ gehende Teil des Sonnenspektrums schon nicht mehr als etwa 55% der gesamten Strahlungsenergie der Sonne, so stellen die sogenannten Dornostrahlen — 290—315 mμ Wellenlänge — nur 3% jenes Wertes dar; doch sind es gerade diese, die nach DORNO die Kerngruppe der biologischen Wirksamkeit des Sonnenspektrums bilden.

Diese Strahlen kommen nun auf der Erde, je nach Sonnenhöhe und Jahreszeit, in verschiedenem Grade zur Wirkung. Strahlen von kleinerer Wellenlänge als 300 mμ finden sich im Sonnenspektrum nur während der Zeit von Mai bis September zwischen 8 und 16 Uhr. Man geht hierbei von der Meereshöhe aus und hat für Gebirgslagen abweichende Werte festgestellt.

Durch gewöhnliche Glasscheiben gehen nun infolge Absorption und Reflexion nur etwa 92% der Gesamtstrahlung hindurch. Messungen haben ergeben, daß beim Fensterglas von 2 mm Stärke erst von einer Wellenlänge von 310 mμ aufwärts ein Durchgang von ultravioletten Strahlen stattfindet, doch werden von der Strahlung von 320 mμ nur 7% durchgelassen; erst bei 350 mμ steigt dieser Wert auf 60%.

Die Arbeiten des Jenaer Glaswerkes sind nun unausgesetzt darauf gerichtet, die bei der Quecksilberlampe gemachten Erfahrungen an ultraviolett-durchlässigen Gläsern für die Ziele der Fensterscheibenherstellung auszuwerten. Da Quarzglas für diese Zwecke zu teuer ist, versuchte man, billigere Spezialgläser herzustellen. Es wurde ein sogenanntes „Jenaer Uviolgußglas" herausgebracht, das alle Forderungen, auch die der Materialbeständigkeit, erfüllt, wenn es auch noch bedeutend teurer ist, als es zu einer ausgebreiteten Verwendung als Fensterglas sein dürfte. Seine praktische Durchlässigkeit ist die folgende:

Dicke des Glases	für Welle in $m\mu$						
	350	340	330	320	310	300	290
1 mm....	91%	91%	90%	87%	83%	74%	61%
2 mm....	91%	90%	87%	82%	74%	60%	41%
3 mm....	91%	89%	85%	78%	67%	48%	27%

Uviolglas von 2 mm Stärke hat aber die gleiche Widerstandskraft gegen Verbruch wie 6/4 Rheinisches Glas von etwa 3 mm Stärke. Man kann also zum Vergleich mit den in obiger Tabelle angegebenen mittleren Werten rechnen.

Inwieweit die in die Räume gelangende Menge ultravioletter Strahlen darin biologische Wirkungen hervorzurufen vermag, hängt allerdings von den Umständen ab. Mehrere Trübungsursachen bilden dauernd den Gegenstand der Beobachtungen, und die Frage der Wirksamerhaltung der Strahlen nach mannigfacher Reflexion ist noch offen. Jedenfalls aber wurde mit dem Gewonnenen bereits ein außerordentlicher Erfolg erzielt, der dem Krankenhauswesen in vollem Umfange dienstbar gemacht werden sollte.

Emaillierung. Alle Metalle, auch Gußeisen sowie andere genügend feuerbeständige Stoffe, lassen sich mit einem glasigen Überzug versehen, der in der Schmelztechnik als Emaille bezeichnet wird. Die Emailletechnik auf Gußeisen ist deutsche Erfindung und wurde zuerst vor etwa 150 Jahren in Lauchhammer ausgeführt.

Die Emaille dient dem Rostschutz. Ihre hauptsächlichsten Bestandteile sind Borax, Quarz und Feldspat für beide Schichten, wozu für die Grundemaille noch Flußspat, Salpeter und etwas Nickel- und Kobaltoxyd, für die Deckemaille Kryolit, Zinnoxyd, Ton und etwas Soda treten.

Der Borgehalt ist wesentlich für die Haltbarkeit. Kobalt und Nickel bewirken festes, blasenfreies Aufschmelzen. Flußspat, Kryolit und Zinnoxyd (auch Knochenasche) wirken als Trübungsmittel. Gußeiserne Gegenstände erhalten meist eine Grundglasur von hoher Schmelzbarkeit, die einen zwar gut haftenden, aber noch porösen Überzug bildet. Darauf kommt die Deckglasur. „Ofenglasuren" auf gußeisernen Öfen sind niedrig schmelzende Bleiglasuren, die nur in einer Schicht aufgeschmolzen werden.

b) Metall.

Allen Metallen voran steht im Hochbau das Kupfer mit seinen Legierungen. In späteren Abschnitten wird es als Dachdeckungs- und Installationsmaterial eingehender behandelt. Für den gegenwärtigen Zusammenhang soll die Bedeutung der Kupferlegierun-

Bezeichnung	Zusammensetzung	Verarbeitung	Eigenschaften
Kupfer, Raumgewicht: 8900 bis 9000 kg/m³. Spez. Gew.: i. M. 9,0	99,4—99,9% Kupfer	Treiben, Drücken, Walzen, Pressen, Ziehen, Hämmern, Löten, Schweißen	geschmeidig
Messing, Spez. Gew.: i. M. 8,5	80—50% Kupfer Rest Zink, etwas Blei. Die verbreitetste Legierung 63% Kupfer	Gießen, Pressen, Drücken, Ziehen, Hämmern, Walzen, Schmieden (rotwarm)	geschmeidig, Farbe gelb. Gut spanabhebend zu bearbeiten
Rotguß	Legierung aus elektrolytischem Kupfer und Zinn	Gießen	Farbe hellrot
Tombak	90—80% Kupfer 10—20% Zink	Drücken, Treiben, Pressen, Ziehen, Walzen, Löten, Schweißen, Hämmern	hart, Farbe rötlichgelb
Duranametall Spez. Gew.: i. M. 8,3	Legierung aus Kupfer und Zink mit Zuschlägen von Zinn, Aluminium u. Eisen	hauptsächlich Walzen, Löten, Ziehen	Indifferent gegen Schwefel- u. Salzsäure, Laugen u. Seewasser. Farbe licht braungelb
Bronze	90—70% Kupfer 10—30% Zinn, etwas Zink zur Verbesserung der Gießfähigkeit, etwas Phosphor od. Silizium zur Reinigung (werden nicht Bestandteile der Bronze)	Gießen, Walzen, bei 6—10% Zinn auch Ziehen, Löten, Schweißen	hart, ziselierfähig, gut spanabhebend zu bearbeiten
Aluminiumbronze	95—90% Kupfer 5—10% Aluminium	Pressen, Walzen, Löt., Schweißen	hart, zäh, Farbe hellgelb

gen im Ausschnitt mittels einer Tabelle veranschaulicht werden, die neben dem Stammetall eine Anzahl wichtiger Ableitungen mit ihren Eigenschaften und Bearbeitungsmöglichkeiten bringt.

Weniger als Mittel zur Gliederung der Gebäudemassen wie vielmehr als konstruktives Element von Einzelteilen, wie Fenstern und Türen, mögen die Metalle hier ins Gesichtsfeld der Betrachtung treten.

Die außerordentliche Vielseitigkeit der Bearbeitung, die diese Werkstoffe zulassen, bringt die besondere Forderung nahe, sich in der Form strenge Rationalisierung aufzuerlegen, da sonst die Preisgestaltung für Lieferungen und Arbeiten zu ungünstig ausfallen muß. Dabei kann es nicht im Interesse der Technik liegen, die Methoden der Bearbeitung einzuschränken. Werden doch immer weitergehende Möglichkeiten erschlossen. Die Schweißung von Legierungen, die nicht rosten, ist eine solche neue Errungenschaft.

Kupferverbindungen sind sehr haltbar und bieten deshalb für wirkungsvolle Färbungen eine gute chemische Grundlage. Auch kommen sie dem Bedürfnis nach verschiedenartigster Oberflächenbehandlung weitgehend entgegen.

Wenn die Behandlung der Metalle sich unmittelbar an diejenige des Glases anschließt, so mag das für die Bedeutung, die diese beiden Werkstoffe miteinander in der Bautechnik gewonnen haben, kennzeichnend sein. Die Metalle beginnen in Fühlung mit Stahl und Eisen das Holz zurückzudrängen. Man greift zu den nicht rostenden Metallen, um Rahmenteile für Fenster und um ganze Türen zu bauen, wie sie sich für hygienische Zwecke an ihrem Platz gut eignen, wenn auch die umfassende Pflege blanker Innenteile nicht in Betracht kommen kann.

Holz wird seine Bedeutung im Bauwesen niemals ganz verlieren. Der Kampf um seine Existenz hat allerdings auf der ganzen Linie eingesetzt. Schon hat er die Begriffe in ganzen baugewerblichen Zweigen völlig verschoben.

c) Holz.

Holz ist heute in der Form von *Sperrholz* ein Erzeugnis geworden, das im Rahmen eines konstruktiven Aufbaues seine Herkunft als Naturprodukt zu verleugnen scheint. Durch eine geschickte Zerlegung und mannigfache Wiederverleimung, dann Aufteilung nach neuen Trennungsebenen kommt eine sich in sich im Gleichgewicht haltende Einspannung der Holzfasern zustande, die mit hinreichender Genauigkeit auch beim Wechsel von Temperatur und Feuchtigkeit stehen bleibt.

Man unterscheidet heute „schwache oder Möbelplatten" und „starke oder Tischlerplatten".

Die schwachen Platten sind meistens aus drei Einzelfurnieren hergestellt, von denen das mittlere im rechten Winkel zu den beiden Außenfurnieren läuft. Um größere Stärken zu erzielen, verleimt man in gleicher Weise fünf-, sieben- und neunfach, immer mit dem Wechsel der Richtung.

Die schwachen Platten werden aus Erle, Birke, Gabun, Buche, Kiefer gefertigt. Der Regel nach werden Stärken von 3 bis 15 mm hergestellt, jedoch auch hinauf bis zu 25 mm und hinab bis zu 0,8 mm.

Die Tischlerplatten werden hauptsächlich als

1. Blockplatte und als
2. Stäbchenplatte fabriziert.

Die Blockplatte. Aus einer Anzahl mit Kasein verleimter Bretter wird ein Block aufgebaut und nach Pressung in Gattern so zerlegt, daß neue Bretter zustande kommen, die aus aneinander liegenden Längsstreifen der den Block bildenden Bretter bestehen. Unter Druck wird auf jeder Seite nach gründlichem Austrocknen ein Außenturnier aufgelegt. Die Zusammenlegung zum Block erfolgte unter wechselweiser Stellung der „Jahre". Die Blockplatte will bei einiger Genauigkeit der Ausführung hauptsächlich niedrige Preise halten.

Die Stäbchenplatte. Die Stäbchenplatte wird aus Furnierholz in gleicher Richtung verleimt, aus dem man gleichfalls einen Block aufbaut. Dieser wird nach Pressung senkrecht zur Leimfläche und zur Faser in Gattern zerlegt und später mit Außenfurnieren unter Druck verleimt. Die Stäbchenplatte ist äußerst exakt hergestellt und arbeitet nicht im geringsten mehr. Für ihre Außenfurniere wird vielfach edles Holz verarbeitet.

Panzerholz ist eine Verleimung der Sperrmittelplatten mit Blechen verschiedenartiger Metalle als Außenfurnieren. Derartige Platten sind von großer Festigkeit und Formhaltung und dienen auch als gesichertere Außentüren.

Die aus derartiger Bearbeitung hervorgegangenen Hölzer passen sich jeder technischen Absicht an und tragen in hohem Maße den Charakter einwandfreier hygienischer Durchbildungsgrundsätze. Sie stehen neben den Gläsern und Metallen wahlverwandt und scheinen in besonderem Maße berufen, sich in die Raumgebilde moderner Stahlfachwerksbauten in verschiedenen Funktionen architektonisch einzugliedern. Im Möbelbau setzt jetzt die Tischlerplatte eine veränderte Technik durch. Hygienische

Lackanstriche vollenden auch die letzte Erfüllung betrieblicher Forderungen.

D. Die keramischen Baustoffe.

Wegen der großen Bedeutung, die den keramischen Baustoffen in der Bautechnik zukommt, haben sie auch für den Krankenhausbau eine besondere Wichtigkeit. Zudem weist kaum ein anderes Material eine so umfassende Zweckerfüllung gerade für die Krankenhausbautechnik auf wie die keramischen Stoffe.

Im technologischen Sinne sind folgende Erzeugnisse zu unterscheiden:

I. Tonwaren mit porösem Scherben (Tongut, Irdengut).

1. Baumaterial:

a) aus vorwiegend nicht weißbrennenden Rohstoffen: Ziegeleierzeugnisse (Ziegelverblender, Bauterrakotten, Dachziegel, poröse Steine, Dränröhren),

b) aus vorwiegend weiß- (hellfarbig-) brennenden Rohstoffen: Feuerfeste Erzeugnisse (Schamotteware, Silika- und Dinassteine, Spezialerzeugnisse).

2. Geschirr:

a) aus vorwiegend nicht weißbrennenden Rohstoffen: Töpfereierzeugnisse,

b) aus vorwiegend weißbrennenden Rohstoffen: Steingut (Tonsteingut, Feldspat- oder Hartsteingut, Kalksteingut, sanitäre Ware, Feuertonware).

II. Tonwaren mit dichtem (gesintertem) Scherben (Tonzeug).

A. Mit nicht oder nur an den Kanten durchscheinendem Scherben (Steinzeug).

1. Baumaterial:

a) aus vorwiegend nicht weißbrennenden Rohstoffen: Klinkerware (Klinker, Fußbodenplatten, Tonröhren),

b) aus vorwiegend weißbrennenden Rohstoffen: säurefeste Steine.

2. Geschirr:

a) aus vorwiegend nicht weißbrennenden Rohstoffen: Steinzeug (gewöhnliches Steinzeug, Steinzeug für chemische Geräte, Wannen u. dgl.),

b) aus vorwiegend weiß- (hellfarbig-) brennenden Rohstoffen: Feinsteinzeug.

B. Mit durchscheinendem Scherben aus weißbrennenden Rohstoffen (Porzellan).

1. Baumaterialien: Wandplatten.

2. Geschirr:
a) Hartporzellan,
b) Weichporzellan.

Bautechnisch unterscheidet man grobkeramische und feinkeramische Erzeugnisse. Zu den ersten gehören die Ziegelsteine, nämlich Bauelemente, die aus brandfähigen Erden und aus Tonen im Wege des Formens oder Pressens und des Brennens hergestellt werden, und ferner die Baukeramik sowie die Steingut- und Steinzeugwaren (I und IIA obiger Zusammenstellung). Die Feinkeramik ist durch das technische Porzellan vertreten, dem in Zukunft vielleicht eine größere Bedeutung für den Ausbau der Krankenanstalten zukommen könnte, als dies bisher der Fall ist (IIB obiger Zusammenstellung).

a) Ziegelsteine.

Die nach sorgfältigen Aufbereitungsprozessen gewonnene Masse muß völlig strukturfrei sein. Die daraus geformten oder durch die Strangpresse gedrückten Formlinge werden in Trockenkammern gefahren, die mit Abwärme betrieben werden. Mittels Ofenwagen eingesetzt kommen die Steine dann in Öfen verschiedener Systeme zum Garbrand, von denen diejenigen Öfen am zweckmäßigsten sind, die einen ununterbrochenen Betrieb zulassen.

Der Feuerungsbetrieb ist verschieden geregelt und beeinflußt die Güte des Brandes naturgemäß aufs intensivste, je nachdem die schrittweise Erwärmung und Abkühlung dem Brenngut richtig angepaßt ist, die Zugregelung eine gleichmäßige Einwirkung der Feuergase sicherstellt, und je nachdem die Fernhaltung von Brennstoffen und Flugasche von den Sichtflächen der Brandstücke mehr oder weniger vollkommen gelingt. Man ist deshalb für den Brand hochwertiger Produkte zu Öfen mit Generatorgasbetrieb übergegangen.

Der Ziegelstein erfüllt auch heute noch mit dem besten hygienischen und wirtschaftlichen Erfolg seine Aufgabe als Aufbau- wie als Füllstoff in weitestem Umfange, ganz besonders im Krankenhausbau. Der umständliche Arbeitsgang seiner Erzeugung ist durch Einrichtungen des Großbetriebes wesentlich abgekürzt und zweckmäßig gestaltet worden. Immerhin bleibt der Vorgang mehr noch des Vermauerns als der Herstellung weitläufig. Neben den Hintermauerungssteinen werden aus bautechnischen und wärmewirtschaftlichen Gründen poröse und Lochsteine in mehreren Verbindungen geführt.

Der Hintermauerungsstein tritt nur überputzt auf. Die Putzbauweise hat sich im Krankenhausbau infolge der wertvollen Neuerungen der Putztechnik sehr stark eingeführt. Indessen steht daneben auch eine starke Bewegung der Wiederbelebung des Backsteinbaues als einer ästhetisch wie bauhygienisch gleich wertvollen Bauweise, die deshalb auch für den Krankenhausbau sehr wichtig ist.

Zurückgegangen ist die Verwendung des glatten und gleichmäßigen Verblenders im alten Sinne, wie er als späterer Vorsatz aufgebracht wurde. Lediglich zur Herstellung abwaschbarer Wände in Bädern, Waschküchen, Duschräumen, Desinfektionsräumen, Aborten, Luftkanälen u. dgl. hat er sich als glasierter Kopfstein oder Spaltstein weiter bewährt. Demgegenüber sind heute die Frontverblendungen durch Ungleichmäßigkeit und Rauheit der Farbe und Oberfläche gekennzeichnet und treten kräftig und bunt hervor. Sie entstehen zugleich mit dem Hintermauerungswerk. Die dafür gefertigten Verblender haben heute oft hochwertige keramische Eigenschaften und werden für die Bedürfnisse der Frontausbildung mit mannigfachen Mitteln der Ziegeltechnik anziehend gestaltet. Diese Mittel sind für den heutigen Krankenhausbau ebenso unentbehrlich wie für die übrige Baukunst. Allgemein bekannt sind die unter Sinterung entstandenen Hartbrandsteine und Klinker (II, A 1, a), wie sie für technische Zwecke hergestellt werden. Aus rotbrennenden Erden gefertigt haben sie bodenständige Bedeutung als Flächen- und Gliederungsstein und sind die Stammform unserer heutigen, mannigfach gestalteten Verblenderkunst.

In Preußen besitzen wir seit langer Zeit genormte Steine. Abweichende Formate sind in verschiedenen Maßen innerhalb Deutschlands in Niedersachsen — Oldenburg — Holstein unter klimatischen und stofflichen Bedingtheiten in Gebrauch.

Nicht unerwähnt darf hier bleiben, daß neuere Bestrebungen in der Ziegeltechnik darauf abzielen, die Engobe als flächigen Farbenwert in wetterfester Form in die Baukunst wieder einzuführen. Anlehnend an ältere Ausführungen haben die Ullersdorfer Werke (Kr. Sorau, N.-L.) einen Stein herausgebracht, der, in allen Engobenfarben erhältlich, diesem Bestreben entspricht. Gemäß dem angestrebten Charakter farbiger Flächen ist dem Stein ein Profil gegeben worden, das die Mörtelfuge in der Erscheinung auf eine ganz verschwindend feine Linie zurückdrängt und so der Wetterdichtigkeit und Unveränderlichkeit der Außenhaut eine gesteigerte Sicherung verleiht.

Für Krankenhauszwecke erscheint eine Anwendung dieser

Technik an Stelle von Putz wegen ihrer hochwertigen künstlerischen und technischen Möglichkeiten sehr am Platze.

Für die besondere Eignung der Erden zur Verwendung in der Ziegeltechnik sind die Eigenschaften der Formbarkeit, der Trockenschwindung, Standfestigkeit und Schwindung im Feuer von außerordentlicher Bedeutung, fast in dem gleichen Sinne wie für die Erzeugnisse der Feinkeramik. Jede Branderde und jede Schmelze hat ihre besonderen Schwindemaße. Daher kommt es beim Engobieren und Glasieren der keramischen Stücke vor allem darauf an, die dazu verwendeten Schmelzmischungen genau gegeneinander und gegen den Scherben abzustimmen, um Rissefreiheit zu erreichen.

Von besonderer Bedeutung für den Krankenhausbau ist der Ziegelstein als Deckenstein. Als solcher fand er bereits früher mit einer Einlage von Fugeneisen weitgehende Verwendung. Seitdem die Betonbauweise zur trägerlosen Überdeckung großer Flächen geführt hat, ist auch der Bau ebener Ziegeldecken unter Zuhilfenahme von Backsteinkörpern auf neue Wege gekommen. Gegenüber einer druckaufnehmenden Funktion in den älteren Decken tritt der Backstein jetzt in Gestalt besonders geformter poröser Hohlsteine ausschließlich als Füllstoff auf und entfaltet hier wertvolle Vorzüge der Wärmehaltung und Schalldämpfung. Es erübrigt sich, die große Zahl besonderer Deckenkonstruktionen, die mit Backstein als Bau- oder Füllstoff arbeiten, hier besonders anzuführen.

Aus dem Gebiet der Schamotteware und der Spezialerzeugnisse sei hier an die Bausteine für Verbrennungsöfen erinnert, eine Einrichtung, die in keinem Krankenhause fehlen sollte. Hierher gehören auch die bekannten Schoferkamine (I, 1, b).

Die mannigfachen Waren der Tonzeugrohre, die unter der Bezeichnung „Soltaurohre" bekannt sind, gliedern sich zusammen mit den Klinkern und Fußbodenplatten in den Abschnitt II, A, 1, die Wandplatten dagegen in I, 1 u. 2, und in II, B, 1 ein.

b) Wandplatten.

In früheren Zeiten wurden die Wandplatten aus dem gleichen Ton wie die Baukeramik gefertigt, um alsdann glasiert oder unglasiert gebrannt zu werden. In neuerer Zeit werden Wandplatten aus einem fein geschlämmten Steingutmaterial, das weißbrennend ist, geformt. Der poröse Scherben ist im allgemeinen nicht wetterbeständig. Er wird maschinell mit Blei-, Borax- oder Zinnglasur bzw. neuerdings mit kristallisierender Scharffeuerglasur versehen, wobei Metalloxyde die Farben geben. Zinnzusatz wirkt trübend und gibt in Mischung mit den anderen Substanzen malerische Wirkungen auf der Plattenoberfläche.

Einzelne Erzeugnisse der keramischen Industrie auf dem Gebiet der Wandplatten sind auch ohne Sinterung wetterbeständig, offenbar vermöge eines Schamottescherbens. Derartige Platten, stets farblos oder farbig glasiert, haben eine weichgekörnte Oberfläche, durch deren Glasur sich die Schamotteeinsprengungen der Grundmasse dunkel abheben und so eine angenehme Zeichnung ergeben. Der Scherben ist weniger porös als derjenige der Steingutplatten. Vermutlich ist die Wärmeausdehnung bei den Schamottescherben wesentlich geringer als bei Steingut, was eine größere Temperaturbeständigkeit zur Folge hat. Korrodierenden Witterungseinflüssen wird so weniger vorgearbeitet. Auch die geringere Porosität kann sehr wohl die Wetterbeständigkeit steigern und gibt daher dem Wetter weniger Angriffsgelegenheit.

Die Stücke der Baukeramik baut man aus rotbrennendem Ton auf. Volle Körper werden vermieden und durch Platten und Aufbauten aus Platten oder Schalen ersetzt, die zur Erleichterung des Garbrennens mit Lochungen versehen werden, die ein starkes Moment der künstlerischen Wirkung bilden können. Die Glasurstoffe sind die gleichen wie diejenigen der Wandplatten.

c) Fußbodenplatten.

Eine Fußbodenplatte muß aus gesintertem Material bestehen, also säure- und ölfest, wetterfest und nicht porös sein. Die Ware wird aus trockenem Tonmehl hydraulisch mit 200 Atmosphären Druck gepreßt und bis zur Sinterung gebrannt. Der dabei vor sich gehende technologische Prozeß ähnelt demjenigen bei der Porzellanbildung. Gleich dem Porzellan besteht das Material der gesinterten Fußbodenplatten aus Tonerde, Quarz und Feldspat. Von diesen schmilzt nur der Feldspat und leitet bei 12—1400° C einen Lösungsprozeß ein, der eine beginnende Verglasung darstellt und Sinterung genannt wird.

Die gesinterten Fußbodenplatten haben eine hervorragende Qualität erreicht und stehen zwischen Härte 9 und 10 der Mohsschen Skala, also zwischen Korund und Diamant. Man sollte daher heute mit jedem Stück Fußbodenfliese Glas schneiden können. Seine technologischen Eigenschaften machen diesen Baustoff besonders geeignet für den hygienischen und sondertechnischen Ausbau, namentlich dort, wo starken Säuren Widerstand zu leisten ist.

Durch weitgehende Normalisierung und Vereinfachung der Typen haben England und Amerika so reiche Erfahrungen gemacht, daß Fehlarbeiten sehr zurückgegangen sind. Diese beschränken sich in der amerikanischen keramischen Industrie auf nur 3%. Das hat sehr zu Verbilligung der Erzeugnisse beigetragen.

d) Feuerton.

Das Kennzeichen der Feuertonware ist Schamotte als Grundmasse, Hartsteingutmasse als Engobe und Weichporzellan als Glasur.

Die Grundmasse der großen Feuertonobjekte ist eine aus gelbbrennenden Erden und zerkleinerten Kapselscherben zusammengesetzte Schamottemischung. Die auf dem Kollergang zerkleinerten Grundstoffe werden in Rührwerken als Masse aufbereitet und dabei sorgsam enteisent. Für die Mischung der Massen ist die Art und Vorbereitung der Tonsubstanz sowie Art und Menge der Zuschläge von entscheidender Bedeutung, da die Tonsubstanz die Plastizität der Masse bestimmt. Quarz und Feldspat als Bestandteile der Erden wirken als Magerungsmittel, d. h. sie setzen die Trocken- und Brennschwindung herab.

Für die Wasserbeigabe sind die Bedingungen der Gießfähigkeit maßgebend. Diese ist bei den verschiedenen Tonerden sehr verschieden. Dabei ist eine Reihe von anderen Rücksichten, z. B. auf zu verhütende Entmischung beim Gießen, auf hohe Trockenfestigkeit, auf geringe Trockenschwindung und auf möglichste Standfestigkeit und geringes Schwinden im Feuer zu beobachten. Für die deutschen Feuertonwaren größeren Ausmaßes hat sich so eine wesentlich gröbere Zusammensetzung der Grundmasse ergeben, als sie in England für diesen Zweck gewählt werden kann. Daraus folgt für Engobe und Glasur bei deutschen Waren die Aufgabe, eine vermehrte Rauheit der Gußstücke auszugleichen. Demgegenüber können diese letzten Feinschichten der englischen Waren wesentlich dünner und gleichmäßiger sein. Ohne Zweifel trägt dies zur Beständigkeit und Rissefreiheit einer solchen Oberfläche bei.

Die Feuertonwaren kleineren Ausmaßes werden aus einer weißbrennenden Erde gefertigt, zu der kein Zuschlag von Schamottescherben gegeben wird. Sie haben naturgemäß ein feineres Gefüge als die großen Objekte.

Der Brand der Feuertonwaren findet in Temperaturen über 1000° C statt. Es folgt dann ein schrittweiser Kühlprozeß.

Die Engoben- und Glasurstoffe werden dann in feinster Vermahlung mit Wasser und einem meist pflanzlichen Bindemittel nacheinander aufgetragen. Dies Auftragen geschieht entweder durch Tauchen oder durch Anstrich oder durch Aufsprühen mit dem Ärographen. Die Fertigstellung der Ware findet entweder in einem einzigen Brande (wiederum etwa 1000° C) statt, oder es wird zunächst die Engobe aufgebrannt und alsdann in einem weiteren Brande die Glasur. Dies hat den Vorteil, daß kleine Fehlstellen der gebrannten Engobe vor dem Glasurbrand noch ausgebessert werden können.

Nach dem Aufbrennen der Glasur sind die Feuertonwaren im höchsten Maße säurefest. Man klassiert sie in vier Klassen. Trotz kleiner Fehler haben sie gleichwohl einen hohen sanitären Wert. Eignen sich doch Feuertonwannen für Kohlensäurebäder.

Trotz der sorgfältigsten Versuche und jahrzehntelanger Erfahrungen ist eine dauernde Rissefreiheit bei den Erzeugnissen aus Feuerton und ebenso bei den Wandplatten bisher nur erreicht worden, wo in der Herstellung von Feuertonwaren eine besonders alte Überlieferung besteht, und wo die Abstimmung der Erden und sonstigen Grundstoffe in Scherben, Engobe und Glasur durch feinste, wissenschaftlich nicht erfaßbare Gegebenheiten unterstützt wird. Klimatische Einflüsse und besondere Eigenschaften nicht nur der Werkstoffe, sondern auch der Brennstoffe mögen die besten Erfolge von jeher begünstigt haben.

Verdienste um die deutsche Entwicklung haben die „Keramag" Ratingen, Rhld., die Bunzlauer Ton- und Steinzeugwerke und die Tonwarenfabrik Schwandorf i. B.

e) Porzellan.

Die bei der Porzellanbildung wesentlichen Vorgänge sind äußerst kompliziert und haben in diesem Zusammenhang zunächst für die Weichporzellanglasur von Platten und Feuertonobjekten Bedeutung.

Dem bei der Bildung von *Hartporzellan* im Schmelzvorgang des Feldspats eintretenden Zerfall der Tonsubstanz in Tonerde und Kieselsäure folgt eine Wiedervereinigung in anderen Mengenverhältnissen unter Hinzutritt von Quarz, der im zähflüssigen Feldspatglas bei etwa 1400° C zur Lösung kommt. Es entsteht im Feldspatglas als kristallines Produkt das Hartporzellan. Hierbei haben die Kaoline, Zerfallstoffe aus Granit, Porphyr und anderen Gesteinen, als weißbrennende Bestandteile der Tonsubstanz für die Farbe des Porzellans die wichtigste Bedeutung, während die eigentliche Tonerde hauptsächlich für die Plastizität der Masse zu sorgen hat.

Bei den *Weichporzellanen* treten sogenannte Fritten an die Stelle des größten Teils der Tonerde, die hier nicht zum

Zerfall kommt. Sie erzeugen im Glase ein amorphes Tonerde-Silikat.

Neben den auf gesintertem Scherben aus feingeschlämmtem Steinzeugmaterial auftretenden Porzellanglasuren der besten Wandplatten erscheinen auch bereits Platten aus echtem Porzellan.

Das Porzellan, in die Elektrotechnik schon immer eingeführt und als Hartporzellan jetzt für gewaltige Isolatoren verarbeitet, hätte wohl eine Berufung zu umfassender Verwendung in der sanitären Baukunst. Dies Wunder genialen Erfindergeistes, dessen durch und durch edles und festes Material in der äußeren schönen Erscheinung einen vollendet einheitlichen Ausdruck seines Wesens findet, widerstandsfähig gegen Säuren und Temperaturveränderungen wie kaum ein zweiter Werkstoff, zulgeich hygienisch in idealem Grade ist, ermangelt zu seiner Erzeugung als Bauteil großen Verbrauches eines einzigen Umstandes, des hinreichend niedrigen Preises. Leider macht das Erweichen des Porzellans im Brande eine Art der Einlagerung in die Muffelöfen nötig, die bei sorgfältiger Einschließung in Schamottekapseln noch durchaus an eine wagerechte Lage des Brenngutes gebunden ist, und die das Beschicken und Brennen mit allen Begleiterscheinungen kostspielig macht. Auch gibt der Muffelofen nur einer beschränkten Menge Brenngutes Raum und läßt es vorzüglich darum einstweilen nicht zu, daß das Erzeugnis zu Preisen auf den Baumarkt kommt, die ihm eine seinen wertvollen Eigenschaften entsprechende Verbreitung ermöglichen.

So sieht sich das eigentliche Porzellan, dieser wertvollste Vertreter der keramischen Stoffe, in der Hauptsache noch auf die Glasuren beschränkt.

Hat auch die Nachkriegszeit den Anlaß gehabt, das Porzellan als Ersatz für metallene Beschlagteile in den Ausbau einzuführen, so hat doch neben der Empfindlichkeit dieses Stoffes gegen Stoß und Schlag die Schwierigkeit seiner allgemeinen Einführung darin bestanden, daß sich Stücke aus Porzellan mit Metallgliedern nicht organisch und dauernd gebrauchsfähig zusammenfügen lassen. Die Metalle sind dort im vollen Umfange wieder eingeführt worden und beherrschen nach wie vor den Markt. (Gußmetalle: vgl. Be- und Entwässerungsanlagen.)

E. Bauplatten.

a) Die wichtigsten Plattenarten.

Für die verschiedenen Zwecke des Ausbaues sind Bauplatten zur Herstellung dünner Wände ein wertvoller Baustoff. Die älteren Platten entsprechen indessen als Raumteilungsmittel den in Krankenräumen zu stellenden Anforderungen oft wenig, da sie nicht genügend gegen Wärmedurchgang und Schall isolieren. Doppelwandige Konstruktionen, in deren Zwischenraum ein Medium mit günstigen Leitzahlen eingeschaltet wird, sind teuer und erfüllen den Zweck der Schalldämpfung nur dann, wenn durch die Einführung luftabschließender Mittel der Luftschall am Durchgang gehindert wird und keine Bindeglieder eingefügt werden, die den Schall von Wand zu Wand übertragen, sogenannte Schallbrücken.

Wenn nun auch die physikalischen Bedingungen wärmewirtschaftlich günstigen Bauens völlig andere sind als die der Bekämpfung störender Geräusche, so darf es doch als ein Vorzug bezeichnet werden, daß die neuzeitlichen Bauplatten für eine große Anzahl von Fällen gegenüber beiden Zwecken bis zu einem gewissen Grad die Mittel in sich vereinigen. Diese Bauplatten haben zugleich vor den älteren Erzeugnissen dieser Art den großen Vorteil der Leichtigkeit. Waren die alten Bauplatten dem Aufbau aus Leichtziegeln nur durch die größere Schnelligkeit der Herstellung von Wänden sowie durch den viel geringeren Bauwasserverbrauch überlegen, in bezug auf Wärmeschutz und Schalldämpfung aber meist nicht ebenbürtig, so verbinden die neuen Leichtdielen nach beiden Richtungen hin die Vorzüge der alten Konkurrenten.

Im Rahmen der Bautechnik des Krankenhauswesens waren die alten Plattenarten, indem sie den Ansprüchen der Raumteilung im allgemeinen nicht genügten, in der Hauptsache auf die Verwendung zu Ausfachungen, also auf das Baugebiet der Baracken, der Dachausbauten und Provisorien beschränkt. Selbst bei den Koksaschendielen und Schlackenbetonplatten waren hierbei weitere Maßnahmen, wie Holzverschalungen u. dgl., zum Wärmeschutz unerläßlich, was den Kostenpreis der Gesamtkonstruktion so steigerte, daß der Schritt zum Massivbau nicht mehr groß war. Man erwog, daß mit einer dünnwandigen Konstruktion von 15 cm Stärke durch besondere Ausfachung und Bekleidung bestenfalls der wärmewirtschaftliche Effekt einer geputzten, 25 cm starken Backsteinwand zu erreichen war. Neben geringen Ersparnissen an Baukosten stellte aber die Bauunterhaltung bei kürzerer Lebensdauer der Leichtbauten gegenüber dem Massivbau einen zu großen Aufwand dar.

Durch die neuzeitlichen Leichtdielen kommt man zu einer wärmewirtschaftlichen Wirkung, die bei Außenwänden von 15 cm Stärke einer verputzten Backsteinmauer von etwa 60 cm Stärke gleichkommt. Dabei werden besondere Maßnahmen wie Holzverkleidungen älterer Fachwände erspart und durch Putz ersetzt.

Für Innenwände sind die Leichtdielen von ganz verschiedenem Wert, je nachdem sie selbständig wandbildend oder wandbekleidend zu verwenden sind. Dies hängt von ihrem statischen Wesen und manchmal auch von ihren Leitzahlen ab.

Als *Wandbildner* ist zunächst *Heraklith* zu nennen. Heraklith ist eine leichte Bauplatte, deren Grundstoff Holzwolle ist, die durch einen Spezialmörtel aus Magnesit und Kiserit eine mit den Jahren an Härte zunehmende Versteinerung erfährt. Heraklith wirkt unter Putz wärme- und schallisolierend, ist feuerhemmend, feuchtigkeitabweisend, säge- und nagelbar, geht mit dem Putz eine innige Verbindung ein und stellt in der Verarbeitung keine besonderen Anforderungen. Heraklith ist als Bauplatte für Außenwände zugelassen. Es ist dauernd fäulnis-, schwamm- und ungeziefersicher. Heraklith findet sowohl an Mauern und Wänden als auch in Decken, unter Fußböden und in Dachflächen vorteilhafte Verwendung. Das Raumgewicht von Heraklith ist 350 kg/m³ gegen etwa 950 kg entsprechend für Gipsschlackenwände und gegen 1800 kg für Ziegelmauerwerk. Die Wärmeleitzahl ist $\lambda = 0{,}06$ kcal/m, h, °C (Kilogrammkalorien je Meter Materialstärke, Stunde und Grad Celsius), bei Gipsschlackenwänden $\lambda = 0{,}33$, bei Ziegelmauerwerk $\lambda = 0{,}75$. Macht man auch Zuschläge zur Wärmeleitzahl mit Rücksicht auf Momente, die beim Zusammenbau einer Heraklithwand als Verschlechterung auftreten, so hat dennoch eine solche Wand von 10 cm Stärke die gleiche wärmeisolierende Wirkung wie 50 cm Gipsschlackenwand oder 100 cm Ziegelmauerwerk.

Es werden 4 Stärken von $2^1/_2$—10 cm mit dem Gewicht von 10—45 kg/m² hergestellt. Die normale Platte mißt 200 × 50 cm.

Die Art des Gefüges der Heraklithplatte bringt es mit sich, daß eine nennenswerte Wärmespeicherung in ihr nicht stattfindet. Daher sind heizbare Räume in Heraklithhäusern schnell zu erwärmen.

Heraklith ist völlig flammensicher bis ins innerste Gefüge. Mit der ausgiebigen Verwendung der Heraklithplatten sind sehr hohe Ersparnisse an Fundierungs- und Konstruktionskosten sowie durch schnelles Bauen und durch die Verwendung ungelernter Arbeitskräfte zu erzielen.

Ein rein deutsches Erzeugnis von vorzüglichen Eigenschaften ist die *Tekton-Leichtdiele*. Gleich dem Heraklith ist sie aus Holzwolle mit einem zementartigen Sondermörtel zu Platten gepreßt und zur Versteinerung gebracht. Die Dielen zeigen im Querschnitt

Holzlatten, die, in Abständen von etwa 10 cm flachlängs eingebettet, das standfeste Gerüst bilden und es gestatten, der Platte bei 0,50 m Breite eine Normallänge von 3,50 m zu geben. Das Raumgewicht der Dielen ist etwa 200 kg/m³, und zwar, je dünner die Platte, um so höher. Es werden 3 Stärken, nämlich zu 3 cm, 4 cm und 6 cm, gefertigt. In den Säumen und Stößen zeigen die Tekton-Dielen einen keilförmig ineinandergreifenden Zusammenschnitt.

Die Wärmeleitzahl ist derjenigen von Heraklithplatten mindestens gleich, wobei aber berücksichtigt werden muß, daß Heraklith von 2,5 bis zu 10 cm Plattenstärke geliefert wird, also mit 10 cm Stärke einen entsprechend höheren Effekt hervorzubringen vermag als eine 6 cm starke Tekton-Diele.

Zweckmäßige Stoßverbinder gestatten eine sehr wirtschaftliche Verarbeitung der Tektonplatte, da alle Abschnittstücke mitverwendet werden können. Die sonstigen ökonomischen Bemerkungen zu Heraklith gelten im übrigen sinngemäß auch für die Tekton-Diele. So werden für den Zusammenbau keine Sonderarbeitskräfte benötigt.

Die Tekton-Diele ist gleichfalls ein ausgezeichneter Putzträger. Auch ungeputzt ist sie völlig flammensicher und hat eine mehr als doppelte Widerstandskraft gegen Feuer als die Rohrputzdecke.

Die Dielen wirken bei geeigneter Montierung als Wandbekleidung hervorragend tonverstärkend infolge der den Holzlatten innewohnenden Elastizität und können, wo es auf gute musikalische und Sprechakustik ankommt — so z. B. in Vortrags- und Andachtsräumen —, mit großem Vorteil verwendet werden. Einer Übertragung auf die Mauern als Fortleiter des Körperschalles kann dabei vorgebeugt werden. In diesem Sinne können sie auch zur Dämpfung beitragen.

Neben der Eignung der Tekton-Dielen zu selbständiger Wandbildung erscheinen sie hauptsächlich noch zur Decken- und Sparrenunterschalung zweckmäßig. Als Ausfachung sind sie weniger geeignet, weil dabei die Standfestigkeit ihres Lattengerüstes nicht hinreichend genutzt wird.

Torfoleumplatten. In der Torfoleumplatte liegt ein besonders hochwertiger Isolierstoff zum Gebrauch in der Krankenhausbautechnik vor. Nicht geeignet zu selbständiger Wandbildung leistet er aber als Wand- und Deckenbekleidung und als Ausfachung unter Putz Hervorragendes. Allerdings haftet Putz nicht darauf. Daher bedarf die Platte eines Drahtgewebebelages als Putzträger.

Vermöge seiner Zusammensetzung aus pflanzlichen Fasern, die seit Jahrtausenden jeder Verrottung und Fäulnis widerstanden haben, und des Fehlens jeder von Fäulnis bedrohten Beimengung ist diese Platte außerordentlich geeignet zur Verwendung im Bauwesen, namentlich im Krankenhausbau.

Die besondere Kraft der wärmeisolierenden Eigenschaft beruht mit auf der Menge und Kleinheit der durch die Torfsubstanz eingeschlossenen Poren. Die Dichtigkeit der Platten gegen das Eindringen von Luft und Wasser ist recht erheblich, zumal eine Kernimprägnierung gegen das Aufsaugen von Wasser stattfindet. Auch gegen Entflammung sind die Platten sicher imprägniert.

Da weder pechartige noch mineralische Bindemittel verwendet werden, die die Fähigkeit der Platte zur Wärmesperrung und zur Schalldämpfung herabsetzen könnten, so liegt ein für beide Zwecke in idealer Weise geeignetes Mittel vor, das sich auch leicht bearbeiten läßt. Wenn zur völligen Abfangung des Luftschalles noch eine Schicht Ölpapier zu Hilfe genommen zu werden pflegt, so wird davon an anderer Stelle noch zu sprechen sein.

Die Wärmeleitzahl von Torfoleumplatten kann im Bau praktisch auf $\lambda = 0{,}4$ angegeben werden. Die Torfoleumplatte leistet daher das fast Neunzehnfache einer Ziegelmauer. Danach entspricht eine 3 cm starke Platte einem Wärmeschutz von 56 cm Ziegelmauerwerk. Torfoleum ist also ein sowohl zur Isolierung gegen Abkühlung und Schwitzwasser wie gegen Erwärmung, besonders für Verwendung in der Kältetechnik gut geeigneter Baustoff.

Torfoleum ist als Isoliermittel auch für Fußböden und Dachflächen ausgezeichnet verwendbar. Selbst in schwer belastete Fußböden kann der Einbau unter entsprechendem Estrich und Schutzbeton stattfinden.

Torfoleumplatten werden in einer Größe von $0{,}50 \times 1$ m mit Stärken von 2—5 cm geliefert. Stärken bis zu 20 cm werden durch maschinelle Verklebung mittels einer Kittmasse hergestellt. Das Raumgewicht des Torfoleums beträgt 160—180 kg/m^3.

Die günstige Wärmeleitzahl des Torfoleums, $\lambda = 0{,}04$, läßt diesen Baustoff als einen besonders starken Konkurrenten des Kork erscheinen, dem es in mancher technologischen Hinsicht nicht ganz gewachsen ist, den es aber für bestimmte Zwecke bauwirtschaftlich zu überholen vermag.

Torfisothermplatten. Torfisotherm ist ein „Wärmepanzer“, der den Wärmedurchgangswiderstand eines Bauteils gleichfalls bedeutend vergrößert. Sein hauptsächlicher Bestandteil ist deutscher Moostorf. Als Wand- und Deckenbekleidung sowie unter Fußboden verleiht Torfisotherm, das außerdem wasserabweisend, feuerhemmend, druck- und biegefest sowie schalldämpfend ist, dem Raum eine sehr wirtschaftliche Wärmehaltung. Torfisotherm wird in Platten von 50 × 100 cm Größe und 2—5 cm Stärke verlegt; da es schlechter Putzträger ist, muß eine Drahtverspannung dafür vorgesehen werden. Besondere Bedeutung gewinnt Torfisotherm als Wärmepanzer bei dünnen Wänden und bei Decken und Dächern, jedoch im Rahmen der unter b) folgenden Vergleichsbewertung.

Eine Bauplatte von sehr dünnem Stärkemaß ist die *Ensoplatte*, die in Stärken von 4—4,5 mm hergestellt wird. Die Wärmeleitzahl der Ensoplatte ist theoretisch $\lambda = 0{,}056$; ihre Substanz ist eine porendurchsetzte Pressung eines Faserstoffes.

Geeigneter für die Zwecke des Krankenhausbaues ist die *Celotexplatte.* Diese wird aus Zuckerrohrfasern hergestellt, die durch einen Verzwirnungsprozeß gehen und zu einem festen Brett verarbeitet werden. Die Tafeln sind 11 mm stark und werden bei einer Breite von 122 mm in fünf Längen zwischen etwa 2,50 und 3,50 m geliefert, deren Raumgewicht 2,97 kg/m^3 beträgt. Die Wärmeleitzahl liegt etwas über 0,05, so daß die Wärmesperrung der Platte etwa derjenigen von 16 cm Ziegelmauerwerk entspricht. Celotexfasern sind wasserabweisend hergestellt. Die Platten können aber mit Wasserfarben und nach Leimüberzug auch mit Ölfarbe gestrichen, übrigens auch naturfarben verwendet werden. Putzträger ist Celotex nicht.

Da das Material von unendlich vielen kleinen Luftzellen durchsetzt ist, liegen nicht nur gute Bedingungen für Wärmesperrung vor, sondern die Platte hat auch schalldämpfende Eigenschaften. Für Fälle besonderer Aufgaben der Akustik und der Schalldämpfung kann ein besonderes Fabrikat, *Akusti-Celotex,* verwendet werden.

Für Zwecke der *Kältetechnik* und der *Abdämpfung* von Geräuschen und Erschütterungen steht ohne Zweifel unter den Bauplatten die *Korkplatte* an erster Stelle und ist dort von einem schwer zu ersetzenden Wert. Für Wärmeisolierungen zum Schutz von Krankenräumen ist sie außerordentlich gut geeignet, doch teuer. Eingehendere Behandlung gebührt diesem Baustoff im Zusammenhang mit der Bekämpfung von Geräuschen und Erschütterungen. Hier sei nur bemerkt, daß der reine Kork fäulnissicher ist und mit unvergleichlicher Elastizität eine große Tragfähigkeit verbindet. Er wird als Bautafel aus Korkschrot bituminös verbunden.

Sehr wichtig ist in diesem Zusammenhang das *Expansitverfahren*, das in einer Abdestillation der leichtflüchtigen, organischen Substanzen des Kork unter Ausschluß von Sauerstoff besteht. Dabei vollziehen sich einschneidende chemische und physikalische Veränderungen, unter denen der Kork stark expandiert, ohne daß das dichtgeschlossene Zellgewebe zerstört wird. Hierdurch gewinnt der Kork an Volumen und Elastizität und übertrifft den Rohkork auch an Niedrigkeit der Wärmeleitzahl.

Korkstein, aus Expansitschrot mit Hartpech oder einer besonderen Emulsion gebunden, ist als Wärmeisolierstoff in Plattenform in einer größeren Auswahl von Stärken in mehreren Sorten erhältlich. Für Rohrisolierungen wird er als Korkschalen geliefert. Diese Erzeugnisse sind zum Teil in Temperaturen bis 200° C verwendbar und in der Heiztechnik sehr gebräuchlich.

b) Theoretische Vergleiche des Wärmeschutzes.

Die Notwendigkeit eines besonderen Wärmeschutzes zeigt sich sehr deutlich in folgender Tabelle. Die Wärmedurchgangszahlen auf 1 qm Dachfläche in einer Stunde bei 1° C Temperaturunterschied betragen für

Eisenbetondach, je nach Stärke, ohne Luftschicht . .	1,17—2,81	WE.
,, ,, ,, ,, mit Luftschicht . .	0,98	WE.
Teerpappdach auf 25 mm Schalung	2,13	WE.
Schieferdach auf 25 mm Schalung.	2,10	WE.
Ziegeldach ohne Schalung	4,85	WE.
Wellblechdach ohne Schalung	10,40	WE.

Die großen Unterschiede im Wärmedurchgang sind sprechend, nicht aber die Bezeichnung der Konstruktionen, denen die obigen Wärmedurchgangszahlen zugesprochen werden. Der Wärmedurchgang ist das Ergebnis eines bestimmten bautechnischen Zustandes unter ganz bestimmten Verhältnissen. Beide Gegebenheiten werden in der Praxis stets so sein, daß sie mit einem einfachen Vergleichsmaßstab nicht gemessen werden können, der es ermöglichte, den Wert der erforderlichen Wärmeisolierung nach Erfahrungssätzen zu ermitteln oder die notwendigen Abmessungen aus Angebotsziffern abzuleiten.

Nun setzt sich aber der wärmetechnische Erfolg eines bautechnischen Zustandes aus zufälligen und gemeingültigen Seitenwerten zusammen. Nur an die letzten kann man sich halten, wie sie in einem absoluten, laboratoriumsmäßig ermittelten Rechnungswert vor uns stehen, nämlich der Wärmeleitzahl.

Es dürfte an dieser Stelle interessant sein, eine Reihe von Wärmeleitzahlen und Raumgewichten wichtiger Werkstoffe miteinander vergleichen zu können. Dabei ist zu beachten, daß das Raumgewicht mit der Wärmeleitzahl der Isolierstoffe in proportionaler Verbindung steht und zugleich für den ganz anderen Begriff der Wärmespeicherung eines Stoffes von grundlegender Bedeutung ist.

	Temp. in °C.	Wärmeleitzahl	Raumgewicht k/m³
a) Metalle			
Aluminium	0	175	2700
Blei	0	30	11300
Gußeisen	10	43	7250
Kupfer	20	330	8900
Schmiedeeisen	10	48	7800
Zink	0	95	7100
b) Baustoffe			
Beton	20	1,10	2300
Kalkputz	20	0,57	1660
Schlackenbeton	10	0,26	1250
Ziegelsteine	10	0,74	1748
Hohlziegel	20	0,28	1300
Kiefernholz quer zur Faser	15	0,13	546
c) Füllstoffe			
Hochofenschlacke	0	0,088	360
Sand	20	0,97	1640
Sägemehl	0	0,060	215
Schlacke	0	0,13	750
Strohfaser	0	0,039	139
Torfmull	15	0,040	190
d) Isolierstoffe			
Asbest	0	0,132	470
Glaswolle	0	0,030	186
Korkstein (Expansit)	0	0,030	135
gebrannte Kieselgursteine	0	0,051	175
Seide	0	0,043	100
Torfplatten	0	0,034	163

Neben den genannten, zur Wärmeisolierung geeigneten Leichtdielen werden auch andere hochwertige Bauplatten angeboten. Bei der Auswahl ist auch stets zu prüfen, welchen tatsächlichen Wert sie unter Berücksichtigung ihres Kostenpreises und nach ihrer Stärke aufweisen. Die Wärmeleitzahlen beziehen sich durchweg auf eine Materialstärke von 1 m. Wenn aber ein Werkstoff A, mit einer Wärmeleitzahl von beispielsweise $\lambda = 0{,}03$, nur in einer Stärke von 10 mm zum Preise von 1,50 M. je Quadratmeter geliefert wird, so wohnt ihm im wirtschaftlichen Vergleich mit einem anderen Stoff B, der in Plattenstärken von 33,3 mm zu 1 M. je

Quadratmeter erhältlich ist und eine Wärmeleitzahl von 0,05 besitzt, theoretisch folgende Isolierfähigkeit, gemessen an Backsteinmauerwerk, und zugleich folgender Wirtschaftswert inne:

1. Werkstoff A mit $\lambda = 0{,}03$
   Backsteinmauerwerk mit $\lambda = 0{,}75$
   $0{,}75 : 0{,}03 = 25.$

Es liegt eine 25fache Leitfähigkeit der Backsteinmauer gegenüber dem Stoff A vor. Es bedürfte also zur Erzielung der Wärmesperrung, die eine 1 m starke Backsteinmauer besitzt, einer $\frac{100}{25} = 4$ cm starken, also 4fachen Plattenstärke des Werkstoffes A, die 6 M. kostet, oder: die Doppelplatte A entspricht bei 20 mm Stärke in ihrer Wärmesperrung einer Backsteinmauer von 50 cm Stärke, und zwar zu einem Preise von 3 M. je Quadratmeter Doppelplatte.

2. Werkstoff B mit $\lambda = 0{,}05$
   Backsteinmauerwerk mit $\lambda = 0{,}75$
   $0{,}75 : 0{,}05 = 15.$

Es liegt eine 15fache Leitfähigkeit der Backsteinmauer gegenüber dem Stoff B vor. Die Platte B entspricht also bei 33,3 mm Stärke in ihrer Wärmesperrung einer Backsteinmauer von 50 cm Stärke, und zwar zu einem Preise von 1 M. je Quadratmeter Platte.

Erst eine derartige Berechnung berechtigt zu Schlüssen, die neben praktischer Erprobung für die Auswahl maßgebend werden können.

F. Terrazzoböden und Kunststeinplatten.

Unter den fugenlosen Fußböden hat der Terrazzoboden immer eine wichtige Rolle gespielt. Hergestellt aus Zement als Bindestoff für Hartsteinkleinschlag hat er indessen nicht die zur Erhaltung der Fugenlosigkeit erforderliche Volumenbeständigkeit. Er bildet daher Risse, die sich zu erheblichen Breiten erweitern können. Eine Ausbesserung dieser Risse ist ohne Verunstaltung des Bodens nicht denkbar. Man ist daher dazu übergegangen, die Fußbodenfläche durch Einlage von doppelten Messingblechstreifen in regelmäßige Felder zu teilen, zwischen denen sich dann eine ohne verunstaltende Wirkung auszufüllende regelmäßige Fuge bildet. Vielfach ist auch versucht worden, durch Einlage von Drahtgeweben oder von Streckmetall die Bildung gröberer Risse zu verhindern. Man nimmt dabei in Kauf, daß an die Stelle weniger, aber grober Risse alsdann eine große Anzahl makroskopisch nicht bemerkbarer, aber dennoch unerwünschter Haarrisse tritt.

Der immer wieder gerügte Übelstand der Rissebildung würde auf ein weit geringeres Maß eingeschränkt werden können, wenn durch baubetriebliche Maßnahmen der für den Terrazzo erforderliche Zementunterboden immer erst unmittelbar vor Aufbringen des Terrazzobodens hergestellt werden könnte, oder wenn es angängig wäre, die Terrazzomasse auf frischem Unterboden hinreichend festzuwalzen. In jedem Falle würden die betreffenden Schichten in frischem Zustande eine so innige Verbindung eingehen, daß das Reißen der Terrazzoschicht nicht in gleichem Maße auftreten könnte.

Am günstigsten gestaltet sich die Fugenfrage bei Plattenbelägen. Diese können aus Terrazzo- oder Kunststeinmasse hergestellt werden. Sie bieten gegenüber dem durch Metallbänder geteilten Terrazzoboden keinerlei Nachteile, aber manche künstlerischen Ausbildungsmöglichkeiten. Jedoch auch der Terrazzoboden hat solche in seiner Weise, so daß für vornehmere Räume von Krankenhausbauten, insbesondere Vestibüle, Hallen und andere Verkehrsräume seine Anwendung oft in Frage kommen kann. Allerdings wurde der Terrazzo sonst hauptsächlich in einfachster Ausführung gelegt und in Gängen, Bädern und Aborten, dann aber auch in Operationsabteilungen und Laboratorien verwendet, obschon er an und für sich meist nicht einwandfrei erhalten bleibt, und man Blutflecke davon nicht entfernen kann, er auch mit Säuren je nach seinen Bestandteilen nicht in Berührung kommen darf.

Als Wandanschluß kann eine Kehle bis zu etwa 8 cm Halbmesser angeschliffen und geradlinig abgeschnitten werden, so daß der Wandputz bündig Anschluß nimmt. Es werden auch entsprechende Wandanschlußstücke werkstattmäßig hergestellt, die, wenn nach dem Putzen angesetzt, vor dem Wandputz einen Vorsprung erhalten werden. Dieser ist indessen im Krankenhausbau nur im Notfall zulässig.

Als Grundstoffe des Terrazzobodens und der Kunststeinplatten kommt ein Steinmaterial von verschiedener Färbung und Härte zur Verwendung, in erster Linie Marmore, Kalkstein, Muschelkalkstein, Travertin, Granit, Syenit, Serpentin, Basalt, Grünstein, Porphyr, Kalkspat (Lüsterwirkung). Sandsteine sind ausgeschlossen.

Es ist zu beachten, daß für die sichere Begehbarkeit der Terrazzoböden und Kunststeinplatten die Auswahl von Gesteinsplittern verschiedener Härtegrade von besonderer Wichtigkeit ist, weil dadurch für die Sohle wirksamere Haftpunkte geboten werden. Bei gleichzeitiger Verwendung von Linoleum ist zu empfehlen, dieses entweder als ganze Böden auf die Kranken- und Arbeitsräume zu beschränken, den Verkehrsräumen aber Steinböden und Steinstufen zu geben, oder auf Fluren und auf Treppen Linoleumläufer zu legen, da sonst durch Verkehrsübertragung des Linoleumwachses auf steinerne Treppenstufen Trittunsicherheit entsteht.

Zur größeren Sicherheit des Auftrittes kann den Kunststeinstufen in etwa 14 cm Breite der Trittstufe eine Einlage gegeben werden, die aus einem spitzsplitterigen Kleinschlag von *Karborundum*, einem sehr harten Kunstmaterial (Siliziumkohlenstoff), hergestellt ist. Für den eigentlichen inneren Krankenhausverkehr kommt indessen eine solche Verbindung wegen schlechter Reinigungsfähigkeit weniger in Betracht. Zur Härtung von Foßbodenestrichen und Trittstufen wird mit Erfolg Duromit verwendet, eine Emulsion, die auch die Herstellung trittsicherer Flächen erleichtert.

Bei Terrazzo- oder Kunststeinplatten sind die verschiedenen Stärken in der Konstruktion zu berücksichtigen, die durch die Herstellung bedingt sind. Kunststeinplatten sind in Normalgrößen quadratischer Form, nach vollen Dezimetern Kantenlänge gestuft, erhältlich und haben eine Stärke von $^1/_{10}$ der Quadratseite.

Für die Erzeugung von Kunststeinwerkstücken wird in einer Holzform ein Betonkernstück hergestellt, das mit einem Vorsatz der Kunststeinmischung versehen und dann geschliffen wird, ja sogar poliert werden kann. Die Kunststeinmischung besteht entweder aus Terrazzomasse oder aus einem einheitlichen oder gemischt zeichnenden Steinkleinschlag bis zur Splittergröße oder sogar, zwecks intensiverer Färbung, aus Steinmehl. Der Charakter der Erscheinung dieser Fabrikate ist daher sehr abwechslungsreich.

Als Bindemittel bei der Herstellung von Terrazzo- oder Kunststeinplatten kann wohl nur hochwertiger Zement verwendet werden, da es meist darauf ankommt, die roh hergestellten Werkstücke so schnell wie möglich in Feinbearbeitung zu nehmen. Gegenüber Normalzementen, die 3—4 Wochen Erhärtungszeit bis zur Bearbeitbarkeit des Werkstückes voraussetzen, lassen die neuen Zemente infolge ihres in 3—4 Stunden erfolgenden Abbindungsvorganges und einer Erhärtungszeit von 3—4 Tagen einen außerordentlich raschen Beginn der Feinbearbeitung zu.

Terrazzo- und Kunststeinböden dürfen in dem täglichen Reinigungsbetrieb keinesfalls mit harten Putzmitteln, wie Schrubbern und Wurzelbürsten, bearbeitet oder unter Zuhilfenahme von Sand gescheuert oder damit bestreut werden. Sie sind täglich abzufegen und je nach dem Aussehen mit klarem Wasser, nötigenfalls unter schwachem Sodazusatz mit Putzleinen abzuwaschen.

Der Glanz der Böden wird durch gelegentliches Ölen erhalten, was in Krankenhäusern etwa zweimal im Jahre geschehen sollte, in stark genutzten Räumen alle 3 Monate. Dies erfolgt am besten, wenn sich ein mattes Aussehen einzustellen beginnt. Das Ölen wird des Abends nach Eintreten von Verkehrsruhe ausgeführt, und nachdem der Boden getrocknet ist. Das Öl muß petroleumfreies Fußbodenöl sein und wird mit einem Lappen gleichmäßig dünn aufgetragen. Am anderen Morgen wird mit trockenen Tüchern jede Spur nicht eingezogenen Öles abgerieben.

Durch eine derartige Behandlung bewahren die Böden ihr glänzendes Aussehen, und der Zementmörtel bleibt elastisch und zeigt im zusammenhängenden Terrazzoboden weniger Neigung zum Reißen. Die Fläche wird sogar von Jahr zu Jahr schöner, und die Ausführung bekommt die Prägung edler Werkarbeit ohne künstliche Mittel.

G. Steinholzfußboden.

Gegenüber dem Terrazzoboden haben alle *Steinholzböden*, welche geschützte Bezeichnung sie auch tragen mögen, eine sehr wesentliche Eigenschaft gemein. Sie sind nämlich, wenn normengemäß hergestellt, im praktischen Sinne fugenlos, was vom Terrazzoboden nicht gesagt werden kann. Um aber diese Fugenlosigkeit zu gewährleisten, bemühen sich die jetzt zu einem Reichsverband deutscher Steinholzfabrikanten in Leipzig zusammengefaßten Hersteller durch sorgfältige wissenschaftliche und praktische Arbeiten ihres Normungsausschusses um die Aufstellung derjenigen Bedingungen, die den gewünschten Erfolg sicherstellen sollen.

Von grundlegender Wichtigkeit für den Bestand aller Steinholzböden ist die Beschaffenheit des Unterbodens. Daher kann ein solcher nicht ohne Zuziehung der für die Steinholzböden in Aussicht genommenen Unternehmerfirma hergestellt werden, wenn man nicht die Gewährsleistung für die Böden selbst in Frage stellen will. Gipshaltige oder bituminöse Stoffe sowie Schlacken müssen bei der Bildung der Unterböden völlig ausgeschlossen bleiben, da diese Bestandteile mit der Chlormagnesiumlauge als Bindestoff der Steinholzmasse leicht chemische Verbindungen eingehen, die für den Bestand des Steinholzbodens schädlich sind. Als Unterlage ist allein ein fester Zementbeton vom Mischungsverhältnis 3 : 1 bis 6 : 1 brauchbar. Dieser soll nicht weniger als 28 Tage alt und bei Aufbringung der Steinholzmasse trocken sein. Zur Feststellung der Trockenheit wird die Salzprobe gemacht.

Die Masse des Steinholzbodens besteht aus Füllstoffen und Bindestoffen. Die ersten sind Holzmehl und Asbestfaser, die zweiten Magnesit und Chlormagnesiumlauge. Der beste Magnesit ist der griechische (Euböamagnesit). Dieser Bestandteil geht mit der Chlormagnesiumlauge eine chemische Verbindung derart ein, daß ein bestimmt erprobtes Verhältnis zu einem möglichst restlosen Aufgehen der Lauge führt, deren etwaige Restbestandteile unschädlich auftrocknen. Ein Verbleib erheblicher Mengen der Lauge in ungebundener Form würde durch wasseranziehende Wirkung zur Zerstörung des Gefüges führen.

Die gute Herstellung von Steinholzböden ist Erfahrungs- und Vertrauenssache. Sie beruht auf einer gut eingearbeiteten Mannschaft. Die Steinholzmasse wird in breiiger Form angesetzt, mit Kellen aufgestrichen und dann geglättet. Nach einigen Tagen der Erhärtung soll der Boden keinerlei Aktivität mehr zeigen und kann gewachst dem Betrieb übergeben werden. Von Zeit zu Zeit ist der Boden zu ölen.

Man unterscheidet einschichtige Böden in Naturfarbe, wie sie u. a. für Fabrikräume geeignet sind, und zweischichtige Böden, deren untere Schicht mit einem vermehrten Zusatz von gröberem Holzmehl hergestellt wird. Diese geht dann mit der gefärbten Oberschicht eine innige Verbindung ein. Die für die Oberschicht gewählten Farben lehnen sich an diejenigen des Linoleums an und beschränken sich auf einfache Erdfarben sowie Frankfurter Schwarz.

Erwähnung verdient noch der *Steinholzestrich*, der als Unterlage für Linoleumboden sehr bewährt ist und sich wegen seiner günstigen Wärmeleitzahl und wegen seiner schalldämpfenden Wirkung für Krankenhauszwecke besonders eignet. Seine Masse besteht zu zwei Dritteln der Füllstoffe aus Korkmehl. Sie ist daher eine nagelbare Unterlage für Stabböden.

Steinholz kann auch in Platten verlegt werden und dabei eine dem Gebrauchszweck entsprechende Profilierung nach Art befahrbarer Fliesen erhalten. Doch macht sich die Abnutzung unter der Einwirkung starker Lasten wesentlich schneller geltend, als dies bei Fliesenböden der Fall ist; daher wird Steinholz in Platten nur in Sonderfällen verwendet.

H. Linoleum.

Seit der Mitte des 19. Jahrhunderts befaßte man sich in England mit der Herstellung von Korkbelägen für Fußböden und verwendete dabei als Bindemittel für die Kork- und Sägemehlgemische verschiedene Öle und Harzstoffe. In den 60er Jahren gelang es dann WALTON, durch Einkochen von Leinöl unter chemischen Zuschlägen einen Firnis zu gewinnen, der an der Luft oxydieren und die Grundsubstanz zu dem gesuchten Bindemittel hergeben konnte. Noch heute entsteht das sogenannte *Linoxyn* durch Berieseln langer Nesselbahnen mit dem so bereiteten Leinölfirnis im wesentlichen nach Waltonschem Rezept. Dieser Oxydationsprozeß bedarf eines Zeitraumes von 4—5 Monaten. Die in dieser Zeit erzeugte 2—3 cm starke elastische Linoxynschicht wird mitsamt dem tragenden Nesselgewebe maschinell zerkleinert, alsdann mit Harzen, wie Kauri und Kolophonium, zu sogenanntem Linoleumzement verschmolzen und endlich unter weiteren Aufbereitungsprozessen mit Korkmehl und Mineralfarben zusammengeknetet.

Unter heißen Walzen und hydraulischem Druck entsteht alsdann das Linoleum durch Aufpressen der Masse auf starkes Jutegewebe. Die Rückseite erhält einen Schutzanstrich.

In 25—30 m langen Bahnen wandert das Linoleum alsdann in die Trockenkammer und wird darauf gerollt und gelagert, schließlich legereif zur Verwendung gebracht. Dieser außerordentlich lange andauernde Prozeß, der von Beginn der Fabrikation bis zur Legereife mehr als ein halbes Jahr in Anspruch nimmt, erklärt den verhältnismäßig teuren Preis der Ware, aber auch deren gute Qualität.

Der Aufschwung, den der Gebrauch des Linoleums während der Zeit seiner etwa 60jährigen Entwicklungsgeschichte genommen hat, ist wohl verständlich, wenn man beachtet, wie seine Verwendung mit dem Aufkommen der modernen massiven Konstruktionen aus Zement und Eisen verknüpft ist. Es dürfte nicht zuviel gesagt sein, wenn man behauptet, daß die Bauwerke aus Beton und Eisenbeton erst durch das Linoleum ihre brauchbare Durchbildung für die meisten bürgerlichen Zwecke erhalten haben. Auch die für Krankenhäuser in Betracht kommenden Deckenkonstruktionen wären für Krankenräume ohne Linoleumbelag nicht denkbar. Wenn dieses Fußbodenmaterial auch nicht alle Eigenschaften in sich vereinigt, die es zu einem Universalbelag für alle Krankenräume erheben könnten, so ist seine Verwendungsmöglichkeit dennoch eine so weitreichende, daß es für hygienische Bauten als völlig unentbehrlich bezeichnet werden muß. Zu den bekannten Eigenschaften seiner Dauerhaftigkeit, angenehmen Begehbarkeit, schlechten Wärmeleitung, Geräuschdämpfung und vor allem fast völligen Fugenlosigkeit des fertigen Belages tritt die leichte Reinigungsfähigkeit hinzu. Weniger beachtet und deshalb hier besonders zu betonen ist die Möglichkeit bequemer und geräuschloser Reparaturarbeit, die keine Unterbrechung des Anstaltsbetriebes mit sich bringt. Dies fällt immerhin ins Gewicht, wenn sich auch selbst nach 20 Jahren in der Regel kaum eine nennenswerte Abnutzung geltend macht.

Linoleum wird mit Vorteil auch auf massiven Treppenstufen verwendet und kann bei angemessener Anordnung auch ohne Stoßschienen in Benutzung bleiben.

Durch die Untersuchungen des Hygienischen Institutes der Universität Kiel ist nun eine weitere, für Krankenhäuser außerordentlich wichtige Feststellung gemacht worden, nämlich die Eigenschaft des Linoxyns, eine bakterientötende Wirkung auszuüben. Es ist nachgewiesen worden, daß sehr lebenszähe Krankheitserreger, wie sie der Straßenverkehr in großer Menge auf den Schuhsohlen zum Anhaften bringt, in außerordentlich kurzer Zeit auf Linoleum absterben. Auch bei dem als Malmittel für Streichfarben verwendeten Leinöl ist die Kraft der Bakterientötung beobachtet worden. Jedoch ist diese Wirkung bei Ölfarbenanstrichen von nicht entfernt derjenigen Dauer wie auf Linoleum. Angeblich sinkt sie nach Jahresfrist dort praktisch auf Null herab, während sie dem Linoleum erhalten bleibt.

Schließlich verdient besonders die Leichtigkeit hervorgehoben zu werden, mit der man Linoleum mittels Hohlkehlen an die Wand anschließen kann. Auf dem mit Wandkehlen verlegten Estrich schmiegt sich das Material ohne weiteres an. Ergänzend sind neuerdings für ausspringende und einspringende Ecken sowie für Türanschlüsse besondere Paßstücke in Gebrauch gekommen, die jede gewünschte Anschlußführung zulassen. Der Anschluß an den Wandputz geschieht durch Metalleisten auf Dübeln, Steinschrauben oder eingelassenen Brettstreifen.

Linoleum wird auf trocken abgekehrtem Boden verlegt und stellt an diesen nur die Bedingung, daß er fest, flächenbeständig, eben und trocken sei und diese Eigenschaften bei normaler Benutzung beibehalte. Auf massiven Fußböden wird Kopalharzkitt (in Spiritus gelöste Harze) zum Aufkleben verwendet. Auf Holz dagegen benutzt man Roggenmehl-Kleister mit Zusatz von venezianischem Terpentin, dazu einige Tropfen Karbol- oder Essigsäure. Soll indessen das Linoleum später wieder aufgenommen werden können, so wird auf Holzböden Filzpappe als Unterlage gewählt. Dextrin soll wegen seiner Neigung zur Zersetzung nicht verwendet werden.

Feuchtigkeit im Unterboden ist ein gefährlicher Feind des Linoleums, dem auch der Kopalharzkitt auf die Dauer nicht widersteht, der an sich absolut fäulnisbeständig ist. Daher ist bei frischem Holzboden die allergrößte Achtsamkeit notwendig. Gute Lüftung des Bodenunterraumes ist dauernde Voraussetzung. Riemenboden ist der günstigste, da er sich am wenigsten wirft.

Alter Holzfußboden wird am besten gewendet und mit einem der bewährten Spachtelkitte, wie Nivellin, Linoplan, Planolin u. dgl., ausgeglichen. Magnesitestrich mit Einlage von Drahtgewebe wird in besonderen Fällen mit Vorteil gewählt. Doch kann in diesem Falle erst nach 2—3 Wochen mit einer genügenden Austrocknung gerechnet werden.

Bei massiven Unterböden sichert allein Asphaltestrich dauernd gegen Bodenfeuchtigkeit. Schon nach einigen Stunden des Erhärtens vermag solcher Unterboden den Linoleumbelag aufzunehmen.

Auf massiven Decken wird eine große Anzahl von Werkstoffen und Verbindungen als zweckmäßige Unterlage empfohlen, und es bleibt von verschiedenen technischen Gegebenheiten abhängig, was in jedem Falle zu wählen ist. In der Regel spielt die Frage der Schalldämpfung die entscheidende Rolle. Manchmal herrscht der Wunsch nach Fußwärme vor. Im ganzen kann gesagt werden, daß Gips und Zementestrich sowie naturfarbener *Steinholzestrich* die geeignetste Unterlage für Linoleum auf Massivdecken sind. Bei weitergehenden Ansprüchen wird *Korkestrich,* hergestellt aus zerkleinertem Kork und einem geeigneten Estrichbindemittel, oder *Korkment* als Unterlage gewählt. Dies ist ein besonderes Produkt der Linoleumfabrikation, das in der Hauptsache aus Kork besteht und in einer Stärke von 4 mm in einer dem Linoleum entsprechenden Bahnbreite als Unterstoff erhältlich ist. Weitergehende Ratschläge enthält das Büchlein der Deutschen Linoleum-Werke A.-G., Abteilung Beratungsstelle für das Bauwesen, über Linoleum in Krankenhäusern und über Estriche für Linoleum.

Linoleum steht vielfach in aufgerollter Form längere Zeit aufrecht und erfährt hierbei durch Eigengewicht Stauchungen. Diese müssen vor dem Verkleben durch Ausliegen erst zum Verschwinden gebracht werden. Dehnungen finden in gewissem Umfang auch unter Einwirkung des Kittes statt. Daher werden die Bahnen zunächst nur bis auf 10—15 cm vom Rande und mit etwas Überdeckung verklebt. Erst nach einigen Tagen, wenn der Kitt abgebunden hat, können die Nähte und Stöße genau zugeschnitten und nachgeklebt werden. Ein Nageln hat durchweg zu unterbleiben, da dies die Bewegungen des Materials und deren freien Ausgleich hindert.

Die Fabrikation des Linoleums hat fortlaufend auch in der Güte und Reichhaltigkeit der Ware Fortschritte gemacht. Eine

Menge verschiedener Muster ist im einfarbigen Linoleum im Handel und außerdem eine lange Reihe von Sondermustern, denen allen der Umstand gemeinsam ist, daß der Farbstoff und das Muster durch und durch gehen. Zum Unterschied davon wird auch eine leichtere, hier kaum in Betracht kommende Ware mit Aufdruckfarben hergestellt. Für Krankenanstalten kommen vorwiegend einfarbige Beläge zur Verwendung, die unter Umständen durch andersfarbige Friese und Einlagen bereichert werden.

Ein besonderes Produkt der Linoleumerzeugung ist das *Korklinoleum*. Bei dieser Ware spielt der Bestandteil an Korkmehl eine wesentlich bedeutendere Rolle. Die Korkteilchen sind weniger fein vermahlen, die Massenschicht, die auf die Jute aufgepreßt wird, ist wesentlich dicker als bei gewöhnlichem Linoleum. Hat dieses in den gebräuchlichsten Nummern eine Stärke zwischen 3 und 4 mm, so wird das Korklinoleum bis zu einer Stärke von 17 mm hergestellt und hat naturgemäß darin eine bedeutend höhere Elastizität und Isolierfähigkeit gegen Wärmeverluste und Geräusche. Für Krankenhausbauten kommt indessen diese Ware weniger allgemein in Betracht, da die Reinigung sich weniger leicht vollzieht als bei „Hartlinoleum".

Um Linoleum lange in seiner Schönheit und Dauerhaftigkeit erhalten zu können, muß man es sachgemäß pflegen. Linoleumböden sollen täglich abgekehrt und feucht aufgewischt werden. Eine gründlichere Reinigung darf nur mit lauwarmem Wasser unter Umständen unter Verwendung einer milden Seife vorgenommen werden. Soda, scharfe Seifen, verdünnter Salmiakgeist, heißes Wasser, überhaupt alles, was geeignet ist, das Linoxyn aufzulösen, soll vermieden werden. Seifenwasser darf auf der Oberfläche nicht stehenbleiben, und es ist mit reinem Wasser nachzuwischen.

Nur selten hat ein Einreiben des Linoleums mit Leinöl stattzufinden, da das Material nicht imstande ist, viel davon in sich aufzunehmen. Ein Bohnern ist unnötig. Wenn es aber geschieht, so soll nur ein Wachshauch gegeben werden, nach dessen Einziehen oder Antrocknen der Boden blank gerieben werden soll. Schöner ist die Oberfläche des Linoleums in jedem Falle ungebohnert. Für Krankenanstalten empfiehlt sich ein ungebohnertes Linoleum auch wegen des festeren Haltes für die Sohlen.

Gegenüber dem Waltonschen Erzeugungsprozeß hat Taylor durch ein anderes Einkochverfahren den Ablauf der Oxydierung des Leinöls abzukürzen versucht.

Was das Linoleum für den Fußboden bedeutet, das wird als Wandbelag durch ein besonderes Produkt, die *Linkrusta*, geboten. Linkrusta wird durch Aufbringen einer besonderen Art Linoleummasse auf Papiergrund erzeugt und in einer großen Anzahl von Farben und Tönen glatt geliefert. Es wird mit der Putzfläche verklebt und auf den Nähten beleistet.

Linkrusta ist ein vorzüglicher Wandbekleidungsstoff für Krankenräume, dessen unveränderliche Oberfläche und Beschaffenheit die Wand in hygienisch einwandfreier Weise deckt und schützt und dem Raume vermöge der Klarheit der Farbtöne ein außerordentlich heiteres Gepräge zu geben vermag.

J. Baupappe und Dichtungsmittel.

a) Teerdachpappe.

Gewöhnliche Dachpappe ist eine mit einer normengerechten Tränkmasse warm getränkte normengerechte Rohpappe, die auf beiden Seiten, schon allein aus fabrikationstechnischen Gründen, besandet ist. Die Tränkung verleiht der Pappe ihre wasserabwehrenden Eigenschaften. Während die Besandung der Oberfläche den Widerstand des Werkstoffes gegen mechanische Angriffe steigert und die geneigte Dachfläche sicherer begehbar macht, auch den Tränkstoff gewissermaßen binden hilft, bewirkt sie auch eine vorzügliche Klebbarkeit.

Die Verwendung der Dachpappe für einfache Bauten im Bereiche der Krankenhäuser ist an sich wohl zu empfehlen. Die Verklebung geschieht in doppelter Lage mittels einer Klebemasse, die durch Destillation eines Teerproduktes nach Abziehung des Benzols, verschiedener Öle und anderer Stoffe gewonnen oder aus solchen nach verschiedenen Rezepten verschmolzen wird. Sie ist eines der Resterzeugnisse der Teerproduktion, zu denen des weiteren die Imprägniermasse zur Tränkung der Pappe selbst und endlich das Pech gehören. Diese Endprodukte spielen in der allgemeinen Bautechnik eine gewisse Rolle. Namentlich ist das Pech als Gußmasse ein besonders für hygienische Bauten wertvoller Dichtungs- und Füllstoff in der Rohrinstallation.

An Stelle der Klebmasse wird auch Bitumen verwendet, ein Destillat aus mexikanischem Erdöl. Es liegt in der Natur der Teer- und Bitumenprodukte, daß man ihren Schmelzpunkt durch besondere Verfahren festsetzen und sie dem besonderen Zweck vorzüglich anpassen kann. Zum Kleben werden Produkte von höherem Schmelzpunkt als zum Tränken verwendet.

Wenn nun auch die Tränkung von Dachpappe eine solche ist, daß von einem Fließen der Teersubstanz bei Sonnenwärme nicht gesprochen werden kann, so hat sich dennoch auf der anderen

Seite die Notwendigkeit dauernder Pflege durch Teeranstrich als ein Übelstand erwiesen, der wohl in Fällen unsachgemäßer Behandlung ein Abfließen von Teer mit sich bringt. Man ist deshalb zur Erzeugung einer teerfreien Dachpappe übergegangen, die eine derartige Pflege nicht erforderlich macht.

Der Verband deutscher Dachpappenfabrikanten hat für seine Erzeugnisse Normen und Prüfungsvorschriften sowohl für Pappe wie für die Tränkmassen aufgestellt, die über die Einheitsforderungen dieser Industrie genaue Auskunft geben.

b) Teerfreie Dachpappe.

Die teerfreien Dachpappen sind im allgemeinen aus Wollfilzpappe erzeugt, die mit Bitumen warm getränkt wird. Diese Fabrikate haben den Vorteil erheblich größeren Widerstandes gegen die entölende Kraft der Sonnenstrahlen. Eine dauernde Pflege kommt dabei in Fortfall. Außerdem aber ist man mit diesen Erzeugnissen in der Lage, in die sonst durchaus schwarze Kunst dieser Baustoffe die Farbe einführen und den Baustoff entweder im Fabrikationsgang einfärben bzw. mit farbigen Sanden bestreuen oder ihn nach dem Verlegen mit farbigem Überzug versehen, auch farbige oder weiße Besandung aufwalzen zu können. Der Klebstoff kann gleichfalls farbig geliefert werden.

Zur Erzeugung höchster Klebefähigkeit kann man auch diese Pappen, die im allgemeinen unbesandet geliefert werden, an der Unterfläche besanden.

Zu der Gruppe dieser Pappen gehören eine Anzahl in der Technik bereits mehr oder minder alt eingeführter Sorten, wie Ruberoid, Rexitekt, Lederoid, „AWEKA“, Pappolein, Bitumitekt und andere, die teils auch mit Gewebeeinlagen hergestellt werden.

c) Dichtungspappe.

Dichtungspappen sind unbesandete Teerpappen von einem Gewicht von 50 kg je auf 60—250 qm Rohpappe in 7 Nummern. Sie sind mit einem Teerprodukt getränkt.

Teerfreie Dichtungspappen sind aus Jutegewebe gefertigt und werden als Bitumenjutegewebeplatten in Rollen von 10 qm auf Mauerstärke passend geliefert.

Diese Baustoffe sind zur Abdichtung der Bauwerke gegen Feuchtigkeit aus dem Erdreich und von oben bestimmt.

Die große Schmiegsamkeit des Materials gestattet eine weitgehende Anpassung an die Konstruktion, was besonders der Verwendung der Baupappen als Deckmaterial zustatten kommt.

Eine besondere Ware ist unter dem Namen *Falzbautafeln* bestens bekannt. Die Falzung dieser Papptafeln bewirkt an den von Feuchtigkeit bedrohten Wänden eine Anordnung von Luftkanälen, durch die zur Trockenlegung Luftumlauf geleitet wird.

d) Dichtungsmittel.

Neben den Baupappen werden auch kalt streichbare Dichtungsmittel angeboten. Diese sind zwar unter Druck nicht wasserdicht, wohl aber wasserabweisend und leisten gegen Erdfeuchtigkeit eine vollkommene Sicherung des aufgehenden Mauerwerks, indem sie in den Baustoff tief eindringen und ihn mit einer völlig dichten, elastisch bleibenden Haut überziehen, die sich allen Baubewegungen anpaßt. Hierher gehören Lithosot, Inertol, Preolit, Zimmerit und andere. Neben Lacken eignen sich diese Stoffe auch für den Schutz von Eisen und Stahl an passender Stelle.

Von den neuerdings öfter verwendeten Dachdeckungsmitteln sei *Durumfix* erwähnt. Die Durumfix-Dachmasse, deren Hauptbestandteil Bitumen ist, wird entweder heiß oder kalt je nach Dachmaterial aufgespachtelt, erhärtet nach wenigen Minuten und ergibt eine teerfreie, fugen- und nahtlose Bedachung. Für dauerndes Begehen ist jedoch dieses Dach nicht geeignet. Bedingung für seine gute Wirkung und Haltbarkeit ist vorheriges vollkommenes Austrocknen des Unterbetons. Will man der Konstruktion noch mehr Sorgfalt zukommen lassen, verwendet man Durumfix-Dachgewebe als Unterlage. Dieses für flache wie für steile Dächer gleich geeignete Gewebe, das sehr geschmeidig und daher gut zu verlegen ist, wird mit heißer Durumfix-Klebemasse aufgeklebt und alsdann mit Durumfix-Überstrichmasse gut deckend überzogen.

Ein ähnliches Verfahren der Verklebung von Dachgewebe ist unter der Bezeichnung von *Tektolit* im Gebrauch. Derartige Dichtungsstoffe bewähren sich unter Plattenbelägen ebener Dächer und auf Terrassen ausgezeichnet.

Für dauernd begehbare Dächer verwendet man mit Erfolg „Palundrit“, das in der Hauptsache aus Asphalt mit Pappeinlage besteht. Die in der Regel 100 × 40 cm großen Palundritplatten werden auf gut ausgetrocknetem Unterbeton verlegt und miteinander zu einer fuglosen Eindeckung ohne besonderes Bindemittel verschweißt.

Über die Lebensdauer aller derartigen neuen Baustoffe kann ein Urteil noch nicht abgegeben werden.

K. Metalle für Dachdecker- und Klempnerarbeiten.

a) Zink, Armcometall.

Zink wird in der Bautechnik hauptsächlich zu Gesimsabdeckungen, Rinnen und Abfallrohren verwendet. Zur Deckung gebraucht man Bleche Nr. 12—14, mit einem Gewicht von 4,62—5,74 kg je Quadratmeter. Leistet auch das Zink in der Bautechnik im Vergleich zu seinem niedrigen Preis verhältnismäßig viel, so hat es dennoch besonders unter den Einwirkungen der atmosphärischen Säuren der Großstädte eine nur begrenzte Lebensdauer. Immerhin kann der Kostenbetrag für Bauklempnerarbeiten in Zink im Vergleich zu demjenigen in Kupfer zur Zeit nach dem Verhältnis von 2 zu 5 oder 6 bewertet werden, was sehr ins Gewicht fällt. Gegenüber dem Pappdach hat das Zinkdach zunächst den Vorzug geringer Unterhaltungskosten. An den Beschädigungen, die im Laufe der Zeit eintreten, ist der hohe Wärmeausdehnungskoeffizient des Zink als Ursache stark beteiligt. Aus Rücksicht auf diese hohe Ausdehnungsziffer müssen in Zink abgedeckte Gesimse mit 1 : 5 abgewässert werden. Kalk- und Zementmörtel greifen bei unmittelbarer Berührung das Zinkblech an. Ein sicherer Schutz dagegen ist auch durch Unterlage von Dachpappe praktisch nicht zu erreichen.

Armcometall ist ein von Amerika eingeführtes, chemisch nahezu reines Eisen in Blechform, das infolge seiner Reinheit dem Rosten nicht ausgesetzt sein soll. Seine Verarbeitungsweise entspricht der des Zink. Armcoeisen wird auf Schalung mit Dachpappunterlage verlegt. Nährere Erfahrungen fehlen noch.

b) Kupfer.

Von alters her ist Kupfer für technische Zwecke rein oder legiert mit Vorzug verwendet worden. Seine Schönheit in der natürlichen metallischen Färbung wie im Edelrost, aber auch seine Dauerhaftigkeit und seine sonstigen technologischen Eigenschaften wie die Treibbarkeit und seine wertvollen Legierungen sichern diesem Metall ein größeres Anwendungsgebiet.

Als Deckmaterial hat Kupfer früher bei öffentlichen Bauten eine besondere Rolle gespielt und kommt heute selbst für reine Zweckbauten durchaus in Betracht, wenn auch zur Zeit der Preis des Kupferbleches hoch erscheint. Wenn man jedoch die glänzend erhaltenen, kaum reparaturbedürftigen Kupferdächer aus älterer Zeit mit einer nach 25—30 Jahren ersatzbedürftigen Zinkblech-Eindeckung vergleicht, so wird klar, daß die Höhe der einmaligen Anschaffungskosten beim Kupferdach gegenüber seiner

Lebensdauer gar nicht ins Gewicht fallen kann und das Kupferdach daher auch einen Wettbewerb mit dem Zinkblechdach rein wirtschaftlich wohl aushält.

Allerdings zwingt bei den Krankenhausbauten die Rücksicht auf niedrige Baukosten oft dazu, von der Verwendung von Kupfer abzusehen. Bei Flächeneindeckung stellt sich der Kupferpreis auf etwa 150% Zuschlag zum Zinkpreis, bei Rinnenarbeiten bis zu 200%. In der Heiztechnik treten schmiedeeiserne Rohre und Kessel meist dafür ein. Dagegen bildet das Kupfer einen wesentlichen Bestandteil der aus gelbem oder rotem Guß hergestellten Garnituren der Installationsanlagen. Auch das gegenwärtig seltener gebrauchte Weißmetall, dem zu gewöhnlicher Bronze ein Zuschlag von Nickel gegeben wird, baut sich in der Hauptsache auf Kupfer auf.

Für gute Bearbeitungsfähigkeit des Kupferbleches als Deckmaterial ist ein weicher oder mittlerer Härtegrad von Vorteil. An Stellen, die dem Treibeverfahren unterworfen werden müssen, ist eine größere Weichheit des Materials erforderlich, weil bei der Bearbeitung das Kupferblech durch Erhitzung hart wird.

Bei Kupferdeckungen werden alle Verbindungen gefalzt oder genietet. Jede Berührung mit Eisen und anderen Metallen muß wegen elektrolytischer Erscheinungen vermieden werden, die stets einen Zerstörungsvorgang einleiten. Ein hinreichendes Schutzmittel an den Berührungsstellen verschiedener Metalle bieten Asphaltierungen und Pappunterlagen. Um die Möglichkeit von Zerstörungen als Folge elektrolytischer Vorgänge so weit als möglich auszuschließen, hält man andere Metalle von der Baustelle fern. Insbesondere gilt dies von Zink, da dieses Metall durch die vom Regenwasser gelösten Kupfersalze bei Überspülung in kürzester Zeit zerstört werden würde.

Für Arbeiten der Bauklempnerei werden Bleche von 0,6—1 mm verwendet, mit einem Gewicht von 5,4—9 kg/m². Die gebräuchichen Blechmaße sind 1 × 2 m, 0,66 × 1 m, 0,50 × 1 m.

c) Aluminium.

Neben dem bisher gebräuchlichen Kupfer wird für Metalldeckungen neuerdings auch Aluminium vielfach herangezogen. Aluminium als Deckmaterial hat folgende Vorteile:

1. Seine Leichtigkeit,
2. sein kleiner Ausdehnungskoeffizient,
3. seine Dauerhaftigkeit.

Aluminium hat ein Raumgewicht von 2700 kg/m³ gegen 9000 kg des Kupfers. Die hauptsächlich zur Verwendung kommenden Bleche haben 0,6 und 0,75 mm Stärke mit einem Gewicht von 1,62 bzw. 2,03 kg/m². Auf größeren Dachkonstruktionen vermag die damit verbundene Gewichtsersparnis einen erheblichen Minderaufwand an Baukosten herbeizuführen. In kleineren Verhältnissen jedoch, insbesondere auf Holzkonstruktionen, werden diese Ersparnisse hinfällig, weil aus technischen Gründen gewisse Mindeststärken der Dachkonstruktion nicht unterschritten werden dürfen.

Der Wärmeausdehnungskoeffizient ist bei Aluminium sehr niedrig. Die in Breiten von 0,5—0,7 m beliebiger Länge gewalzten Bleche können sowohl für Dachdeckungsbahnen wie als Rinnen- und Abfallrohrstücke bis zu großer Länge quernahtlos verwendet werden, ohne daß Rücksicht auf Längenänderung bei Temperaturwechsel genommen zu werden brauchte.

Aluminium bedeckt sich wie Zink mit einer durch Oxydation gebildeten Schutzschicht, die aber in ganz anderem Maße als bei Zink die Einflüsse von säurehaltigen Niederschlägen fernhält.

Die eingedeckten Dachflächen erfahren unter Sonnenbestrahlung infolge der geringen Wärmekapazität des Aluminiums eine wesentlich geringere Temperaturerhöhung als bei anderen Metallen. Dieser Vorteil kann für den Aufenthalt in der Nähe von Metalldeckungen von Krankenhausbauten von Belang sein. Jedenfalls vollzieht sich das Eindecken während der Sonnenbestrahlung bei Aluminiumdächern ohne Belästigungserscheinungen für die Handwerker, während z. B. bei Kupfer, Zink oder Armcoblech das Gegenteil der Fall ist.

Aluminium wird in derselben Weise wie Kupfer als Deckmaterial verarbeitet. Alle Verbindungen werden gefalzt oder genietet. Von Lötungen ist allerdings abzusehen, obgleich das Material lötbar ist. Jedoch tritt diese Verbindung nicht unter allen Umständen ein.

Außer Blechen sind auch Profilstücke aus Aluminium erhältlich, die gezogen werden. Daher können Schellen und Halter in den erforderlichen Stärken gleichfalls aus Aluminium gefertigt werden.

Für die Preisverhältnisse von Zink, Aluminium und Kupfer können nur ganz allgemeine Angaben gemacht werden. Man kann bei Rinnenarbeiten ein Verhältnis von 1 : 1,5 : 3 für die fertige Klempnerarbeit vergleichsweise in Zink, Aluminium und Kupfer als zutreffend annehmen. Zwischen Zink und Aluminium sinkt diese Spannung aber sehr beträchtlich, etwa auf 1 : 1,2, sobald größere Dachflächen zum Vergleich kommen, weil man dabei mit den dünnsten Aluminiumblechen rechnet.

Da das Aluminium mit Bezug auf elektrolytische Erscheinungen ähnliche Empfindlichkeit zeigt wie andere Metalle, so ist jede Eisen- und Metallberührung zu vermeiden. An unvermeidlichen Berührungsstellen, wie bei Bleiverstemmung an gußeisernen Muffenrohren von Regenwasserableitungen, sind Farbüberzüge, Asphaltierungen u. dgl. ein hinreichendes Isoliermittel.

Um beim Einlagern fertiger Arbeiten auf der Baustelle Schwierigkeiten zu vermeiden, die durch Berührung verschiedener Metalle entstehen könnten, sind auch hier zweckmäßigerweise andere Metalle, wie z. B. Zink, von der Verwendung an ein und demselben Bau völlig auszuschließen. Versuche haben gelehrt, daß auch kleine Baubedarfsstücke, wie Luftsiebe u. dgl., an denen schwierigere Formungsarbeiten zu machen sind, sich unschwer aus Aluminium herstellen lassen. Bei Mauerwerk- und Putzflächenberührungen schützt man das Aluminiumblech durch Zwischenlagen von Dachpappe.

L. Be- und Entwässerungsanlagen.

a) Die wichtigsten Grundstoffe.

Die in der allgemeinen Bautechnik üblichen Baustoffe der Be- und Entwässerungsanlagen und ihre Verbindung zum fertigen Werk unterscheiden sich grundsätzlich durchaus nicht von denjenigen des Krankenhausbaues. Die Konstruktionselemente wie die Armaturen sind im wesentlichen die gleichen. Sondermodelle stellen an die Aufbaustoffe nur vereinzelte Sonderforderungen. Weitgehende Vereinfachung der Formen und zweckentsprechende Konstruktion mit Bezug auf Reinigungsfähigkeit, große Haltbarkeit gegen mechanische Angriffe und gute Einfügbarkeit in den Betrieb bleiben die herrschenden Gesichtspunkte.

Für die Verteilung des Frischwassers kommt vorwiegend Bleidruckrohr in Betracht. Als Abflußrohr dienen gußeisernes asphaltiertes Muffenrohr innerhalb der Gebäude und Tonrohr für Grundleitungen. Für Warmwasserleitungen wird Schmiederohr verwendet, das zum Schutz gegen die Korrosion verzinkt wird.

Grundsätzlich liegt bei Rohrinstallationen nur in ihrer freien Lage vor der Wand eine Besonderheit des Krankenhausbaues gegenüber sonstigen Gebäuden, wiewohl konstruktiv noch manche Sonderaufgabe dabei zu lösen ist. Im Rahmen üblicher Ausführungen kommt indessen eine besondere Bedeutung den Garnituren in Form und Konstruktion zu.

Der Grundstoff des Garniturengusses ist Kupfer. Hinzutreten verschiedene Legierungsmetalle, die unter anderem die Gießfähigkeit beeinflussen, daneben aber noch eine Reihe anderer technologischer Eigenschaften zur Geltung bringen, die dann in den Legierungen verschiedenartig ausgeprägt sind. Vgl. Abschnitt C, b) Metall.

Kupfer, zu Blech gewalzt, hat sich insbesondere für Apparate der Sterilisations- und der Küchenanlagen der Krankenanstalten von jeher hervorragend bewährt. Für Boiler und andere große Installationsobjekte wird Kupfer mit Vorzug verwendet. Dies führt neuerdings dazu, ganze Warmwasserbereitungs- und Verteilungssysteme in Krankenhäusern und Badeanstalten rein aus gezogenen Kupferrohren mit Muffen- und Flanschenverbindung herzustellen. Die Verbindungen sind dabei, wenn materialgemäß konstruiert, durch ein einheitliches technisches Verhalten der Gesamtkonstruktion ungemein zuverlässig. Neuerdings werden auch für Heizungsanlagen in Krankenhäusern und Heilbädern Kupferrohre in größerem Umfang verarbeitet.

Als Garnituren werden dabei meist Gußstücke aus den üblichen Kupferlegierungen verwendet, die zur Herstellung haltbarer Gewinde sehr geeignet sind, jedoch auch aus reinem Kupfer.

Auch als Bleche finden die Kupferlegierungen gewalzt in der Krankenhaustechnik ausgiebige Anwendung.

Für Garnituren der Waschtische, Wandbrunnen und Badewannen, für Objekte der Operationsabteilungen, wie z. B. für Waschtische der Ärzte, Spülbecken der Instrumente u. dgl., kam neben Bronze früher vorwiegend Weißmetall zum Einbau. Der für die Farbe dieses Metalls bestimmende Bestandteil war dabei ein Zuschlag von Nickel zur Bronze. Seit Abschluß des Krieges stellen sich der Lieferung derartiger Garnituren mit Nickelzuschlägen Schwierigkeiten entgegen, da der Druck der wirtschaftlichen Lage in Deutschland zu groß ist. In Krankenhausbauten kommt die einfache Ausführung in Messing nicht in Betracht, da zeitraubende Pflege ihre Verwendung nicht angezeigt erscheinen läßt. Garnituren aus Bronze oder aus schwer vernickeltem oder verchromtem Messing sind daher das Übliche.

b) Emaillierte Ware.

Neben metallischen Überzügen kann jedes Metall, ja selbst in Blechform, einen Schmelzüberzug, die sogenannte Emaillierung, erfahren. Die Emaille ist ein glasiger Überzug, über den einiges Historische und Technologische im Anschluß an den Abschnitt „Glas“, vgl. C, a) Emaillierung, gesagt worden ist. Für die

Be- und Entwässerungsanlagen ist es von Bedeutung, daß fast alle Objekte der sanitären Technik auch aus Gußeisen und in emaillierter Ausführung zu haben sind. Ihr Gewicht ist erheblich geringer als dasjenige keramischer Gegenstände, von denen sie sich auch wärmetechnisch wesentlich unterscheiden. Während Objekte aus emailliertem Eisen sich schnell erwärmen und schnell wieder abkühlen, ist bei Feuertonobjekten mit deren größerer Wärmekapazität zu rechnen, ein Umstand, der für den Betrieb von Badeeinrichtungen nicht ohne Bedeutung ist.

c) Vorzüge der Kupferinstallationen.

Gegenüber Installationen aus Eisenrohr mit Messinggarnituren, wie sie vorstehend bereits besprochen worden sind, hat die dort miterwähnte Ausführung in reinem Kupfer sehr beträchtliche Vorteile. Für eine durchaus einheitliche Durchführung in diesem Metall, was Rohre, Garnituren, Verbindungsstücke und Apparate betrifft, spricht nicht allein die gute Erscheinung und das einheitliche technische Verhalten der Bestandteile, sondern es werden auch bei Kupferausführung durch Herabminderung der Lohnkosten, der Maße von Rohren und deren Wandstärken nicht unbedeutende Preiseinschränkungen erzielt. Eine Gegenüberstellung von Kostenanschlägen ergibt, daß eine rein kupferne Ausführung sich bei Inrechnungstellung vorstehender Vorteile in den Gestehungskosten nur um 5—6% teurer als eine solche aus Eisenrohr stellt.

Die Ersparnis an Rohrstärken erklärt sich ohne weiteres daraus, daß der lichte Querschnitt eiserner Rohre sich durch Inkrustationen ständig verengt, während Kupferrohre, wenn nicht mit besonderen Wassern zu rechnen ist, im Innern nur verschwindend dünne Niederschläge ansetzen.

Mit Rücksicht auf diese Umstände rechnet man gegenüber eisernen Rohren zwischen $^3/_4''$ und $1^1/_2''$ mit einer Ersparnis an lichtem Durchmesser von Kupfer- und Messingrohren in Höhe von $^1/_4''$; bei Eisenrohren von $2''$ und $2^1/_2''$ nimmt man die Möglichkeit von $^1/_2''$ Ersparnis an.

Die Wandstärken bei Kupfer- und Messingrohren sind erheblich geringer als bei Eisenrohren. Alle Biegungen können an Ort und Stelle ausgeführt und die Verbindungen sehr leicht hergestellt werden.

Berücksichtigt man die große Lebensdauer und den Fortfall fast jeder Reparatur, so dürften die aufzuwendenden Mehrkosten kupferner Installationen sich gut bezahlt machen.

Zusammenfassend muß gesagt werden, daß Kupferrohre mit Vorteil verwendet werden:

1. zu allen Kaltwasserleitungen (Trink- und Gebrauchswasser) einschließlich des Hauptanschlusses auf der Straße,

2. zu Warmwasserbereitungsanlagen einschließlich der Apparate,

3. zu Leitungen der Warmwasserheizung,

4. zu Heizregistern und Rohrschlangen in Boilern und Heizapparaten.

Boiler macht man entweder massiv kupfern, oder man kleidet sie in Kupfer aus. Bei heftig angreifenden Wassern wird die Innenwand des Boilers verzinnt.

d) Gußeiserne äußere Bauelemente der Entwässerungsanlage.

Neben den walzeisernen Erzeugnissen haben sich neuerdings gußeiserne Konstruktionsteile in die Bautechnik eingeführt, und zwar zur Ableitung der Meteorwässer. Gußeiserne Dachrinnen und Abfallrohre sind von besonderer Stabilität und scheinen eine große Haltbarkeit zu gewährleisten. Formstücke aller Art sind erhältlich, so daß jede beliebige Konstruktion leicht ausgeführt werden kann. Gußeiserne Abfallrohre zumal sind in ihrer Dichtigkeit so zuverlässig, daß man sie bei Krankenhausbauten mit Vorzug verwenden möchte.

e) Getemperte Paßstücke (Fittings).

In dem in Abschnitt R, a) „Temperguß" besonders besprochenen Verfahren werden über einwandfreien Modellen Paßstücke zu allen Rohrverbindungen von $^1/_8$''—6'' mit gleichmäßiger Wandung und zuverlässiger Dichtigkeit gegossen. Die rohen Gußstücke werden von Formsand gereinigt und Fehlgüsse ausgesondert. Nach vollendetem Temperprozeß werden Schlag- und Zerreißproben vorgenommen, da die metallographische und chemische Analyse nicht allein über die Zustände im Metallgefüge aufklären kann.

Die durch Schleifmaschinen geglätteten Stücke erhalten dann genau rechtwinklige und axiale Gewindeschnitte, die nachgeprüft werden. Beizung oder Verzinkung und schließlich eine Druckprobe mit Preßluft beenden den Arbeitsgang.

Für besondere Fälle erhalten die Gußstücke Bleifutter, um ein Zusetzen des lichten Querschnitts mit Korrosionsprodukten und Niederschlägen aus dem Wasser zu verhüten.

Die im Temperverfahren gegossenen Paßstücke sind erheblich besser als die am Bau hergestellten Rohrzusammensetzungen, da nur so der rechnungsmäßige Rohrquerschnitt gleichmäßig gewahrt bleiben kann.

M. Isolierstoffe gegen Geräusche und Erschütterungen.

Im Abschnitt „Bauplatten" scheinen die Richtlinien der Schallisolierung und der Wärmesperrung eng nebeneinander herzugehen. Es erübrigt sich nicht, in dem kommenden Abschnitt darauf zurückzugreifen.

Die Geräusche und Erschütterungen sind Schwingungen des Baukörpers und der darin eingeschlossenen Luft, die von den Vorgängen des Außen- und Innenverkehrs und des Betriebes ausgehen. Namentlich durch Arbeit und Maschinengang entstehen hörbare Klänge und fühlbare Erschütterungen, die gerade im Krankenhaus empfindliche Störungen hervorzurufen imstande sind. Ferner aber sind schwere und dauernde Erschütterungen geeignet, den technischen Bestand eines Bauwerkes ernstlich zu gefährden.

Störende Geräusche pflegen in Krankenhäusern in der Anhäufung von mechanischen Betrieben ihre Ursache zu haben oder von Unachtsamkeiten auszugehen, die ihrerseits mit den Mitteln der Disziplin vorweg unterdrückt werden sollten. Auf der anderen Seite machen die neueren Konstruktionsweisen, namentlich in Eisenbeton, bei weitgehender Ausnutzung zulässiger Beanspruchungen des Baustoffes das Bauwerk in allen seinen zusammenhängenden Teilen zu einem so hervorragenden Schalleiter, daß Klänge und Stöße sich auf weite Abschnitte der Baulichkeiten störend geltend machen müssen, wenn nicht bautechnische Gegenmaßnahmen im voraus ergriffen werden.

Es kommt hinzu, daß die Geräusche strömenden Wassers in den Zuflußleitungen, des Abfließens der Abwässer, ferner des Beschickens und Entschlackens von Kesseln, schließlich im besonderen die mit einer Dampfheizung verbundenen Klangerscheinungen als sehr störend empfunden werden.

Um bei der Bauplanung von richtigen Gesichtspunkten ausgehen oder vorgebrachte Klagen klar beurteilen zu können, bedarf es des Verständnisses der einschlägigen physikalischen Vorgänge. Man unterscheidet Erd-, Boden- oder Körperschall einerseits von Luftschall andererseits. Beiden Vorgängen gemeinsam sind jene Schwingungen der Materie, deren Erreger bestimmt gerichtete mechanische Stöße sind, die je nach ihrer Periodizität sich bis zu hellen Klängen bemerklich machen.

Diese gerichtet fortschreitende Wellenbewegung unterliegt den gleichen Gesetzen der Reflexion, Dispersion, Absorption, Brechung und Beugung wie bei Licht und Wärme und verrichtet mechanische Arbeit in der Materie, gleichviel, ob sie fest, flüssig oder gasförmig ist. Diese mechanische Arbeit kann man eine Schallstrahlung nennen, ähnlich derjenigen des Lichtes und der Wärme. Dabei geht diese Schallstrahlung sowohl innerhalb wie außerhalb der Konstruktion vor sich.

Indessen liegen praktisch bei der Ausbreitung von Geräuschen und Erschütterungen und derjenigen der Wärme ganz andere Verhältnisse vor. Denn in der Wärmewirtschaft des Menschen spielt — und darin liegt der Unterschied — die Wärmestrahlung eine weit geringere Rolle als die Wärmeleitung und der Wärmeübergang. Wärmeübergang ist nicht Strahlung, sondern ist Durchgang einer Wärmemenge durch die Trennfläche zweier Körper. Der Effekt wird in der Wärmetechnik ferner durch Konvektion erreicht, also durch Hinleitung des wärmetragenden Mediums an den Ort des Wärmebedarfes.

Man sieht, daß wir es in der Wärmesperrung und in der Schallisolierung mit ganz getrennten Gebieten zu tun haben, und daß die Mittel, die zu einer Herabsetzung der Wärmeleitzahl führen, nur gelegentlich auch diejenigen einer Sperrung des Schalles sein können.

Neben der Durchführung des Prinzips, störende Geräusche und Erschütterungen im Entstehen zu unterbinden, stellt sich der Schalltechniker die Aufgabe, zur Verbesserung der Klangverhältnisse im Raum die Nachhalldauer für bestimmte Zwecke abzustimmen. Dieses eigentlich akustische Problem ist im Krankenhausbau selten gegeben. Dagegen gilt es hier zu erkennen, daß die Fortpflanzung von Geräuschen innerhalb der Gebäude stets ein aus Körperschall und Luftschall gemischter, sehr komplizierter Vorgang ist. In diesem Sinne ist die Frage der Schalldämpfung ein sehr ernstes, rein technisches Problem.

Zuvor ist zu bemerken, daß das Einheitsgewicht einer Baumasse in steigender Linie von sperrendem Einfluß auf den Durchgang des Schalles ist. Jedoch hat die Steigerung dieses Gewichtes über ein bestimmtes Maß hinaus keine entscheidende Bedeutung mehr, und deshalb ist sie nicht wirtschaftlich. Die Grenze für eine Wirkung mit kompakten Baumassen gegen Schalldurchgang liegt bei 175 kg/m^2 Wandfläche, was einer Mauerstärke von noch nicht 0,1 m gleichkommt, wobei noch dazu mit einer nur unbedeutenden Porosität des Baustoffes gerechnet werden muß.

Bestimmend für den Schalldurchgang ist:

1. der Grad der Schallhärte eines Baustoffes, die sich als das Produkt seiner Dichte und der dem Stoff eigenen Schalleitungsgeschwindigkeit darstellt,

2. der bautechnische Einspannungszustand des Stoffes.

Zu 1. Nach dem Charakter der Schallfortpflanzung als Strahlung kommt nun gemäß bestimmter akustischer Brechungskoeffizienten zwischen Stoffen verschiedener Schallhärte eine teilweise Absorption und innere Reflexion und ein teilweiser Schalldurchgang zustande. Die Aufgabe der Schallisolierung ist es somit, zwischen Körper von großer Schallhärte schallweiche Körper einzufügen, innerhalb deren die in der Schallquelle erregte mechanische Arbeit möglichst total vernichtet wird. Die Stoffmittel gegen die Fortpflanzung des Schalles sind verschieden, je nachdem es sich um Körperschall oder Luftschall handelt. Sie gliedern sich in belastbare und unbelastbare Stoffe und Stoffverbindungen.

Bei Körperschall liegen die Verhältnisse solange ziemlich einfach, als es sich um geschichtete Konstruktionsmassen handelt, die keinen Biegungsschwingungen unterliegen. Müssen zwischen den Schwingungsherd und den Schwingungsleiter tragfähige Trennungsschichten eingeschoben werden, so ist Preßkork das gegebene Material. Der durch Reinigungsverfahren homogen gestaltete Kork, ein Naturprodukt, das von unzähligen Luftbläschen durchsetzt ist, die von einer zähen Substanz höchst widerstandsfähig eingehüllt sind, wird zerkleinert und unter Ausschluß erhärtender, pechhaltiger oder mineralischer Mittel zu tragfähigen Platten gebunden, wie solche von der Aktiengesellschaft Emil Zorn in Berlin als „Asphalt-Korsil“ angegeben und ihr patentiert worden sind. Derartige belastbare Trennungen werden in die Fugen und Widerlager eingelegt. Die beiderseitige Asphaltfilzschicht dieser Platten dient zugleich als Feuchtigkeitsisolierung.

Sollen Stöße von Maschinen aufgehoben und Schwingungen und fühlbare Erschütterungen ausgeglichen werden, so gilt es, die Stöße in Formänderungsarbeit umzusetzen. Diese Formänderung macht allein der Kork vermöge der in die Bläschen eingeschlossenen, elastisch polsternden Luft in fast idealer Weise mit, und zwar in einem mit dem Stoß der Maschine phasengleichen Teil und einer um 90° nacheilenden Federung und Dämpfung.

In derartigen Fällen, wo gegenüber verhältnismäßig geringer Auflast vorwiegend Stöße und Schwingungen elastisch aufgefangen werden müssen, wird eine durch eiserne Bänder zusammengefügte Platte aus unverkitteten Korkstücken — „Korfund“ Zorn — als Isoliermittel verwendet, um ganze Maschinenfundamente zu unterbetten und zu umkleiden. Als seitliche Isolierung wirkt naturgemäß noch radikaler die vollständige Trennung durch Luftschichten.

Zu 2. Sobald Bauglieder mit Einspannungsverhältnissen auftreten und deshalb Biegungsschwingungen in Frage kommen, beginnt die Aufgabe recht verwickelt zu werden. Es ist dabei zu beachten, daß Wände im schalltechnischen Sinne vorwiegend zur Absperrung des Luftschalles berufen sind und deshalb in erster Linie möglichst luftdicht konstruiert werden müssen. Konstruktionen aus mehrfachen Wandstellungen erfüllen oft den Zweck der Schallsperrung bei sonstiger Güte der Konstruktion sehr unvollkommen, weil die dazwischenliegenden Lufträume durch Eigentöne klangverstärkend wirken können. Außerdem ist praktisch die Vermeidung von Schallbrücken zwischen den einzelnen Wänden eine besonders schwierige Aufgabe. Als Schallbrücke muß auch die zwischen den Wänden stehende Luft gelten, wenn sie Druckwirkungen überträgt.

In diesem Sinne hat auch Sand völlig versagt, und selbst Korkfabrikate als Einlage stellen sich mitunter als Mißgriff dar. Der Zornsche „Absorbit" ist ein weiches Luftschallpolster aus mehreren Lagen imprägnierter Wellpappe mit bituminösem Überzug. Diese völlig luftschalldichte Trennung wird in Doppelwände eingelegt und hat sich gut bewährt.

Unter bestimmten Verhältnissen kann man auch zur Herstellung der Luftschalldichtigkeit eines porösen Bauteils sich einer Schicht von starkem Ölpapier bedienen, das dann imstande ist, einen schallweichen Stoff, der nur dämpfend und körperschallisolierend wirkt, entsprechend zu unterstützen.

Die schwierigste Aufgabe liegt bei der Herstellung schallsicherer Decken vor. Hier handelt es sich um Sperrung von Luftschall und Unterbindung von Trittschallübertragungen auf die Decke, die als membranartig gespannte Platte besonders deutlich wahrnehmbare Geräusche von ihrer Unterseite aussendet, selbst wenn die erregte Schwingung auch mit den feinsten Hilfsmitteln nicht mehr sichtbar gemacht werden kann. Hier gilt es, eine tragfähige durchgehende Isolierschicht zwischen Fußbodenbelag und Deckenkonstruktion einzufügen. Dafür wurde eine besondere Stoffverbindung, das sogenannte „Antiphon", in die Schalltechnik eingeführt, dessen Wirkung auf einer geschickten Verwendung von Korkgries beruht.

Beachtenswert ist die Tatsache, daß Mißgriffe in der Konstruktion massiver Baulichkeiten in bezug auf Schallisolierung sich in fortschreitendem Maße störend bemerkbar zu machen pflegen.

Es wird oft nicht damit gerechnet, daß der bei Massivkonstruktionen meist stark beteiligte Beton noch lange nach den ersten Erhärtungsprozessen nachhärtet und in Monaten, ja in Jahren immer schallhärter wird. Diesen Umstand muß man bei der Bewertung eintretender Störungen richtig in Rechnung setzen.

N. Sicherungsmittel für Strahlenräume.

Für die Sicherung gegen schädigende Wirkungen der Röntgenstrahlen bedarf es der Unterscheidung zwischen denjenigen technischen Einrichtungen, die für den elektrischen Betrieb der Anlagen eingebaut sind und denjenigen Apparaturen, von denen die Strahlenwirkung erzeugt wird.

Für die ersten Teile handelt es sich um Leitungsanlagen elektrischer Hochspannung, die mit Maschinen zur Umformung und Gleichrichtung verbunden sind. Die Aufstellung der Apparate und deren Betriebssicherung erfolgt in der Hauptsache nach elektrotechnischen Gesichtspunkten der Betriebssicherheit und eines möglichst geringen Stromverlustes. Eine Strahlenquelle ist in diesen Anlagen nicht zu erblicken.

Röntgenstrahlen entstehen ausschließlich in der Röhre, verteilen und zerstreuen sich radial nach allen Richtungen und wirken sich nur so lange aus, als an der Erzeugungsstelle Strahlenbildung stattfindet.

Für den eigentlichen Strahlenteil der Anlagen ist hinsichtlich der Sicherungsvorkehrungen einmal davon auszugehen, daß in Diagnostik und Therapie sehr verschiedene Strahlenintensitäten verwendet werden, d. h. daß die Strahlen von unterschiedlicher Menge und Härte sind. Außerdem ist die therapeutische Strahlenwirkung von besonders langer Zeitdauer. Ferner aber ist beim Gebrauch der Schutzmittel gegen Strahlenwirkung nicht nur mit denjenigen Energien zu rechnen, die in einer direkten Strahlung liegen, sondern es kommen auch in indirekter Weise Strahlen zustande, die als sekundäre Erscheinungen zu berücksichtigen sind. Diese entstehen nicht im Wege des Rückwurfes und unterliegen demnach nicht den Gesetzen der Reflexion und Absorption. Vielmehr gehen von allen Stoffen, auch gasförmigen, die von Röntgenstrahlen getroffen werden, wiederum radial wirkende, sogenannte Streustrahlen aus, die zwar schwächer als die primären Strahlen sind, deren Härte aber vom Atomgewicht des getroffenen Stoffes abhängt und die demgemäß auch in erheblichem Grade indirekt weiterzuwirken vermögen. Aus dem Auftreten dieser sekundären Strahlen ergeben sich des weiteren tertiäre u. s. f.

Für die Wirkung der Röntgenstrahlen außerhalb der Röntgenräume hätte erst eine Backsteinmauer von 1 m Stärke als hinlänglicher Schutz zu gelten. Daher müssen Wände, Decken und Fußböden von Röntgenräumen mit einer strahlendichten Ausrüstung versehen werden, die für diagnostischen Betrieb aus 2 mm starkem Walzblei hergestellt wird. Räume für Therapie müssen richtliniengemäß eine entsprechende Ummantelung von 4 mm Stärke erhalten.

Innerhalb der Strahlenabteilung werden strahlensichere Räume am besten mittels wandbildender Platten abgeteilt, die nach dem Patent Kämpe-Lorey (Hamburg) in Wolfach-Baden gefertigt werden. Diese Platten bestehen aus Schwerspat und Zement und sind in zwei Stärken von 3 und 6 cm erhältlich. Das Format ist 50 : 25 cm. Auf 1 qm kommen demnach 8 Platten, die zusammen bei 3 cm Stärke 100 kg wiegen. Man liefert dazu einen strahlendichten Fugenmörtel.

Für Beobachtungsfenster wird ein bleihaltiges Sonderglas von entsprechender Stärke verwendet, das strahlendicht einzusetzen ist.

Allgemein bekannt dürfte sein, daß photographische Platten mit großer Sorgfalt vor Strahlen geschützt werden müssen; dauernde Einwirkung auch auf größere Entfernungen macht die Emulsion unbrauchbar.

O. Farbige Putze, wetterfeste Putze.

Farbige Putze, wie Terranova und Terrasit, Hydraulite und andere derartige Materialien, unterscheiden sich grundsätzlich dadurch von den Anstrichen, daß in ihnen die Farbstoffe ausschließlich zusammen mit dem Putzmörtel in einer Oberschicht aufgebracht und nicht erst nachträglich aufgezogen werden. Während nun die Hydraulite sich als ein Mineralmehl von intensiver Farbkraft darstellen, das nicht selbstbindend dem Weißkalkmörtel am Bau beigemischt wird und ihm starke hydraulische Eigenschaften verleiht, kommen die Terranova- und Terrasitputze schon fertig angemischt zur Baustelle und zur Verwendung, ohne dort durch weitere Mischungen in ihrem vorbereiteten Ton verändert zu werden. Den Farbstoff zu diesen Putzen bilden Steinmehle und Mineralfarben, das Bindemittel hydraulische Kalke. Die letztgenannten Putzarten sind daher besonders wetterfest.

Um architektonisch gute Wirkungen damit zu erzielen, bedarf es sehr bestimmter Anweisungen des Architekten hinsichtlich der fabrikmäßigen Mischungen und der Verarbeitung. Die meisten fabrikmäßig gemischten Putze wirken nicht charaktervoll. Das Wort „Edelputz" sollte aus der technischen Umgangssprache verschwinden.

Ein Teil dieser Putze wird als sogenannter Steinputz zur späteren steinmetzmäßigen Bearbeitung geliefert. Auch werden innerhalb dieser Gruppe Putze mit wasserabweisenden Eigenschaften angeboten.

Wenn hier die Putze unter dem Gesichtspunkt besonderer Eignung für das Krankenhauswesen betrachtet werden sollen, so darf dabei hervorgehoben werden, daß die natürliche Struktur aller dieser Putzarten hinreichend durchlässig für das Abdunsten von Mauerwerkfeuchtigkeit ist, um besondere künstliche Maßnahmen einer nachträglichen Oberflächenbehandlung unnötig zu machen. Es ist dafür gleichgültig, ob die Herstellung des Putzes mit der Putzkelle, dem Aufziehbrett oder dem Reibebrett geschieht. In jedem Falle bildet sich je nach der Art der Körnung und der handwerklichen Behandlung auch eine besondere, oft edle Schönheit aus, die um so mehr hervortritt, je mehr neben den Mineralmehlen scharfer Sand und vielfarbige Kiesel den Charakter der Oberfläche bestimmen und zugleich Haltbarkeit gewährleisten.

Neuerdings macht sich nun eine Manier der Nachbehandlung geltend, die leider auch von vielen Architekten als ein Vorzug angesehen wird, und die darin besteht, nach dem Beginn des Abbindens der oberen Putzschale mit der Kante der Putzkelle die Putzhaut und die oberflächlich liegenden Kiesel wegzukratzen und so den eben einsetzenden Erhärtungsvorgang der Oberfläche zu zerstören. Erreicht wird damit allerdings eine größere Durchlässigkeit der Putzoberschicht für das Abdunsten, aber auch für das Eindringen von Feuchtigkeit, zugleich eine langweilige Gleichmäßigkeit des Aussehens der fertigen Fläche, die aber nur so lange vorhält, bis sich die natürliche Verwitterung geltend macht. Unerwünschte Absätze und Tonabweichungen in der Oberflächenerscheinung wurden im Gegensatz dazu früher durch ein sicheres handwerkliches Können vermieden, das heute meist nicht mehr vorhanden ist. Die Folge des Kratzverfahrens ist, daß diese Putze beim Fehlen der Putzhaut im Altern weniger fest und in der Erscheinung weniger reizvoll werden als der auf alt erprobte, natürliche Weise hergestellte Putz, der mit der Zeit nur schöner wird, dessen Festigkeit aber unübertroffen ist.

Zur architektonisch ungünstigen Wirkung der oben gerügten Putzarten trägt stets eine Beimischung glimmeriger Gesteinsplitter bei, die dem fertigen Putz eine unfeine und weichliche Lüsterwirkung verleiht, und die nicht imstande ist, über die

Ausdruckslosigkeit eines Putzes hinwegzutäuschen. Einem Bau der Volkswohlfahrt steht ein solcher Effekt am allerwenigsten an.

Die Unterputze der zweischichtigen Putzarten müssen aus Zementmörtel oder Kalkzementmörtel hergestellt werden und ausschlagfrei sein. Daher sind auch Salze und andere Frostschutzmittel als Beimengung zum Unterputzmörtel dabei unzulässig. Gutes Naßhalten der frischen Putzschichten und Vermeidung frühzeitiger Sonnenbestrahlung ist eine wichtige Voraussetzung für die künftige Haltbarkeit.

Bei steinmetzmäßig zu bearbeitenden Putzteilen muß natürlich eine sehr zuverlässige Abbindung des Unterputzes stattgefunden haben.

P. Materialgerechte und haltbare Fassadenanstriche.

Werkstein und Putz der Fassaden anzustreichen kann unter Umständen durch Rücksichten auf die Gesunderhaltung der Werkstoffe sowie auf besondere architektonische und städtebauliche Bedingungen bei jedem Bauwerk notwendig werden.

Im Rahmen der bürgerlichen Bauweise haben sich nun vielfach Ölfarbenanstriche eingebürgert, die ihrem Wesen nach auf den Baukörper einen fremdartigen Überzug bringen, dessen Bindemittel geeignet ist, die natürlichen Eigenschaften des angestrichenen Werkstoffes zu verändern. Für Krankenhausbauten ist dies als eine durchaus ungeeignete Maßnahme zu bezeichnen. Denn der Ölfarbenanstrich muß dem Wesen von Putz und Werkstein fremd erscheinen, da er sie gegen die Außenluft hermetisch abschließt und das Durchatmen der Außenfläche verhindert. Das ist aber für das Abdunsten von irgendwie eingedrungenen Feuchtigkeitsmengen außerordentlich wichtig. Im besonderen bedürfen Mauern von Krankengebäuden dieses Durchatmens durch die Außenhaut, um die Eigenschaften des Mauerwerks stets hygienisch zu erhalten. Das Bestreben der Farbentechnik ist also darauf gerichtet gewesen, für die Anstrichfarben Bindemittel zu liefern, deren Charakter dem Wesen von Putz und Werkstein angemessen ist. Damit ist zugleich der architektonische Vorteil gesichert, daß der Werkstoff auch unter einem derartigen Überzug in seiner Struktur erkennbar bleibt. Organische Stoffe, wie Öle, Kasein u. a., bringen eine unerwünschte Verkittung der kleinsten Teilchen der Werkstoffoberfläche zustande und verdecken diese Struktur.

Nur anorganische Bestandteile vermögen die gestellte Bedingung zu erfüllen. Während man sich nun in ländlichen Bezirken mit einem Anstrich von Kalkfarbe zu begnügen pflegt, muß bei städtischen Verhältnissen, unter der Einwirkung schwefliger Säuren der Luft zu einem anderen Mittel gegriffen werden. Dieses wird durch die Farbindustrie in den Silikatfarben geboten. Das Bindemittel bilden lösliche Silikatverbindungen, den Farbkörper farbige Metalloxyde und Erden.

Die Anforderung, die an die Fassadenanstriche gestellt werden muß, ist Beständigkeit gegen Sonnenbestrahlung und Temperaturwechsel, gegen Rauchgase und gegen mechanische Angriffe des Wetters. Zu den dieser Bedingung entsprechenden gebräuchlichsten Silikatfarben gehören die Keimschen Mineralfarben, mit denen sich lichtechte, wetterfeste und waschbare Anstriche erzielen lassen. Sie halten die Porenventilation der Mauer aufrecht und bieten keinen Nährboden für Mikroorganismen.

Die innige Verbindung, die zwischen dem Farbüberzug und dem Grundmaterial eintritt, ist ein chemischer Vorgang, der erst durch die Kolloidchemie näher erforscht worden ist. Der freie Kalk des Putzes verbindet sich dabei mit der Kieselsäure des Bindemittels zu einem unlöslichen und beständigen Doppelsilikat. Werkstein wie Putz werden dadurch in ihrer Oberschicht erheblich befestigt und an alten Bauwerken konserviert. Am besten wirken die Silikatfarben auf frisch aufgetragenem Putz, da sie mit ihm die dauerhafteste Verbindung eingehen.

Die Silikatfarben, wie sie als Mineralfarben und Silinfarben im Handel erscheinen, sind in der gelieferten Form verwendungsfertig und dürfen nicht mit anderen Fabrikaten gemischt werden. Auch dürfen sie keinesfalls mit Zement oder Gips in Berührung kommen. Alte Farbreste, namentlich von Ölfarben, sind vorher aufs sorgfältigste zu entfernen, was manchmal nur unter Erneuerung des Putzes möglich ist.

Die Verwendung der Silikatfarben im Rahmen dekorativer Wirkungen ist eine Angelegenheit feinsten maltechnischen Gefühls und reicher Erfahrungen. Sie kann nur den besten Kräften anvertraut werden.

Q. Anstriche für Innenausbau.

a) Anstreicherarbeiten.

Unter den im Krankenhausbau für die innere Ausmalung eingeführten Anstricharten tritt noch immer die *Leimfarbe* stark hervor, zumal man durch *pflanzliche Leime* in der Lage ist, die Gefahr der Fäulnis des Bindemittels stark herabsetzen und durch die Anwendung derartiger Anstriche lediglich in trockenen

Räumen einer Ansiedlung von Schädlingen auf der Anstrichfläche vorbeugen zu können. Die Haltbarkeit ist begrenzt.

Neben den Leimfarbenanstrichen kommt auch der *Kalkfarbenanstrich* oft zur Anwendung. Er ist natürlich durch und durch hygienisch, wird aber (für Decken und obere Wandflächen) meist nur in untergeordneten Räumen gebraucht. Dieser Anstrich ist billig und läßt sich mit einfachen Mitteln leicht wieder neu herstellen. Allerdings ergibt der Kalk als Bindemittel erheblich trübere Töne, als dies bei Leimfarben der Fall ist. Deshalb werden in besseren Räumen auch Deckenflächen gern in Leimfarben gestrichen. Man erreicht dadurch eine einheitliche Klarheit der Töne.

Als abwaschbare Farben kommen im Krankenhaus *Ölfarben* und *Silikatfarben* zur Verwendung. Beide können in jeder Tönung an Ort und Stelle bereitgemacht werden. Silikatfarben aber können in den nach der Karte zu wählenden Tonverhältnissen und Farbenschattierungen fertig von der Fabrik bezogen werden. Silikatfarben sind teurer als Leimfarben. Ihre Anwendung geschieht überall da, wo die Gefahr der Feuchtigkeit Ölfarben ausschließt.

Der für das Abwaschen am ehesten geeignete Anstrich ist derjenige mit Ölfarbe. Allerdings darf das Abwaschen nur unter Verwendung milder Seifen geschehen.

Die Ölfarbe wird mit eingedicktem Leinöl (Firnis) angemischt und gegebenenfalls durch Verdünnungsmittel wie Terpentin (auch Sangajol und ähnliche Ersatzstoffe) malflüssig gemacht. Um den speckigen Glanz des Ölfarbenanstrichs zu mildern, kann man besondere Zusätze verwenden. Wachs ist gefährlich, weil es leicht schmiert und unklare, unsaubere Farbtöne hervorbringt.

Man schreibt der Leinölfarbe keimtötende Wirkung zu. In einem schwachen Umfang mag diese Wirkung bestehen, ist aber dann jedenfalls zeitlich begrenzt. Irgendeine wesentliche Wirkung keimtötender Art ist praktisch bei keinem Farbanstrich nachgewiesen worden.

Ölfarbenanstriche erhalten auf Holz eine *Lackierung*. Der Lackanstrich baut sich auf einem hellen Kopallack auf, der geschmeidig erhärtet. Man ersetzt ihn zuweilen durch sogenanntes Standöl, einem doppelt eingedickten Leinölfirnis. Dieses Ersatzmittel ist aber durchaus zu verwerfen, da Standöl niemals genügend erhärtet. Auf anderen Baustoffen als Holz bedarf der Ölfarbenanstrich keiner Lackierung.

Emaillefarben werden auf der Grundlage von Harzen hergestellt. Das dabei meist verwendete Dammarharz erhärtet spröde und wird daher durch Standöl geschmeidig gemacht.

Zu weißen Anstrichen unter Lackierung wird im Innern Zinkweiß (Lithopone) verarbeitet. Die Verwendung von Bleiweiß ist auf Außenanstriche beschränkt.

Kaseinfarbe wird mit einem Käsestoff (Kasein) und Kalk angemacht. Der Kalk schließt dabei den Käsestoff als Bindemittel erst auf. Ferner sind steril präparierte Fabrikate wie Kasinat bewährt und im Handel. Die Kaseinfarben werden mit Wasser malbar gemacht und erhärten durch Verbindung des Käsestoffes mit dem Putzgrunde. Man bedient sich auch der Magermilch als Mal- und Bindemittel. Auf gestrichenen Grunde können malfertig verpackte *Temperafarben* als Dekorationsfarben verwendet werden.

b) Sonderarbeiten.

Als Vorbereitung für Anstriche sind die *Spachtelungen* von großer Bedeutung. Gespachtelt wird zur besseren Glättung der Anstrichfläche sowohl auf Putz wie auf Holz mit besonderen Kitten. Eine neu ausgebildete Technik liegt jetzt mit ausgezeichneten Erfahrungen in der *Stalfitspachtelung* vor. In sieben Arbeitsgängen werden die zu behandelnden Bauteile auf völlig trockenem Grunde abwechselnd gespachtelt und geschliffen, um endlich von eingearbeiteter Hand den Endanstrich zu erhalten. Auf die Stärke der Spachtelung ist kein Bedacht zu nehmen. Sie überzieht die Teile ohne Rücksicht auf Wechsel des Materials mit einer widerstandsfähigen Spachtelschicht, deren hygienische Oberfläche sehr fest wird, aber lange elastisch bleibt, so daß Sprünge nicht eintreten. Sie ist völlig säurefest. Daher ist die Reinigungsfähigkeit der Stalfitfläche erprobt ausgezeichnet. Doch muß in Kauf genommen werden, daß Eindrücke, z. B. von Schreibgerät oder dem Fingernagel, zuerst eine bleibende Spur hinterlassen.

Stalfitspachtelung ersetzt bis zu einem gewissen Grade die teureren Plattenbekleidungen und läßt daher gebotenenfalls erhebliche Ersparnisse zu. Die Lieferung und Herstellung erfolgt durch die Stalfitfabrik Paul Bertram, Halle (Saale).

R. Besondere Verfahren der Eisen- und Metallbehandlung.

a) Temperguß.

Die Gußmasse für den *Temperguß* (Weichguß) wird aus weißem Roheisen unter verschiedenen, zum Teil mineralischen Zuschlägen erschmolzen. Der Stoff der gewonnenen Gußstücke, zunächst hart und spröde, kann nun vermöge des Temperverfahrens nachträglich in weiches, schmiedbares Eisen verwandelt werden. Der Prozeß beruht auf einem Entkohlungsvorgang. Die Gegenstände werden in Glühtöpfen vollständig in „Tempererz", d. h. Roteisenstein oder Hammerschlag (Eisenoxyde), eingepackt, die bei 850—1000° in 5—6tägiger Einwirkung durch Sauerstoffabgabe den im Guß enthaltenen Kohlenstoff verbrennen. Die Abkühlung muß 2 Tage lang andauern.

Das Tempern ist eine Erfindung Réaumurs.

b) Metallveredelung.

Eisen- und Metallteile gezogener oder gegossener Herstellung sowie Bleche können durch einen Überzug von edlerem Metall gegen Witterungseinflüsse widerstandsfähiger und in ihrer Erscheinung edler gemacht werden. Hierzu dient ein elektrolytischer Niederschlag von Metall, wie Nickel oder Chrom. Die zu veredelnden Gegenstände werden, in einen Stromkreis eingeschaltet, in ein Bad von gelösten Metallsalzen gehängt und erfahren darin den Niederschlag des Veredelungsmetalls auf ihrer Oberfläche, der um so gediegener ausfällt, je langsamer er vor sich geht.

Bei Vernickelung ist der Niederschlag, wie er aus dem Bade kommt, immer von matter Oberfläche und muß poliert werden, wenn er seine charakteristische Schönheit zeigen soll.

Der Verchromungsprozeß wird nach verschiedenen Arten hergestellt. Man kann in einem Bad von Schwefelsäure, in das metallisches Chrom als Anode eingehängt wird, das Metall auf dem zu verchromenden Gegenstand niederschlagen, der getaucht mit der Katode verbunden wird. Die erforderliche Spannung ist gering. Um diesen Vorgang einzuleiten und in Fluß zu halten, bedarf es einer Erhitzung des Bades auf eine bestimmte Temperatur, was auf elektrothermischem Wege bewirkt wird.

Die Verchromung zeigt nach Entnahme aus dem Bad den gleichen Oberflächencharakter, den die zu verchromende Fläche besaß. Polierte Gegenstände treten auch poliert in die Erscheinung und bedürfen nur noch einer kleinen oberflächlichen Nachbehandlung.

Eisen muß, um einige Gewähr für dauernden Bestand des Chromüberzuges zu bieten, im voraus verkupfert werden.

Die Verchromung stützt sich im Bauwesen noch nicht auf ältere Erfahrungen. Indessen wird sie ohne Zweifel die Aufmerksamkeit der Krankenhausbautechnik in Anspruch nehmen, sobald festere Grundlagen gewonnen sein werden, und zwar wegen der großen Härte des Veredlungsmetalls, das eine schöne, bläulich silberne Farbe zeigt.

Literatur.

Deutscher Baukalender des Verlages der Deutschen Bauzeitung, Berlin. — Beton-Kalender, bei W. Ernst u. Sohn, Berlin. — Veröffentlichungen des Selbstverlages des Deutschen Beton-Vereins, Obercassel (Siegkreis). — „Anweisung für Mörtel und Beton“ und „Merkblatt für Beton“, herausgegeben von der Reichsbahndirektion, Berlin. — Mitteilungen der Reichsforschungsgesellschaft für Wirtschaftlichkeit im Bau- und Wohnungswesen E. V. 1. Jg., Nr 17. Gr. II 2 B, Nr 3. — Dr. Bernhard NEUMANN, Lehrbuch der Chemischen Technologie und Metallurgie, bei S. Hirzel, Leipzig. — Veröffentlichungen der Arbeitsgemeinschaft für Handwerkskultur 1928: „Glas und Metall als Baustoff“; des Deutschen Kupferinstituts E. V., Berlin-Halensee; der Hirsch-Kupfer- und Messingwerke, Eberswalde, vereinigt im Katalog der Ausstellung: „Glas und Metall“. — Kupfer als Baustoff für Wasserleitungen. Deutsches Kupferinstitut E. V. — Metallwirtschaft **7**, Jg. 29 u. 44. — Veröffentlichungen der Deutschen Linoleum-Werke A.-G., Berlin. — Berichte der Deutschen Keramischen Gesellschaft, Charlottenburg 4. — RIECKE: Porzellan. — Deutscher Ton- und Ziegelkalender, Deutsche Ton- und Ziegelzeitung, Verlags-G. m. b. H. — Keramische Rundschau **1927**, 47. — Gesundheits-Ingenieur, Zeitschrift für die gesamte Städte-Hygiene. München und Berlin: R. Oldenbourg. — Die Schalltechnik. Berlin: Verlag Emil Zorn A.-G. — Veröffentlichungen der Industrie-Werke Lohwald A.-G., Lohwald bei Augsburg.

Das Hochhaus im Krankenhausbauwesen.

Von RICHARD SCHACHNER, München.

Mit 8 Abbildungen.

Seit etwa 50 Jahren gilt die sogenannte offene Bauweise im Verein mit dem Flachbau als die zweckmäßigste Bauweise für größere Krankenhausanlagen. Sie hat im Laufe der Zeit mannigfache Wandlungen durchgemacht, vom Krankenhause in Hamburg Eppendorf mit seiner großen Zahl einzeln stehender ein bis zweigeschossiger Flachbauten bis zu den Krankenhausanlagen in München-Schwabing und St. Georg in Leipzig mit ihren durch Gangbauten verbundenen umfangreichen Kranken- und Betriebsgebäuden. Bei aller Wertschätzung solcher in Einzelbauten verschiedener Art aufgeteilter Krankenanstalten kann man sich aber nicht der Erkenntnis so mancher ihrer Nachteile verschließen. Man mag sie verschieden werten. Im wesentlichen wird man sie in den durch die großen Entfernungen bedingten Erschwerungen und Kostenaufwendungen für den Betrieb erkennen.

In Deutschland hat die Notlage in der Nachkriegszeit insbesondere Industrie und Handel unerbittlich zu wirtschaftlicher Betriebsführung (Rationalisierung) gezwungen. Auch im Krankenhauswesen ist Bedachtnahme auf größte Sparsamkeit in bau- und betriebstechnischer Hinsicht unerläßlich, zumal Krankenhäuser in der Regel an sich schon Zuschußbetriebe sind.

Neuanlagen werden wegen Bevölkerungszunahme, auch wegen erheblicher Überalterung bestehender Krankenanstalten allenthalben notwendig. Mehr als jemals steht für alle Verwaltungen die Frage möglichst geringer Bau- und Betriebsaufwendungen im Vordergrunde. So manche Planung versinkt im Aktenschranke zu langem Schlafe, da schon die Beschaffung der nötigen Mittel für den Bau neuer Anstalten wegen der hohen Leihkapitalien und Zinssätze nicht vertretbar ist und da sorgfältig und gewissenhaft rechnende Finanzmänner der Stadtverwaltungen sich mit Recht scheuen, den Haushaltsplan der Gemeinden auf lange Dauer mit erheblichen jährlichen Betriebszuschüssen zu belasten.

An den Architekten tritt, wie beim Siedlungs- und Kleinwohnungsbau, auch im Krankenhausbau die Forderung nach äußerst wirtschaftlicher und dabei doch hygienisch einwandfreier Lösung der Bauaufgabe heran. Während im Siedlungsbau aus verschiedenen hier nicht weiter zu erörternden Gründen der Flachbau, wenn auch meist in der Form der Reihenhausbauweise dem vielgeschossigen Hausbau als sehr beachtenswerter Mitbewerber ersteht, scheint mir beim Krankenhausbau — sofern nicht besondere Gründe zur Befürwortung leichter barackenartiger Bauanlagen vorliegen — das Streben auf eine weitgehende Konzentration der Gesamtbauanlagen gehen zu müssen. Bei kleineren und mittelgroßen Krankenhäusern kann man dabei ohne erhebliche Häufung von Stockwerken auskommen, bei größeren Anstalten muß meines Erachtens der Weg folgerichtig zur vielgeschossigen Bauanlage, zum Hochhausbau führen.

Der Hochhausbau ist in seiner Anwendung auf eine Krankenanstalt durchaus nichts Neues. In Nordamerika besteht schon eine große Zahl von Krankenhaushochbauten. Neuere Planungen und Ausführungen steigern sie zu Turmhäusern. Nach der Fachliteratur scheinen dabei nicht immer beschränkte Geländeverhältnisse die Ursache außergewöhnlicher Höhenentwicklung zu sein, vermutlich auch nicht immer architektonische Modeströmungen oder besondere Vorliebe für den Hochhausbau an sich. Ganz allgemein haben offenbar wirtschafts- und betriebstechnische Gesichtspunkte Anlaß dazu gegeben, auch beim Krankenhausbau die Hochhausform anzuwenden. Diese ist in Amerika beim Geschäfts- und Hotelbau bereits seit geraumer Zeit eine alltägliche Erscheinung. Die Bevölkerung, daran gewöhnt, findet dort im Gegensatz zu weiten Bevölkerungskreisen unserer Großstädte nichts Absonderliches daran, wenn man sich ihrer auch für ein Krankenhaus bedient.

Anders liegen die Verhältnisse bei uns. In den Kreisen der Krankenhausfachleute, der Ärzte und Verwaltungsbeamten hängt man sehr an der seit Jahrzehnten gewohnten Aufteilung der Krankenanstalten in eine größere Zahl von Einzelbauten, nicht nur aus konservativer Gesinnung, sondern auch deshalb, weil das Aufteilungssystem zweifellos eine Reihe von Vorzügen aufweist. Nichtsdestoweniger erscheint es durchaus gerechtfertigt, der Frage geschlossener mehrgeschossiger Bauanlagen näherzutreten und sich auch *ihren* Vorteilen nicht zu verschließen. Diese liegen nun meines Erachtens nicht nur in der Richtung größerer Wirtschaftlichkeit allein, dem Ausgangspunkte der Überlegungen über die Umgestaltung unserer Krankenhausanlagen; auch andere Gesichtspunkte sprechen für weitgehende Zusammenfassung der vielgliedrigen Teile der Krankenanstalten, im besonderen für deren Entwicklung nach der Höhe.

Bei Krankenhausanlagen möchte ich als Hochhaus bereits ein

Bauwerk bezeichnen, das über die im allgemeinen bei Wohnbauten gebräuchliche Höchsthöhe von insgesamt sechs Geschossen hinausgeht.

Ehe ich die Frage des Krankenhaushochbaues im allgemeinen und einzelnen behandle, möchte ich unter Beigabe von Plänen einige Angaben über ein derartiges Bauwerk vorausschicken, das in den letzten Jahren nach meinen Plänen und unter meiner

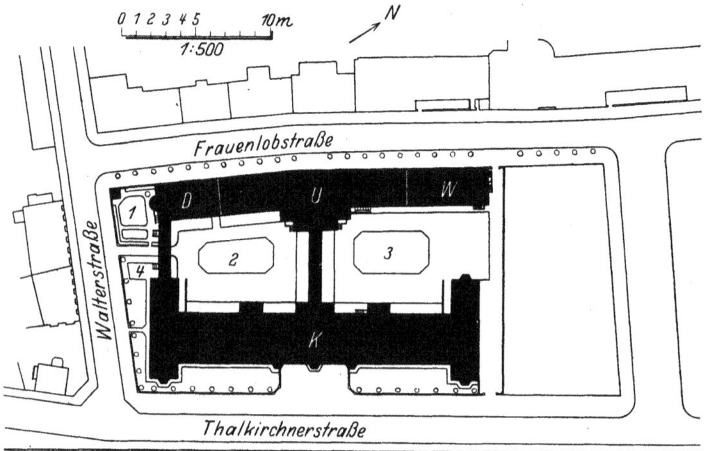

Abb. 1. Lageplan der Bauanlage der dritten medizinischen (dermatologischen) Abteilung des städt. Krankenhauses l. d. Isar in München.
K Krankenbau. U Unterrichtsgebäude. D Direktorwohnhaus. W Wäschereigebäude. 1 Direktorgarten. 2 Männergartenhof. 3 Frauengartenhof. 4 Kindergarten.

Leitung ausgeführt wurde, und auch einiges über die dabei gewonnenen Erfahrungen mitteilen.

Der Bau der dritten medizinischen (dermatologischen) Abteilung des städtischen Krankenhauses links der Isar ist meines Wissens der erste deutsche Krankenhaushochbau in der von mir gegebenen Deutung. Die Planung der Bauanlage geht auf das Frühjahr 1925 zurück, fällt also in eine Zeit, in der man sich allgemein noch wenig mit der Frage der Anwendung des Hochbaus auf Krankenanstalten befaßte. Es handelte sich darum, auf einem verhältnismäßig beschränkten, dreiseitig von Straßen umgebenen Gelände von nur 9430 qm ein Krankenhaus mit rund 430 Kranken- und rund 170 Personalbetten mit allen Nebenanlagen, ein medizinisch klinisches Institut und ein Direktorwohnhaus zu erbauen.

Der Krankenbau ist, wie der Lageplan (Abb. 1) zeigt, entlang der verkehrsreichen Thalkirchnerstraße mit der Front gegen Süd-

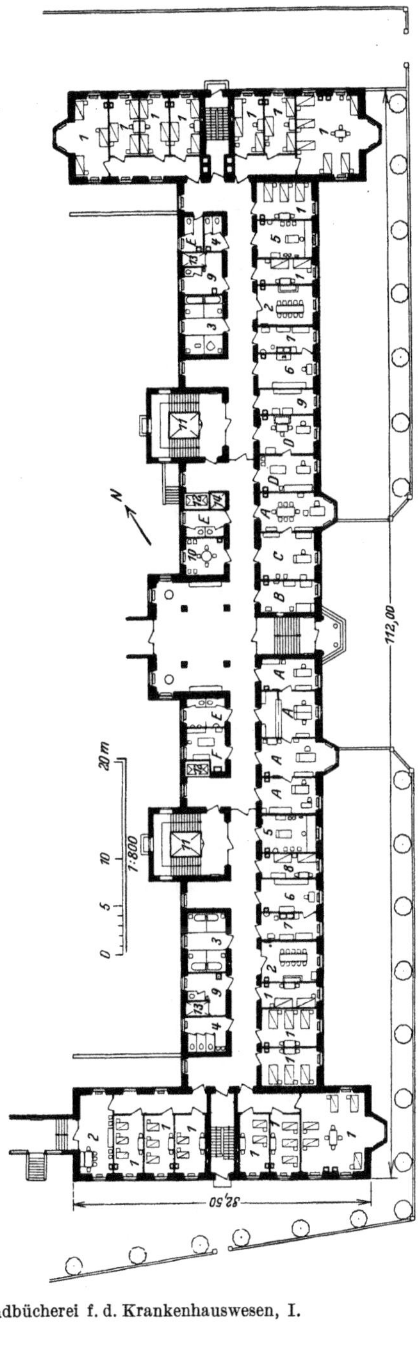

Abb. 2. Grundriß des Erdgeschosses der dermatologischen Abteilung des Krankenhauses l. d. Isar in München.

A Verwaltung.
B Torwart.
C Aufnahmezimmer.
D Geschäftszimmer der Oberin.
E Personalaborte.
F Apotheke.
1 Krankenzimmer.
2 Tagesraum.
3 Krankenbad.
4 Krankenabort.
5 Untersuchungszimmer.
6 Stationszimmer (Teeküche).
7 Spülküche.
8 Wärterzimmer.
9 Unreine Sachen.
10 Wartezimmer.
11 Personenaufzug.
12 Umlaufaufzug.
13 Tonnenaufzug.
14 Küchenaufzug.

osten angeordnet. Gegenüber liegt der ausgedehnte mit altem Baumbestande versehene südliche alte Friedhof, in dem keine Beerdigungen mehr stattfinden. Parallel zum Krankenbau sind an der Frauenlobstraße in einer zusammenhängenden Baugruppe das klinische Institut, das Direktorwohnhaus und das Wäschereigebäude angeordnet. Klinisches Institut und Krankenbau sind im Keller und Erdgeschoß durch einen Verbindungsgang miteinander verbunden, der das dazwischenliegende Gelände in zwei Gartenhöfe aufteilt. Während die Baugruppe in der Frauenlobstraße nur 2—3 Geschosse über dem Sockelgeschosse hat, erhebt sich der Krankenbau mit 7, dessen Mittelbau mit 8 Geschossen über dem Sockelgeschoß. Alle Geschosse, auch das Sockelgeschoß, sind vollständig ausgebaut; flachgeneigte, mit Kupferblech gedeckte Dächer bilden den oberen Abschluß. Aus den Abbildungen und Plänen (Abb. 2—4) mögen die Raumausteilungen ersehen werden. Im allgemeinen sei bezüglich der Verwertung der verschiedenen Geschosse des Krankenbaues folgendes angegeben.

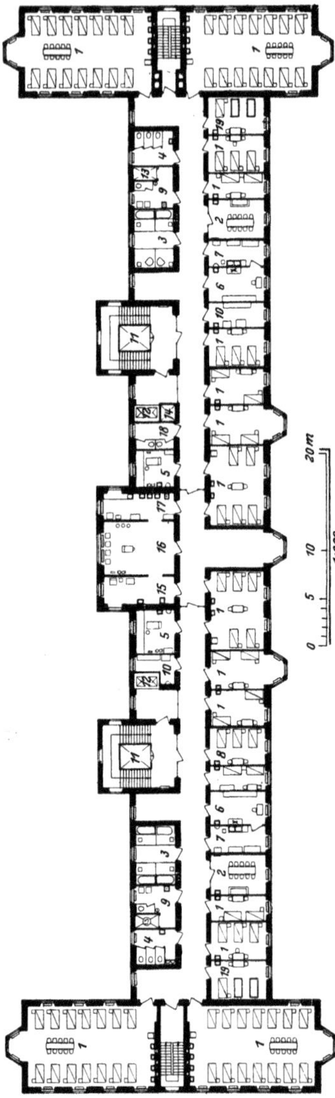

Abb. 3. Grundriß des 1.—3. Obergeschosses der dermatologischen Abteilung des Krankenhauses l. d. Isar in München.
1 Krankenzimmer. 2 Tagesraum. 3 Krankenbad. 4 Krankenabort. 5 Untersuchungszimmer. 6 Stationszimmer (Teeküche). 7 Spülküche. 8 Wärterzimmer. 9 Unreine Sachen. 10 Geräteraum. 11 Personenaufzug. 12 Umlaufaufzug. 13 Tonnenaufzug. 14 Küchenaufzug. 15 Vorbereitungsraum. 16 Operationssaal. 17 Sterilisations- u. Waschraum. 18 Ärzteabort. 19 Dauerbad (im 2. u. 3. Obergeschoß Krankenzimmer).

Im Sockelgeschosse befindet sich die Heizanlage, deren Schornstein in ausreichender Höhe im Innern des Gebäudes hochgeführt werden konnte (Wegfall eines gesondert stehenden Schornsteins), daneben unter der Hofeinfahrt, von oben beschickbar, das Kokslager; ferner liegen hier die Aufbewahrungsräume für die Krankenkleider und verschiedene andere Lagerräume, die Röntgenabteilung, die Lichtbäderabteilung sowie verschiedene andere Betriebsräumlichkeiten. Der Mittelgang nimmt alle Haupt- und Verteilungsleitungen der Heiz- und Warmwasserversorgungsanlage usw. auf. Das Sockelgeschoß ist mittels befahrbarer Rampen von den Höfen aus erreichbar, eine Anordnung, die sich für die Zubringung von Waren, Maschinen usw. als sehr zweckmäßig erweist.

Das *Erdgeschoß* enthält im Mittelbau die Haupteingangshalle und die Räume der Verwaltung. Von der Halle aus sind auf kürzestem Wege beiderseits die nach den Obergeschossen führenden beiden Haupttreppen, die in deren Spindeln eingebauten Bettenaufzüge und die nebenan gelegenen Umlaufaufzüge zu erreichen.

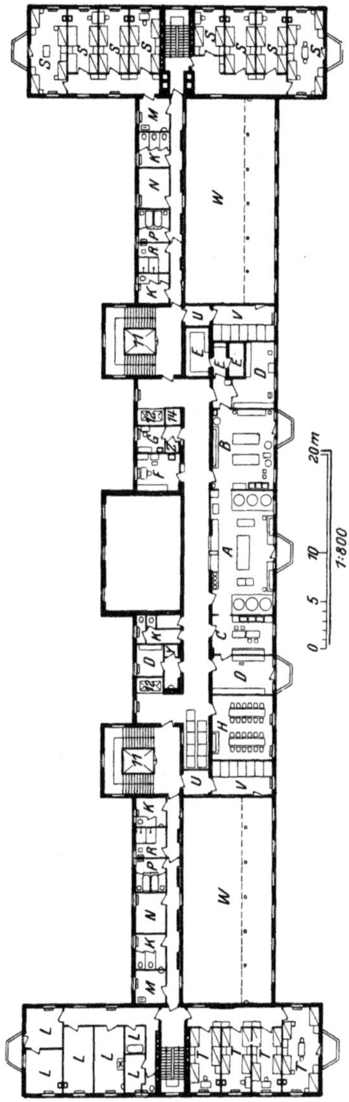

Abb. 4. Grundriß des 6. Obergeschosses der dermatologischen Abteilung des Krankenhauses l. d. Isar in München.

A Kochküche.
B Vorbereitungsküche.
C Spülküche.
D Vorratsraum.
E Kühlraum.
F Schenke.
G Zimmer f. Küchenschwester.
H Speiseraum für Hausangestellte.
K Aborte.
L Werkmeisterwohnung.
M Putzraum.
N Aufzugs-Maschinenraum.
P Angestelltenbad.
R Brausebad.
S Schlafzimmer für weibliche Hausangestellte.
T Schlafzimmer für männl. Hausangestellte.
U Vorraum.
V Auskleidekabinen.
W Sonnen- und Luftbad.
Y Putzkammer.
Z Gerätekammer.
11 Personenaufzug.
12 Umlaufaufzug.
14 Küchenaufzug.

In den beiden Flügelbauten sind abgeschlossene Krankenabteilungen angeordnet, südlich eine Kinderabteilung mit eigenem Ausgang nach einem kleinen Vorgarten, nördlich eine Abteilung für Kranke 3. Klasse (Selbstzahler), ursprünglich zur Unterbringung von Erysipelkranken als Sonderabteilung bestimmt.

Das *1. bis 4. Obergeschoß* gleichen sich im allgemeinen in der Grundrißeinteilung. In jedem befinden sich rechts und links der Mittelachse für sich vollständig abschließbare Krankenabteilungen für haut- und geschlechtskranke Männer und Frauen; nur ist im 4. Obergeschoß an Stelle einer Männerabteilung eine Sonderabteilung für Kranke 1. und 2. Klasse vorgesehen. Die allgemeinen Krankenabteilungen bestehen aus je zwei Sälen mit 14 Betten und einer größeren Zahl kleinerer Krankenräume von 1—5 Betten. In zwei dieser Abteilungen sind Dauerbäder eingerichtet. Im Mittelbau liegen im 1.—3. Obergeschoß Behandlungs- und Operationsräume, im 4. Obergeschoß an Stelle der letzteren ein Versammlungs- und Vortragsraum.

Im *5. Obergeschoß* sind auf der einen Seite die Schlafräume der katholischen Ordensschwestern mit dem Refektorium, auf der anderen Seite die Wohn- und Schlafräume der Ärzte mit Speise- und Lesezimmer sowie die Wohnung eines Verwaltungsbeamten untergebracht. In diesem Stockwerke befinden sich auch der protestantische Betraum und die mit den oberen Raumteilen in das 6. Obergeschoß eingreifende katholische Kapelle, die nicht nur wegen der benachbarten Schwesternabteilung, sondern auch deshalb hier oben eingebaut wurde, weil in der Regel über katholischen Gottesräumen keine bewohnten Räume angeordnet werden sollen.

Das *6. Obergeschoß* enthält im Mittelbau die Küche mit allen zugehörigen Räumen in ausreichender Größe, in den Flügelbauten Wohn- und Schlafräume für weibliche und männliche Hausangestellte, außerdem eine Wohnung für den Maschinisten. Die Küchenbetriebsräume liegen über den Speiseräumen der Schwestern und Ärzte. Belästigungen durch Geräusche haben sich aus dieser Lage nicht ergeben. Zur Küche führt vom Sockelgeschoß her ein eigener Lastenaufzug mit Personenbeförderung. Dieser vermittelt die Zubringung aller Waren sowohl von der Anfahrt im Hofe her, als auch von den verschiedenen Lagerräumen im Sockelgeschoß. Die Anordnung der Küche im obersten Stockwerke, die von mir bereits im Jahre 1914 im Neubau der Gynäkologischen Abteilung des Krankenhauses links der Isar im Dachgeschoß vorgesehen war, hat sich dort wie hier bestens bewährt und den Beifall der katholischen Ordensschwestern gefunden. Die Speisen werden in geschlossenen, auf Gummirädern laufenden, leicht beweglichen Handwagen mittels der Bettenaufzüge zu den Stationszimmern (Teeküchen) in den verschiedenen Stockwerken herabgebracht, was bei den sehr kurzen zurückzulegenden Wegstrecken eine schnelle Versorgung der Kranken mit Speisen ermöglicht; zur Abholung kleiner Mahlzeiten und anderem benutzen die Schwestern auch die Umlaufaufzüge, die sich für den gesamten Betrieb als sehr bequeme und schnelle Verkehrsmittel in kürzester Zeit sehr gut eingeführt haben. Der Umlaufaufzüge dürfen sich auch die Besucher des Krankenhauses bedienen. Den Kranken selbst ist ihre Benutzung nicht gestattet.

Zu beiden Seiten der Küchenabteilung sind im 6. Obergeschoß für Männer und Frauen eigene Dachterrassen mit Liegehallen atriumartig angeordnet. Beide haben zugehörige Auskleide- und Duschenräume.

In dem über der Küchenabteilung im Mittelbau gelegenen *7. Obergeschoß* befinden sich Lagerräume sowie Räume für die Maschinen der Aufzüge und der bei der Küche vorgesehenen dreikammerigen Kühlanlage.

Die Stockwerkshöhe beträgt für alle Hauptgeschosse 3,70 m, für das Sockelgeschoß 3,10 m für das 6. Obergeschoß 3,20 m.

Mit Ausnahme der bis etwa 50 cm über Erdgleiche hochsteigenden betonierten Grundmauern wurde der ganze Bau aus Backsteinmauerwerk in verlängertem Zementmörtel (Zementkalkmörtel) ausgeführt; an stärker belasteten Stellen mußte an deren Stelle Klinkermauerwerk, Beton und Eisenbeton treten. Solche Konstruktionen waren insbesondere bei den Mittelmauern mit den vielen Türen, den Mauerschlitzen für die verdeckt gelegten Leitungen aller Art, den Lüftungskanälen bei Aborten, Bädern usw. notwendig. Für die unteren Geschosse ergaben sich nach den baupolizeilichen Vorschriften Außenmauerdicken von 0,77 m. Die Decken wurden durchweg aus Schlackenhohlsteinen mit Eisenbewehrung hergestellt.

Besondere Sorgfalt wurde beim Bau der technischen Ausgestaltung zugewendet, im besonderen dem Schallschutz. Zur möglichsten Verminderung der Ausbreitung von Körperschall wurde der Bau auf die ganze Länge in allen Teilen durch in die Mauern eingelegte Schallisolierungsschichten zweimal waagerecht unterteilt, außerdem wurden in allen Geschossen die Deckenlagen viermal durch Isolierstreifen getrennt, um die Schallausbreitung in den Stockwerksdecken auf kleinere Flächen zu beschränken. Bei allen Kranken- und Wohnräumen wurden zwischen den Hohlsteindecken und dem als Unterboden für den Linoleumbelag dienenden widerstandsfähigen Zementestrich Schallisolierschichten (aus Torfoleum, Torfisothermplatten, Antiphon) eingelegt, auch die Estriche selbst gegen die Wände durch Torf- oder Korkplattenbänder isoliert. Alle Leitungsrohre sind durch in die Rohrschellen eingefügte Bänder aus Kork gleichfalls gegen das Mauerwerk isoliert. Bei den Türen wurden bewegliche Schließbleche und Gummipuffer zur Verminderung des Geräusches beim Schließen der Türen oder Zuschlagen durch Zugwind angeordnet; die verschiedenen Maschinenanlagen (Aufzüge, Kühlmaschinen usw.) erhielten gleichfalls Isoliervorrichtungen gegen Schallausbreitung. Bei den Maschinen selbst wurde besonderer Wert auf möglichst ruhigen Gang gelegt. Wenn auch im einzelnen nicht überall der Wert und die Wirkung der getroffenen Schallschutzmaßnahmen meßbar und nachweisbar ist, so ist doch festzustellen, daß sich bis jetzt im ganzen Hause irgendwelche bemerkenswerte Störungen durch Schall nicht ergeben haben. Und dies will doch immerhin etwas bedeuten bei einem Gebäude von verhältnismäßig großen Abmessungen und vielen statisch stark beanspruchten Bauteilen.

Selbstverständlich wurde auch dem Wärmeschutz des Wind und Wetter ausgesetzten Hochbaues Beachtung geschenkt und an allen Außenflächen (gegen das Dach usw.) mindestens der Wärmeschutz einer $1^1/_2$ Stein starken Backsteinwand vorgesehen, vielfach auch darüber hinausgegangen, um den Wärmeaufwand zur Beheizung der Bauanlage dauernd in mäßigen Grenzen zu halten. Die stärkeren Mauern in den unteren Geschossen bilden an sich schon einen guten Wärmeschutz. Selbstverständlich wurde überall auch auf gutschließende Doppelfenster und Doppeltüren Wert gelegt. All die getroffenen technischen Maßnahmen sind erfolgreich gewesen; im letzten außergewöhnlich kalten Winter mit Temperaturen bis — 32 C° sind keine Störungen irgendwelcher Art eingetreten.

In bau- und betriebstechnischer Hinsicht hat der Hochhausbau bis jetzt befriedigt. Es ist wohl auch kaum anzunehmen, daß sich späterhin noch irgendwelche erhebliche Mängel herausstellen werden.

Bei einem umbauten Raume von 66645 cbm berechnet sich für den Krankenbau einschließlich aller Installationen und Heizanlage aus einer Baukostensumme von 2560000 M. das Kubikmeter umbauten Raumes auf rund 38,40 M. Für den Krankenbau, das zugehörige Wäschereigebäude und die zugehörigen Nebenanlagen (aber ohne das Direktorwohnhaus) betragen die Gesamtbaukosten rund 2825000 M., was bei einer Zahl von 430 Krankenbetten einen Bauaufwand von rund 6570 M. je Krankenbett ergibt. Dazu kommt noch ein Aufwand von rund 1530 M. je Krankenbett für Einrichtung (Mobilar, Bettenbedarf, Wäsche, ärztlichen Bedarf, Kücheneinrichtung usw.). Der Gesamtaufwand je Krankenbett errechnet sich hiernach auf nur rund 8100 M., eine Summe,

Abb. 5. Schaubild der Straßenseite des Gebäudes der dermatologischen Abteilung des Krankenhauses l. d. Isar in München.

die in Hinblick auf die gute Bauausgestaltung gewiß als sehr mäßig bezeichnet werden darf. Bei Zugrundelegung eines Bauindex von 1,7 würde sich ein Vorkriegspreisansatz von rund 4765 M. je Krankenbett für Bau und Einrichtung ergeben.

Der verhältnismäßig geringe Baukostenaufwand je Krankenbett ist zum Teil darin begründet, daß es sich um eine Krankenanstalt handelt, die nicht alle Einrichtungen eines allgemeinen Krankenhauses besitzt. Immerhin ist sie so eingerichtet, daß sie ohne wesentliche Ergänzungen im Bedarfsfalle auch zur Unterbringung innerer und chirurgischer Kranker verwendet werden könnte. So hat sie drei geräumige Operationssäle mit je zwei größeren Nebenräumen. Man betrachte hinsichtlich der vorgesehenen Kranken- und Betriebsräume die beigefügten Grundrisse (Abb. 2—4).

Ein größerer Anteil an den geringen Baukosten kommt der gedrängten Grundrißgestaltung mit zweiseitiger Mittelgangbebauung zu, weiterhin der Anordnung der größeren Krankensäle in den Flügelbauten, sowie der Beschränkung in der Größe und Zahl der Neben- und Betriebsräume. Trotz der gedrängten Anlage ist meines Erachtens überall ausreichend für Belichtung und Belüftung der Räume gesorgt, was auch von den Besuchern der Anstalt allgemein anerkannt wird. Den in Preußen geltenden Vorschriften würde wohl die eine oder andere Anordnung nicht ganz entsprechen.

Die fast durchgängige Vergebung aller Bauarbeiten auf dem Wege der Verdingung und die dabei erzielten mäßigen Preise hatten gleichfalls einen nicht außer acht zu lassenden Einfluß auf die geringe Höhe der Baukosten. Entgegen manchen irrtümlichen Anschauungen ist hierbei einzuschalten, daß die Lohnsätze in München gleich denen der meisten anderen deutschen Großstädte sind.

Die Planzeichnungen für die Bauanlagen wurden mit allen Grundlagen der Arbeitsvergebungen sorgfältig und so frühzeitig vorbereitet, daß die Bauarbeiten einschließlich aller Installationen zum weitaus größten Teil genau festgelegt waren, ehe mit den Bauarbeiten begonnen wurde; die Bauarbeiten gingen rasch und reibungslos vor sich. Die nachträglich aus irgendwelchen Gründen veranlaßten Änderungen waren geringfügig, infolgedessen erforderten auch die sogenannten Regie-Arbeiten (Taglohnarbeiten mit gesonderter Verrechnung) nur verhältnismäßig kleine Kostenbeträge. In solch sorgfältiger Vorbereitung aller Bauarbeiten liegt meines Erachtens ein nicht zu unterschätzender Anteil an der Verminderung der Bauaufwendungen, ein größerer vielleicht oftmals, als in so manchen am grünen Tisch ersonnenen Rationalisierungsmaßnahmen für den Baubetrieb und die Bauweisen. Die wohlüberdachten Baumaßnahmen haben im Verein mit den rechtzeitigen Planungen (durchweg mindestens im M 1 : 50) beim vorliegenden Bau gleichfalls zur Niedrighaltung der Baukosten beigetragen.

Zweifellos kommt aber auch der *Hochhausform* des Krankenhauses in Verbindung mit der gedrängten Bauanordnung ein bedeutsamer Anteil an den verhältnismäßig geringen Baukosten zu. Die Baukostenminderungen liegen in vorliegendem Falle nicht bei den eigentlichen Hochbauarbeiten, im besonderen der Rohbauarbeiten, sondern bei den verschiedenen Installationsarbeiten, vor allem in den Einsparungen an den waagerechten Leitungen und in den damit verbundenen Nebenarbeiten. Nach meinen bei Krankenhausbauten gewonnenen Erfahrungen machen die gesamten Installationsarbeiten etwa $^1/_3$ der ganzen Bausumme aus.

Eine vergleichende Berechnung der Baukosten einer 1 m breiten Lamelle des über einem Sockelgeschosse siebengeschossigen Flügels

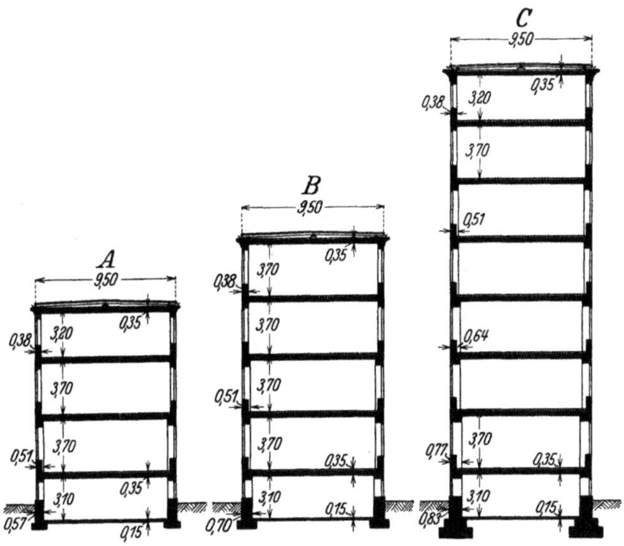

Abb. 6. Vergleichsquerschnitt A, B u. C. zur Massen- und Kostenberechnung.

des Krankenbaues mit den gleichartig errechneten Baukosten für zwei gleichgeformte Baukörper mit 3 und 4 Obergeschossen über je einem Sockelgeschoß ergibt einen geringen Unterschied zugunsten des Hochhauses, der jedoch durch die Mehrung eines Sockelgeschosses bei den zwei Baukörpern und den hieraus annehmbaren Mehrwert wieder mehr als abgeglichen wird (Abb. 6). Die Berechnungen bringen den Baufachmann nichts Überraschendes. In die Ausmaßmehrungen und -minderungen mag umstehende vergleichende Massenaufstellung einen Einblick geben.

Nach der Zusammenstellung erscheinen bei Querschnitt C insbesondere die Massen für Grundmauerwerk wegen der größeren Fundamente und des Backsteinmauerwerks wegen der stärkeren Mauern in den unteren Geschossen erheblich größer als bei den Querschnitten A und B der beiden kleineren Baukörper, während andererseits letztere an Erdaushub, Kellermauerwerk, Keller-

Vergleichende Massenaufstellung für Querschnitt A, B und C.

		Querschnitt A	Querschnitt B	Querschnitt A + B	Querschnitt C
1. Erdaushub	cbm	13,57	14,08	27,65	18,81
2. Hinterfüllung	„	0,66	0,75	1,41	2,07
3. Grundmauerwerk	„	0,88	1,30	2,18	4,36
4. Kellermauerwerk	„	3,50	4,35	7,85	5,19
5. Ziegelmauerwerk	„	9,02	13,17	22,19	27,96
6. Betonboden-Keller	qm	8,48	8,22	16,70	7,96
7. Sockel-Vorsatzbeton	„	0,60	0,60	1,20	0,60
8. Hohlsteindecken	„	25,70	33,92	59,62	58,06
9. Hohlsteindecken-Dach	„	8,74	8,74	17,48	8,74
10. Dachstuhl und Dachhaut	„	9,50	9,50	19,00	9,50
11. Gesims, Rinne u. Abd.	lfd. m	2,00	2,00	4,00	2,00
12. Fassadenputz	qm	23,80	32,00	55,80	52,80
13. Deckenputz	„	34,44	42,66	77,10	66,82
14. Innerer Wandputz	„	24,60	32,30	56,90	51,40
15. Weißen der Decken	„	34,44	42,66	77,10	66,82
16. Weißen der Wände	„	24,60	32,30	56,90	51,40

Vergleichende Kostenaufstellung unter Zugrundelegung der Münchener Preise für Querschnitte A, B, und C.

1. Querschnitt A	2125,03 M.
2. Querschnitt B	2679.60 „
Zusammen	4804,63 M.
3. Querschnitt C	4522,81 „
Es ergibt sich somit ein Unterschied von zugunsten des Hochhauses.	281,82 „

böden, Hohlsteindecken und Dachausbildung größere Massen aufweisen. Bezüglich der Installationen wurde von vergleichenden Aufstellungen wegen der damit verbundenen Umständlichkeiten abgesehen. Daß sich hier in horizontaler Richtung nicht unerhebliche Einsparungen ergeben, je mehr die Leitungsanlagen konzentriert sind, ist selbstverständlich, ebenso, daß diese bei längeren Wegen insbesondere bei vielen Außenleitungen wegen der Erdausschachtungen, besonderer Kanäle für Heizleitungen usw. sehr kostspielig werden. Installationsfachleute mögen dies gelegentlich einmal an Typenbeispielen zahlenmäßig nachweisen.

Damit aber nicht der Eindruck entstehe, es sei die ganze Bauanlage in übermäßig einfacher vielleicht sogar ärmlicher Weise ausgestaltet worden, sei erwähnt, daß die Wände der Operationsräume auf die ganze Höhe, aller Bäder und Aborte auf etwa 2 m Höhe mit besten weißen Tonplättchen belegt wurden, und daß die Wände hinter den in allen Krankenräumen vorgesehenen Waschbecken und die Gewände der Türen in allen Krankenabteilungen gleichfalls Tonplättchenbelag erhielten. Aborte und Badezellen haben Trennwände aus weißem Carrara-Marmor. Die Dachungen und alle Abdeckungen sind durchweg mit Kupferblech gedeckt. Für Badewannen, Waschbecken usw. wurden nur beste Materialien neuester Bauart verwendet. Die katholische Kapelle erhielt eine würdige Ausstattung; über 30000 M. wurden für künstlerischen Schmuck, Ölgemälde, kunstgewerbliche Arbeiten usw. aufgewendet.

Die Erfahrungen bei den Bauarbeiten legten nahe, bei künftigen Krankenhaushochbauten die Anwendung des Stahlgerippebaues an Stelle der herkömmlichen Backsteinbauweise zu erwägen, da bei vielgeschossigen Gebäuden an einer Reihe von Stellen hohe Belastungen auftreten, denen stets durch Anwendung besonderer Baukonstruktionen im einzelnen zu begegnen ist. Auch Auswechslungen und Änderungen, die so häufig vorkommenden Ausbrucharbeiten von Installateuren oder nachträgliche Mehrbelastungen einzelner Bauteile bringen manche Umständlichkeiten mit sich und erfordern besondere Umsicht.

Bei dem besprochenen Krankenhausbau haben sich keinerlei Setzungen und dadurch Risse ergeben, obwohl der Untergrund nicht überall gut und gleichmäßig war, zum Teil sogar auf vorhandene tiefgelegene Fundamente von Bauten der ehemals hier gelegenen städtischen Gasanstalt aufgebaut werden mußte. Die Durchführung der Bauarbeiten hat gezeigt, daß die Anwendung der herkömmlichen Bauweise an diesem Bau bei mäßigen Baukosten möglich war; eine sorgfältige Kostenermittlung müßte den Nachweis erbringen, daß man bei Anwendung der Stahlgerippebauweise billiger und besser baut. Bei noch größerer Gesamtbauhöhe wird dies wohl zutreffen. Den mehrfachen Bedenken gegen die Stahlgerippebauweise wegen Schallbelästigung möchte ich mich nicht ohne weiteres anschließen, glaube vielmehr, daß es mit den mannigfachen, in neuerer Zeit zur Verfügung stehenden Isolierstoffen und der sich immer mehr entwickelnden Isolierungstechnik wohl möglich wird, Schallentstehung und Ausbreitung auch bei solchen Bauten weitgehend zu verhüten oder doch ausreichend zu vermindern.

Meinen Ausführungen über den bereits fertigen Bau der dritten medizinischen Abteilung in München, möchte ich noch einige Mitteilungen über größere Krankenhausanlagen anfügen, deren Planung in das Jahr 1926 zurückgeht und bei denen dem Krankenhaushochbau ein wesentlicher Anteil zukommt. In beiden Fällen handelt es sich um allgemeine Krankenhäuser mit einer Gesamtzahl von rund 1500 Krankenbetten. Etwa 900—1000 Betten entfallen auf die chirurgische und medizinische allgemeine Krankenabteilung. Betriebs-, gesundheits- und bautechnische Überlegungen in Verbindung mit dem Streben nach möglichst wirtschaftlicher Gesamtgetaltung führten zur Planung eines Hochhauses mit sieben Geschossen mit einer Längenentwicklung von 350 m in der Ost-Westrichtung, also zur ausgedehnten Frontentwicklung gegen Süden. Wenn man bei unseren klimatischen Verhältnissen die reine Südlage wegen der längstdauernden und ausgiebigsten Besonnung für die Krankenräume als die günstigste erkennt, so muß man meines Erachtens dieser Erkenntnis auch grundsätzlich und konsequent Rechnung tragen. Lediglich wegen einer möglichen nicht wesentlichen Verminderung von Verkehrs- und Leitungswegen oder aus andern Gründen die Ost- und Westlage einer größeren Zahl von Krankenräumen mit in Kauf zu nehmen, halte ich nicht für berechtigt. Auch in dem Streben nach möglichst kubischer Baugestaltung, die man in neuerer Zeit bei Projekten häufig sieht, wird meist zu weit gegangen.

Der erwähnte 350 m lange Bau setzt sich nun aus sieben reihenhausartig aneinandergefügten Bauteilen zusammen. Jeder enthält in den einzelnen Geschossen für sich abgetrennte mit allen notwendigen Einrichtungen versehene Krankenstationen. Im Bedarfsfalle können alle einzelnen Bauteile für sich aus dem Gesamtverkehr ausgeschaltet werden. Eine solche Maßnahme wird jedoch kaum notwendig werden[1]. Abb. 7 gibt ein schematisches Bild des Aufbaues und der Raumausteilung einer solchen Bauanlage.

Der Grundgedanke der Gesamtanordnung ist folgender: Im Erdgeschoß durchzieht eine Hauptverkehrshalle (der Ersatz für die Verbindungsgänge, Wege und Straßen einer größeren dezentralisierten Krankenanstalt) den Langbau bis zu den beiden äußeren Bauteilen, in denen Krankenstationen untergebracht sind. Für ankommende Kranke, Krankenbesucher und alle im Hause Tätigen ist sie der übersichtliche kurze Verteilungsweg zu den einzelnen Zielen. Von der Hauptverkehrshalle führen die Haupttreppen, die Betten- und Umlaufaufzüge nach den oberen Geschossen der einzelnen Bauteile. An der Haupthalle sind die wichtigsten Behandlungs- und Betriebsanlagen gelegen, so das Operationsgebäude auf der chirurgischen Seite, das Badehaus auf der medizinischen Seite. Auch die Apotheke und das Röntgeninstitut sind von hier aus erreichbar. An der Hauptverkehrshalle liegen auch die Amtsräume der Direktoren und Ärzte der chirurgischen und medizinischen Abteilung, die von hier aus

[1] Beim Krankenhause München-Schwabing hat man Isolierungsmaßnahmen für alle an das Verbindungsnetz angeschlossenen Krankenbauten vorgesehen, sie sind während des nun fast 20jährigen Betriebes niemals beansprucht worden.

sowohl die Operationsabteilung bzw. die Badeabteilung und auch die Krankenabteilungen in den einzelnen Stockwerken auf kurzen waagerechten Wegstrecken und unter Benutzung der Umlaufaufzüge schnell und mühelos erreichen können. Das 1.—4. Obergeschoß

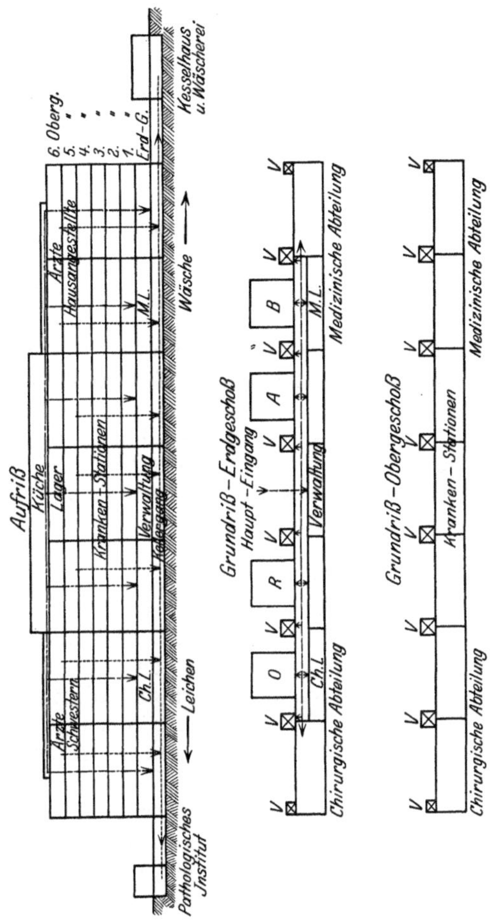

Abb. 7. Schematischer Plan eines langgestreckten Krankenhaushochbaues.

O Operationshaus.
R Röntgenhaus.
A Apothekenbau.
B Badehaus.
Ch L Leitung der chirurgischen Abteilung.
M L Leitung der medizinischen Abteilung.
V Lotrechte Verkehrswege.
— — — Waagerechte Verkehrswege.
—.—.— Speisenverteilung.
. . . . Wäsche- und Leichentransportwege.

dienen der Unterbringung der Kranken. Das folgende 5. und 6. Obergeschoß nimmt die Wohn- und Schlafräume der Ärzte, Schwestern und Hausangestellten, auch Lagerräume auf.

Im 7. Obergeschoß sind im Mittelteile die Zentralküche und auf der medizinischen Seite die Diätküche, beide mit den zugehörigen Betriebs- und Lagerräumen angeordnet. Die Speisen langen von diesen auf den im gleichen Geschoß liegenden Speisenverteilungsgängen nach den in jedem der sieben Bautrakte vorgesehenen Speiseaufzügen und werden durch diese unmittelbar nach den Teeküchen der einzelnen Stockwerkstationen herabgefördert. All das kann bei den — im Vergleich zu den dezentralisierten Bauanlagen — kurzen Wegstrecken hier sehr schnell geschehen. Die Zubringung aller Waren zur Küche geschieht durch einen eigenen Lastenaufzug, ähnlich wie dies bereits bei der Besprechung des Gebäudes der dritten medizinischen Abteilung ausgeführt wurde.

Schmutzige Wäsche usw. wird in den einzelnen Bauteilen durch Abwurfschächte oder eigene Lastenaufzüge nach dem Kellergeschoß und von dort aus in dem auch der Aufnahme aller Verteilungsleitungen dienenden Kellergang mittels Elektrokarren auf kürzestem Wege nach der seitlich gelegenen Wäscherei verbracht.

Ebenso wie die Kranken aus den verschiedenen Stationen der chirurgischen Abteilung nach Zurücklegung nur kurzer waagerechter Wegstrecken mittels der Aufzüge nach dem im Erdgeschoß zentral gelegenen Operationsgebäude oder die inneren Kranken nach dem Badehause verbracht werden können, ebenso schnell ist für alle Abteilungen die Apotheke oder die Röntgenstation erreichbar, ebenso schnell gelangen auch die Ärzte, Schwestern und Angestellten aus ihren Wohnräumen nach den ihnen zugewiesenen Arbeitsstellen.

Bei den vielgeschossigen Bauanlagen ist insbesondere dafür zu sorgen, daß die Kranken auch in bequemer Weise an die frische Luft gelangen. Schwer bewegliche Kranke, auch ein Teil der gehfähigen Kranken werden, sofern sie sich in den Gartenanlagen aufhalten sollen, mittels der Lastenaufzüge herabbefördert werden, die Benutzung der Treppen wird für die in den höher gelegenen Stockwerken untergebrachten Kranken für nur kurz dauernde Spaziergänge kaum in Frage kommen. Eine Inanspruchnahme der Umlaufaufzüge durch die Kranken mag wenigstens in der ersten Zeit zu Bedenken Anlaß geben. Es sind deshalb bei den Hochbauten selbst Vorkehrungen zu treffen, die den Kranken einen Aufenthalt in der freien Luft ermöglichen oder doch einen annähernd gleichwertigen Ersatz dafür schaffen.

Alle mehrgeschossigen Krankenbauten befinden sich in dieser Beziehung unbestreitbar im Nachteil im Vergleiche mit den nur ein- bis zweigeschossigen Flachbauten. Man hat sich schon bisher häufig damit geholfen, vor oder doch nächst den Krankenräumen Liegehallen anzuordnen, um insbesondere bettlägerige Kranke schnell und ohne Umständlichkeiten an die frische Luft verbringen zu können. Sind die Liegehallen so angeordnet, daß sie den Krankenräumen weder Licht noch Luft wegnehmen, so ist nichts gegen sie einzuwenden. Eine solche Anordnung ist jedoch meist nur in beschränkter Ausdehnung möglich, so daß den Bedürfnissen damit nicht ausreichend entsprochen werden kann.

In neuerer Zeit ist der Gedanke der Anlage von Terrassen[1] wieder aufgegriffen worden, er findet in weiten Kreisen Beifall. Verschiedene neuere kleinere Krankenanstalten wurden reichlich damit ausgestattet. Diese Vorliebe geht parallel mit den gleichen Strömungen auf dem Gebiete des Wohnhausbaues, bei dem die Anlage von Dachterrassen und anderen Freiplätzen Mode geworden ist. Ich bezweifle, daß sich die Anlage von Terrassen in der bei einigen neueren Krankenanstalten übermäßig weitläufigen Form allgemein einführen wird; die Anordnung ist ziemlich kostspielig, hat auch in technischer Hinsicht einige Schattenseiten. (Dichthaltung der Decken usw.) Der Terrassenbau kommt auch nur für Bauten mit wenigen Geschossen, nicht aber für den Hochbau in Betracht, da sich bei den unteren Geschossen außerordentliche nicht ausnützbare Gebäudetiefen ergeben würden.

Hingegen erscheint es gerade bei Krankenhaushochbauten (soferne nicht bei sehr hoher Stockwerkslage Windströmungen zu unangenehm bemerkbar werden) zweckmäßig, weitgehend von der Anordnung großer Öffnungen in den Außenwänden Gebrauch zu machen, entweder durch Anordnung von Flügeltüren oder von Schiebefenstern. Ob man die Raumanordnung noch weiter im Sinne Dosquets gestaltet, mag jeweils besonderen Erwägungen anheimgestellt sein. Die Kranken können in ihren Betten an die weitgeöffnete Außenwand herangebracht werden, und kommen so mit der frischen bewegten Luft, mit Sonne und Licht unmittelbar in Berührung. Ich möchte sogar noch weiter gehen und vorschlagen, entlang aller Krankenräume vor solchen weiten Fensteröffnungen noch durchlaufende Balkone anzuordnen, damit Kranke in Betten oder Liegestühlen bei günstiger Witterung ganz ins Freie gebracht werden können. Solche Balkone können natürlich nur eine beschränkte Ausladung haben, da sie sonst die Räume der daruntergelegenen Geschosse verdunkeln würden. Meines Erachtens beeinträchtigen Balkone die daruntergelegenen Räume nur wenig, wenn sie nicht mehr ausladen, als $^1/_3$ der Stockwerkshöhe beträgt. Bei einer Gesamtstockwerkshöhe von 3,90 m würde sich sonach eine Balkonbreite von 1,30 m ergeben. Diese reicht aus, um Betten und Liegestühle in der Balkonlängsrichtung aufzustellen. Bei den von mir geplanten Hochhausbauten habe ich

[1] Schon vor 25 Jahren war Dr. Sarason rege dafür eingetreten.

von der vorbesprochenen Vereinigung von größeren Außenwandöffnungen mit durchlaufenden Balkonen reichlich Gebrauch gemacht (Abb. 8).

Schließlich kommen bei den Hochhausbauten noch die Dachterrassen für den Aufenthalt der Kranken in Betracht. Bei mehrfachen Abstufungen der Hochhausbauten kann man solche Terrassen in verschiedenen Gebäudehöhen anordnen.

Doch nicht nur für die Kranken sind Freiluftplätze zu schaffen, auch für den Wirtschaftsbetrieb erscheint mir ihre Anlage, wenn auch in bescheidenen Ausmaßen, sehr wertvoll. Schon bei kleineren

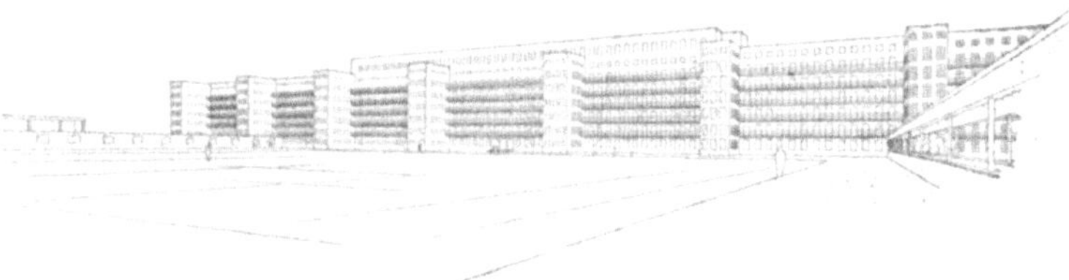

Abb. 8. Schaubild eines langgestreckten Krankenhaushochbaues.

Krankenbauten schätzt man einen Austritt ins Freie, um dort Einrichtungsgegenstände lüften, trocknen oder auch reinigen zu können, ohne den Weg nach dem Hofe machen zu müssen. Um so mehr sind sie in der Art von Veranden bei Krankenhaushochbauten notwendig.

War bisher von einigen Einzelheiten die Rede, so seien im folgenden dem Hochhausbau im Gesamtplan und seiner Beziehung zur Umgebung einige Worte gewidmet.

Die Zusammenfassung vieler früher in kleineren Einzelbauten untergebrachter Krankenstationen an *einer* Stelle hat wohl eine erhebliche Zusammenballung von Baumassen zur Folge, läßt aber andererseits große Geländeflächen für Grünanlagen frei, was mir aus verschiedenen Gründen außerordentlich wertvoll erscheint. Bei den meisten im Zerstreuungssystem angelegten Krankenanstalten sind die Grünflächen, wenn man von einigen da und dort angeordneten Mittelalleen und dergleichen absieht, durch die vielen einzelnen Krankenbauten in verhältnismäßig kleine Grünanlagen aufgeteilt. Diese werden meist durch die in der Sonnenrichtung vorgelagerten Bauten erheblich beschattet und lassen deshalb nur ein sehr bescheidenes Wachstum erkennen. So und so oft steht einer gegen Süden gerichteten Frontseite eine ausgesprochene Rückfront mit all den gegen Norden gelegenen Nebenräumen gegenüber. Es gibt da wenig erfreuliche Aussichten, noch dazu sind diese meist sehr beschränkt, es fehlt jeder freie Blick. Bei manchen sehr schön gelegenen Krankenhäusern kommen die Kranken unter solchen Umständen gar nicht zum Genuß der schönen Aussicht in die Umgebung. Meines Erachtens bieten größere zusammenhängende Gartenanlagen, seien sie parkartig oder platzartig angelegt, viel mehr Reiz als die kleinlichen zwischen den Häusern gelegenen Gärtchen. Auch die Belüftungsverhältnisse sind bei größeren Freiflächen zweifellos günstiger. Das Mannheimer Krankenhaus ist die einzige große deutsche Krankenanstalt, die eine große Parkanlage aufweist, sie ist auch das erste große deutsche Krankenhaus, das aus dem Grundgedanken möglichster Konzentration aus wirtschaftlichen und betriebstechnischen Gründen entstanden ist, ein Gedanke, der eben mit der Hochhausbauform weiter zu verfolgen ist.

Häufig werden gegen Hochbauten unter Bezugnahme auf verschiedene Brandkatastrophen jüngster Zeit auch Bedenken geltend gemacht wegen der größeren Schwierigkeit, die Kranken bei Brandgefahr rechtzeitig aus dem Hause zu bringen. Dagegen kann man in erster Linie darauf hinweisen, daß in den vollständig massiv gebauten neueren Krankenhäusern im allgemeinen wenig feuergefährliche Einrichtungsgegenstände vorhanden sind und entstehende kleine Brandherde leicht durch Handfeuerlöscher bekämpft werden können. Es müssen schon ganz besonders unglückliche Umstände vorliegen, wenn sich in neuzeitlichen Krankenhäusern größere Brandfälle entwickeln können. Feuergefährliche und zerknallbare Sachen z. B. aus Apotheken, Filme und dergleichen dürfen in gefahrbringender Menge selbstverständlich nicht innerhalb des Baukörpers eines Hochhauses aufbewahrt werden.

Bei kubisch, turmartig gebauten Hochhäusern mit nahe beisammengelegenen lotrechten Verkehrsverbindungen mag unter Umständen Verqualmung der Verkehrswege deren Benutzung zeitweise verhindern, bei langgestreckten, reihenhausartigen Hochbauten entfällt dieser Nachteil, da bei solchen eine Verbringung wagrechter Richtung ermöglicht werden kann.

Die Verwendbarkeit und die Vorteile des Krankenhaushochbaues möchte ich unter Bezugnahme auf die gegebenen Darlegungen in folgendem kurz zusammenfassen und ergänzen, und zwar zunächst in bautechnischer und bauwirtschaftlicher Hinsicht.

Ein Krankenhaushochbau beansprucht weniger Geländefläche als eine dezentralisierte Flachbauanlage; er kommt also in erster Linie dort in Betracht, wo Platzmangel herrscht, im Innern der Städte, z. B. in Verbindung mit Universitätsinstituten, kann im übrigen auch für alle größeren Krankenhausanlagen im allgemeinen als zweckmäßig bezeichnet werden.

Die Baukosten sind bei gleichgestellten Ansprüchen für Hoch baukrankenhäuser nicht höher als bei dezentralisierten Flachbauten. Es kann unter Umständen sogar mit Kostenminderungen gerechnet werden; solche werden in der Regel aber kaum aus der Herstellung des Rohbaus entstehen, sondern aus Einsparungen bei den verschiedenen Installationsanlagen. (Wegen der geringeren Ausdehnung der waagerechten Leitungen und der damit verbun-Nebenanlagen, unterirdische Gänge usw.)

Wegen der geringeren Außenflächen und der damit verbundenen geringeren Wärmeverluste sowie wegen der kürzeren Verteilungswege werden die Heizeinrichtungen weniger umfangreich und damit weniger kostspielig erstellt werden können. Die bei Dezentralisationsanlagen oft sehr ausgedehnten unterirdischen Fernheizkanäle fallen weg.

Der Krankenhaushochbau ermöglicht die Herstellung größerer zusammenhängender Gartenanlagen an Stelle der nicht vermeidbaren meist unschönen Aufteilung der Grünflächen bei dezentralisierten Krankenanstalten.

An besonderen Kostenmehrungen kommen vor allem die Aufwendungen für den lotrechten Betrieb in Betracht. Treppen- und Bettenaufzüge werden auch bei Bauten mit nur wenigen Geschossen benötigt; die dort aber überflüssigen Umlaufaufzüge können bei vielgeschossigen Bauanlagen nicht entbehrt werden. Hochhausbauten bedürfen wohl meist auch Einrichtungen für das Hochdrücken der Gebrauchswasser.

In betriebstechnischer Hinsicht sei folgendes hervorgehoben.

Der Hochbau bringt für den gesamten Verkehr kürzere Entfernungen, die waagerechten Wege müssen allerdings zum Teil durch lotrechte ersetzt werden. Lotrechte Verkehrswege sind aber bequemer, auch kann sich bei ihnen der Verkehr im allgemeinen leichter und schneller abwickeln als in waagerechten Bahnen.

Die Verkürzung der Verkehrswege ist an sich schon sehr vorteilhaft für den allgemeinen Verkehr in einer Krankenanstalt, sie ist insbesondere von Vorteil für die Ärzte und Verwaltungsbeamten, ermöglicht ihnen ein schnelles Zurstellestein und erleichtert ihnen die gesamte Überwachung der Kranken und aller ihnen im Hause Unterstellten. Für den Wechselverkehr der Kranken zwischen den Krankenräumen und den Behandlungsräumen im Operationsgebäude, im Badehause, in der Röntgenabteilung usw. erweisen sich die kürzeren und bequemeren Wege außerordentlich wertvoll. Die Beförderung geht im Hochhausbau ausschließlich in geschlossenen Gängen vor sich (Wegfall der bisweilen gesundheitsgefährlichen Krankentransporte durchs Freie bei ungünstiger Jahreszeit, bzw. der kostspieligen Verbindungsanlagen zwischen verschiedenen Einzelbauten). Die bei Hochhausbauten mit gedrängter Grundrißanordnung erreichbaren kurzen Transportwege ermöglichen die für alle Kranken so notwendige schnelle Speisenversorgung sowohl bei den Hauptmahlzeiten als auch bei eventuell notwendigen Sonderverpflegungen.

Wegen der geringeren Wärmeverluste der geschlossenen Baukörper der Hochhausbauten, und der kürzeren Wege der Leitungen der Heizung, Warmwasserversorgung usw. wird der Heizungsaufwand geringer.

Die geringere Ausdehnung der Gänge usw. eines Krankenhaushochbaues bringt Einsparungen an Aufwendungen für deren Unterhalt und Reinigung.

Mit diesen Zusammenfassungen, die dem Fachmann allerdings nichts Neues bringen, seien meine Darlegungen über den Krankenhaushochbau an dieser Stelle geschlossen. Ich bitte mit diesen Mitteilungen aus meiner langjährigen praktischen Tätigkeit auf dem Gebiete des Krankenhausbaues vorlieb zu nehmen und damit den Mangel an theoretisch-wissenschaftlicher Behandlung bau- und betriebstechnischer Fragen sowie das Fehlen geschichtlicher Zeitangaben und bisheriger Entwicklungsstufen des Krankenhaushochbaues zu entschuldigen.

Sachverzeichnis.

Buchdruckerei Otto Regel G. m. b. H., Leipzig.

GPSR Compliance

The European Union's (EU) General Product Safety Regulation (GPSR) is a set of rules that requires consumer products to be safe and our obligations to ensure this.

If you have any concerns about our products, you can contact us on ProductSafety@springernature.com

In case Publisher is established outside the EU, the EU authorized representative is:

Springer Nature Customer Service Center GmbH
Europaplatz 3
69115 Heidelberg, Germany

Batch number: 10682427

Printed by Printforce, the Netherlands